ÉLOGES ACADÉMIQUES ET DISCOURS

Cliché Ladrey-Disderi, Paris.

PRÉFACE

Le Comité du Jubilé scientifique de M. Darboux tient à cœur, avant de se dissoudre, d'adresser ses meilleurs remerciements aux nombreux souscripteurs qui, dans toutes les situations, dans tous les pays, ont répondu à son appel. Grâce à leur nombre, grâce à leur générosité, le Comité a pu, non seulement faire exécuter par l'éminent artiste M. Vernon une médaille à l'effigie du grand savant, mais encore offrir à chaque souscripteur le présent volume contenant les discours et les éloges académiques prononcés par M. Darboux, les discours et les adresses de la fête du Jubilé, et les noms de tous les adhérents.

Le Comité adresse également tous ses remerciements à M. Vernon pour l'exécution de sa belle œuvre, et à M. Hermann pour les soins qu'il a donnés à l'impression du volume.

Le président du Comité,

PAUL APPELL.

GASTON DARBOUX

ÉLOGES ACADÉMIQUES ET DISCOURS

Volume publié par le Comité du Jubilé scientifique
de M. GASTON DARBOUX

PARIS

LIBRAIRIE SCIENTIFIQUE A. HERMANN ET FILS
6, RUE DE LA SORBONNE, 6

—

1912

ÉLOGE HISTORIQUE

DE

JOSEPH-LOUIS-FRANÇOIS BERTRAND

Lu dans la séance publique annuelle du lundi 16 décembre 1901.

Messieurs,

Appelé pour la première fois à prendre la parole dans cette enceinte, je crois remplir un devoir en vous présentant d'abord l'éloge d'un homme que j'ai beaucoup aimé et profondément admiré, mon illustre maître Joseph Bertrand. Je suis loin de me dissimuler toutes les difficultés que je rencontre, en venant à la suite de MM. Berthelot et Jules Lemaître qui, dans la séance du 2 mai dernier, présentaient à l'Académie française un tableau si attachant de la vie de notre Secrétaire perpétuel; pourtant ma tâche sera belle encore si je parviens à la remplir; car elle consiste à vous introduire dans le détail de la glorieuse carrière de Joseph Bertrand, à vous rappeler plus particulièrement ses travaux d'ordre scientifique, en un mot, à mettre en pleine lumière les éléments de cette brillante synthèse qui vous a été présentée avec tant de charme et d'autorité.

I

Bertrand (Joseph-Louis-François) naquit à Paris, rue Saint-André-des-Arts, le 11 mars 1822. Sa famille était originaire de Rennes. Son grand-père maternel, M. Blin, s'était acquis l'estime et l'affection de ses concitoyens par le rôle qu'il avait joué pendant notre première Révolution. Il avait appris le métier des armes, comme on disait alors, au Régiment d'Auvergne. Choisi comme capitaine par 150 volontaires de Rennes, il concourut avec eux à la défense de la Champagne envahie par les Prussiens. A son passage dans la ville de Reims, il sauvait, au péril de sa vie, un prêtre que des soldats indisciplinés voulaient brûler sur un bûcher. De retour à Rennes, où il était directeur des postes, il prit la part la plus honorable, en qualité de capitaine de grenadiers dans la garde nationale, à la guerre civile qui déchirait alors la Vendée. Chez M. Blin, le courage civique était à la hauteur des vertus militaires. On conserve à Rennes le souvenir de la lutte qu'il engagea contre le proconsul Carrier. Il contribua par son énergie à sauver trois ou quatre cents personnes que Carrier voulait transférer à Nantes pour les y faire noyer. Ses concitoyens reconnaissants l'envoyèrent au Conseil des Cinq-Cents. Destitué en 1815 par la Restauration, profondément affecté par la perte de deux fils qu'il aimait tendrement, il s'éteignit le 23 juillet 1834, ayant eu du moins la consolation de s'associer, avant de mourir, aux espérances que donnait à toute la famille la précocité de son petit-fils Joseph, alors âgé de 12 ans et déjà orphelin.

Le gendre de M. Blin, le Dr Alexandre Bertrand, père de notre cher maître, était né à Rennes en 1795. Il fit ses études au collège de cette ville avec Duhamel, Louis Roulin, Dubois de la Loire et Pierre Leroux. Ce dernier, avec qui il a fondé *le Globe*, nous a laissé des renseignements précieux sur sa jeunesse. Nous savons que ses camarades de collège étaient tous frappés de sa supériorité morale ; il est intéressant de remarquer aussi que, lorsqu'il commença l'étude des mathématiques, il fit paraître une aptitude exceptionnelle. Pourtant, reçu à l'Ecole Polytechnique en 1814 en même temps que son camarade Duhamel et qu'Auguste Comte, il quitta l'Ecole au bout de quelque temps et se tourna vers la médecine, sur le conseil de son ami Roulin. C'était un homme des plus éminents, qu'une mort prématurée a seule empêché de remplir tout son mérite. Son fils en était fier, et il est naturel que, dans l'hommage que nous voulons rendre à Joseph Bertrand, nous disions quelques mots de celui qui a veillé à sa première éducation et qui, le seul peut-être, a eu quelque influence sur la formation de son esprit.

Le Dr Alexandre Bertrand s'est fait connaître par divers ouvrages de vulgarisation, des *Lettres sur la Physique* et surtout les *Lettres sur les Révolutions du Globe* qui, depuis leur apparition en 1824, ont eu huit éditions successives, dont les dernières ont été publiées par son fils. Le plan de ces Lettres est excellent ; le style en est clair et atteint souvent à l'élévation. L'auteur, qui suivait les cours de Cuvier, de Cordier, de Geoffroy Saint-Hilaire, à une époque où la Géologie était encore très négligée, mais commençait à être en honneur, s'y montre un géologue très instruit, et surtout très au courant des théories qui sont le plus nécessaires au développement de cette belle science.

Mais le principal titre du Dr Alexandre Bertrand réside dans des recherches d'une tout autre nature, vers lesquelles il s'était senti attiré, dès sa jeunesse, par une prédilection invincible, qu'il avait même commencées pendant son séjour à l'Ecole Polytechnique. Son *Traité du Somnambulisme*, paru en 1822, son *Traité du Magnétisme animal en France et de l'Extase dans les Traitements magnétiques*, paru en 1826, marquent, on peut le dire, un progrès décisif dans l'histoire du magnétisme animal. Alexandre Bertrand, qui avait le goût des idées générales, a su associer dans ces ouvrages l'esprit du philosophe aux connaissances du physiologiste. Dans une étude abandonnée jusque-là aux faiseurs de miracles et aux ignorants, il a institué le premier des investigations méthodiques et consciencieuses. Le premier aussi, il a fait entendre, comme conséquence de ses travaux, une protestation contre les arrêts dont les jurys et les juges frappaient de véritables insensés, dépourvus de toute responsabilité morale. On sait assez qu'aujourd'hui cette protestation a produit tous ses effets.

Je ne saurais oublier ici ce qui concerne les relations d'Alexandre Bertrand avec notre Compagnie. De son temps, la publicité de nos séances était des plus restreintes. Quelques savants, en principe ceux dont les travaux étaient approuvés par une commission, étaient seuls autorisés à écouter les discussions académiques. Le Dr Bertrand voulut supprimer ces barrières et faire connaître au public ce qui se passait à l'Académie. On aura peine à croire que, pour réaliser ce projet, il eut à surmonter de très grandes difficultés. Cuvier, dont l'influence était prépondérante, fit voter, pour le bannir des séances, les règlements les plus draconiens. Malgré ces obstacles, que devait faire disparaître Arago, devenu secrétaire perpétuel, Alexandre Bertrand inaugurait, en 1825, dans *le Globe*, les comptes rendus de nos séances, qui, avant lui, étaient tout à fait inconnus. C'est donc à lui qu'il faut faire remonter la création de cette presse scientifique, qui est devenue aujourd'hui pour les Académies un auxiliaire dont elles ne sauraient se passer.

Les comptes rendus scientifiques du *Globe* cessèrent avec la mort d'Alexandre Bertrand, survenue en 1831 ; mais ils furent continués dans le journal *le Temps* par le Dr Roulin, que beaucoup d'entre nous ont connu et qui est mort en 1874, membre libre de l'Académie des Sciences et bibliothécaire de l'Institut. La réunion des articles du Dr Roulin ayant formé un volume plein d'intérêt, les secrétaires perpétuels Arago et Flourens reconnurent la possibilité de le publier dorénavant au nom de l'Académie. Telle est l'origine de nos *Comptes rendus hebdomadaires*, dont M. Roulin a, pendant trente ans, surveillé la rédaction, et qui ont contribué d'une manière si efficace aux progrès de la recherche scientifique.

Le Dr Roulin avait épousé, comme Alexandre Bertrand, une des filles de M. Blin. D'autre part, Duhamel, leur compatriote et leur camarade du collège de Rennes, avait épousé une des sœurs d'Alexandre Bertrand. Les trois familles Bertrand, Duhamel et Roulin étaient étroitement unies. C'est au milieu d'elles que se sont écoulées les premières années de Joseph Bertrand.

II

Sa jeunesse a donné lieu à bien des légendes. Heureusement, lorsqu'il fut élu en 1884 à l'Académie Française, il eut l'idée de rédiger pour son ami Pasteur, qui devait le recevoir, des notes étendues, qui nous ont été précieusement conservées. Elles vont me permettre de retracer devant vous une enfance qui doit compter parmi les plus intéressantes de toutes celles sur lesquelles on a pu recueillir des renseignements précis et authentiques.

« Tendrement aimé, nous dit-il, par des parents qui pourraient être comptés parmi les hommes éminents de leur temps, j'ai reçu d'eux, pour mes premières études, la direction la moins faite pour développer chez moi l'habitude du travail et l'amour de la science

« On ne croyait pas que je fusse destiné à vivre jusqu'à l'âge d'homme. Les études dès lors, pour moi, étaient traitées comme un passe-temps inutile et, si j'y prenais trop de goût, dangereux.

« A l'âge de 16 ans, lorsque je fus reçu à l'Ecole Polytechnique, je ne savais conjuguer aucun verbe en aucune langue. J'étais prodigieusement ignorant, j'en ai dit la raison. Il faut dire aussi pourquoi j'étais, en même temps, prodigieusement instruit pour mon âge.

« J'ai appris à lire pendant une longue maladie, en entendant donner à mon frère des leçons, dans la chambre où j'étais alité. Je connaissais les lettres, et rien de plus. En entendant répéter B, A, BA, C, R, O, CRO, je gravais toutes les combinaisons dans ma mémoire. J'ai le souvenir très distinct de la stupéfaction de mes parents lorsque, m'apportant pendant ma convalescence un livre d'histoire naturelle pour me montrer les images, ils m'entendirent lire le texte couramment. Je lus sans épeler, je me le rappelle,

La Brebis et le Chien-loup.

Mon père effrayé m'arracha le livre et défendit que, sous aucun prétexte, on me fît travailler. Je n'avais pas encore cinq ans.

« Mon père m'empêchait d'étudier, mon instruction cependant était sa plus chère préoccupation. Je ne le quittais pas ; à pied ou en voiture, il ne sortait jamais sans mener avec lui son Joseph. Il me parlait sur tous les sujets, toujours en latin. Je le comprenais. Je l'ai perdu pendant ma neuvième année. Il m'avait prédit que je serais reçu le premier à l'Ecole Polytechnique et membre de l'Académie des Sciences. Je n'en doutais pas et, pendant mon enfance, ma mère n'en faisait non plus aucun doute.

« Lorsque, à l'âge de neuf ans, j'eus le grand malheur de

perdre mon père, j'avais appris par surprise, en quelque sorte, les éléments de la géométrie et la partie élémentaire de l'algèbre. Voici comment : mon père, dans la dernière partie de sa vie, demeurait chez mon oncle, M Duhamel, qui dirigeait alors une institution préparatoire à l'Ecole Polytechnique. Les élèves, dont les plus jeunes avaient le double de mon âge, m'aimaient beaucoup et je me trouvais très heureux au milieu d'eux. Assidu à leurs récréations, je les suivis bientôt dans les classes. Les maîtres me regardaient avec étonnement et ne s'occupaient guère de moi. Les élèves s'aperçurent que je comprenais ; et, quand une démonstration semblait difficile, le premier qui m'apercevait courait après moi, m'emportait dans ses bras me faisait monter sur une chaise pour que je pusse atteindre le tableau, et me faisait répéter.

« Ma mère quitta Paris, mon frère fut placé comme interne au collège de Rennes et je restai à Paris. Pendant ma dixième année, je suivis régulièrement, chez M. Duhamel, le cours de Mathématiques spéciales. J'étais considéré comme le plus fort de la classe ; mais jamais on n'exigeait de moi le moindre devoir, on ne me mettait entre les mains aucun livre. Ma petite supériorité paraissait lorsque M. Duhamel, interrogeant un élève, lui faisait quelques objections dont il ne se tirait pas. Il interpellait alors successivement tous les forts de la classe ; et bien souvent, quand personne n'avait répondu, il terminait en me regardant pour dire : Joseph. Presque toujours, je répondais sans hésiter.

« A l'âge de onze ans, c'était en 1833, mon oncle m'envoya au collège Saint-Louis suivre la classe de M. Delisle, espérant que j'aurais le prix au concours général. Il savait mal le règlement ; j'étais entré au mois de juin et ne pouvais concourir. On ne fit d'ailleurs aucune composition pendant le mois où je suivis la classe. Lorsque je vis la question proposée au concours, il me sembla que je l'aurais aisément résolue.

« La même année, M. Duhamel demanda pour moi l'autorisation de suivre les cours de l'Ecole Polytechnique. Le directeur des études, M. Dulong, exigea que je subisse un examen ; et M. Lefébure de Fourcy, après m'avoir interrogé pendant une heure, déclara qu'il m'aurait classé le second de sa liste. C'était au mois d'août 1833 ; j'avais alors onze ans et cinq mois.

« A partir de cette époque. on me laissa seul diriger mes études et mes lectures. Je suivais les cours de l'Ecole Polytechnique quand cela me plaisait ; j'allais à la bibliothèque de l'Institut où l'excellent M. Feuillet, bibliothécaire de l'Institut, me prêtait des livres ; je suivais le cours de Gay-Lussac au Jardin des Plantes, celui de Saint-Marc Girardin à la Sorbonne, de Lerminier au Collège de France, sans aucune sanction et sans qu'on s'informât jamais du profit que j'en tirais.

« Mon père m'avait appris un peu de latin, en me parlant sur tous les sujets et en me racontant l'histoire universelle, presque toujours en latin. Depuis l'âge de neuf ans, on ne songeait plus à entretenir ce que j'avais pu apprendre de la sorte. J'avais lu cependant et compris toute l'*Enéide*, en m'aidant d'une traduction ».

Tel est le récit que nous devons à Bertrand des premières études de son enfance. Il se passe de tout commentaire. Je hasarderai cependant une réflexion. On a fait à M. Duhamel la réputation d'un grand et habile éducateur. Cette réputation, il me semble qu'il l'a méritée au plus haut degré, le jour où il a pris la résolution de laisser son neveu développer librement tous les dons d'une nature admirablement douée.

Mais il ne faut pas oublier que nous sommes en France. Bientôt va se développer la préoccupation des examens.

Un jour, M. Duhamel entra dans la chambre de son neveu et lui dit : Il faut te faire recevoir bachelier ès lettres, cela te servira plus tard. On mit à la disposition du jeune homme tous les livres qu'il put désirer ; mais on le laissa se tirer d'affaire, sans lui imposer ni leçons, ni devoirs. Comme il fallait s'y attendre, son examen fut très inégal. Villemain, qui était un des juges, lui dit gracieusement : Vous voilà bachelier, comme Almaviva. Je ne sais s'il ajouta, comme Poinsot dans une circonstance analogue : Tâchez de réussir comme lui.

Reçu bachelier ès lettres le 20 mars 1838, Bertrand passait, le 10 avril suivant, son examen de bachelier ès sciences ; il obtint cette fois toutes boules blanches. Il fut reçu licencié ès sciences, le 4 mai de la même année. Cela faisait trois examens en six semaines.

L'année suivante, il se présenta au doctorat ès sciences. Suivant un usage assez fréquent à cette époque, il passa l'examen en deux fois, le 9 avril et le 22 juin 1839, devant un jury composé de Francœur, Libri et Lefébure de Fourcy. Dans sa thèse, qui traitait de la théorie des phénomènes thermomécaniques, il appliquait les méthodes de Duhamel et de Poisson et développait, sur les unités et les exposants de dimensions, des idées qui, plus tard, se sont montrées fécondes entre ses mains.

Au mois de juillet de la même année, il concourut pour l'Ecole Polytechnique et fut reçu le premier. Il nous a laissé des détails curieux sur les examens qu'il passa avec Bourdon et Auguste Comte. Je me bornerai à ce qui regarde Bourdon.

« J'ai, dit-il, le souvenir de l'étonnement de M. Bourdon qui, sachant que j'étais docteur ès sciences, m'avait fait un examen difficile. A la suite de je ne sais quelle réponse, il me dit : « Vous n'avez donc jamais ouvert une table de logarithmes ? — Je lui répondis : Non, Monsieur, jamais. » Il prit cela pour une impertinence ; c'était la pure vérité. Je n'avais fait alors aucun devoir scientifique ou littéraire, jamais aucun calcul demandé par aucun maître.

« A l'Ecole Polytechnique, j'étais un problème pour mes camarades. Reçu le premier et gardant le premier rang dans toutes les épreuves, je les étonnais de temps en temps par une ignorance scandaleuse sur des notions qu'on enseigne en septième. Beaucoup d'entre eux croyaient à une ignorance affectée ; j'en étais très honteux au contraire. J'ignorais complètement, par exemple, quelle sorte de mots les grammairiens désignent par le terme d'adverbes. »

Ce que Bertrand ne dit pas, c'est que ses camarades étaient à la fois pleins d'admiration pour ses dons naturels, et remplis d'affection pour sa nature vive, généreuse et loyale. Dans leurs réunions du dimanche, ils se plaisaient à mettre à l'épreuve sa mémoire vraiment prodigieuse. Il savait par cœur tout Musset, une grande partie de Victor Hugo, beaucoup de Lamartine, et il n'oubliait jamais rien. Cinquante ans après être sorti de l'Ecole, se trouvant à une soirée de l'Observatoire où l'on récitait une des *Nuits* de Musset, il disait à Tisserand : « Si Mme Bartet avait une défaillance de mémoire, je pourrais lui souffler le vers exact ». Il aimait beaucoup la poésie et en sentait vivement le rythme. Un vers faux le faisait souffrir. Jusqu'à la fin de sa vie, il a retenu sans effort tout ce qu'il voulait apprendre. Dans un des derniers dîners de promotion auxquels il ait assisté, un de ses camarades ayant récité une pièce de vers assez longue qu'il avait composée pour la circonstance, Bertrand, voulant l'intriguer, lui dit : « Mais ce morceau n'est pas de toi, je le connais depuis longtemps, et la preuve, c'est que je vais te le réciter. » Et il le fit comme il l'avait promis.

A la fin de sa première année à l'Ecole Polytechnique, Bertrand se présenta à l'agrégation des Facultés. Cette agrégation venait d'être instituée par Cousin, alors ministre de l'Instruction publique. Copiée sur l'institution analogue qui a rendu tant de services dans l'enseignement secondaire, elle se trouvait, par celà même, ne pouvoir convenir à l'enseignement supérieur. C'est le don d'invention, c'est l'aptitude aux recherches, qui sont, dans le haut enseignement, les qualités les plus essentielles, et ces qualités-là n'apparaissent pas nécessairement dans un concours. Il y aurait fort à dire sur ce sujet ; je me bornerai à remarquer que l'expérience a prononcé et que, malgré les tentatives faites à différentes époques, les concours institués par Cousin n'ont jamais été renouvelés.

Quoi qu'il en soit, une des conditions du concours était d'être âgé de vingt-cinq ans. Bertrand demanda une dispense de sept ans qu'on lui accorda, et il fut reçu.

« J'obtins, dit-il, le premier rang pour les compositions écrites ; et vingt ans après, lorsque mourut Poinsot, président du concours, j'eus le grand plaisir d'apprendre que, parmi le très petit nombre de papiers trouvés dans son bureau, figurait ma composition de mécanique qu'il avait emportée et gardée. »

Peu de temps après ce concours, il accomplit un acte de dévouement qui mérite d'être rapporté. Il était allé se reposer à Rennes, au mois de novembre, et se promenait sur le bord de la Vilaine, lorsqu'il aperçut une femme se jetant dans cette rivière. Sans prendre la peine de se débarrasser de ses vêtements, sans réfléchir qu'une course sur la berge le rapprocherait du lieu de l'accident, il se jeta dans la rivière et parvint à sauver la pauvre désespérée, qui se montra très reconnaissante et promit, comme il arrive toujours, de ne plus recommencer.

Moins habile en dessin qu'en mathématiques, Bertrand sortit le sixième seulement de l'Ecole Polytechnique. Ce rang lui assurait néanmoins l'entrée à l'Ecole des Mines, dont il devint élève en novembre 1841. Mais, auparavant, il se présenta à l'agrégation des Collèges, une année seulement après avoir été reçu agrégé des Facultés. Pour ce nouveau concours, l'Ecole Normale présentait un candidat d'un mérite exceptionnel, Charles Briot, dont la carrière s'annonçait aussi sous les plus heureux auspices. Les deux concurrents ne se connaissaient pas ; tous deux néanmoins avaient acquis, par le témoignage de leurs maîtres et de leurs camarades, le sentiment d'une réelle supériorité : ils savaient qu'ils auraient à se disputer la première place dans le concours. Ce sentiment a des effets différents suivant les différences de natures ; mais Bertrand et Briot avaient, l'un et l'autre, le cœur généreux. Au lieu de se sentir rivaux, ils devinrent amis tout de suite. Toujours bonne et dévouée, Mme Duhamel avait muni Bertrand du viatique nécessaire pour faire face aux fatigues d'une longue composition. Je ne sais si le Malaga rentre dans ce que nous nommons aujourd'hui les boissons hygiéniques. En tous cas, Mme Duhamel en avait donné quelque peu à son neveu. Celui-ci s'empressa d'en offrir à Briot. Le Malaga fut accepté sans façon ; il ne paraît pas avoir nui aux deux jeunes gens, qui se le partagèrent amicalement pendant toute la durée des compositions. Cette première série d'épreuves se termina pour eux de la manière la plus favorable ; ils avaient acquis un avantage décisif sur tous les concurrents. Entre eux cependant, la balance restait indécise ; l'attribution du premier rang dépendait entièrement du résultat des leçons qu'ils avaient encore à faire devant le jury. La chance fut défavorable à Briot, qui tira au sort un sujet très difficile, pour une leçon à préparer dans un délai très court. Il se trouvait fort embarrassé : Bertrand s'empressa de lui venir en aide. « Je connais, lui dit-il, un beau mémoire que Sturm vient de publier, précisément sur le sujet que vous avez à traiter ; je vais vous l'indiquer. Avec cela, vous ferez une très bonne et très neuve leçon. » C'est ainsi qu'agissaient en 1841 les candidats au concours d'agrégation. Cette loyauté généreuse ne s'est sans doute pas perdue ; elle m'a paru pourtant mériter d'être rappelée. Bertrand et Briot furent reçus premiers *ex æquo*. Ils restèrent toute la vie, l'un pour l'autre, des amis dévoués. Un des rares chagrins de Bertrand a été de ne pouvoir compter son ami Briot au nombre de ses confrères de l'Académie des Sciences.

III

A l'âge de 19 ans, Bertrand pouvait donc se parer des titres de docteur ès sciences, d'ancien élève de l'Ecole Polytechnique, d'agrégé des Facultés, d'agrégé des Collèges, et l'on a vu dans quelles conditions brillantes tous ces titres lui avaient été acquis. Ils lui donnaient droit, tout au moins, à une situation dans l'enseignement secondaire ; il dut attendre un emploi pendant deux ans. Il est vrai que ces deux années furent bien employées. Il avait publié, dès son entrée à l'Ecole Polytechnique, quelques travaux qui annonçaient un véritable géomètre, un notamment, sur la distribution de l'électricité, qui fut accueilli avec grande faveur par Liouville. A l'Ecole des Mines, il fit paraître, coup sur coup, plusieurs Mémoires importants et sur lesquels j'aurai l'occasion de revenir. C'est vers cette époque qu'eut lieu le funeste accident de chemin de fer dont il fut victime et dont les Parisiens ont conservé la mémoire. C'était le 8 mai 1842, jour de grandes eaux à Versailles. Bertrand et son frère Alexandre, alors élève à l'École Normale dans la section des lettres, affectueusement reçus depuis quelque temps dans la famille de leur camarade Marcel Aclocque, avaient formé le projet d'aller passer avec elle la journée à Versailles. Au dernier moment, les dames renoncèrent à l'excursion et les jeunes gens partirent seuls. Pour revenir à Paris, ils prirent le train de la rive gauche qui partait de Versailles vers 5 heures. Ce train, qui comprenait 18 wagons et portait 600 personnes, était remorqué par deux locomotives, placées toutes deux en tête du convoi. Il marchait à la vitesse, que l'on trouvait alors exagérée, de 40 kilomètres à l'heure. Pour des causes que l'on n'a pu déterminer, l'essieu antérieur de la première locomotive se rompit à ses deux bouts, près de la station de Bellevue, à l'endroit même où s'élève aujourd'hui, en souvenir de la catastrophe, la petite chapelle de Notre-Dame des Flammes. Les deux locomotives furent renversées et arrêtèrent le train ; mais les cinq premiers wagons, sautant par dessus, vinrent s'enflammer au contact du coke brûlant sorti du foyer de la seconde locomotive. Malheureusement, pour soustraire les voyageurs aux effets de leur imprudence, on avait, à cette époque, l'habitude de les enfermer à clef dans leurs compartiments. C'est ainsi qu'en un court espace de temps, 41 personnes périrent dans les flammes. Parmi elles se trouvait un illustre navigateur, l'amiral Dumont d'Urville, qui n'avait échappé aux périls de deux voyages autour du monde que pour mourir aux portes de Paris avec sa femme et son fils. Bertrand et son frère, ainsi que leur camarade Aclocque, purent échapper à une mort terrible ; mais ils furent grièvement blessés. Ils ne purent être ramenés à Paris que dix jours après l'accident, par les soins de neuf infirmiers militaires que le maréchal Soult, alors ministre de la Guerre, mit à la disposition de M. Duhamel. On sait que le visage de Bertrand conserva toute sa vie la trace de ses blessures ; mais cet accident ne fit pas disparaître l'expression de vivacité spirituelle et puissante qui était le caractère de sa physionomie, et que nos illustres confrères Bonnat et Chaplain ont si bien rendue, lorsqu'ils ont voulu, ainsi que Franz Hals l'a fait pour Descartes, conserver pour nos successeurs l'image fidèle et vivante de notre Secrétaire perpétuel.

Deux ans après, en décembre 1844, Bertrand contractait avec la sœur de son camarade, Mlle Aclocque, une union qui était destinée à faire le bonheur de sa vie. Dès les premiers mois de cette année 1844, il avait été nommé à la fois professeur de mathématiques élémentaires au collège Saint-Louis et répétiteur d'analyse à l'Ecole Polytechnique.

On conçoit que ces nouvelles occupations, jointes à des travaux personnels qui croissaient en nombre et en importance, devaient beaucoup troubler ses études d'élève-ingénieur des mines. Admis, en considération de son mérite, à passer à l'Ecole des Mines une année de plus que ses camarades, Bertrand en sortit à la fin de la cinquième année, après avoir réussi tous ses examens, effectué ses deux voyages d'instruction ; et il fut déclaré, suivant la formule consacrée, que « cet élève pouvait recevoir des fonctions administratives ». S'il n'a jamais exercé les fonctions d'ingénieur des mines, pour lesquelles il ne se sentait, je le crois, qu'une vocation modérée, c'est que, dès ce moment, la voie lui était ouverte du côté de l'enseignement.

Liouville, Lamé, Combes, Cauchy, accueillaient avec bienveillance ses moindres productions et les honoraient d'un rapport. Ses camarades Ossian Bonnet, Alfred Serret étudiaient ses travaux, et souvent se créaient des titres en démontrant par des voies nouvelles les résultats auxquels il était parvenu. A Saint-Louis, où ses élèves étaient à peine moins âgés que lui, ses chefs, heureux de posséder un maître si distingué, se plaisaient à signaler aussi les qualités morales, le dévouement parfait qu'il apportait à toutes les parties de son enseignement. Il quitta ce Collège vers 1848, parce que des devoirs nouveaux l'appelaient à l'Ecole Polytechnique, où il fut nommé examinateur d'admission, et au Collège de France où, après Cauchy et Liouville, il fut chargé de remplacer Biot. C'est à cette époque qu'il faut placer un épisode de sa carrière, dont il aimait à raconter au moins la première partie.

Un soir des premiers mois de 1848, il se promenait avec Alfred Serret, chargé comme lui des fonctions d'examinateur à l'Ecole. Les deux amis, étant entrés dans une salle de réunion publique, restèrent pour écouter l'orateur, publiciste connu dont on pourrait citer le nom. Bertrand, impatienté d'entendre exposer à la tribune des idées qui lui paraissaient fausses et dangereuses, demanda la parole et recueillit des applaudissements unanimes en développant le contre-pied de la thèse qui venait d'être soutenue. Rentré chez lui et sur le point de se coucher, on vint le prévenir que quelques personnes demandaient à lui parler. C'étaient ses auditeurs de la réunion publique, qui l'ayant élu, séance tenante, capitaine de la garde nationale, tenaient à lui faire connaître sans retard leur choix unanime et venaient solliciter son acceptation. Les fonctions ainsi offertes étaient loin d'être une sinécure ; Bertrand ne voulut pas se refuser à ce qu'il considérait comme un devoir civique. Il demeurait à cette époque rue des Francs Bourgeois ; un jour qu'il exerçait sa compagnie sur la place de l'Odéon, sa bonne vint à passer, portant son fils aîné, Marcel, notre confrère aujourd'hui. On était à une période de repos, les armes étaient croisées, les hommes dispersés, Bertrand prit l'enfant pour l'amuser un instant. Soudain retentit le roulement du tambour qui met fin à la pause. Bertrand veut rendre son fils : la bonne n'était plus là. Que faire ? il se voit réduit à commander l'exercice sans abandonner son fils. Quelques-uns de ses amis, qui faisaient partie de sa compagnie, entendirent alors dans les rangs des réflexions désobligeantes : « Notre capitaine, disait-on, est peut-être fort en mathématiques ; mais il n'est pas fait pour commander, il n'a pas l'esprit militaire. » Quelques jours après cependant, au moment des néfastes journées de Juin, le jeune capitaine de 26 ans recevait l'ordre d'enlever avec sa compagnie une barricade de la rue Soufflot En digne petit-fils de M. Blin, il s'élançait à l'assaut, malgré les balles qui sifflaient à ses oreilles ; mais, arrivé au pied de la barricade, il s'y trouvait à peu près seul. Ceux qui lui reprochaient de manquer d'esprit militaire n'avaient pas eu le courage de le suivre jusque-là.

Malgré les vicissitudes politiques, Bertrand cependant continuait à travailler. C'est à cette époque notamment que parurent deux ouvrages élémentaires, fruit de son enseignement à Saint-Louis, le *Traité d'Arithmétique*, publié en 1849 et le *Traité d'Algèbre*, qui date de 1850. Ils ont eu, l'un et l'autre, l'influence la plus heureuse sur l'enseignement des mathématiques dans nos lycées. Je me souviens, aujourd'hui encore, du temps où, modeste élève d'un lycée de province, j'étudiais ces ouvrages, un peu trop concis peut-être, et surtout leurs exercices difficiles, empruntés aux grands maîtres de la science. Des traités de cette nature éveillent les vocations, donnent le goût de la recherche et, par là, rendent des services inappréciables. Il est intéressant aussi de constater combien ils contiennent d'idées neuves et justes. Par exemple, dans son *Arithmétique*, Bertrand s'affranchit sans effort de cette vieille théorie des incommensurables où l'on confondait le nombre et la grandeur, et il se montre ainsi le précurseur avisé des théoriciens modernes qui ont fait cesser cette hérésie.

Quand l'Empire s'établit en 1852, on entreprit, sous l'impulsion de Le Verrier et de Dumas, une réorganisation complète des études dans nos lycées, et le gouvernement fit appel, pour les chaires importantes, aux professeurs les plus éprouvés. Briot fut nommé au lycée Saint-Louis, Bouquet au lycée Bonaparte ; et l'on offrit à Bertrand la chaire de Mathématiques spéciales de l'ancien Collège Henri IV, devenu le lycée Napoléon. Abandonnant alors ses fonctions d'examinateur à l'Ecole, il se consacra sans réserve à la tâche intéressante qu'il avait acceptée. Non content d'instruire les élèves en classe, il s'entretenait avec eux, s'occupant de leurs études et de leurs examens, allant les voir pendant les récréations, faisant travailler à part les élèves dont la réception lui paraissait douteuse. Lui, qui s'est élevé plus tard d'une manière si piquante contre les défauts de notre système d'examens, ne craignait pas d'employer, dans l'intérêt de ses élèves, les artifices les plus ingénieux. C'est ainsi que, tenant de son ami Serret, resté examinateur à l'Ecole, qu'un bon esprit seul est capable de répéter sans faute le théorème de Descartes, il s'était attaché et avait réussi à le faire apprendre à tous ses élèves.

D'éclatants succès récompensèrent de tels efforts.

Il avait d'ailleurs une méthode excellente d'enseignement. A chaque interrogation, il posait une question, relevait toute faute d'exposition, de raisonnement ou de langage, s'attachant à supprimer tout mot inutile. A la leçon suivante, il reprenait la même question, et continuait ainsi jusqu'à ce que l'élève atteignît dans son exposition la perfection du maître, ou en approchât tout au moins. Employée pour un certain nombre de questions bien choisies, cette méthode devient inutile pour tout le reste, et elle suffit à la formation de l'esprit.

Bertrand ne resta que trois ans au lycée Napoléon ; il quitta définitivement l'enseignement secondaire en 1856, pour remplacer Sturm, à la fois à l'Ecole Polytechnique et à l'Institut, et pour entrer comme maître de conférences à l'Ecole Normale, où il avait fait une apparition vers 1847, et où il devait passer cinq ans, de 1857 à 1862. A partir de ce moment, sa carrière se développa sans lutte et sans efforts. En voici les étapes principales :

A l'Ecole Polytechnique, nommé répétiteur adjoint d'Analyse le 18 mars 1844, il devint professeur d'Analyse le 30 janvier 1856, et se trouva ainsi le collègue de Duhamel, qui occupait depuis 1851 l'autre chaire d'analyse. L'oncle et le neveu se sont partagé l'enseignement du Calcul infinitésimal jusqu'à la date de 1869, où Duhamel, prenant sa retraite, fut remplacé par M. Hermite. Quant à Bertrand, il a conservé la chaire d'Analyse jusqu'au 1er avril 1895, époque où il fut atteint par les règlements relatifs à la limite d'âge. Il est donc resté à l'Ecole pendant une période ininterrompue de 51 ans, et il a occupé la chaire d'analyse pendant 40 ans. C'est ainsi que plus de 3.000 anciens élèves de l'Ecole Polytechnique ont entendu ses excellentes leçons.

Le Collège de France peut être fier aussi de l'avoir gardé longtemps. Nommé remplaçant de Biot en 1847, il était, en 1852, chargé des fonctions de suppléant, et devenait 10 ans après, le 19 avril 1862, après quinze ans de stage, titulaire de la chaire de Physique mathématique, qu'il a occupée jusqu'à sa mort.

Nommé sans concurrent, et par 46 suffrages, membre de l'Académie des Sciences, le 28 avril 1856, à l'âge de 34 ans, il succéda à Elie de Beaumont comme secrétaire perpétuel pour les sciences mathématiques, le 23 novembre 1874, et fut élu, dix ans après, le 4 décembre 1884, à l'Académie Française, en remplacement de J.-B. Dumas. Il a ainsi appartenu à l'Institut pendant près de 44 ans.

IV

Telle a été la carrière de Bertrand, active, éclatante, utile, accompagnée d'ailleurs du bonheur domestique et des joies de la famille. Je parlerai plus loin de son rôle dans les événements de 1870 ; mais le moment me paraît venu d'exposer d'une manière détaillée son œuvre scientifique et littéraire.

Cette œuvre, vous le savez, est des plus considérables. C'est que Bertrand travaillait sans cesse. Dans la rue même, quand il était seul, on le voyait entretenir avec lui-même une conversation, accompagnée le plus souvent de gestes très significatifs. Il nous donna, un jour, à l'École une proposition que nous nommions le théorème de la rue Saint-Jacques, parce qu'il l'avait trouvée en remontant cette rue pour venir à sa conférence. Sa conversation brillante et spirituelle, qui portait toujours sur les sujets les plus élevés, son enseignement du Collège de France, de l'Ecole Normale, de l'Ecole Polytechnique, lui suggéraient sans cesse de nouvelles recherches.

Affranchi par ses goûts, et aussi par la liberté même de son éducation, de tout commerce avec les auteurs de seconde main ou de second ordre, il puisait la science à sa source même et contribuait à l'accroître, soit par d'ingénieuses remarques, soit par de nouvelles découvertes. Il avait appris de bonne heure à lire avec profit pour lui-même, et ce n'est pas là un mince avantage. « Il ne suffit pas, disait-il, d'aborder les bons auteurs et de les parcourir dans une lecture rapide ; il faut vivre avec eux, les aimer, je dirai presque se faire aimer d'eux, obtenir, par une assiduité, patiente d'abord et bientôt empressée, le secret de leur grâce et de leur force. » Cette étude approfondie qu'il a faite des chefs-d'œuvre scientifiques et littéraires imprime à ses recherches un cachet d'élévation et d'originalité ; on le reconnaîtra aisément dans l'exposé détaillé qui me reste à présenter.

Je commencerai par ses travaux mathématiques.

Déjà, pendant son séjour à l'Ecole Polytechnique, Bertrand avait publié, en dehors du travail déjà cité sur la distribution de l'électricité, des règles nouvelles relatives à la convergence des séries à termes positifs, des compléments importants aux propositions d'Euler, de Lagrange et de Jacobi sur les conditions d'intégrabilité des fonctions différentielles. Mais ce furent surtout les années 1843 et 1845 qui furent fécondes, pour le jeune géomètre, en travaux véritablement importants. En 1843, à l'âge de 21 ans, il présentait à l'Académie deux Mémoires sur les systèmes triples de surfaces orthogonales. C'était, à cette époque, une théorie toute neuve et qui donnait les plus grandes espérances pour le développement de la physique mathématique ; elle avait été créée par Lamé qui, introduisant dans la science, avec les coordonnées curvilignes, la plus belle généralisation de la géométrie de Descartes, s'était servi de ce nouvel instrument de recherche pour aborder, dans toute sa généralité, le problème de la distribution de la chaleur à l'intérieur d'un ellipsoïde.

Le premier Mémoire de Bertrand est consacré aux systèmes orthogonaux qui sont composés de trois familles isothermes. L'auteur y démontre en particulier la belle proposition suivante :

Toute surface susceptible d'appartenir à un système triple orthogonal et isotherme est divisible en carrés infiniment petits par ses lignes de courbure, espacées d'une manière convenable.

Le second Mémoire contient des démonstrations nouvelles des propriétés que Lamé avait obtenues par l'analyse, relativement aux courbures des surfaces composantes, et des généralisations de ces propriétés.

La méthode suivie dans ces deux travaux est exclusivement géométrique ; elle repose sur l'emploi des infiniment petits qui, sous l'influence de Lagrange, étaient tombés dans un trop grand discrédit. Bertrand a toujours montré pour la géométrie une préférence toute particulière, qui s'explique par la nature de son esprit, désireux par-dessus tout de ne perdre de vue, à aucun moment, l'objet de sa recherche. Il n'appréciait pas outre mesure les méthodes générales et les comparait spirituellement à ces grandes routes que l'ingénieur a tracées d'un point à un autre, sans se préoccuper, ni de la beauté des sites, ni de la situation de la contrée qu'elles traversent. Il convenait qu'il fallait les connaître et les posséder; mais il recommandait de ne jamais les appliquer qu'en tenant compte des conditions spéciales du problème auquel on s'est attaché.

La même marche géométrique se trouve encore suivie dans un remarquable Mémoire sur la théorie des surfaces qu'il publia la même année, et où se trouve une proposition comparable par son élégance aux célèbres théorèmes d'Euler et de Monge relatifs à la courbure.

Bertrand y envisage d'une manière générale ces systèmes de rayons rectilignes qui dépendent de deux paramètres et auxquels, depuis les travaux de Plücker, nous donnons le nom de *congruences rectilignes*; il fait connaître une propriété caractéristique de ceux d'entre eux qui sont formés de normales à une même surface. Cette propriété lui permet, en particulier, de retrouver les beaux théorèmes de Malus et de Dupin sur les surfaces normales à une série de rayons lumineux Il montre ensuite que la loi de réfraction de Descartes est la seule pour laquelle ces théorèmes puissent être vérifiés. Avec toute autre loi, les rayons normaux à une surface pourraient perdre cette propriété après leur réfraction.

Le succès que Bertrand avait obtenu dans la recherche précédente l'engagea à étudier une question toute semblable qui se présente dans la théorie des courbes à double courbure. En essayant de caractériser les normales principales d'une courbe gauche, il a été conduit à définir une classe de courbes dont les normales principales sont aussi les normales principales d'une autre courbe. Elles resteront dans la science sous le nom de *courbes de Bertrand*, et leur étude est devenue aujourd'hui tout à fait classique.

A côté de ces travaux développés, Bertrand publiait des notes plus courtes, dont l'analyse ne saurait trouver place ici, et où l'on trouve pourtant bien des propositions originales ; je me contenterai de citer les deux suivantes :

Si une courbe est telle que le lieu des milieux d'une série de cordes parallèles soit toujours une droite, cette courbe est une conique.

Si une surface est telle que les sections par des plans parallèles soient toujours des courbes semblables, elle est algébrique et du second degré.

La géométrie n'a pas été le seul objet des premiers travaux de Bertrand ; la physique mathématique, la mécanique, l'analyse, ont été tour à tour l'objet de ses études.

Parmi ses travaux d'analyse, il en est un que l'on doit mettre hors de pair : c'est le *Mémoire sur le nombre des valeurs que peut prendre une fonction quand on y permute les lettres qu'elle renferme*, publié en 1845 dans le *Journal de l'Ecole Polytechnique*.

Lagrange, dont on retrouve le nom à l'origine de toute grande théorie mathématique, avait remarqué le premier que le problème de la résolution générale des équations algébriques est lié à l'étude de cette belle et difficile question :

Etant donnée une fonction de plusieurs lettres, déterminer le nombre des valeurs distinctes qu'elle prend, lorsqu'on y permute, de toutes les manières possibles, les lettres qu'elle renferme.

Et il a fait connaître, sur ce sujet, un théorème fondamental :

Le nombre des valeurs distinctes d'une fonction de n lettres est toujours un diviseur du nombre total de permutations de ces lettres.

Ruffini, dans sa théorie des équations, avait considéré plus spécialement les fonctions de cinq lettres, et il était arrivé, par une méthode assez compliquée, à démontrer le théorème suivant :

Si une fonction de 5 lettres a moins de 5 valeurs distinctes, elle n'en saurait avoir plus de deux.

Cauchy, qui, comme Lagrange, a laissé partout son

empreinte, avait obtenu une proposition plus étendue, en montrant que, si une fonction de n lettres a moins de p valeurs, p étant le plus grand nombre premier inférieur à n, elle en a au plus deux.

Bertrand, dans son Mémoire, généralise beaucoup ce théorème : il établit, entre autres résultats, que, si une fonction de n lettres a plus de deux valeurs, elle en a au moins n. Le cas où $n = 4$ est excepté. Sa démonstration est de la forme la plus originale. Elle repose sur un *postulatum* relatif aux nombres premiers, qu'il s'est contenté de vérifier à l'aide des tables, jusqu'à la limite 6 millions, sans toutefois chercher à le démontrer. Les efforts, couronnés de succès, que Tchebychef et le prince de Polignac ont dû faire pour établir ce *postulatum*, nous ont fait connaître de curieuses propriétés des nombres premiers.

En mécanique, Bertrand a débuté par un Mémoire sur la théorie des mouvements relatifs, qui donnait lieu aux appréciations suivantes de Combes :

« Le fruit que M. Bertrand a tiré de la lecture des ouvrages de la fin du XVIIe siècle et de la première moitié du XVIIIe siècle engagera sans doute les jeunes mathématiciens à étudier les œuvres, peut-être trop négligées, des grands maîtres de la science. »

Ces réflexions pourraient s'appliquer à l'écrit que Bertrand publia l'année suivante, en 1848, sous le titre modeste : *Note sur la similitude en mécanique*. Cette note a été souvent citée et souvent utilisée. Le sujet est d'ailleurs de ceux qui sont facilement accessibles. Nous allons nous y arrêter un instant.

Galilée, dans un de ses *Dialogues*, examine une question intéressante, qu'ont dû se poser, plus d'une fois, tous les esprits réfléchis, désireux d'approfondir l'étude de la statique. Comment se fait-il, demande un des interlocuteurs qu'il met en scène, que des machines ayant réussi en petit deviennent impraticables sur une grande échelle? S'il est admis que la géométrie est la base de la statique, de même que leurs dimensions plus ou moins grandes ne changent pas les propriétés des cercles, des triangles, des cylindres ou des cônes, de même une grande machine entièrement semblable à une autre plus petite paraîtrait devoir réussir dans les mêmes circonstances et résister aux mêmes causes de destruction. A cela, Galilée n'a aucune peine à répondre par des raisons tirées de la nature des matériaux qui composent les machines; et il montre qu'une machine plus grande, mais composée des mêmes matières que la plus petite, ou bien ne sera pas réalisable, ou bien sera moins apte à résister aux efforts extérieurs. Il étend même cette conclusion aux êtres animés et aux végétaux. Qui ne voit, dit-il en substance, qu'un cheval tombant d'une hauteur de trois ou quatre brasses se rompra sûrement les os, mais qu'un chien tombant de la même hauteur, ou un chat tombant de huit à dix brasses, ne se feront aucun mal, non plus qu'un grillon tombant d'une tour, ou une fourmi précipitée de la lune. Les petits enfants ne se blessent pas dans leurs chutes, tandis que les hommes avancés en âge se rompent la tête ou les membres. Et, comme les animaux plus petits sont, à proportion, plus robustes et plus forts que les plus gros, ainsi les plantes les plus petites sont celles qui se soutiennent le mieux. Un chêne d'une hauteur de 200 brasses n'étend pas ses rameaux à la manière d'un chêne beaucoup plus petit. Croire que, parmi les machines, les plus grandes et les plus petites peuvent être également construites et également conservées, est une erreur manifeste.

Newton, dans le livre des *Principes*, a examiné une question beaucoup plus générale, et il a donné une très belle proposition, qui étend de la manière la plus nette la théorie de la similitude, non seulement à la statique, mais encore à la dynamique des systèmes matériels. En lisant différentes parties de son immortel ouvrage, il est facile d'apercevoir le parti que Newton a tiré de ces considérations de similitude pour les belles démonstrations synthétiques que le progrès de l'analyse a trop fait négliger. Seulement, et c'est là un point essentiel, au lieu d'un seul rapport de similitude, il y a lieu ici d'en considérer quatre : celui des longueurs, celui des temps, celui des forces et celui des masses. Ils sont liés par une relation très simple, qui a été donnée par Newton.

« J'avoue, dit Bertrand, que ce théorème de Newton, qui, à ma connaissance, n'a été reproduit dans aucun traité de mécanique, me paraît devoir être mis au nombre des principes les plus féconds et les plus simples de la science. » Et il en donne immédiatement la preuve par des applications du plus haut intérêt. Je cite au hasard : les lois de l'oscillation des pendules simples, les vibrations des cordes, les vitesses de propagation du son dans les différents milieux. Il y a quelque chose qui paraît, au premier abord, paradoxal dans cette démonstration de lois expérimentales à l'aide de simples considérations mathématiques d'homogénéité dans les formules.

Bertrand a fait, plus tard, d'autres applications du principe de similitude ; mais les quelques pages qu'il lui a consacrées dès 1848 suffiraient à préserver son nom de l'oubli. C'est grâce au principe de similitude que les ingénieurs des constructions navales sont parvenus à élucider les lois de la résistance opposée par l'eau au mouvement des navires, ou du moins cette partie de la résistance qui est indépendante des frottements et de la viscosité. Toutes les grandes marines possèdent aujourd'hui des bassins d'expériences, des ateliers de construction pour les modèles ; et aucun type nouveau n'est mis désormais sur les chantiers sans que l'on n'ait ainsi soumis sa résistance à la marche à un contrôle préalable qui fournit les plus précieuses indications.

J'ajouterai que ce principe peut être aussi très utilement invoqué dans une question qui préoccupe aujourd'hui les inventeurs, celle de la navigation aérienne.

On objecte aux partisans du *plus lourd que l'air*, de l'aviation, que le principe de similitude paraît contraire à leurs prétentions, puisque la nature, qui a réalisé tant d'oiseaux, tant d'insectes, tant de mammifères même volant dans les airs, paraît leur retirer cette faculté de s'élever et de se soutenir, dès que leur volume ou leur poids augmente au delà d'une certaine proportion. Mais le principe invoqué doit être judicieusement interprété ; les partisans de l'aviation peuvent répondre qu'il comporte trois rapports distincts de similitude. Il suffira, par exemple, pour échapper à l'objection, de construire des moteurs qui, sous un volume ou un poids donné, soient plus puissants que tous ceux dont la nature dispose dans les êtres animés. La conclusion est bien simple : il ne faut décourager personne, et l'on doit laisser le champ libre aux inventeurs.

Presque en même temps que la *Note sur la similitude en mécanique*, Bertrand publia des travaux étendus sur la théorie des courbes tautochrones. Le problème des *tautochrones* avait été posé par Huygens, à l'occasion de l'une de ses plus belles découvertes : l'application du pendule aux horloges à poids. Huygens démontra le tautochronisme de la cycloïde et, pour faire décrire au pendule cette courbe, il inventa son admirable théorie des développées. Newton, dans le livre des *Principes*, étendit beaucoup, et dans des sens divers, la proposition de Huygens. Euler et Bernoulli, Fontaine et Lagrange revinrent sur cette question. Lagrange crut en avoir trouvé la solution générale et ses résultats parurent assez importants à d'Alembert pour que celui-ci en cherchât une démonstration nouvelle

Bertrand, en revenant sur ce sujet, dans un Mémoire qui n'a pas toujours été bien compris, replace la question sur son véritable terrain, et montre que la formule de Lagrange est bien loin d'avoir la généralité et l'importance que lui attribuait son illustre auteur. Il fait connaître aussi des cas nouveaux et remarquables de tautochronisme.

Quelle que soit la valeur des travaux précédents, ils sont loin d'avoir l'importance de ceux que Bertrand consacra, à partir de 1851, au problème général de la mécanique.

Il raconte quelque part que Maupertuis, se carrant un jour dans un fauteuil, s'écria : « Je voudrais bien avoir un beau problème à résoudre, et qui ne serait pas difficile. » Les essais que fit Maupertuis dans cette voie ne furent pas heureux, et je n'ai pas besoin de rappeler tous les déboires que lui valut, par exemple, son fameux principe de la moindre action. Bertrand aimait aussi à se poser de beaux problèmes ; mais il ne se préoccupait pas de savoir s'ils étaient faciles ou difficiles. L'essentiel, à ses yeux, était qu'ils fussent dans le grand courant de la science, et de nature à servir à ses progrès. La question qu'il aborda dans son *Mémoire sur les intégrales communes à plusieurs problèmes de mécanique* remplissait vraiment toutes ces conditions.

« Les théorèmes généraux de la mécanique, nous dit-il, peuvent se diviser en deux classes. Les uns, comme le principe des forces vives, sont des propriétés générales dans leur énoncé, mais variables dans leur expression analytique avec les forces qui agissent sur le système. Les autres, comme le principe des aires et le principe du mouvement du centre de gravité, exigent seulement que les forces remplissent certaines conditions et fournissent alors des intégrales indépendantes de leur expression précise. »

Cela conduit Bertrand à se proposer la belle question suivante : « Quelles sont les intégrales qui peuvent être communes à plusieurs problèmes de mécanique et partagent sous ce rapport les propriétés des intégrales des aires ou du mouvement du centre de gravité ? »

Il en donne la solution pour le cas d'un seul point matériel Ses recherches ne pouvaient épuiser un problème aussi étendu. Notre confrère M. Rouché, d'autres aussi, y ont déjà puisé les éléments d'élégants Mémoires. Bertrand lui-même est revenu sur ce sujet, dans un travail que je rencontrerai plus loin. Mais il s'engagea bientôt dans une autre voie, à l'occasion d'une communication de l'illustre Jacobi à l'Académie des Sciences

Peu de mois après la mort de Poisson, Jacobi écrivait à l'Académie pour lui signaler, disait-il, la plus profonde découverte du grand géomètre qu'elle venait de perdre. Cette découverte, qui se trouve dans le premier Mémoire de Poisson *sur la variation des constantes arbitraires*, consiste en ce que, deux intégrales d'un problème de mécanique étant données, on peut, sans nouvelle intégration, former une nouvelle expression dont la valeur est constante, ce qui fournit en général une troisième intégrale. Celle-ci, à son tour, peut être combinée avec les deux premières, et ainsi de suite, jusqu'à ce que le problème soit résolu.

Malheureusement, cette découverte fondamentale n'avait été bien comprise, ni par son auteur, ni par Lagrange, ni par les géomètres qui avaient suivi. Ils s'étaient uniquement préoccupés du problème important, mais spécial, auquel Poisson apportait une contribution nouvelle, sans songer à dégager, comme

Jacobi l'a fait le premier, les applications du résultat de Poisson à la solution du problème général de la dynamique.

Dans un Mémoire justement admiré, Bertrand reprit, à la suite de Jacobi, l'étude du théorème de Poisson, non pour en faire des applications générales, mais pour étudier les cas où il se trouve en défaut et ne donne aucune nouvelle intégrale. Cette étude se montra entre ses mains extrêmement féconde En l'appliquant au célèbre problème des trois corps, il réussit à obtenir une classification des intégrales et, comme Bour l'a reconnu plus tard, à faire entrer dans une voie nouvelle ce problème à la fois difficile et fondamental. Ainsi le nom de Bertrand figurera de la manière la plus honorable dans l'histoire d'une question qui constitue à elle seule presque toute la mécanique céleste.

Cette histoire pourra se diviser à l'avenir en deux périodes bien distinctes : l'une, qui commence avec les travaux de Newton, exposés dans le livre des *Principes*, et où la France sera glorieusement représentée par les recherches de Clairaut, de d'Alembert, de Lagrange, de Laplace, de Joseph Bertrand, d'Edmond Bour et d'autres encore ; l'autre, qui vient à peine de s'ouvrir, et où nous sommes assurés de conserver une place d'honneur, car elle a été inaugurée par les profondes et persévérantes recherches de notre confrère Henri Poincaré.

Les travaux dont je viens de présenter l'analyse sont ceux que Bertrand put faire valoir, lorsqu'en 1856, la mort de Sturm laissa une place vacante dans la Section de Géométrie. Après avoir recueilli sans opposition la succession de Sturm, Bertrand publia, en guise de bienvenue, deux nouveaux Mémoires, qui doivent être joints aux précédents.

Le premier est intitulé : *Mémoire sur quelques-unes des formes les plus simples que peuvent prendre les intégrales des équations différentielles du mouvement d'un point matériel*. Dans un travail que j'ai cité déjà, il avait montré que, si l'on se donne au hasard une intégrale d'un problème de mécanique, où l'on suppose seulement que les forces dépendent uniquement des positions des points du système et nullement des vitesses de ces points, non seulement les forces sont en général déterminées, mais il peut même arriver que l'on soit conduit à une contradiction, et qu'il n'existe aucun problème admettant l'intégrale donnée. Cette intégrale ne saurait donc être choisie arbitrairement ; elle doit satisfaire à des conditions. Ce sont ces conditions que Bertrand se propose de rechercher et, comme il remarque que les intégrales des aires et celles des forces vives sont entières par rapport aux composantes des vitesses, il se propose la question suivante :

Chercher tous les problèmes de mécanique qui admettent des intégrales entières ou rationnelles par rapport aux composantes des vitesses.

Un tel problème serait, aujourd'hui encore, au-dessus de nos forces. Bertrand en a ébauché la solution générale pour le cas du point matériel mobile dans un plan. D'autres sont venus à sa suite : Massieu, Bour, Ossian Bonnet. Tout ce que nous savons aujourd'hui sur la détermination des lignes géodésiques des surfaces a sa source dans son Mémoire, dont l'effet est loin d'être épuisé.

Le second travail que publia Bertrand après son élection est d'une nature toute différente. Il lui a été inspiré, sans doute, par une leçon de l'Ecole Normale et a pour objet la théorie des polyèdres réguliers.

Les cinq polyèdres réguliers, le tétraèdre, le cube, l'octaèdre, le dodécaèdre, ont été connus dès la plus haute antiquité. Leur découverte remonte à l'époque de Pythagore. Les anciens, sensibles aux propriétés mystérieuses des formes et des nombres, leur attribuaient le rôle le plus important dans leurs systèmes cosmogoniques. Leur étude était considérée comme le couronnement de la géométrie. Chez les modernes, plus positifs, les idées mystiques que les anciens avaient attachées à une recherche purement scientifique avaient beaucoup nui à cette théorie des corps réguliers; et l'historien Montucla la comparait irrévérencieusement à ces mines que l'on abandonne, parce que le produit n'en paierait pas le travail.

Euclide, dans le XIIIe livre de ses *Eléments*, et Legendre, dans sa *Géométrie*, avaient rigoureusement établi que les cinq solides de Pythagore sont les seuls polyèdres réguliers qu'il soit possible de former. Poinsot, en supprimant pour les polyèdres la condition d'être convexes, eut ici, comme dans la théorie des couples, la gloire d'attacher son nom à une découverte impérissable, et de nous faire connaître quatre solides réguliers nouveaux.

Cette découverte eut un grand retentissement. Son auteur, quand il la publia en 1810, avait appelé l'attention sur l'utilité qu'il y aurait à la compléter et à rechercher s'il existe encore d'autres solides réguliers. Cauchy, alors à ses débuts, entra dans la lice et publia sur ce sujet, en 1813, deux Mémoires dignes de son génie. Dans le premier, il établit que les trois dodécaèdres et l'icosaèdre nouveaux, découverts par Poinsot, épuisaient, avec les polyèdres de Pythagore, la série des corps réguliers.

Le résultat était important, la démonstration rigoureuse. Mais elle exigeait une grande attention et l'emploi de modèles en relief.

Bertrand, que tant de liens d'affection et d'admiration rattachaient à Poinsot, revint sur cette belle question et donna la démonstration la plus élégante du théorème de Cauchy. Elle repose sur le lemme suivant :

Les sommets de tout polyèdre étoilé doivent être aussi les sommets d'un polyèdre régulier convexe.

Il n'y a donc qu'à prendre les cinq polyèdres de Pythagore et à chercher quels polygones réguliers on peut obtenir en groupant convenablement leurs sommets : ces polygones réguliers sont les faces des polyèdres cherchés.

La découverte de Poinsot acquiert ainsi toute sa valeur et peut être mise à la portée de tous. Ces résultats intéresseront tous ceux qui attachent encore de l'importance à la beauté des formes géométriques.

V

Messieurs, l'énumération rapide que je viens de faire des principales découvertes de Bertrand n'a pu vous donner une idée de l'élégance et de la netteté avec laquelle leur auteur les a présentées. En lisant les introductions qu'il plaçait en tête de ses Mémoires et où il exposait, à l'exemple de Lagrange, et les résultats acquis antérieurement, et le but de ses propres recherches, on pouvait affirmer, dès le début, qu'il était appelé à devenir un véritable écrivain.

Ces qualités de forme et de style, il les apportait dans son enseignement. Nous apprécions beaucoup, en France, la belle ordonnance des cours et des leçons. J'ai donc entendu d'excellents professeurs. Aucun ne m'a laissé les souvenirs que je conserve de l'enseignement de Bertrand. On parle souvent de la difficulté des mathématiques et il a raconté, à ce sujet, une anecdote amusante, Liouville, rappelant une démonstration de Galois, la déclarait très facile à comprendre. « Au geste d'étonnement qu'il me vit faire, dit Bertrand, il ajouta : Il suffit d'y consacrer un mois ou deux, sans penser à autre chose. » Bertrand aurait volontiers consacré un mois ou deux à une démonstration, mais il aurait eu l'art de la présenter sous une forme attrayante à ses auditeurs. La clarté qu'il apportait dans son exposition n'était pas celle de la lampe du mineur, qui se porte successivement et péniblement dans tous les recoins. C'était la pure lumière du soleil, baignant toutes les parties du sujet, éclairant les sommets, mettant en évidence les rapports mutuels des choses. C'était surtout au Collège de France qu'il était merveilleux. On y allait pour s'instruire sans doute ; mais on goûtait, en même temps, le plaisir délicat d'entendre son exposition. Il étudiait soigneusement les questions qu'il avait à traiter, car il avait le respect de son auditoire ; mais il ne préparait pas les leçons une à une. Il avait coutume de dire que, lorsqu'il avait préparé une leçon, il en faisait une autre ; son imagination l'emportait.

Dans l'univers de l'ordre, du nombre et de la forme, qui compose le domaine du géomètre, tous les dons de l'esprit peuvent se donner carrière : la netteté, la précision sans doute, mais aussi l'élégance, la finesse, l'imagination. Bertrand réunissait les qualités les plus opposées : l'esprit critique et le don de l'invention. Il n'était jamais plus intéressant que lorsqu'il rencontrait quelque difficulté imprévue. Alors, sans trop se troubler, il travaillait en quelque sorte devant nous. Il levait la difficulté le plus souvent, pas toujours ; mais, dans tous les cas, il mettait sous nos yeux le plus instructif modèle de l'art d'inventer.

Il avait un auditoire d'élite, qui comprenait toujours des maîtres déjà formés, professeurs de nos lycées, de nos grandes écoles, de la Sorbonne. On causait avec lui après la leçon, s'entretenant des sujets de recherches qu'il avait proposés. Plusieurs d'entre vous, mes chers confrères, peuvent, sur ce point, faire appel à leurs souvenirs.

Deux des jeunes gens qui suivaient le cours me reviennent maintenant en mémoire. Leur histoire est touchante et j'en veux dire quelques mots.

Emile Barbier, élève de l'Ecole Normale, avait pour Bertrand une sorte de vénération ; il est, je le crois bien, avec Désiré André, le seul de ses élèves qui se soit occupé de sa science favorite, le Calcul des Probabilités. Entré à l'Observatoire après sa sortie de l'Ecole, Barbier le quitta en 1870 pour aller soigner nos blessés avec un dévouement que rien ne put rebuter. A cette époque, on le perdit de vue. Bertrand le retrouva, longtemps après, à Charenton. L'exaltation religieuse de Barbier, son impuissance à se conduire dans la vie (il donnait aux pauvres tout l'argent qu'il recevait) avaient déterminé sa famillle à le faire interner. Bertrand alla le voir plus d'une fois et lui offrit de le placer dans les meilleures conditions de séjour. Barbier ne voulut accepter qu'une chambre séparée afin de pouvoir s'y livrer, sans être troublé, à ses recherches mathématiques. Il envoyait régulièrement à l'Académie des communications ingénieuses et fines qui lui méritaient chaque année notre prix Francœur. Il a voulu passionnément être libre et quitter l'asile où il était aimé de tous ; et il est mort loin de nous, sans doute à la suite des jeûnes répétés et des privations de toute sorte qu'il s'imposait. Au moyen âge, il aurait été vénéré comme un saint.

Un autre des élèves de Bertrand, Claude Peccot, annonçait aussi de brillantes dispositions mathématiques. Il fut enlevé à la fleur de l'âge, et la famille dont il avait été l'unique espoir voulut perpétuer la mémoire de l'enfant qu'elle avait perdu. Bertrand lui donna l'idée et le plan de cette fondation si intéressante qui permet à de jeunes mathématiciens, soit de travailler sans souci de l'avenir, soit de faire connaître leurs recherches par une série de leçons faites au Collège de France. L'inauguration de la fondation Peccot a eu lieu l'année même de la mort de Bertrand, et le succès du premier titulaire désigné par lui a été une de ses dernières joies.

Les cours que Bertrand a faits au Collège de France ont porté sur les sujets les plus variés. C'est là qu'il a préparé, en particulier, ce grand *Traité de Calcul différentiel et de Calcul intégral* dont les premiers volumes ont paru en 1864 et 1870 ; la préface même de l'ouvrage, qui contient l'histoire de la découverte du Calcul et des débats de Leibniz et de Newton, a été lue dans une des leçons de Bertrand.

Il faudrait bien se garder de voir dans ce *Traité* une simple compilation. L'auteur, sans doute, y expose les découvertes des autres ; mais il y joint les siennes, de manière à obtenir une exposition personnelle et originale. C'est ainsi que, dans le premier volume, il donne un exposé magistral de ses travaux et de ceux des géomètres français, sur la théorie infinitésimale des courbes et des surfaces. De même, dans le chapitre sur les déterminants fonctionnels, il reprend une définition géniale donnée dans un de ses Mémoires, et démontre, d'une manière intuitive, les nombreux théorèmes de Jacobi.

Bertrand a donc trouvé dans son cours l'occasion et la matière de ses travaux ; il faut ajouter aussi que, par son enseignement, il a inspiré et provoqué un grand nombre de recherches. Je ne parle pas seulement des thèses qu'il a suscitées, celles de Painvin, de Lafon, de Massieu et de beaucoup d'autres. Mais on peut citer plusieurs questions intéressantes dont la solution a été élucidée par ses auditeurs. J'en rappellerai au moins une, d'abord parce qu'elle se rapporte à un sujet de réelle importance, et aussi parce qu'elle nous permettra de mettre en lumière une disposition particulière de son esprit.

Bertrand était un logicien incomparable ; tous ceux qui ont causé avec lui en conviendront aisément. Son raisonnement était toujours irréprochable et, pour ne pas être de son avis, c'était aux prémisses qu'il fallait s'attaquer. Il se plaisait à étudier de près ces édifices logiques élevés par les physiciens ou les géomètres, et à y examiner chaque pièce, pour en définir le rôle et la portée. Il n'était jamais plus heureux que lorsqu'il avait pu reconnaître que quelqu'une d'entre elles était inutile et pouvait être supprimée. Ce travail d'analyse et de dissection logique, il l'a appliqué à la théorie des lignes de force de Faraday, sur laquelle il a écrit des chapitres définitifs, et aux démonstrations célèbres par lesquelles Ampère est parvenu à la loi des actions électrodynamiques Dans ses cours de 1873 et de 1877, il soumit à la même épreuve les lois de Képler. Il établit ainsi les propositions suivantes, qui peuvent d'ailleurs permettre d'étendre aux étoiles doubles les lois de la gravitation newtonienne :

Parmi les lois d'attraction émanant d'un centre fixe, la loi de la nature et celle des actions proportionnelles à la distance sont les seules pour lesquelles la trajectoire du mobile soit toujours fermée.

Si Képler n'avait déduit de l'observation qu'une seule de ses lois : les planètes décrivent des ellipses dont le soleil occupe un des foyers, on aurait pu, de ce seul résultat érigé en principe général, conclure que la force qui les gouverne est dirigée vers le soleil, et en raison inverse du carré des distances.

Il fut ainsi conduit à proposer à ses auditeurs la belle question suivante :

En sachant que les planètes décrivent des sections coniques et sans rien supposer de plus, trouver les expressions des composantes de la force qui les sollicite, exprimées en fonction des coordonnées de son point d'application.

Deux solutions différentes en furent publiées ; celle

d'Halphen fut la plus remarquée, parce qu'elle faisait revivre et employait l'équation différentielle des coniques, donnée par Monge et oubliée depuis.

Je reviendrai plus loin sur trois autres ouvrages de haute science qui ont été préparés au Collège de France ; mais il est temps que je rappelle les travaux d'une nature toute différente auxquels Bertrand a consacré une part importante de son activité.

VI

Dès qu'il fut nommé membre de l'Institut, il tint à honneur de remplir dans toute leur étendue ses devoirs d'académicien. Il faisait des rapports très étudiés sur les travaux soumis à l'Académie, jugeait les concours auxquels prenaient part des hommes d'un mérite éprouvé. L'un de ces concours est demeuré célèbre ; c'est celui de 1860, qui avait pour objet la formation de l'équation aux dérivées partielles des surfaces applicables sur une surface donnée. Edmond Bour, Ossian Bonnet, Codazzi envoyèrent tous les trois des Mémoires dans lesquels la question se trouvait résolue. Bour obtint le prix parce qu'il avait donné de plus un résultat de haute importance : la détermination effective de toutes les surfaces applicables sur une surface de révolution. Malheureusement, sa mort prématurée l'a empêché de publier le détail de sa solution, qui, depuis, a été contestée. Le travail original, soigneusement conservé par Bertrand, a disparu dans les incendies de la Commune, laissant subsister une énigme que les progrès de la science contribueront sans doute à éclaircir.

Dès les premiers jours aussi, Bertrand prit la part la plus active aux élections de l'Académie. Se tenant à l'écart de tous les partis qui, à cette époque, se disputaient l'influence parmi nous, il n'accordait jamais son suffrage qu'en s'inspirant des vues les plus hautes et des motifs les plus désintéressés. On conserve le souvenir des efforts qu'il fit en faveur de son ami Foucault. La lutte fut ardente, car Foucault n'était pas ce que l'on appelle d'ordinaire un bon candidat. Son esprit caustique, qui ne se refusait à aucune épigramme, son feuilleton des *Débats*, où il jugeait librement les communications de ses futurs confrères, avaient contribué à lui susciter des adversaires nombreux et résolus : il n'avait pour lui que ses découvertes, ses admirables expériences. Son concurrent d'ailleurs, qui est devenu plus tard notre confrère, était présenté par quelques-uns, je n'ose pas dire comme le candidat, mais au moins comme le collaborateur de l'empereur. Foucault l'emporta à une voix de majorité ; et ainsi, grâce à Bertrand, l'Académie peut revendiquer l'honneur d'avoir compté parmi ses membres un homme de génie de plus.

Plus d'une fois enfin, il accepta de parler au nom de l'Académie des Sciences dans les réunions annuelles de l'Institut. C'est ainsi que, peu à peu, il réunit les éléments de son premier ouvrage littéraire : *Les fondateurs de l'Astronomie moderne*. Cet essai fut accueilli avec la plus grande faveur. Il n'y a rien de plus beau dans l'histoire des sciences que cette série d'efforts et de travaux coordonnés par lesquels nous ont été révélées les lois véritables des mouvements célestes. Bertrand explique leur enchaînement avec une merveilleuse lucidité. Les noms illustres de Copernic, de Tycho Brahé, de Képler, de Galilée et de Newton, qui apparaissent successivement dans son récit, lui donnent un relief et un charme incomparables. Tous ceux qui n'ont pas étudié les hautes mathématiques, étonnés et flattés de pouvoir comprendre les découvertes de ces grands hommes, regrettent seulement que l'auteur ne les conduise pas jusqu'aux temps de Laplace et de Le Verrier. Bertrand ne se borne pas, d'ailleurs, comme l'ont fait trop souvent les historiens de la science, à nous faire connaître le développement et la transformation des doctrines et des idées. Il introduit les savants en même temps que leurs travaux, nous dépeint leur caractère, nous raconte leur vie. Il met leur histoire en contact avec celle de leurs contemporains et, par là, il lui communique un intérêt tout nouveau. A ce point de vue, on peut rapprocher de ce premier ouvrage littéraire l'admirable étude sur Viète que, vers la fin de sa vie, en 1897, Bertrand lut, ou plus exactement, répéta avec une fidélité de mémoire extraordinaire, devant un auditoire qui, venu uniquement pour l'entendre, remplissait le grand amphithéâtre de la Nouvelle Sorbonne.

Les fondateurs de l'Astronomie moderne datent de 1865. Quatre ans après, paraissait un autre volume, *L'Académie des Sciences et les Académiciens de 1666 à 1793*, qui a dû exiger bien des recherches.

Le sujet est vaste, et l'histoire de notre Académie serait une œuvre de longue haleine, car elle se confondrait avec l'histoire même des sciences depuis Louis XIV. Bertrand, il le dit expressément, n'a pas eu l'intention de l'aborder dans toute son ampleur. Il a voulu surtout nous faire connaître l'organisation de l'ancienne Académie, la physionomie des séances, les relations de ses membres entre eux et avec le gouvernement. Il commence en 1666 à la fondation de l'Académie par Colbert, et néglige, par conséquent, cette Académie avant la lettre, à laquelle Pascal dédiait, en 1654, un de ses travaux. Il passe aussi très rapidement sur cette organisation éphémère, à laquelle Colbert s'était tout d'abord arrêté, et dans laquelle l'Académie réunissait des érudits et des historiens, aussi bien que des géomètres et des physiciens. « Les géomètres et les physiciens s'assemblaient séparément le samedi, puis tous ensemble le mercredi. Les historiens tenaient séance le lundi et le jeudi, et les littérateurs enfin étaient réunis le mardi et le vendredi. Toutes les sections cependant composaient un même corps qui, le premier jeudi de chaque mois, entendait et discutait, s'il y avait lieu, dans une réunion de tous ses membres, le compte rendu des travaux particuliers. L'organisation, on le voit, était semblable à celle de notre Institut. » Elle succomba devant les objections de l'Académie française et de l'Académie des Inscriptions ; mais, il m'a paru bon de le rappeler, c'est à Colbert que l'on doit le plan qui a prévalu dans l'organisation des Académies étrangères au XVIIIe siècle.

Bertrand n'insiste pas non plus sur cette seconde période où l'Académie était composée de 16 membres qui travaillaient en commun, sans qu'aucun d'eux eût le droit de signer de recherche particulière ; elle dura seulement trente-trois ans et se termina en 1699, époque où l'abbé Bignon, neveu de Pontchartrain, obtint pour l'Académie une nouvelle organisation, et aussi un grand accroissement, qui portait de 16 à 50 le nombre de ses membres, en les partageant en trois classes, celles des honoraires, des pensionnaires et des associés.

Bertrand avait lu avec grand soin les procès-verbaux de nos séances, précieusement conservés aujourd'hui à la Bibliothèque ; il a su en extraire tous les renseignements relatifs aux diverses affaires qui se partageaient l'activité de l'Académie :

Les élections d'abord : l'influence d'une Académie en dépend dans une large mesure. Les trop nombreuses candidatures imposées à Laplace ne sont pas oubliées.

Les expéditions scientifiques ; c'est un des chapitres qui font le plus d'honneur à notre Compagnie. Les unes, comme celles d'Antoine de Jussieu et de Tournefort, furent consacrées à des études d'histoire naturelle ; les autres, celles de Clairaut et de Maupertuis, de Bouguer et de La Condamine, de Lacaille, par exemple, eurent pour but les progrès de l'astronomie et de la géodésie.

Les prix, infiniment moins nombreux qu'aujourd'hui, mais dont les commissaires trouvaient moyen d'accroître le nombre en renonçant aux honoraires qui leur étaient attribués pour le jugement des concours.

Les rapports, souvent sévères et impatients, presque toujours favorables aux premiers essais des grands hommes. Dix mille rapports, composés en moins d'un siècle par nos prédécesseurs, subsistent encore dans nos archives. Bertrand n'oublie pas de mentionner celui que Bailly eut à écrire sur les misères de l'Hôtel-Dieu de Paris. Ses révélations émurent tous les cœurs ; une souscription publique réunit rapidement la somme de deux millions ; mais le gouvernement, au lieu de l'employer à améliorer le sort des malheureux malades de l'Hôtel-Dieu, obligés de coucher jusqu'à six dans le même lit, s'appropria honteusement le dépôt sacré qui lui avait été confié.

La deuxième section de l'ouvrage traite des Académiciens. L'auteur y rappelle les traits principaux de leur vie et de leur caractère. Nous voyons successivement passer devant nos yeux Duhamel, qui écrivait en latin l'histoire de l'Académie, Fontenelle, Mairan,

Grandjean de Fouchy, Condorcet, dont Bertrand juge avec une juste sévérité les écrits mathématiques, sans apprécier, peut-être, avec assez de bienveillance son rôle comme littérateur et philosophe. Sur les géomètres, sur les astronomes, sur les physiciens, sur les naturalistes, il nous apporte des jugements ou des aperçus pleins de finesse et d'équité. Son livre a le mérite, essentiel en une telle matière, d'être écrit par un savant de haute compétence, dont les affirmations doivent inspirer la plus entière sécurité. Il me laisse, je l'avoue, l'impression que des pages trop courtes, trop rapides, soient consacrées à des hommes et à des œuvres dont l'histoire réclamerait un plus grand développement ; je voudrais qu'il nous inspirât la résolution de mettre au jour ces procès-verbaux de nos séances où il a puisé les éléments de son attachant récit.

VII

A l'époque où il le publiait, de funestes événements se préparaient dans lesquels allait sombrer pour un temps la fortune de la France. Nos désastres de 1870 trouvèrent Bertrand préparé à remplir tous les devoirs. Je le rencontrai le lundi 5 septembre ; il se disposait à venir à l'Académie pour y participer aux travaux de ses confrères, uniquement préoccupés, dès ce moment, de donner à la défense nationale leur concours le plus actif et le plus dévoué.

Quand l'investissement fut complet, son fils aîné fut employé en qualité d'officier de réserve. Son second fils, bien jeune encore, se mit à la disposition de la défense ; toute sa famille s'employait à rendre service à des amis, ou à secourir ceux qui l'entouraient. On ne rendra jamais une justice suffisante au dévouement, à l'esprit de sacrifice qui animaient alors tous les Parisiens. Bertrand employait la journée à visiter ses fils; la nuit, il était de garde au bastion. Il faisait partie avec Duruy, Ossian Bonnet, de la Gournerie, Jamin, Frémy, Laguerre, Martha, MM. Wallon, Berthelot et Cornu, pour ne citer que nos confrères, de cette batterie de l'Ecole Polytechnique à laquelle le général Riffault, commandant de l'Ecole Polytechnique et du Génie de la rive gauche, avait confié une tâche qu'il regardait comme importante : la garde de la partie de l'enceinte voisine de la porte de Bicêtre. Bertrand aimait à rappeler quelques souvenirs de cette époque, les uns plaisants, les autres graves et réconfortants.

L'amiral commandant le secteur de la rive gauche avait coutume de visiter à cheval le front qui lui était confié. Il réunit un jour tous les hommes présents à la batterie et commença par les remercier de leur zèle; puis, les confondant sans doute avec quelques-uns de leurs voisins des autres bastions, il termina son allocution en disant : « Et surtout, mes amis, il ne faut pas boire. » Bertrand, qui prenait plaisir à raconter cette anecdote, ajoutait avec son fin sourire : « Je crois bien qu'il regardait de mon côté. »

Dans le beau discours qu'il prononça en 1874, comme président de l'Institut, il a rappelé un souvenir d'un autre genre. Par une triste nuit de janvier, au milieu du sifflement des obus, ses compagnons de rempart échangeaient les réflexions les plus désespérées. L'avenir était sombre; qu'allait-il advenir de notre pays ? Une des personnes présentes prononça alors ces simples paroles :

« J'ignore ce qui nous attend, mais, quelle que soit l'épreuve, nous saurons la traverser et lui survivre. Nous sommes la France; cela me suffit. »

Que de choses, Messieurs, en ce peu de paroles.

Quel que soit celui de nos confrères auquel on doit cette affirmation, qui ranima tous les courages, j'ai plaisir à la rappeler aujourd'hui. Il ne faut rien négliger de ce qui peut assurer notre foi en l'avenir de la patrie.

Quand le siège fut levé et que le gouvernement fut obligé de se retirer à Versailles, l'Ecole Polytechnique fut transférée à Tours. Bertrand s'empressa de se rendre dans cette ville pour y remplir ses devoirs de professeur. C'est là qu'il apprit que les incendies allumés par la Commune, dans les funestes journées de mai 1871, avaient entièrement consumé sa maison de la rue de Rivoli et, avec elle, sa précieuse bibliothèque, le manuscrit, entièrement prêt pour l'impression, d'un ouvrage sur la Thermodynamique, tous les matériaux soigneusement classés du troisième volume de son *Traité de Calcul différentiel et de Calcul intégral*. Rien ne subsista dans ce désastre méthodiquement préparé, rien si ce n'est le buste d'un ami, que l'on retrouva au milieu des décombres. « On voit bien, disait Bertrand, qu'il avait l'habitude de réussir dans la vie. Il s'est tiré d'affaire encore cette fois. » Le fruit de toute une vie de labeur était ainsi anéanti. Bertrand supporta stoïquement cette perte irréparable ; il refit sa bibliothèque autant qu'elle pouvait l'être, car bien des autographes précieux, bien des pièces uniques, avaient disparu, et il se remit courageusement au travail.

Lorsque le moment fut venu pour la Ville de régler les indemnités dues aux personnes qui avaient souffert des suites de l'insurrection, les demandes qu'il forma furent si modérées que, par une exception probablement unique, le jury d'évaluation lui accorda plus qu'il n'avait demandé.

Après la guerre et la Commune, Bertrand, privé de

son domicile de Paris, vint habiter sa villa de Sèvres qui elle aussi, avait été pillée et ravagée. Il la quitta un peu plus tard pour aller s'installer à Viroflay, dans un grand chalet, où il était mieux en situation de recevoir sa nombreuse famille, qui ne cessait de s'accroître par le mariage de ses enfants et de ses petits-enfants. Il avait là pour voisins nos confrères Gaston Boissier et Claretie. Son camarade, le général Thoumas, Charles Edmond, l'intendant Vigo Roussillon, Renan et M. Berthelot n'étaient pas loin et venaient le visiter. On s'asseyait sur la terrasse du chalet, d'où la vue s'étendait sur les bois de Chaville et de Vélizy, et l'on goûtait le plaisir de l'entendre causer avec une verve inépuisable, rappelant les souvenirs innombrables que sa mémoire avait fidèlement retenus. Quand la famille était réunie, il jouait avec ses petits-enfants, pour lesquels il avait toujours des contes courts, simples et charmants.

Lorsque, au mois de novembre 1874, il fut nommé secrétaire perpétuel, il se consacra avec joie à ses nouveaux devoirs pour lesquels il était si bien préparé. Personne ne connaissait comme lui notre histoire, nos traditions, notre règlement. L'étude qu'il avait faite du passé, l'ardeur que son libre esprit mettait à tout étudier et à tout comprendre dans le présent, lui assuraient une autorité devant laquelle ses confrères étaient toujours disposés à s'incliner. Il était vraiment la loi vivante de l'Académie. Toujours attentif à nous éclairer, à nous guider, à défendre nos véritables intérêts, quelquefois contre nous-mêmes, il a développé et fait prévaloir devant nous, pendant près de trente ans, la conception la plus juste et la plus noble qu'il soit possible de se faire du rôle d'une Académie. Si j'ajoute qu'il a été, pour tous et pour chacun, un ami sincère, pour beaucoup d'entre nous un maître dévoué, et plus qu'un maître, on comprendra la grandeur de la dette que l'Académie a contractée envers lui.

VIII

Il avait abandonné, en 1878, son cours au Collège de France et croyait bien avoir renoncé pour toujours aux mathématiques, lorsque, au cours de l'année 1886, son suppléant Laguerre, notre confrère regretté, fut atteint de la maladie qui devait l'emporter. Laguerre n'avait pu faire le nombre de leçons exigé par le règlement : Bertrand leva la difficulté à sa manière habituelle et prit la résolution de suppléer son suppléant. Il s'aperçut alors que la sève n'était pas morte, et reprit avec un intérêt renouvelé par le repos l'étude des mathématiques. Nous y avons gagné trois volumes, qui peuvent être considérés comme le couronnement de ses recherches sur les applications des mathématiques à la philosophie naturelle, la *Thermodynamique*, publiée en 1887, le *Calcul des Probabilités*, publié en 1889, et les *Leçons sur la Théorie mathématique de l'Electricité*, qui sont de 1890.

Pour bien juger ces trois ouvrages, il ne faut pas les regarder comme des traités complets. Bertrand n'y a guère exposé que les parties sur lesquelles il avait fait complète lumière, ou sur lesquelles il avait à dire quelque chose de nouveau. Il n'ignorait certes pas que c'est surtout dans les régions troubles et obscures de la science que s'élaborent les plus brillantes découvertes, de même qu'au fond obscur des mers, la nature prépare les plus éclatantes manifestations de la vie. Mais il revendiquait pour la géométrie le droit, et presque le devoir, de ne pas pénétrer dans ces régions. Par cette précaution qu'il a eue d'écarter les parties de la science qui sont encore en travail, il a assuré plus de durée à ses ouvrages. Les physiciens auront toujours intérêt à les méditer ; quand ils chercheront, par exemple, à traduire dans des lois mathématiques les résultats de leurs expériences, ils devront relire les parties de la *Thermodynamique*, où Bertrand a montré qu'on peut représenter le même phénomène, avec une approximation très suffisante, par des formules d'aspects bien différents.

Parmi ces trois volumes, on s'accorde à mettre au premier rang le *Calcul des Probabilités*. Le grand traité de Laplace sur ce sujet est un chef-d'œuvre. Celui de Bertrand mérite le même éloge, mais il est conçu dans un esprit diamétralement opposé.

Laplace a mis en œuvre les théories mathématiques les plus élevées. Bertrand les écarte résolument, pour se mettre à la portée du plus grand nombre de lecteurs.

Laplace étend indéfiniment le domaine du Calcul des Probabilités, Bertrand ne sort pas des limites qui peuvent être acceptées par tous.

Les deux traités se rapprochent par deux points seulement : la haute valeur des hommes qui les ont écrits, et des introductions, destinées aux gens du monde, mais dont les géomètres seuls peuvent goûter la saveur.

De tout temps, Bertrand s'était plu au milieu de ces problèmes délicats, de ces théorèmes merveilleux et utiles du Calcul des Probabilités. Il voulait que les élèves de l'Ecole Polytechnique connussent au moins les éléments de cette belle théorie, et il l'enseignait à chacune de leurs promotions. Mais il s'élevait avec force contre les applications qui lui ont fait le plus de tort et, en particulier, contre celle qui a été inaugurée par Condorcet, dans son livre sur la *Probabilité des décisions prises à la pluralité des voix*. Laplace, Poisson, Cournot sont revenus successivement sur ce sujet, chacun répudiant les hypothèses faites par ses prédécesseurs. Aucun d'eux n'a entraîné l'assentiment. On s'est révolté contre « cette prise de possession de l'univers moral par le calcul ». L'assimilation de l'opinion d'un juge à un tirage au sort dans une urne a toujours choqué le bon sens.

Bertrand soulève d'ailleurs dans son livre des difficultés d'une tout autre nature, auxquelles on n'avait pas pris garde avant lui. La probabilité est le rapport du nombre des cas favorables au nombre des cas possibles ; c'est la définition. Mais qu'arrive-t-il quand le nombre des cas devient infini ? Il propose à ce sujet un véritable paradoxe. Un cercle est tracé dans un plan sur lequel on jette une barre. Quelle est la probabilité pour que la portion de cette barre comprise à l'intérieur du cercle soit supérieure au côté du triangle équilatéral inscrit dans le cercle ? Par des raisonnements qui peuvent paraître également plausibles, il trouve pour la probabilité cherchée deux valeurs différentes, tantôt 1/2, tantôt 1/3. Cette question l'a préoccupé ; il en avait trouvé la solution, mais il la laisse à chercher à son lecteur.

Tout, dans le *Calcul des Probabilités*, appelle l'étude et mérite la réflexion ; il faut pourtant y signaler particulièrement, et la critique pénétrante à laquelle l'auteur soumet la théorie des erreurs de Gauss, qui a été l'objet des études de toute sa vie, et les démonstrations si variées qu'il donne de ce fameux théorème relatif à la répétition des événements, qui paraît indiqué par le bon sens, mais sur lequel Jacques Bernoulli a dû réfléchir pendant plus de vingt ans, avant d'en apporter une preuve, que les recherches de Moivre et de Laplace ont heureusement complétée.

Le Traité de Laplace est bien peu lu, malheureusement; j'espère, au contraire, que le livre de Bertrand rappellera en France le goût d'une science dont les applications économiques ont la plus haute portée, et à la formation de laquelle nous avons eu une part prépondérante avec Pascal, Fermat, Laplace, Fourier, Poisson et Bertrand, pour ne citer que les grands noms.

IX

En même temps que les ouvrages sévères dont je viens de rendre compte, Bertrand publia, dans la *Collection des grands écrivains français*, une étude sur d'Alembert. Elle fut unanimement admirée. Le chapitre sur les rapports de d'Alembert et de l'Académie des Sciences doit nous y intéresser plus particulièrement; un grand géomètre, un émule de d'Alembert, seul pouvait l'écrire. Le début en est charmant; et Bertrand rappelle le plaisir que donnait à d'Alembert l'étude des mathématiques avec l'émotion d'un homme qui, lui aussi, a goûté aux pures joies de la recherche scientifique. Il met ensuite en pleine lumière les deux grands titres que d'Alembert conservera toujours aux yeux des historiens de la science : je veux dire son Traité de dynamique, si dignement loué par Lagrange, et aussi l'explication complète qu'il donna le premier de la précession des équinoxes, découverte par Hipparque, et du phénomène accessoire de la nutation que Bradley, depuis un an à peine, venait de faire connaître aux astronomes. Rien n'est oublié de ce que nous avons intérêt à savoir pour bien connaître le géomètre en d'Alembert, ni l'insuffisance de la forme dans ses écrits mathématiques, insuffisance dont Bertrand propose une explication ingénieuse en remarquant que d'Alembert n'a jamais voulu professer, ni cette incapacité radicale et inexplicable que d'Alembert a toujours montrée en ce qui concerne les principes mêmes du Calcul des Probabilités.

« Les plus grands géomètres, nous dit Bertrand, ont écrit sur le Calcul des Probabilités ; presque tous ont commis des erreurs. La cause en est le plus souvent au désir d'appliquer les principes à des problèmes qui, par leur nature, échappent à la science. D'Alembert commet la faute opposée, il nie les principes. Imposer au hasard des lois mathématiques est pour lui un contresens. »

Le reste de l'ouvrage relèverait plutôt de l'histoire littéraire. J'y rappellerai pourtant les pages délicates dans lesquelles l'auteur, en nous racontant l'enfance de d'Alembert, ses succès au collège Mazarin, est amené à nous parler de l'éducation telle qu'on la concevait au XVIIIe siècle et, par une conséquence naturelle, à nous faire connaître quelques-unes des idées originales qu'il avait sur ce sujet. Ce problème de l'éducation l'a beaucoup préoccupé. Il vivait dans un milieu où tout s'obtient par des examens, des examens multipliés et encyclopédiques, pour lesquels il n'a jamais montré qu'un goût modéré. Aussi avec quelle joie il nous parle de ces études du XVIIIe siècle, où l'on n'apprenait ni l'histoire, ni la géographie, ni les sciences, où tout se bornait à l'étude des belles-lettres, de la logique et de la physique de Descartes.

« Le désir d'apprendre, nous dit-il, est le meilleur fruit des bonnes études ; on le fait naître en exerçant l'esprit, non en fatiguant la mémoire. »

Je m'étonne qu'il n'ait pas rappelé ces lointains

usages, soit dans la déposition si originale qu'il fit en 1899 devant la commission parlementaire d'enquête sur l'Enseignement, soit dans la préface qu'il a placée en tête du *Livre du Centenaire de l'Ecole Polytechnique*. Il avait le désir de réformer les examens d'entrée à nos écoles ; mais il sentait que le problème était difficile, car il en a proposé successivement diverses solutions. Elles sont ingénieuses ; mais, comme elles reposent en partie sur le tirage au sort, elles n'ont, je crois, aucune chance d'être adoptées. Dans notre système égalitaire, les chiffres seuls ont conservé leur empire, alors même qu'ils n'ont plus aucune signification.

En qualité de secrétaire perpétuel, Bertrand a prononcé les éloges de dix-neuf académiciens : Elie de Beaumont, Poncelet, Lamé, Le Verrier, Belgrand, Charles Dupin, Léon Foucault, Victor Puiseux, Combes, de la Gournerie, Dupuy de Lôme, Villarceau, Ernest Cosson, Poinsot, Michel Chasles, l'amiral Paris, Cordier, Cauchy et Tisserand. Par la finesse de ses aperçus et la vivacité de son style, il se rapproche de Fontenelle, qu'il admirait beaucoup; mais, bien qu'il la cache trop souvent, sa science, comparable à celle de d'Alembert, est plus haute et plus solide que celle de Fontenelle. Sous le fin lettré, trop désireux quelquefois de bien écrire, on sent l'esprit nourri aux raisonnements solides de la géométrie. Et lorsqu'il ne craint pas de s'abandonner à sa sympathie et à son admiration, comme il arrive par exemple dans les éloges de Lamé et de Poinsot, le lecteur goûte le plaisir exquis que procurent toujours les œuvres amenées à leur perfection. Quelques-uns peut-être de ceux qu'il nous a dépeints lui devront une célébrité sur laquelle ils ne comptaient guère. Pour tous, il nous a laissé des portraits pleins de vie et de relief, digne hommage rendu à des hommes qui ont été l'honneur de l'Académie et qui ont consacré leur existence tout entière aux travaux les plus élevés ou les plus utiles.

X

Les Eloges, les ouvrages détachés, les introductions de ses Mémoires sont loin d'être les seules contributions que Bertrand ait apportées à l'histoire des Sciences, et nous ne saurions négliger ici la collaboration si active que, depuis 1863, il a donnée au *Journal des Savants*, où il remplaça Liouville en 1865. Plus savants dans la forme que les Eloges, ses articles sont de nature à nous éclairer plus complètement, je ne dirai pas sur sa philosophie, il se serait élevé contre une telle expression, mais sur sa manière de comprendre les questions scientifiques. Comme Poinsot, son maître et son ami, Bertrand était un vigoureux esprit avant d'être un grand géomètre. Il était capable de tout comprendre et de tout admirer : lettres, sciences, beaux-arts, à l'exception de la musique, à l'égard de laquelle il partageait, je le crois, les opinions pleines de réserves de Théophile Gautier. Il ne craint pas d'aborder les questions en apparence les plus éloignées de ses études favorites ; il nous parle, par exemple, de l'administration des Ponts et Chaussées sous l'ancien régime, de Belgrand et de ses travaux sur les cours d'eau du Bassin de la Seine, de Dupuy de Lôme et de la transformation de la marine de guerre. Le plus souvent pourtant, c'est de mathématiques ou de physique qu'il nous entretient, passant en revue les grandes œuvres du XIXe siècle, le *Traité des propriétés projectives* de Poncelet ou la *Géométrie supérieure* de Chasles, la *Philosophie naturelle* de Sir W. Thomson ou le *Traité de mécanique* de Hertz. Il étudie volontiers les ouvrages de ses confrères ; et il faut dire, à ce sujet, que le plaisir d'attirer son attention n'est pas sans mélange ; car les éloges sont, presque toujours, accompagnés dans ses articles, de critiques, bienveillantes sans doute, mais présentées avec la plus grande netteté.

Il n'oublie pas les grandes collections : les œuvres de Huygens, de Laplace, de Fresnel, le Bulletin du prince Boncompagni, les *Annales scientifiques de l'Ecole Normale* publiées par Pasteur. Il revient à plusieurs reprises sur les œuvres de Lagrange, qu'il connaît mieux que personne, puisqu'il a donné de la *Mécanique analytique*, chef-d'œuvre du grand géomètre, une édition magistrale enrichie de notes précieuses. Sur Abel, sur Cauchy, sur Poinsot, sur Fédor Thoman, ce calculateur hors de pair qui cachait sans doute sous son pseudonyme une origine des plus illustres, sur cet infortuné Galois, qui est mort à vingt ans, après avoir donné, dès sa jeunesse, les preuves d'un génie mathématique sans égal, il nous apporte des appréciations originales, ou des renseignements inédits.

Mais ce qui l'attire surtout, ce sont les sujets et les recherches qui sont en dehors des voies communes, par exemple les travaux de notre confrère Marcel Deprez sur le transport de la force, ceux de M. Mouchot sur l'utilisation directe de la chaleur solaire, ceux de notre confrère Marey sur la mécanique animale et sur le vol des insectes et des oiseaux.

Même dans ce résumé si rapide, il faut citer les articles consacrés à ce qu'il appelle si justement la renaissance de la Physique Cartésienne. Il les a écrits à l'époque où la théorie nouvelle de la chaleur passionnait l'Académie tout entière, où l'on allait avec empressement écouter les leçons que faisait Verdet sur ce sujet à la Société d'Encouragement. Les articles de Bertrand n'étaient pas attendus avec moins d'impatience ; les historiens futurs de la science auront à les lire s'ils veulent se rendre compte nettement de la prodigieuse transformation qu'ont subie au XIXe siècle les conceptions relatives à la philosophie naturelle.

Je viens de remarquer que Bertrand a mis ses articles sur la Thermodynamique, en quelque sorte sous le patronage de Descartes. Le grand philosophe l'avait toujours vivement intéressé ; il lui avait consacré une étude qu'il n'a pas voulu publier, mais dont quelques éléments se trouvent épars, soit dans la *Revue des Deux Mondes*, soit dans le *Journal des Savants*. Bertrand a été souvent sévère pour Descartes ; mais il n'a jamais méconnu son génie. En voici la preuve, empruntée à un de ses articles sur les progrès de la mécanique :

« Rien de plus aisé, dit-il, que la condamnation des écrits de Descartes sur la mécanique. Les assertions inexactes peuvent y être relevées en grand nombre, et Descartes, toujours sûr de lui, les aggrave par le ton tranchant avec lequel il propose comme certain ce que nous savons inconciliable avec les vérités les mieux démontrées. Mais l'historien, par de telles critiques, a-t-il accompli sa tâche ? Ne doit-il pas expliquer surtout comment, à ces assertions fausses, se mêlent des vérités grandes et fécondes, qui dominent aujourd'hui la science et l'ont servie peut-être autant que les écrits irréprochablement immortels de Galilée et de Huygens ? »

Souvent, à propos d'une publication récente, Bertrand fait des excursions très intéressantes dans le passé. Il revient sur Clairaut, sur Euler, sur Denis

Papin, sur Ampère et l'exquise correspondance de sa jeunesse. Sur tous les sujets, il a des remarques neuves ou des renseignements de première main. En relevant, par exemple, dans les *Leçons sur la Mécanique analytique* de Jacobi, les réflexions si justes et si profondes que développe l'illustre géomètre allemand au sujet du principe de la moindre action, il rappelle les droits de la science française, les travaux antérieurs, et tendant au même but, du saint-simonien Olinde Rodrigues, dont les trop rares productions mathématiques méritent toutes d'être préservées de l'oubli.

On doit se féliciter que le *Journal des Savants* ait donné à Bertrand l'occasion d'écrire toutes ces études, d'une étonnante variété, et de les publier en leur laissant la forme scientifique et sévère qu'elles n'auraient pu conserver dans les revues. L'histoire des sciences ne saurait être négligée sans péril, et comme il l'a dit lui-même sous une forme saisissante, l'étude du passé est le guide le plus sûr de l'avenir.

Messieurs,

Ici se termine le tableau que j'ai voulu vous présenter de cette suite de travaux par lesquels Bertrand s'est placé au premier rang des hommes de son temps. En présence d'un tel ensemble d'écrits, de Mémoires et de recherches, on pourrait se demander si on doit les attribuer à un seul ou à plusieurs auteurs. Et pourtant ils n'absorbaient pas l'activité tout entière de Bertrand. Il réservait une partie importante de sa vie pour toutes les œuvres de charité et de dévouement. Les exemples qu'il avait reçus dans le milieu d'élite où il avait été élevé avaient trouvé en lui le terrain le mieux préparé. Il avait contracté l'habitude de faire le bien comme une chose toute naturelle, et sur laquelle il ne convient pas d'insister. Toute supériorité l'attirait, toute intelligence d'élite pouvait compter sur son appui. Au cours de ce récit, vous avez pu saisir au passage des traits de générosité, de courage, de dévouement. On pourrait en ajouter une infinité d'autres : j'en rappellerai quelques uns.

En 1857, il s'était trouvé au nombre des jeunes savants qui, sous la direction du baron Thénard, avaient participé à la fondation de la Société de secours des Amis des Sciences. Il en était resté toujours le donateur généreux et il en devint le président actif et dévoué en 1895, après la mort de Pasteur.

Il était aussi le bienfaiteur de la Société des anciens élèves de l'Ecole Normale, et il lui abandonnait chaque année, en faveur d'un agrégé de mathématiques, une pension assez élevée à laquelle il avait droit depuis quinze ans.

Si jamais, dans l'histoire de l'Enseignement en France, quelqu'un descend à s'occuper des misères relatives aux suppléances d'il y a cinquante ans, une place à part devra être réservée à Bertrand. Malgré tous ses titres, il a dû rester suppléant de Biot pendant quinze ans. Mais si, comme on l'a dit, il a été traité avec quelque parcimonie, il n'a puisé, dans la situation qui lui avait été faite pendant si longtemps, que des motifs pour l'épargner à ceux qu'il choisit pour le remplacer, lorsque, pour une cause ou pour une autre, il abandonna son enseignement. Ainsi lorsqu'en 1867, il eut à préparer le *Rapport sur les Progrès de l'Analyse mathématique*, qui lui était demandé par M. Duruy, il désigna, pour le remplacer, un de ses plus jeunes élèves. Et non content de lui assurer, sans y être tenu par le règlement, un traitement élevé qui devait lui permettre de se consacrer uniquement à son enseignement, Bertrand lui prodigua les conseils et assista même à quelques-unes de ses leçons. Ce sont là des actes qui ne sauraient s'oublier.

Il reçut un jour la visite d'un savant distingué, qui venait lui faire ses adieux. Brown-Séquard, on peut le nommer, partait pour l'Amérique ; il comptait réunir dans une tournée de conférences l'argent qui devait lui permettre de se consacrer ensuite à des travaux de pure science. Ses ressources étaient épuisées ; il allait partir sur un bateau à voiles. Bertrand l'avait vu quelquefois à la Société Philomathique ; il le connaissait à peine. Mais il s'émut d'une telle situation et détermina son jeune collègue à accepter, au moins à titre de prêt, la somme nécessaire pour que la traversée se fît dans de meilleures conditions. Telle est l'origine d'une amitié qui n'a fini qu'avec la vie de Brown-Séquard.

Je m'arrête, Messieurs ; et de même que j'ai cru obéir aux désirs de Bertrand en insistant sur son enfance et sur sa jeunesse, je crois de même respecter sa volonté en taisant les actes qu'il voulait tenir cachés. Tous ceux qui ont pu l'approcher ont rendu hommage à sa bonté inépuisable, aux qualités de son cœur. Seuls, ceux qui ont vécu de sa vie ont pu complètement les connaître et les apprécier.

Son élection à l'Académie Française, celle de son frère aîné à l'Académie des Inscriptions, de son fils Marcel, de ses neveux Emile Picard et Paul Appell à l'Académie des Sciences, avaient comblé tous les vœux qu'il avait pu former. Comme il prenait, à des titres divers, la parole dans nos réunions de l'Institut, il était devenu, malgré son aversion de la publicité, ce qu'il est convenu d'appeler une figure bien parisienne. Chacun désirait connaître ce savant aussi bon qu'il était illustre, et aussi spirituel qu'il était bon. En mai 1895, ses confrères, ses élèves avaient voulu fêter le cinquantième anniversaire de son entrée à l'Ecole Polytechnique et s'étaient réunis pour lui remettre la belle médaille qui a été gravée par Chaplain. Et lui, tout en la recevant avec une joie visible, s'était demandé pourquoi on lui réservait un honneur qui n'avait été rendu ni à Lamé, ni à Cauchy. Nous étions heureux de le voir exercer une activité qui ne paraissait pas décroître avec les années. Jamais il n'avait été sérieusement malade ; il était incommodé seulement par quelques insomnies, qui lui faisaient des loisirs pour le travail. Nous espérions le conserver longtemps encore ; la destinée jalouse en a ordonné autrement. Il s'est éteint à la suite d'une longue maladie, qui lui a heureusement épargné les souffrances, entouré de sa famille dont il était l'idole, tendrement soigné par la compagne de toute sa vie, qui a réussi à lui cacher jusqu'à la fin le dénouement inévitable, gardant sur sa petite table de malade, à côté de ses fleurs favorites, l'ouvrage préféré ou nos *Comptes Rendus*, n'ayant d'autre préoccupation que sa chère Société des Amis des Sciences et les deux Académies où il comptait tant de confrères dévoués.

Sa mémoire nous restera chère, son exemple inspirera nos successeurs, ses écrits et ses travaux demeureront un titre de gloire pour notre pays.

ÉLOGE HISTORIQUE

DE

FRANÇOIS PERRIER

MEMBRE DE L'ACADÉMIE

Lu dans la séance publique annuelle du lundi 21 décembre 1903.

Lorsque le voyageur quitte les plaines brûlantes, couvertes de vignes, qui s'étendent entre Nîmes et Montpellier pour s'élever vers le nord-ouest, il rencontre d'abord des collines de faible hauteur, des garrigues arides, parsemées de chênes nains et d'oliviers rabougris; mais lorsque, après avoir traversé ce paysage désolé, il pénètre dans la région des hautes montagnes, les Cévennes viennent offrir à ses regards charmés des vallons riants, où les hameaux et les fermes sont gracieusement étagés sur la pente des collines, où l'eau circule de toutes parts, attestant les soins industrieux du montagnard et le voisinage des hauts sommets, où la lumière méridionale baigne des prairies verdoyantes, plantées d'arbres fruitiers qui semblent empruntés au nord de la France.

Dans un de ces vallons, un de ceux qui présentent les sites les plus pittoresques, se trouve située, au confluent de l'Hérault, encore bien près de sa source, avec le Claron, la petite ville de Valleraugue. C'est un bourg de 3.000 habitants, un bout du monde, entouré de hautes montagnes, parmi lesquelles on distingue l'Espérou et surtout le superbe Aigoual. Valleraugue est fière d'avoir donné le jour à des hommes éminents ou illustres : l'abbé Etienne Arnal, l'inventeur des moulins à feu, qui consuma toute son existence dans ses essais pour remonter les rivières à l'aide de la vapeur; Pierre Carle, l'émule de Vauban, le plus savant et le plus habile ingénieur militaire du XVIIIe siècle ; Angliviel de la Beaumelle, qui eut des démêlés avec Voltaire et fut l'ami de Montesquieu ; notre confrère Louis Armand de Quatrefages, l'un des créateurs de l'anthropologie. Enfin c'est à Valleraugue qu'est né le 18 avril 1833, François Perrier, mort prématurément en 1888, après avoir accompli une œuvre que je désire remettre aujourd'hui devant vos yeux.

I

La famille Perrier était anciennement établie et très honorablement connue à Valleraugue. Le grand' père de notre confrère était boulanger ; son fils Scipion lui succéda et acquit, comme ses ancêtres, la réputation d'un homme sérieux, actif et avisé. Gardant auprès de lui son fils aîné, aujourd'hui juge de paix à Valleraugue, il envoya son second fils, le jeune François, comme pensionnaire au lycée de Nîmes. Les études ont été fortes, de tout temps, dans cet établissement ; dès le début, Perrier s'y plaça parmi les meilleurs élèves. Dans le *palmarès* de 1850, précieusement conservé par les siens, je vois qu'il eut en Philosophie les deux Prix d'honneur : dissertation française et dissertation latine. Sa part ne fut pas moins belle en sciences, où il obtint trois prix et un accessit.

Devenu bachelier ès lettres et bachelier ès sciences, ses parents l'envoyèrent au collège Sainte-Barbe, où il fit deux années d'excellentes mathématiques spéciales. Admis à l'Ecole Polytechnique en 1853, le 21e de sa promotion, il se maintint en bon rang pendant les deux années d'études et fut classé à la sortie pour l'Ecole d'Etat-Major, où il entra le 1er octobre 1855. Depuis lors jusqu'en 1861, sa carrière ne se distingue en rien de celle de ses camarades. Il est nommé lieutenant d'Etat-Major le 12 octobre 1857, fait son stage dans les régiments, est détaché pendant deux ans en Algérie, au 1er régiment de chasseurs, devient capitaine le 1er février 1860, et est attaché en cette qualité, le 24 janvier 1861, à l'Etat-Major de la 10e Division militaire, à Montpellier.

Ceux qui le voyaient à cette époque nous le dépeignent tel à peu près que nous l'avons connu. Au physique, il était grand et fort ; il avait le teint coloré, l'allure toute militaire. Sa conversation, qui s'appuyait sur une instruction étendue et solide, était des plus attachantes. Il savait retenir l'attention par sa parole où la vivacité méridionale se tempérait de bonne grâce et d'aménité. Ses camarades, dont il avait conquis la sympathie par l'ouverture et la cordialité de son caractère, s'accordaient à lui prédire le plus brillant avenir. Ces prédictions se sont réalisées, mais en quelque sorte d'une manière indirecte. Une circonstance imprévue vint l'arracher à la carrière militaire proprement dite, et l'amener à orienter sa vie du côté où l'appelaient, sans peut-être qu'il s'en rendît compte lui-même, ses véritables aptitudes. Le 6 mars 1861, il était désigné pour concourir aux opérations qui devaient réaliser la jonction géodésique de la France et de l'Angleterre par dessus le Pas-de-Calais.

Cette jonction avait été déjà tentée plus d'une fois. Lorsque, après la rébellion de 1745, dernier effort des Jacobites, l'Angleterre avait entrepris les triangulations nécessaires à la confection d'une carte à grande échelle de son territoire, elle avait accepté avec empressement l'offre faite par D. Cassini de relier son réseau à celui de la France. L'opération, à laquelle prirent part du côté français Legendre, Cassini et Méchain, fut contrariée par le mauvais temps et ne put réussir complètement. Néanmoins elle marque une date dans l'histoire de la géodésie. A côté des grands théodolites anglais construits par Ramsden, qui était alors le premier artiste de l'Europe, les Français purent montrer sans désavantage les nouveaux cercles que Borda venait de faire construire par Lenoir, et où l'emploi de la répétition accroissait dans une proportion inespérée la précision que l'on avait obtenue jusque-là, pour les mesures d'angles, dans les triangulations.

En 1823, la jonction fut entreprise de nouveau par une commission mixte, qui comprenait, du côté de la France, Arago et Mathieu, et pour l'Angleterre le capitaine Ketter, assisté de plusieurs officiers du corps des Ingénieurs.

Les délégués français firent préparer des instruments nouveaux et puissants. Gambey construisit pour eux un théodolite de grande dimension. Des phares perfectionnés furent employés pour les opérations. Aussi réussirent-elles parfaitement, et la jonction proprement dite fut effectuée en deux mois. Malheureusement, comme le gouvernement anglais avait pris l'initiative, Arago et Mathieu jugèrent qu'il était convenable de remettre leurs registres d'observations au chef de la mission anglaise, le capitaine Ketter Celui-ci mourut peu de temps après, et les registres ne se retrouvèrent pas dans ses papiers ; de sorte que les résultats obtenus ne donnèrent lieu à aucune publication.

Un mauvais sort semblait attaché à cette opération. En 1860, l'Angleterre revint à la charge en proposant de faire effectuer la jonction tout entière, à la fois par les officiers anglais et les officiers français, qui pourraient ainsi se contrôler mutuellement.

La France avait figuré de la manière la plus honorable dans les essais précédents. Sans parler de l'illustration des observateurs qu'elle avait pu mettre en ligne, elle avait, chaque fois, apporté des appareils qui réalisaient de sérieux progrès. Pour cette nouvelle tentative au contraire, le Dépôt de la Guerre était pris à l'improviste. Non seulement, il ne restait que très peu d'officiers initiés à la pratique des opérations géodésiques ; mais de plus, les cercles disponibles étaient trop petits et d'ailleurs très fatigués par un long service. Biot affirmait qu'avec leurs instruments nos officiers ne parviendraient pas à voir, à travers le détroit, les signaux du rivage opposé. Cependant le Maréchal Randon, Ministre de la Guerre, ne voulut pas répondre par un aveu d'impuissance aux propositions qui lui étaient faites, et il désigna les officiers qui devaient s'entendre avec les délégués anglais. Ce furent le colonel Levret, savant officier, qui avait pris la part la plus honorable aux travaux de la Carte de France, et les capitaines Beaux et Perrier. Ces deux derniers n'avaient pas eu l'occasion de s'occuper de géodésie depuis leur sortie de l'Ecole d'Etat-Major.

Telles étaient les conditions véritablement fâcheuses dans lesquelles l'opération se présentait du côté français. Nos délégués paurtant ne perdirent pas courage. Aux six stations du réseau de jonction, on installa des signaux héliotropiques, qui apparurent alors pour la première fois dans la pratique de la géodésie française ; et les connaissances approfondies du colonel Levret, l'ardeur de ses jeunes collaborateurs permirent de suppléer à l'insuffisance des cercles répétiteurs. Les signaux solaires surtout firent merveille. Alors que les brumes empêchaient de voir les côtes d'Angleterre, la lumière réfléchie par les miroirs traversait le brouillard et permettait de poursuivre les observations.

« La comparaison de nos résultats avec ceux des ingénieurs anglais, nous dit Perrier, ne révéla que des différences légères, imputables à des erreurs admissibles dans l'observation, et nous pûmes nous tenir pour satisfaits d'un pareil accord, en considérant surtout combien notre outillage scientifique était inférieur à celui de nos voisins. Comme conséquence immédiate, notre Méridienne de France était prolongée de 13° vers le Nord, à travers l'Angleterre et l'Ecosse, jusqu'aux îles Shetland, et embrassait ainsi entre ces îles et Formentera une amplitude de 22°40′ »

« J'ajouterai, dit Perrier, que nous avions pu, pendant ces deux années, assister au fonctionnement du service géodésique chez les Anglais, admirer leurs magnifiques cercles de Ramsden et les comparer à nos cercles répétiteurs, étudier avec M. James et Clarke et pratiquer même leurs méthodes d'observation et de calcul. La comparaison était écrasante pour le Dépôt de la Guerre de France, et j'en fus si profondément frappé que je résolus dès lors de consacrer ma vie à la régénération du service géodésique de notre armée, si tristement tombé en défaillance. »

Cet engagement que le jeune officier prenait ainsi vis-à-vis de lui-même, il a su le tenir dans toute son étendue : mais avant de commencer le récit de ses efforts, et pour le faire mieux comprendre, il est nécessaire que je donne quelques indications sur l'origine et les causes de cette défaillance de la géodésie française, si nettement mise en évidence dès 1861.

II

« *Les deux questions de la grandeur et de la figure de la Terre qui exercent depuis longtemps les géomètres paraissent de nature à n'être jamais épuisées.* » Ces paroles de Delambre pourraient servir de devise à notre compagnie. Depuis sa création en effet, l'Académie n'a cessé d'envisager toutes les questions qui, de près ou de loin, se rattachent à la mesure de notre globe. Au début, en 1666, elle charge Picard, le savant et trop modeste astronome, de mesurer l'arc de méridien, de 1° environ, qui s'étend entre la ferme de Malvoisine et la flèche de la cathédrale d'Amiens ; et le résultat obtenu par Picard permet à Newton de reprendre des calculs qu'il avait abandonnés, et de constituer d'une manière définitive son système de la gravitation universelle. Puis c'est Richer qu'elle envoie à Cayenne en 1672, pour y déterminer par des mesures précises la longueur du pendule battant la seconde. Les Cassini, aidés successivement de La Hire, de La Caille, de Maraldi, mesurent par deux fois la Méridienne de France, de Dunkerque à Barcelone. Pour évaluer des arcs méridiens sous des latitudes aussi différentes que possible, l'Académie, en 1734, envoie au Pérou Bouguer, La Condamine, Godin ; et en Laponie, Maupertuis, Clairault, Camus, Le Monnier, l'abbé Outhier. En 1750 La Caille, le grand astronome, missionnaire de l'Académie au cap de Bonne-Espérance, y mesure un arc de méridien.

Tant de travaux confirment définitivement les théories de Huygens et de Newton ; ils établissent, sans objection possible, que la véritable forme de notre globe est celle d'un ellipsoïde aplati aux pôles ; ils dotent en même temps la France d'un réseau géodésique complet, que les Cassini étendent même au delà de nos frontières. Et comme les spéculations théoriques les plus élevées finissent toujours par donner naissance aux applications les plus importantes et les plus utiles, lorsque, en 1747, le roi Louis XV, émerveillé par les plans de bataille que lui avait soumis Cassini de Thury, décide l'exécution générale d'une carte de son royaume, ce réseau géodésique, qui a été établi dans un but uniquement scientifique, vient servir de canevas à la carte au 86400e qui porte le nom de *Carte des Cassini*, et qui conservera toujours le mérite d'avoir été la première carte à grande échelle d'un pays étendu.

La Révolution de 1789 ouvre pour la géodésie française une ère de nouveaux progrès. En 1790, l'Assemblée Constituante décide l'établissement d'un système universel de poids et de mesures, et c'est à l'Académie qu'elle s'adresse en la chargeant de tous les travaux propres à définir les nouvelles unités. Pour obtenir l'unité de longueur, celle de laquelle doivent dériver toutes les autres, l'Académie reprend pour la troisième fois la mesure de la Méridienne de France ; elle confie cette opération à deux de ses membres les plus habiles, Delambre et Méchain, dirigés dans leurs travaux par Laplace, Lagrange, Monge, et munis des instruments les plus ingénieux, inventés ou perfectionnés par Borda. Ce n'est pas ici le lieu de rappeler toutes les difficultés que recontrèrent Delambre et Méchain : mis en suspicion par le pouvoir central, repoussés souvent par les autorités locales, dépourvus des ressources nécessaires ou mis dans l'impuissance de les utiliser, c'est merveille qu'ils aient pu achever leur tâche, dans des conditions de précision sur lesquelles j'aurai à revenir, mais qui, vu les circonstances, leur font le plus grand honneur.

Lorsque, en 1795, la période d'organisation succéda à l'agitation révolutionnaire, l'Académie, renaissante au sein de l'Institut, provoquait la création du Bureau des Longitudes, « *institué en vue du perfectionnement des diverses branches de la science astronomique et de leur application à la Géographie, à la Navigation et à la Physique du globe* ». C'est d'après la demande du Bureau que Biot et Arago allèrent, en 1806, prolonger la Méridienne en Espagne, et compléter un travail que l'infortuné Méchain avait dû laisser inachevé. C'est le Bureau qui envoya Biot faire des mesures de pendule en Angleterre et en Ecosse, jusque dans les îles Shetland. Son président, Laplace, exerçait sur les sciences mathématiques et physiques une influence justifiée par ses immortels travaux. Ses recherches de haute analyse, celles de ses confrères Legendre, Monge, Lagrange, les méthodes d'observation et de calcul imaginées par Borda et par Delambre, avaient fait de la géodésie une science complète, presque entièrement constituée par le génie français.

C'est encore Laplace qui, en 1817, présida la grande commission réunie sur son initiative et chargée d'élaborer le projet d'une nouvelle Carte de France, destinée à remplacer celle des Cassini, si insuffisante sous le rapport des détails et de la configuration du sol. L'exécution de cette carte fut confiée aux Ingénieurs géographes militaires du Dépôt de la Guerre, qui devinrent ainsi les successeurs et les délégués de l'Académie des Sciences et du Bureau des Longitudes.

III

Les Ingénieurs géographes méritaient entièrement la confiance qui leur était ainsi témoignée. Leur corps, créé par Vauban en 1706, s'était toujours montré digne de cette illustre origine. Ils étaient, en temps de guerre, chargés de fournir au Commandement tous les renseignements géographiques et topographiques utiles à la conduite des opérations militaires. En temps de paix, ils avaient à dresser des cartes des batailles, des sièges et des pays qui avaient été occupés par nos armées. Surmenés pendant la guerre, négligés pendant la paix, ils avaient dû subir bien des vicissitudes ; et leur Corps, plus d'une fois supprimé ou transformé, avait toujours été rétabli. Sous l'Empire, ils avaient déployé une activité sans égale. En dehors des levés rapides, dressés uniquement en vue des opérations de guerre, on leur devait un grand nombre de travaux régulièrement exécutés : la Carte des *Départements réunis*, les triangulations de la Suisse, de la Bavière et de beaucoup d'autres pays. On comptait dans leurs rangs les hommes les plus dévoués et les plus savants : Puissant, dont les ouvrages étaient entrés en ligne pour un des prix décennaux fondés par l'Empereur, et qui devait plus tard succéder à Laplace dans la section de Géométrie, Henry, Bonne, Corabœuf. Une Ecole d'application des Ingénieurs géographes, où des études approfondies étaient consacrées à toutes les parties de leur art : géodésie, topographie, travaux cartographiques, observations astronomiques, reconnaissances militaires, exercices sur le terrain, se recrutait chaque année parmi les meilleurs élèves de l'Ecole Polytechnique.

Pendant plus de trente ans, ils se sont livrés avec ardeur aux travaux de triangulation qui devaient donner l'ossature de la nouvelle Carte, s'attachant à assurer la meilleure exécution pour la topographie, créant et dirigeant les ateliers de gravure. On peut dire qu'ils sont les véritables organisateurs de notre belle carte au 80.000e, à laquelle leur nom aurait dû demeurer attaché.

Au moment même où les services qu'ils avaient rendus étaient présents à toutes les mémoires, une ordonnance de 1831 vint supprimer leur Corps et leur Ecole d'application et les confondre avec les officiers d'Etat-Major. Nous n'avons pas à discuter ici les vues théoriques qui inspirèrent cette mesure. On espérait que, dans le nouveau corps d'Etat-Major, se créeraient des vocations scientifiques, donnant aux Ingénieurs géographes des successeurs capables de recueillir leur héritage glorieux. Et dans ce but, on ouvrit chaque année l'Ecole d'Etat-Major à un très petit nombre d'élèves sortis de l'Ecole Polytechnique, avec l'espoir que leurs connaissances approfondies en mathématiques transcendantes les porteraient à se diriger du côté de la géodésie.

Comme il aurait été facile de le prévoir, ces espérances furent loin de se réaliser. L'exécution de l'immense travail que le Dépôt de la Guerre avait assumé exigeait une régularité, une précision dans les instructions qui ne permettaient aucune initiative. Les méthodes d'observation, les procédés de calcul, tout avait été codifié ; et les cours, nécessairement superficiels, qui se faisaient dans les écoles d'application n'étaient que le commentaire des méthodes employées pour l'exécution de la Carte. Dans ces conditions, il est naturel que les jeunes officiers, délaissant le service géodésique, auquel suffisaient d'ailleurs les anciens

Ingénieurs géographes, se soient laissé tenter par la carrière plus facile et plus brillante des États-Majors.

Et tandis que, dans notre pays, l'exécution même de la Carte, à laquelle le Dépôt de la Guerre devait consacrer toutes ses ressources, parcimonieusement mesurées, conduisait progressivement à délaisser la géodésie, partout à l'étranger, on s'appliquait avec ardeur à suivre les exemples que la France avait donnés la première et qu'elle avait oubliés. Les Anglais entreprenaient dans l'Inde de magnifiques triangulations par des méthodes qui leur étaient propres. Gauss, Bessel, Airy, Clarke, Hansen reprenaient les hautes théories, amélioraient les instruments, les méthodes d'observation, et reculaient les limites de la précision. On s'adressait encore à notre Dépôt de la Guerre ; mais c'était surtout pour lui demander les documents précieux que les Ingénieurs géographes y avaient accumulés pendant les guerres de la Révolution et de l'Empire. Ceux-ci disparaissaient peu à peu. En 1861, au moment où l'Angleterre nous fit ses propositions pour la jonction, le colonel Levret était presque le seul d'entre eux qui fût encore, et pour bien peu de temps d'ailleurs, en activité de service.

IV

Le général Blondel, qui, lui-même, avait été Ingénieur géographe, était à cette époque directeur du Dépôt de la Guerre. Encouragé par le succès relatif de la jonction, il fit des efforts pour rendre quelque activité au service géodésique. La triangulation de la Carte de France était achevée ; mais il fallait y comprendre la Corse, jusque-là complètement négligée.

D'autre part, on s'apprêtait à commencer une carte méthodique de l'Algérie, ce qui devait rendre nécessaires de grandes opérations géodésiques. On résolut de faire appel aux officiers qui avaient montré quelque goût pour les travaux de cette nature. Perrier fut naturellement choisi pour les uns et pour les autres. Ils devaient lui fournir l'occasion de compléter son apprentissage et de devenir un maître en géodésie.

C'est en Corse qu'il fut d'abord envoyé. On s'y trouvait en présence de mesures anciennes qui faisaient honneur à notre pays.

En 1770, deux ans à peine après la cession de la Corse à la France, le roi Louis XV ordonnait que le terrier général de l'île serait immédiatement entrepris.

Les opérations géodésiques et la levée des plans cadastraux commencèrent immédiatement et se terminèrent en vingt ans. L'Ingénieur géographe Tranchot exécuta la triangulation de l'île et, sur un désir exprimé par l'Académie des Sciences, la rattacha par une longue chaîne de triangles à l'observatoire de Pise dont la longitude avait été déterminée par Méchain. Deux rapports lus en 1785 et 1791 à l'Académie des Sciences rendirent à ces belles opérations la justice qui leur était due.

Le résultat pratique des triangulations de Tranchot, combinées avec les levés des géomètres du Cadastre, avait été la publication en 1824, par le Dépôt de la Guerre, d'une carte topographique de la Corse au 100.000^{e}, gravée sur cuivre en huit feuilles.

Cette carte, remarquable comme œuvre d'art, est surchargée de teintes sombres, et elle ne donne qu'un bien petit nombre d'altitudes, toutes calculées par Tranchot Elle était donc, en 1862, devenue tout à fait insuffisante pour les besoins des services publics.

Pour la remplacer, il fallait reprendre, en partie tout au moins, les opérations exécutées par Tranchot.

Une première reconnaissance, effectuée en 1862, montra que les signaux de premier ordre de Tranchot avaient presque tous disparu, et qu'il était nécessaire de procéder à une nouvelle triangulation. MM. les capitaines Bugnot, Proust, Perrier furent chargés d'exécuter ce travail pendant la campagne de 1863.

A Perrier échut toute la partie de l'île située au-dessus du parallèle de Corte Ce morceau de triangulation comprenait 34 triangles de premier ordre et 200 points secondaires. Ne se bornant pas à exécuter cette tâche particulière, Perrier se chargea de rattacher l'île à la triangulation française en calculant une chaîne de 100 triangles qui, longeant le golfe de Gênes, vint se rattacher au côté Granier-Colombier du réseau français. Il obtint ainsi, par une voie indirecte, les données nécessaires pour le calcul des coordonnées géographiques des points principaux. Le nivellement, effectué par distances réciproques, fut soumis à de nombreuses vérifications ; il eut pour résultat de modifier la plupart des altitudes que Tranchot avait attribuées aux principaux sommets. Le mont Rotondo, considéré jusque-là comme le sommet culminant de l'île, dut céder le premier rang au Mont Cinto, dont l'altitude de 2.707 mètres dépasse de plus de 80 mètres celle du Rotondo.

V

Comme on vient de le voir, les opérations géodésiques exécutées en Corse n'avaient en aucune manière le caractère de mesures primordiales. Il n'en fut pas de même pour celles que Perrier eut à entreprendre en Algérie, à partir de 1864.

Les opérations géodésiques et topographiques en Algérie étaient, il est vrai, contemporaines de la conquête. Dès 1830, les Ingénieurs géographes, suivant nos armées, les précédant souvent, travaillant pendant les haltes, avaient exécuté une mesure de base, des levés à la boussole, des triangulations sommaires, suffisantes pour les premiers besoins. En s'appuyant sur les documents qu'ils avaient recueillis, le Dépôt de la Guerre avait pu faire paraître un certain nombre de cartes, qui furent très utiles aux officiers, aux voyageurs, aux ingénieurs.

Mais à mesure que notre occupation s'étendait, les travaux publics, routes, ports, barrages, chemins de fer, se développaient rapidement ; et il devenait nécessaire de construire, pour satisfaire aux demandes qui se produisaient de tous côtés, une carte topographique à grande échelle de notre belle colonie.

On y songea dès 1851. Pour la mesure des bases algériennes, le savant colonel Hossard, renonçant aux méthodes de Borda, de Bessel, de Struve, fit construire un appareil nouveau, qui reposait sur l'emploi des règles à traits, et dont on devait le principe à un très habile ingénieur piémontais, le major Porro. Avec cet appareil, qui avait reçu l'approbation de l'Académie des Sciences et qui, adopté plus tard par les Espagnols, leur a permis d'obtenir avec une extrême exactitude la célèbre base de Madriléjos, les capitaines Marel et Foster mesurèrent en 1854, dans les environs de Blidah, une base qui devait servir de point de départ à toute une chaîne de triangles courant parallèlement à la côte, des frontières de la Tunisie à celles du Maroc. Par suite de la configuration de notre colonie, qui s'étend le long de la Méditerranée, cette chaîne devait fournir le canevas de la carte projetée et donner les éléments de départ de toutes les triangulations ultérieures. Elle jouait ainsi, dans le réseau algérien, le même rôle que la Méridienne de Paris dans le réseau français.

Interrompues par la guerre d'Italie, les opérations sur le terrain reprirent dès 1859. On confia la partie orientale de la chaîne de triangles, celle qui s'étend entre Blidah et la Tunisie, à un officier de grand talent, le capitaine Versigny. C'est à Perrier que revint la tâche de continuer les mesures, à partir de 1864, pour la partie de la chaîne comprise entre Blidah et la frontière du Maroc. La confiance croissante qu'il inspirait, l'ardeur et l'esprit d'initiative qu'il apportait en toutes choses, firent bientôt de lui le véritable directeur de l'ensemble de l'opération. Elle dura six ans, et ne fut ni sans difficultés, ni sans périls. Perrier les signale en quelques mots très courts et très simples :

« L'insurrection des Arabes en 1864, le typhus et le choléra en 1866, la famine en 1867 et 1868, nous ont, dit-il, fait courir souvent les plus grands dangers. Deux de nos camarades, les capitaines Vialla et Bondiverme, sont morts, l'un de la fièvre, l'autre d'une insolation, contractées dans les marais de la Macta et sur les bords du lac de Miserghin. »

Depuis Alger jusqu'au Maroc, 25 stations de premier ordre furent établies, dans des régions souvent malsaines, ou peu accessibles, ou exposées aux attaques des tribus révoltées. Partout les mesures d'angles et de hauteurs furent exécutées sans que rien fut sacrifié de la précision que pouvaient donner les instruments. Et afin de contrôler toute la triangulation, Perrier fit établir et mesura avec tout le soin possible deux bases nouvelles aux deux extrémités de la chaîne, l'une près de Bône, l'autre près d'Oran.

Une fois en possession de toutes les observations, il présenta l'ensemble de son travail à l'Académie des Sciences. Notre illustre confrère Faye, après l'avoir soumis à toutes les vérifications d'usage, se plaisait à déclarer qu'il *devait être placé au rang des meilleures mesures effectuées à l'étranger depuis les perfectionnements tout modernes de la géodésie.*

Cette précision « rarement atteinte » sur laquelle insistait M. Faye, Perrier l'avait voulue et recherchée. Il voulait que l'opération algérienne vînt concourir utilement aux études théoriques pour la détermination de la figure de la Terre, et il était heureux d'apporter à la science géodésique un arc de parallèle de 10° environ d'amplitude, situé sous une latitude bien inférieure à celle des arcs européens. Et puis, il entrevoyait le moment où cette chaîne, qu'il avait mesurée avec tant de soin, viendrait se relier d'une part avec les triangles italiens, d'autre part avec les triangles espagnols, servant ainsi de trait d'union et de contrôle à tout le réseau européen.

De ces deux jonctions auxquelles ne cessait de songer Perrier, la plus difficile était celle qui devait se faire avec le réseau espagnol. Mais elle avait pour notre pays un intérêt de premier ordre. Car elle devait nous permettre de continuer la Méridienne de France jusqu'au Sahara. Déjà, lorsqu'en 1806, Biot et Arago prolongeaient cette méridienne jusqu'à Formentera, ils entrevoyaient la possibilité de l'étendre, plus loin vers le Sud, jusqu'aux cimes de l'Atlas Algérien. On lit en effet, dans l'introduction au *Recueil des Observations géodésiques faites en Espagne*, le passage suivant :

« Enfin notre opération aura peut-être dans l'avenir des conséquences plus étendues. Si jamais la civilisation européenne parvient à s'implanter sur les côtes d'Afrique, rien ne sera plus facile que de traverser la Méditerranée par quelques triangles en prolongeant notre chaîne de l'Ouest jusqu'à la hauteur du cap de Gata ; après quoi, en remontant la côte jusqu'à Alger, qui se trouve à peu près sous le méridien de Paris, on pourra mesurer la latitude et porter l'extrémité australe de notre méridien sur le sommet du mont Atlas. »

Depuis l'époque lointaine où ce passage avait été écrit, la civilisation européenne s'était implantée sur les côtes d'Afrique, et Biot se gardait bien d'oublier le rêve de sa jeunesse. Il le rappelait en 1857, lorsque Struve communiquait à l'Académie le résultat des mesures de l'arc gigantesque russo-suédois.

En 1858, un de nos confrères, le colonel Laussedat, envoyé en mission à Madrid pour y suivre les opérations géodésiques, et le colonel Ibanez, chef du service géodésique d'Espagne, s'étaient préoccupés de réaliser le projet de Biot et Arago. Les officiers espagnols le jugeaient possible, car il leur était arrivé plus d'une fois d'apercevoir de la province de Grenade les côtes de l'Algérie.

D'autre part, en 1862, le colonel Levret, après avoir réalisé la jonction anglo-française, s'était préoccupé de compléter son œuvre en prolongeant la Méridienne vers le Sud, par-dessus la Méditerranée. Après avoir étudié des cartes à grande échelle, il avait même désigné quatre points qui paraissaient pouvoir former le quadrilatère de jonction entre l'Espagne et l'Algérie. Mais le moment n'était pas favorable ; et d'ailleurs il était évident qu'un projet de cette importance devait être précédé d'une reconnaissance sur le terrain. Cette reconnaissance, Perrier l'effectua le premier, et avec un complet succès.

C'est au printemps de 1868 qu'il arriva dans la

région où il pouvait entreprendre l'étude précise du problème posé par Biot et Arago. Pendant qu'il faisait construire les signaux de la chaîne comprise entre Oran et le Maroc, il interrogea avec insistance les Arabes et les colons ; tous s'accordèrent à lui affirmer, même sous la foi du serment, que la côte d'Espagne apparaissait assez souvent. Cependant, au cours de cette campagne de printemps, il s'efforça vainement de la découvrir. Il fut plus heureux à la reprise des opérations.

Le 18 octobre, il était au Seba Chioukh, qui domine la vallée de la Tafna près de son embouchure. Vers 5 heures du soir, il se préparait à rentrer à Tlemcen, lorsque, jetant les yeux sur l'horizon, il aperçut tout à coup, vers le Nord, une crête qui s'élevait au-dessus de la mer. Le doute n'était pas possible : c'était bien la côte d'Espagne. Le soleil, à son déclin, l'éclairait avec la plus grande netteté, et ses rayons obliques déterminaient des oppositions d'ombre et de lumière qui accusaient la forme et le relief des hautes sierras andalouses. Ému par cette magique apparition qui lui apportait la confirmation de toutes ses espérances, Perrier se hâta de prendre un profil de cette arête, qui présentait à ses deux extrémités deux renflements d'une forme tout à fait caractérisée. Puis, sans se laisser arrêter par la fatigue d'une journée d'observations pénibles, il replaça son cercle en station ; et il prit par rapport à un sommet algérien encore bien visible, les azimuts des deux points culminants de l'arête, ainsi que leurs distances zénithales et celle de l'horizon de la mer.

Quelques jours après, il aperçut la même crête dentelée de différentes stations, du mont Filhaoussen, puis du Nador de Tlemcen, de Zendal, enfin de

M'Sabiha, et fit, en chacun de ces points, les mesures nécessaires d'angles et de hauteurs.

Rentré en France après cette heureuse campagne, il put, grâce aux données qu'il avait recueillies, formuler un projet de jonction des deux continents d'Europe et d'Afrique, dans lequel figuraient des triangles ayant jusqu'à 314 kilomètres de côté.

De pareilles distances n'avaient jamais été rencontrées, à beaucoup près, même dans les opérations géodésiques les plus exceptionnelles. A la montagne du *Desierto de las Palmas*, Arago, après six mois d'attente, avait réussi à voir les signaux placés dans l'île d'Iviça ; mais la lumière des réverbères n'avait alors franchi que 161 kilomètres. Il est vrai qu'en 1827, le capitaine Durand, chargé de trianguler la région de Nice et de Marseille, avait pu, de plusieurs de ses stations, apercevoir en Corse les monts Cinto et Paglia Orba et mesurer leurs azimuts, à des distances qui allaient jusqu'à 267 kilomètres. Mais il y a loin de pareils recoupements à des opérations géodésiques régulières et réciproques.

Toutes ces difficultés n'arrêtèrent pas Perrier. Bien plus, à son projet de jonction, déjà si ardu, il ne craignit pas d'en associer un autre, dont l'exécution paraissait, sinon plus difficile, au moins plus longue et plus délicate.

VI

Puisque la jonction hispano-algérienne devait avoir pour résultat de porter à 28° ou 30° l'amplitude de ce méridien terrestre qui, à travers les régions les plus variées, plaines, mers, montagnes moyennes et montagnes élevées, s'étend des îles Shetland jusqu'à Formentera, il importait que toute l'étendue de cet arc fût déterminée avec une égale perfection. Or la partie française était d'une précision inférieure à celle des autres segments. Ce fait, constaté depuis longtemps par les Ingénieurs géographes, venait encore d'être mis en évidence par les observations persévérantes et précises de notre confrère Yvon Villarceau.

Ainsi s'imposait la nécessité d'adjoindre à l'opération hispano algérienne une revision méthodique de la Méridienne de France. Il y aurait eu là de quoi faire reculer un homme moins patriote et moins déterminé. Dans cette immense étendue de l'œuvre à accomplir, Perrier ne voulut voir et ne vit qu'une chose : c'est que son exécution donnerait à notre pays l'occasion de reprendre le rang qu'il avait perdu, le moyen d'effectuer une rentrée digne de son passé dans le mouvement géodésique européen. Et lui, simple capitaine, à peine connu par des travaux qui n'étaient même pas publiés, il se mit en campagne sans tarder, pour recueillir les appuis qui lui étaient nécessaires.

C'est au Bureau des Longitudes qu'il s'adressa tout d'abord. Dans l'hiver de 1868 à 1869, il communiqua le résultat de ses études à nos illustres confrères Faye, Delaunay, Laugier, qui, dès ce moment, se montrèrent ses plus zélés défenseurs.

Après avoir demandé l'autorisation du général Jarras, directeur du Dépôt de la Guerre, il adressa, le 14 mars 1869, son projet de jonction au Bureau des Longitudes en insistant sur la nécessité de reviser la Méridienne et sur la possibilité, pour le Dépôt de la Guerre, d'accomplir ces deux opérations. La majorité du Bureau lui était favorable ; mais il avait lieu de craindre que le maréchal Vaillant, alors président du Bureau, ne fît une opposition qui eût entraîné la ruine de toutes ses espérances. Perrier le savait hostile ; il se décida cependant à lui faire une visite. Le Maréchal le reçut fort rudement, lui déclarant qu'il n'offrait pas assez de garanties pour l'exécution du travail projeté, qu'à son avis on devait, en vue de suppléer à l'insuffisance du Dépôt de la Guerre, reconstituer un Corps spécial, qui se recruterait à l'Ecole Polytechnique et serait instruit à l'Observatoire. Perrier sortit de cet entretien profondément navré. Néanmoins, à la séance suivante du Bureau, le Maréchal, cédant aux instances des membres dévoués à sa cause, consentit à transmettre au Ministre de l'Instruction publique une lettre préparée par M. Faye et dans laquelle le Bureau, appuyant les propositions et les projets de Perrier, en recommandait l'exécution immédiate.

Heureusement les deux ministres auxquels appartenait la décision étaient animés, l'un et l'autre, des vues les plus élevées et les plus patriotiques. M. Duruy, à l'Instruction publique, et le Maréchal Niel, à la Guerre, se mirent facilement d'accord. Le Maréchal Niel voulut recevoir le jeune capitaine, s'entretint longuement avec lui, se fit soumettre un plan détaillé et, un mois à peine après l'envoi de la lettre du Bureau, il écrivait à M. Duruy que la Méridienne de France serait commencée dès 1870, que cette revision, et plus tard la jonction de l'Espagne et de l'Algérie, seraient confiées à la brigade géodésique dirigée par le capitaine Perrier. Celui-ci devait être assisté dans cette opération par deux adjoints dont l'un, le capitaine Bassot, notre confrère aujourd'hui, est devenu, dès cette époque, son collaborateur fidèle et son ami dévoué.

Comme l'avait décidé le Maréchal Niel, les opérations de la Méridienne furent commencées au mois de février 1870. Elles devaient être interrompues par la guerre fatale qui éclata au mois de juillet.

VII

Perrier partit le 17 juillet pour l'armée du Rhin. Il était attaché dans un emploi de son grade à l'Etat-Major général de la Garde Impériale.

Dans ses campagnes géodésiques, il avait bravé plus d'une fois la maladie et la mort, mais il n'avait pas vu le feu. Au moment de partir, il disait modestement à un de ses amis : « Je n'ai pas encore vu la guerre, je n'ai pas eu le baptême du feu ; mais je pense que je ferai bonne figure comme mes camarades ». Et en effet il se montra digne des troupes d'élite au milieu desquelles il combattait. Il prit part aux batailles de Borny, de Gravelotte, de Saint-Privat, et partout il fit tout son devoir.

Les correspondances de cette époque nous montrent la confiance, l'estime, la déférence même que lui témoignaient alors ceux qui combattaient avec lui. Son sens droit, son intelligence claire et rapide, lui assuraient sans effort une grande influence sur tous ceux qui l'entouraient. Il subit en soldat soumis, mais impatient et clairvoyant, la longue inaction que Bazaine imposa à une armée digne de meilleures destinées; et, lors de la capitulation, il fut envoyé comme prisonnier à Weissenfels, qu'il devait quitter quelque temps après pour Leipzig. Nous pouvons juger des sentiments qu'il éprouvait à cette époque par la partie de sa correspondance qui nous a été conservée.

« Vit-on jamais, disait-il, une position plus horrible que la nôtre ? Nous sommes comme supprimés du nombre des vivants et, momentanément du moins, nous avons perdu le droit de nous dire Français. Nos cœurs peuvent battre à se rompre dans la poitrine ; mais il leur est défendu de s'épancher. Nos sentiments, nous ne pouvons les exprimer. Nos vœux à la France, nos conseils, qui seraient peut-être utiles, se heurtent contre la barrière infranchissable de la parole donnée. Nos épées sont couvertes d'un voile noir, nous sommes des corps sans âmes. Nous sommes humiliés, amoindris, éteints. C'est fini de nous, et je serais déjà mort de chagrin, de rage et de honte, si je ne m'étais cramponné au travail comme à une arche de salut. »

Et plus loin :

« Je reste au coin de mon feu et je travaille. Dans la triste situation qui nous est faite, le travail n'est pas seulement une consolation ; c'est aussi un devoir, si nous voulons un jour être capables et dignes de prendre notre revanche ».

Perrier travaillait en effet, il lisait et annotait les travaux de haute géodésie de Gauss, de Bessel, d'Hansen ; mais tout son temps n'était pas consacré à l'étude. Des associations s'étaient formées en France pour venir en aide à nos prisonniers, et il fut plus d'une fois chargé de distribuer à nos malheureux soldats des secours destinés à leur permettre de se soigner, de se pourvoir de vêtements plus chauds. Il est touchant de lire les remerciements qui lui étaient envoyés à cette occasion, plus touchant encore de voir plusieurs de ceux auxquels il s'était adressé lui renvoyer les quelques thalers dont il leur avait fait part, en le priant de les réserver pour des camarades plus mal partagés.

Lorsque la paix fut signée, Perrier rentra en France le 27 mars 1871 ; il fut immédiatement réintégré au Dépôt de la Guerre à Versailles et revint à Paris avec les troupes, le 3 juin 1871. Un mois après, malgré toutes les difficultés du moment, une décision virile du Ministre de la Guerre confirmait celle du Maréchal Niel, relative à la revision de la Méridienne, et portait que cette opération resterait confiée à Perrier et à ses précédents collaborateurs. Avant de m'étendre sur la manière dont elle a été conduite, il importe que j'indique comment Perrier a voulu contribuer au travail de rénovation qui s'accomplissait alors, sous l'influence de nos défaites, dans tous les services de l'armée française.

VIII

Dès les premiers mois de 1872, il publiait dans le *Journal des Sciences militaires* un article sur la réorganisation du service géodésique dans l'armée.

« Nous nous proposons, disait-il, de montrer quel a été le rôle joué aux époques successives de la géodésie française, par l'Académie des Sciences et le Bureau des Longitudes d'abord, par le Corps des Ingénieurs géographes ensuite, et enfin par le Corps d'Etat-Major, de prouver que la défaillance du service géodésique est réelle, d'en définir les causes, exclusivement imputables au Corps d'Etat-Major, et d'indiquer les mesures de réorganisation faciles à appliquer et qui peuvent mettre fin à une situation fâcheuse bien faite pour alarmer les esprits sérieux. »

« Tandis, ajoutait-il, que, dans les pays voisins du nôtre, en Angleterre, en Espagne, en Allemagne, en Russie, on se passionne pour les études et les travaux de la géodésie, en France au contraire la science géodésique est de nos jours frappée de déchéance. C'est un malheur et un danger que de laisser s'abaisser ainsi le niveau d'une science. Des gens qui se croient sérieux répètent chaque jour qu'il faut mesurer l'importance des choses à leur résultat pratique immédiat, et s'autorisent de ce principe pour mépriser la science en général et la géodésie en particulier; ils oublient que, dans toute étude, une période scientifique a toujours précédé et précède toujours les applications utiles. Une nation qui ne sait pas encourager la science, bien qu'elle ne soit que l'occupation théorique de quelques-uns, consent à laisser à d'autres la gloire et le profit des applications utiles; elle déchoit. Une armée qui dédaigne les études et les travaux de la géodésie est bientôt entraînée à négliger la construction des cartes topographiques et l'étude approfondie des terrains sur lesquels elle doit se mouvoir et opérer militairement. »

Tout serait à citer dans cette étude, mais il faut se borner. Après avoir constaté l'insuffisance pour le passé, Perrier recherchait les meilleurs moyens d'organiser pour l'avenir un Service géographique sérieux. Ecartant un projet qui avait l'appui de personnes très compétentes, et qui consistait à créer un service central sous la direction du Ministère des Travaux publics, il proposait de reconstituer sous un nom nouveau, celui d'Officiers géographes, le corps des Ingénieurs géographes, en le recrutant désormais par voie de concours parmi tous les lieutenants de l'armée.

« Dans l'état actuel des choses, disait-il, la production des cartes d'ensemble, la revision fréquente des travaux relatifs au terrain, sont indissolublement liées à la préparation des opérations militaires, qui sont d'une importance capitale; le service géographique doit donc être un service militaire, placé tout entier et toujours sous les ordres du Commandement. C'est là un principe reconnu et appliqué dans toutes les armées d'Europe. »

Cette brochure de Perrier était un acte. Elle fit impression dans le milieu auquel son auteur l'avait destinée.

Un de ses amis lui écrivait :

« Vous démontrez avec évidence la nécessité de relever la géodésie en France et vous en indiquez les moyens. Je vous félicite d'avoir eu le courage de dire la vérité. Le bon colonel Peytier, dont vous rappelez les travaux, me disait : « On laisse perdre la tradition, on ne forme plus d'élèves « pour la géodésie. On ne pense qu'à une chose : finir la « Carte le plus tôt possible ; » et il aurait pu ajouter : « Quand elle sera finie, on ne sera plus en état de la « recommencer. »

Dans une note plus intime, un de ses meilleurs camarades lui écrivait :

« Je t'ai reconnu tout entier, et c'est avant tout de ce qui me fait l'effet d'un acte de courage de ta part que je te félicite. Courage civique, dévouement à la vérité. Tu vas t'attirer bien des haines. C'est égal, tu as bien fait et je suis content d'être ton ami. »

Et il ajoutait :

« Je ne te dirais peut-être pas cela d'effusion si tu étais garçon. Mais pour peu que cela te papillotte aux yeux, passe le papier à ta femme qui, si la modestie est la plus belle vertu de son sexe, n'est pas absolument obligée d'être modeste pour toi. »

Perrier en effet venait de se marier le 10 janvier 1872. Il avait épousé Mlle Antonine Benoît, fille du Doyen de la Faculté de médecine de Montpellier. Cette union, qui devait assurer son bonheur, fut malheureusement bien courte : Mme Perrier mourut après une année de mariage en lui laissant un fils.

Contrairement aux prévisions pessimistes de son ami, le travail de Perrier, où la modération et la mesure rehaussaient la force des arguments, ne lui attira ni haines ni difficultés. La constitution d'un corps d'Officiers géographes qu'il avait préconisée fut acceptée en 1875 par la Commission de l'armée. Défendue à la tribune par le général Billot et plus tard, au Sénat, par le général Pourcet, elle ne put prévaloir, pour des raisons d'ordre général que nous n'avons pas à apprécier ici. Bornons-nous, en restant sur le terrain qui nous est propre, à constater que, comme toutes les sciences, la géodésie exige de ceux qui la cultivent des études persévérantes, des connaissances variées, un culte exclusif. Quelle que soit l'organisation adoptée pour le Service géographique, il faut que la géodésie puisse devenir une carrière ; c'est ce que démontre d'une manière décisive l'étude si intéressante de Perrier.

IX

Au moment où il la publiait, il était sur le point de retourner sur le terrain, et de commencer sa troisième campagne pour la revision de la Méridienne. Le moment est venu d'indiquer en quelques mots la nature et la portée de ce grand travail.

La Commission royale de 1817, qui eut à fixer le mode d'exécution de la nouvelle Carte de France, n'avait pas jugé nécessaire de reprendre la méridienne de Delambre, et elle avait décidé que cette méridienne fournirait les éléments de départ de la nouvelle triangulation de notre pays. C'est en effet sur la méridienne de Delambre que vinrent s'appuyer les parallèles d'Amiens, de Paris, de Bourges, de Clermont, de Rodez, des Pyrénées, et plus tard, les méridiennes latérales de Bayeux, de Mézières, de Strasbourg, qui partagèrent la France en grands quadrilatères, d'environ 200 kilomètres de côté, dont l'intérieur fut ensuite rempli par de grands triangles de premier ordre qui s'appuyaient sur les côtés de ces quadrilatères. La méthode suivie admettait donc comme un *postulat* l'exactitude des opérations de Delambre et de Méchain. Cette exactitude paraissait garantie par la concordance des deux bases de Melun et de Perpignan : la valeur de la seconde, déduite de celle de la première par le calcul de toute la chaîne de triangles qui les séparent, s'accordait avec la mesure directe à un tiers de mètre près.

Et cependant, la confection des chaînes primordiales ne tarda pas, du vivant même de Laplace, à faire découvrir dans la Méridienne, particulièrement dans la partie comprise entre Bourges et Fontainebleau, des erreurs que les Ingénieurs géographes n'hésitèrent pas à déclarer inadmissibles.

Plus tard, vers 1860, Le Verrier, qui relevait volontiers ce que les autres laissaient tomber, organisait à l'Observatoire un service de géodésie, qu'il confiait à son plus habile collaborateur, Yvon Villarceau. Celui-ci, reprenant à la fois les théories et les observations, effectuait des mesures de longitude, latitude et azimut en huit stations de la Méridienne et confirmait par ses propres travaux la conclusion des Ingénieurs géographes : la Méridienne de Delambre n'avait pas l'exactitude qu'on lui avait supposée.

Il était bien loin de la pensée de ceux qui signalaient ces erreurs, d'ailleurs insignifiantes au point de vue de la Carte, d'incriminer la belle œuvre qui marque la véritable origine de la géodésie moderne. Mais il est certain que les circonstances même dans lesquelles opérait Delambre l'ont plus d'une fois empêché de satisfaire à certaines conditions indispensables. Ses triangles ne sont pas toujours bien conformés. La forme de certains édifices pris pour signaux n'était pas assez régulière. Quelques angles n'ont pas été suffisamment répétés. Deux d'entre eux, non mesurés, ont dû être conclus.

D'ailleurs n'est-ce pas le sort de tout travail scientifique d'être repris de siècle en siècle ? Depuis Delambre, toutes les méthodes avaient été perfectionnées ; la précision des mesures avait été accrue dans d'énormes proportions, le Calcul des Probabilités était venu donner des méthodes sûres et précises pour la répartition des erreurs. Toute l'œuvre était à reprendre, si l'on voulait qu'elle pût concourir, sur un pied d'égalité avec les mesures étrangères, à la détermination aussi exacte que possible de la forme de la Terre.

C'est ainsi qu'en jugea Perrier. Dès 1870, il avait attaqué les opérations par le Sud, en rattachant, par le côté Canigou Forceral, la nouvelle triangulation française au réseau espagnol. Pour recevoir des maîtres de la science géodésique les indications les plus propres à assurer le succès de la nouvelle mesure, il demanda dès 1872 à M. le Ministre de la Guerre de soumettre au Bureau des Longitudes et à l'Académie des Sciences toute la portion de travail déjà accomplie. La grande Commission nommée par l'Académie reçut les carnets d'opérations de Perrier et de ses deux adjoints, les capitaines Bassot et Penel. Son examen, très complet, porta aussi bien sur les observations que sur les méthodes de calcul.

En ce qui concernait le point essentiel, la mesure des angles, la Commission se plaisait à constater un perfectionnement capital. Les instruments répétiteurs, pour lesquels le Dépôt de la Guerre avait eu pendant longtemps un respect presque fétichiste, étaient définitivement abandonnés. Et la méthode de la réitération, que Perrier avait vu fonctionner chez les Anglais, qu'il avait essayée en Algérie avec un instrument construit à ses frais, venait cette fois se substituer franchement à la méthode de la répétition. Perrier avait pu mettre sous les yeux de la Commission un instrument parfaitement adapté aux opérations géodésiques.

Destiné seulement à la mesure des angles azimutaux, réduit à la plus extrême simplicité et pourvu de notables perfectionnements, introduits sur les conseils de Laugier et de Villarceau, le cercle azimutal réitérateur construit par Brünner était un instrument pour ainsi dire parfait, donnant les angles à moins d'une seconde centésimale, et avec lequel il n'y avait plus guère à craindre que les erreurs provenant des réfractions irrégulières.

Pour donner à l'instrument toute sa valeur, un changement radical avait été introduit aussi dans la nature des signaux. Aux clochers des églises, aux sommets des édifices élevés qui présentent souvent ce que les géodésiens appellent des effets de phases, qui permettent rarement de placer les instruments au centre même de la station, et qui, d'ailleurs, subissent de légers déplacements sous l'influence de la température, Perrier substituait définitivement les signaux solaires que seule la révolte des Arabes l'avait empêché d'employer en Algérie.

Comme il l'avait sans doute espéré, la Commission applaudit à tant de perfectionnements. Mais elle ne se borna pas à des éloges, elle donna des indications qui se montrèrent précieuses dans la suite.

L'héliotrope était, elle le reconnaissait, un précieux appareil. Mais il ne peut être employé que lorsque le soleil éclaire simultanément tous les points dont les azimuts doivent être observés. Et, même dans les journées où le soleil brille du plus vif éclat, il peut se faire que l'observateur soit réduit à l'inaction. Il opère en effet dans des conditions où l'astronome ne voudrait pas observer : les rayons qu'il reçoit dans sa lunette ont traversé des couches d'air trop voisines du sol et, par suite, inégalement échauffées ; les images qu'il obtient sont souvent tremblantes, vacillantes et même colorées. La nécessité où il se trouve d'attendre les courts instants où elles deviennent fixes et régulières est une précieuse garantie pour l'exactitude même des mesures ; mais elle allonge beaucoup leur durée totale et, par suite, en augmente le prix de revient.

Pour parer à ces inconvénients, quelquefois intolérables, la Commission recommandait aux observateurs de la Méridienne de revenir sur une question qu'ils avaient rayée de leur programme et d'examiner si les observations de nuit ne pourraient pas être adjointes avec avantage aux observations faites pendant le jour.

Les signaux de nuit avaient été autrefois d'un usage courant dans les mesures géodésiques. Delambre n'avait pas osé les employer en France ; mais Méchain les utilisa en Espagne d'une manière systématique. C'est en se servant de feux et de réverbères que Biot et Arago avaient pu reprendre plus tard le travail de Méchain et prolonger la Méridienne jusqu'à Formentera. Laplace les avait recommandés pour la triangulation de la Carte de France ; sur ses indications, les Ingénieurs géographes les essayèrent à peu près partout, et dans les conditions les plus variés. Le résultat fut loin de paraître favorable. Les observations donnèrent lieu à de grandes discordances, principalement en ce qui concerne les distances zénithales ; et comme elles entraînaient, surtout pour les hauts sommets, des difficultés, des fatigues et même des dangers, elles avaient été complètement abandonnées. Villarceau, au contraire, dans les stations qu'il fit en divers points de la Méridienne, les employa de nouveau et avec succès. Fizeau, Elie de Beaumont se joignirent à lui pour qu'on reprit l'étude de cette question et demandèrent à Perrier et à ses collaborateurs de faire, à titre d'essai, des observations de nuit pour deux triangles choisis, l'un en pays de plaine, l'autre en pays de montagne.

L'opinion de Perrier, comme celle du Dépôt de la Guerre tout entier, était très défavorable aux observations de nuit. Il s'attacha cependant à faire dans les meilleures conditions la comparaison qui lui était demandée. Cherchant d'abord à obtenir les signaux de nuit qui pouvaient donner les meilleurs résultats, il s'arrêta définitivement à un système très ingénieux de collimateur inventé par le colonel Mangin. Puis, se plaçant scrupuleusement dans les conditions qui lui avaient été recommandées par la Commission, il fit avec le capitaine Bassot les observations les plus variées. Le résultat fut contraire à ses prévisions et donna raison à Villarceau. Perrier n'hésita pas à le reconnaître, que dis-je ! à le proclamer.

« Les observations, dit-il, prouvent que les observations de nuit, appliquées seulement à des azimuts, possèdent un degré de précision supérieur à celui des observations de jour et qu'elles satisfont mieux aux conditions géométriques de la triangulation. ».

Depuis cette époque, les signaux de nuit ont été employés de nouveau par les géodésiens français. C'est grâce à eux que le général Bassot a pu, en une seule campagne, mesurer la méridienne d'Alger à Laghouat. Perrier reçut d'ailleurs plus tard la plus belle récompense de la bonne humeur et de la loyauté qu'il avait apportées dans cette circonstance ; car c'est uniquement par l'emploi des observations de nuit qu'il a pu réaliser la jonction de l'Espagne et de l'Algérie.

X

Appuyé sur l'approbation de l'Académie, il poursuivit avec des méthodes désormais fixées la revision de la Méridienne. Nommé, le 16 juin 1873, membre du Bureau des Longitudes en remplacement du Maréchal Vaillant, et promu chef d'escadron le 28 octobre 1874, après avoir passé plus de quatorze ans dans le grade de capitaine, il avait acquis au Dépôt de la Guerre une autorité qui lui assurait la plus grande liberté d'action. Il put ainsi compléter en un point essentiel la réorganisation du Service géodésique.

Les triangulations ne sont pas tout en géodésie ; il faut encore leur adjoindre des mesures prises dans le ciel. Pour le géodésien, comme pour le navigateur, c'est la sphère céleste qui fournit les repères et les contrôles. De tout temps, les observations astronomiques ont accompagné toute opération géodésique. Elles permettent de déterminer exactement les amplitudes des arcs, et de plus elles fournissent les moyens de vérification les plus précieux. Engagé dans une chaîne immense de mesures et de calculs, le géodésien trouve dans l'application d'un beau théorème de Laplace le moyen de contrôler les résultats de ses opérations terrestres par des observations de longitude, de latitude et d'azimut. Seules, d'ailleurs, ces observations peuvent permettre aujourd'hui de reconnaître ces variations locales de la surface de notre globe dont l'étude constitue un des problèmes fondamentaux de la géodésie moderne, Perrier n'ignorait rien de tout cela. Aussi, dès 1874, il faisait établir un pavillon permanent d'astronomie géodésique, à Alger, au-dessus de Mustapha, non loin de la colonne Voirol. Ce pavillon, pourvu par ses soins des instruments les plus modernes, devait servir de station initiale et jouer dans la triangulation algérienne le même rôle que le Panthéon pour le réseau français.

La même année, en déterminant, de concert avec l'Observatoire de Paris, la différence de longitude Paris-Alger, il se familiarisait avec la méthode de détermination télégraphique des longitudes qui, employée d'abord par les Américains, avait reçu tant de perfectionnements entre les mains de Le Verrier, de Villarceau, de notre confrère M. Lœwy. Une fois en possession de cette méthode, Perrier eut fréquemment occasion de la pratiquer. On lui doit en effet 17 différences de longitude mesurées, soit en Algérie, soit en France, soit dans les pays voisins.

Chargé à l'Ecole Supérieure de Guerre du Cours de Géodésie qu'il professait avec une rare supériorité, il se préoccupait de favoriser le recrutement et d'assurer l'instruction des jeunes officiers que son ardeur et son zèle amenaient à la géodésie, et songeait à créer un Observatoire, destiné à devenir une véritable Ecole supérieure d'astronomie et de géodésie, lorsqu'une occasion inespérée vint s'offrir à lui de réaliser cette partie de son programme.

En 1875, le Bureau des Longitudes fut autorisé par la Ville de Paris à prendre possession d'un terrain dans le Parc de Montsouris, pour y établir ses instruments et son matériel d'observation, de manière à fournir aux officiers de marine et aux voyageurs l'occasion de s'exercer à la pratique des observations astronomiques et des déterminations de position.

Sur l'initiative de Perrier, le Ministre de la Guerre

exprima le désir qu'une parcelle de ce terrain fût réservée au Dépôt de la Guerre. Le Bureau s'empressa d'accueillir cette demande, et l'Observatoire du Dépôt de la Guerre ne tarda pas à être pourvu des bâtiments et des appareils nécessaires à l'instruction des officiers.

« Comme on le voit, disait Perrier, notre installation est achevée, et les officiers géodésiens de notre armée n'ont plus rien à envier à leurs émules des armées étrangères. Désormais ils pourront étudier à fond les instruments, pratiquer les méthodes en usage dans les opérations de haute géodésie et exécuter, soit en France, soit en Algérie, soit isolément, soit en collaboration avec les astronomes français, les grands travaux d'astronomie géodésique qui sont à l'ordre du jour du monde scientifique européen. »

« La création de l'Observatoire du Bureau des Longitudes, dont ceux de la Marine et de la Guerre sont des annexes, est venue combler une lacune regrettable dans l'organisation scientifique de la France. Elle complète en effet les grands Observatoires de notre pays, en offrant aux géographes, aux marins et aux officiers un laboratoire spécial, à la faveur duquel la France pourra reprendre le rang qu'elle a longtemps occupé, et auquel elle a le droit de prétendre, dans la carrière des grandes entreprises géographiques. »

Perrier pouvait parler avec autorité des progrès réalisés à l'étranger, car il les avait étudiés sur place et les suivait avec attention. Il était de ceux qui avaient le plus contribué à faire entrer la France dans cette grande Association géodésique internationale dont Struve, dès 1857, avait demandé la formation et qui avait été fondée en 1864, par le général de Baeyer. Dès 1872, il avait suivi, en qualité de représentant de notre Dépôt de la Guerre, toutes les réunions périodiques de l'Association, et il était rapidement devenu l'un de ses membres les plus actifs et les plus écoutés.

XI

Cependant, le moment approchait où la grande opération entrevue par Perrier dès 1868 allait devenir possible. En Espagne, sous l'impulsion du général Ibanez, les travaux géodésiques, poussés avec une rare activité, avaient atteint la région des sierras qui font face à l'Afrique. De notre côté, la revision de la Méridienne était en bonne voie. En 1878, les deux gouvernements de France et d'Espagne décidèrent de procéder en commun à la jonction des deux réseaux algérien et espagnol.

Il était indispensable de faire d'abord une nouvelle reconnaissance, afin de fixer définitivement les sommets du polygone de jonction, et d'en mesurer les angles d'une manière approchée. Les points choisis furent Mulhacen et Tetica, en Espagne ; Filhaoussen et M' Sabiha, en Algérie.

Le Mulhacen est le point culminant de la Sierra Nevada. Sa cime schisteuse, dépourvue de toute végétation, atteint la hauteur énorme de 3.481 mètres. Un plateau de quelques mètres à peine de superficie forme le sommet de la montagne, bordé par des pentes rapides ou des précipices à pic. Mulhacen, qui appartient à la province de Grenade, est un des points de premier ordre du réseau géodésique espagnol.

Tetica, située dans la province d'Alméria, appartient également à la triangulation espagnole. Le pic calcaire qui la couronne s'élève à la hauteur de 2.080 mètres, et domine toute la Sierra de los Filabres, à laquelle appartient cette montagne.

Les sommets choisis en Algérie avaient l'un et l'autre des altitudes bien moins élevées.

Le Filhaoussen, montagne formée de calcaires schisteux, située dans la province d'Oran, près de la frontière du Maroc, s'élève à 1.137 mètres, et forme un des sommets de premier ordre de la triangulation algérienne.

M' Sabiha, qui atteint 591 mètres seulement, et qui est le point le plus élevé de la petite chaîne du Murdjadjo, n'appartenait pas à la triangulation algérienne ; mais il était facile de l'y rattacher.

La reconnaissance préliminaire, qui cette fois devait être réciproque, fut exécutée dans le courant de l'été et de l'automne de 1878. Elle fut confiée, en Espagne, au colonel Monet ; en Algérie, aux capitaines Derrien et Koszutski. Les signaux héliotropiques furent aperçus d'une manière très intermittente ; et même le colonel Monet ne put jamais, de Mulhacen, voir le signal de M' Sabiha. Les observateurs emportèrent l'impression que la jonction projetée était possible, mais qu'elle prendrait beaucoup de temps, si l'on ne disposait pas de signaux d'une puissance extraordinaire.

Il résultait également de cette laborieuse reconnaissance que la période où les opérations étaient possibles se trouvait comprise entre les limites les plus resserrées. Avant la fin d'août, les observations de jour étaient impraticables sous le soleil de l'Algérie. Après le mois de septembre, la cime du Mulhacen devait devenir intenable pour les observateurs.

La première moitié de l'année 1879 fut consacrée aux expériences et aux travaux préparatoires. D'un commun accord, Français et Espagnols décidèrent d'employer, pour les mesures d'angles, le cercle azimutal du Dépôt de la Guerre qui, par suite de sa construction, se prêtait également bien aux observations de jour et de nuit ; seulement, pour permettre à chaque observateur de découvrir ou de retrouver les signaux envoyés par les autres stations, on adjoignit à l'instrument un petit cercle vertical, qui devait permettre de pointer sûrement, à une hauteur fixée à l'avance. Des héliotropes furent commandés, dont la surface était égale à neuf fois celle des miroirs ordinairement employés.

Mais c'est surtout sur les signaux de nuit que se porta toute l'attention de Perrier. On ne pouvait espérer que la lumière du pétrole, employée jusque-là dans les opérations de la Méridienne, traverserait la Méditerranée sur des étendues énormes, qui variaient de 225 à 270 kilomètres. On essaya sans succès la lumière Drummond. A cette époque, l'acétylène n'était pas utilisé dans l'industrie ; on s'arrêta à la lumière de l'arc voltaïque, produite à l'aide de machines Gramme, actionnées par des moteurs à vapeur dont la force variait de 1 cheval un quart à 1 cheval et demi. Pour envoyer au loin cette puissante lumière, on employa des projecteurs construits spécialement par le colonel Mangin.

Pendant qu'au printemps de 1879, les observateurs qui devaient occuper les stations examinaient ces machines si nouvelles pour eux, apprenaient à les faire fonctionner, et à les réparer en cas de besoin, des centaines de soldats et d'ouvriers étaient occupés à ouvrir des chemins vers les quatre sommets du quadrilatère. C'était surtout en Espagne que l'opération était difficile ; car, non seulement il fallait amener sur des sommets élevés et étroits un matériel des plus encombrants, mais on devait aussi construire les abris résistants et les logements nécessaires aux observateurs, aux mécaniciens, aux aides et aux soldats.

Vers la fin du mois d'août, après des difficultés sans nombre, rencontrées pour le transport du matériel d'observation et de campement, les quatre stations du quadrilatère étaient heureusement installées, et les observateurs se trouvaient tous au poste qui leur avait été assigné.

C'étaient, au Mulhacen, le colonel Barraquer, chef de la mission espagnole, avec le commandant Borrés et le capitaine Cebrian ; à Tetica, le commandant Lopez Puigcerver, avec le commandant Pinal ; au Filhaoussen, en Algérie, le commandant Bassot, avec les capitaines Sever et Koszutski ; enfin, à Mt Sabiha, le commandant Perrier, avec les capitaines Derrien et Defforges.

Ces stations exceptionnelles ne ressemblaient guère à celles de la géodésie ordinaire. Au Mulhacen, les oiseaux de proie et les chèvres sauvages avaient dû céder la place à tout un personnel de gardiens, de soldats, de mécaniciens, 40 personnes environ, qui, pendant près de deux mois, allaient vivre sur ces hauteurs glacées, et y faire entendre pour la première fois le sifflement monotone et saccadé de la vapeur.

Les deux stations algériennes étaient, il est vrai, beaucoup moins élevées ; mais, comme elles étaient près de la frontière du Maroc, elles devaient être gardées militairement ; car il fallait garantir les hommes et les chevaux, marchant de jour et de nuit, contre les attaques à main armée des maraudeurs et des tribus insoumises de cette région.

Pendant près de quinze jours, les observateurs connurent l'anxiété profonde qu'avaient éprouvée autrefois Biot et Arago. Malgré les investigations les plus patientes, il leur fut impossible d'apercevoir à aucun moment la lumière réfléchie par les héliotropes; heureusement, le 9 et le 10 septembre, à la suite de pluies abondantes qui rendirent à l'atmosphère toute sa transparence, les signaux de nuit furent aperçus nettement des quatre stations. C'était le gage et la promesse du succès.

A la station de Mʳ Sabiha, où se trouvait Perrier, la soirée du 10 fut particulièrement animée. Vers dix heures du soir, on apercevait à l'œil nu, non seulement les feux de Mulhacen et de Tetica, mais aussi ceux du Filhaoussen, du Nador, de Tessala, qui brillaient sur les crêtes de l'Atlas.

« A ce moment, nous dit Perrier, un peu d'émotion se manifeste autour de nous ; des cris d'appel se font entendre de tous côtés. Ce sont les colons espagnols des fermes voisines qui appellent leurs compatriotes des fermes plus éloignées. Ceux-ci viennent en grand nombre contempler les signaux lumineux émanés de la mère patrie. *Espana, Espana* ! clament-ils tous en chœur. Bientôt après, un véritable concert est organisé, les danses commencent et durent jusqu'à minuit, sans qu'il nous soit possible d'interrompre ces manifestations joyeuses. »

Au Mulhacen aussi, les observateurs étaient heureux, mais leur joie ne dura guère ; et leurs opérations, souvent interrompues, devinrent de plus en plus pénibles. La température descendit jusqu'à — 12° ; le vent dépassa plus d'une fois la vitesse de 120 kilomètres. Le 18, la tempête redoubla de violence. La foudre tomba sur la machine à vapeur. Les officiers durent faire les plus grands efforts pour ranimer les courages et soutenir les travailleurs, qui redoutaient à bon droit de se voir toute retraite coupée par la neige, qui ne cessait de s'amonceler. Heureusement les dégâts causés par la foudre ne furent pas irréparables. Le temps s'améliora quelque peu. On put observer encore le 22, le 23 et le 29. Et l'on n'abandonna ce sommet inhospitalier que le 3 octobre, lorsqu'on reçut la nouvelle que, dans les trois autres stations, les mesures étaient entièrement achevées. La jonction géodésique de l'Espagne et de l'Algérie était heureusement accomplie.

Il restait cependant à exécuter une dernière opération, que Perrier avait prévue dès le début, comme pour accumuler toutes les difficultés qu'il aurait à surmonter. Il avait été décidé qu'à la jonction géodésique on associerait la jonction astronomique, en mesurant la différence de longitude de deux stations appartenant, l'une au réseau espagnol, l'autre au réseau algégérien. Cette détermination fut effectuée, pendant le courant d'octobre, par Perrier, qui était resté à M'Sabiha, et par l'astronome espagnol Mérino, qui était venu s'installer à Tetica. Le câble télégraphique faisant défaut, on employa une méthode originale, qui reposait sur l'emploi de signaux rythmés, et avait été l'objet de consciencieuses études préparatoires de la part des deux observateurs.

Et maintenant, je n'ai plus qu'un mot à ajouter. Quand toutes les mesures furent rapprochées, il fut possible de calculer la distance des deux stations algériennes de deux manières différentes, en prenant pour base, soit la triangulation algérienne, soit celle de l'Espagne : les deux nombres ainsi obtenus pour cette distance de 105 kilomètres ne diffèrent pas de 0 m. 80.

Le succès de cette opération, qui reste, aujourd'hui encore, la plus importante de toutes celles qui ont été tentées en géodésie, eut un grand retentissement. Le général Saussier, qui commandait en Algérie et avait prêté à la Mission l'appui le plus complet, la portait à l'Ordre du jour de l'armée, le 15 octobre 1879.

Le 31 décembre suivant, Perrier était nommé lieutenant-colonel ; et moins d'une semaine après, le 5 janvier 1880, l'Académie des Sciences l'appelait à venir occuper la place laissée libre par le décès de M. de Tessan dans la Section de Géographie et Navigation.

XII

A peine nommé membre de l'Institut, il fut chargé d'une mission assez délicate et dont il s'acquitta avec succès. A la suite de la première Conférence de Berlin, il y eut, en juin et juillet 1880, une nouvelle Conférence dont le but était d'établir l'accord de la Turquie et de la Grèce par une délimitation des frontières de ces deux pays conforme aux indications générales données dans le Traité de Berlin. Il avait été décidé que cette Conférence se composerait des ambassadeurs siégeant à Berlin et d'un délégué technique pour chacun des Etats représentés. Notre ambassadeur à Berlin était le comte de Saint-Vallier. Sur la demande de Gambetta, le Ministre des Affaires étrangères, qui était alors M. de Freycinet, lui adjoignit Perrier.

Le diplomate improvisé sut justifier la confiance qui lui était témoignée. S'entourant de tous les documents nécessaires, il étudia soigneusement toutes les régions sur lesquelles devait porter la discussion. Aussi, lorsqu'il fut appelé à prendre part aux travaux des délégués techniques, ses collègues étrangers, rendant hommage à ses qualités personnelles et frappés de l'étendue de ses connaissances sur le sujet, le désignèrent, d'une voix unanime, pour la rédaction du rapport qui devait être présenté en leur nom à la Conférence. Le comte de Saint-Vallier, en écrivant au Ministre des Affaires étrangères, se louait hautement de sa collaboration et se plaisait à reconnaître qu'elle avait puissamment contribué au succès de l'œuvre de médiation entreprise par les Puissances.

Le résultat était conforme aux vœux de la France et de l'Angleterre. Au moment de son départ, Gambetta avait dit à Perrier : « Rapportez-nous Janina ». Il rapportait Janina ; mais il n'était pas au pouvoir de la Conférence de rendre ses décisions exécutoires. On sait que la résistance de la Turquie ne permît pas à la Grèce d'obtenir tout ce qui lui avait été accordé.

Quelques mois à peine après son retour, Perrier fut envoyé de nouveau en Algérie. La France se préparait à occuper la Tunisie ; les explorations qu'il avait faites dans cette région, les levés et itinéraires que, dès 1878, il avait étudiés et préparés, souvent au péril de sa vie, faisaient de lui le chef désigné à l'avance du Service géographique du Corps expéditionnaire. Nommé le 3 mai 1881, il sut montrer au cours des opérations tout ce que l'on peut attendre en campagne d'un service sérieusement organisé. Des topographes habiles furent attachés à toutes les colonnes ; chaque soir, les Etats-Majors et les Corps de troupes purent recevoir des reproductions des levés ou itinéraires exécutés dans la journée.

A son retour en France, il était placé, le 10 janvier 1882, à la tête du Dépôt de la Guerre, et, le 9 mai suivant, il était nommé colonel. Il tint à honneur de prendre part à l'observation du Passage de Vénus et fut le chef de la mission envoyée à Saint-Augustin en Floride, où il observa, le 6 décembre 1882, avec Bassot et Defforges, ses fidèles adjoints du Service géodésique.

XIII

Jusqu'ici Perrier s'était exclusivement voué à la géodésie. Les fonctions de direction qui venaient de lui être confiées au Dépôt de la Guerre le conduisirent à s'occuper de toutes les sections de ce grand établissement et, en particulier, du service si important et si délicat de la cartographie.

Depuis le moment où notre Carte au 80.000ᵉ, qui a été si justement admirée et imitée, avait commencé à paraître, de très grands progrès avaient été réalisés dans les différents modes d'impressions et de gravures. La photographie était venue apporter des ressources et des procédés nouveaux. Partout, on réclamait l'emploi des courbes de niveau, si utiles, si indispensables pour la préparation et l'étude des projets de travaux publics. Perrier entra résolument dans la voie du progrès.

Des cartes nouvelles, dans lesquelles on employa tous les perfectionnements les plus récents, furent dressées ou préparées par les soins d'une Commission des Travaux géographiques qui se réunissait sous sa présidence et dont il avait provoqué la formation.

Le 28 janvier 1884, il présentait à l'Académie les douze premières feuilles de la Carte de l'Algérie à l'échelle du 50.000ᵉ. Cette carte, dont ses travaux géodésiques et ceux du capitaine Versigny avaient fourni le canevas fondamental, s'appuyait sur des levés au 40.000ᵉ, bien suffisants pour un pays encore peu habité. On y avait adopté la projection à développement conique de Bonne, telle qu'elle a été employée pour la Carte de France « C'est, disait Perrier, la projection française, qui convient admirablement à l'Algérie et que nous avons tenu à conserver. » Chaque feuille comportait sept planches : la planche de *rouge* pour les lieux habités et les routes carrossables ; celle de *noir*, affectée aux écritures, aux chemins dont la viabilité n'était pas assurée et aux sentiers ; celle de *bleu* aux eaux ; celles de *vert* aux bois, de *violet* aux vignes, de *bistre* aux courbes de niveau. Une septième planche en *gris bleuté* devait fournir le modelé du terrain « par un estompage au crayon lithographique basé sur la lumière zénithale et rehaussé par un léger sentiment de lumière oblique ». Les partisans de l'impression en plusieurs couleurs ne pouvaient se plaindre qu'on leur eût refusé satisfaction.

Le 17 mars de la même année, Perrier offrait à l'Académie une nouvelle Carte de la Tunisie au 200.000e. Le Service géographique suivait ici la méthode qui avait été employée en Algérie, celle que l'on devrait appliquer à toutes nos colonies. Pour donner satisfaction immédiate aux demandes des explorateurs, des officiers, des ingénieurs, il se hâtait de faire exécuter des triangulations sommaires, bien suffisantes pour une carte provisoire, et il réservait pour une époque ultérieure les opérations méthodiques, ainsi que la carte définitive. Perrier mettait à profit l'occasion pour faire valoir les travaux de nos officiers.

« Si l'on pouvait, disait-il, planer en ce moment au-dessus des chotts tunisiens, on apercevrait nos topographes, circulant dans les régions inhospitalières et peu sûres, où l'eau potable est rare, où déjà la chaleur est difficilement tolérable, obligés de se garder contre les maraudeurs aussi bien que contre les fièvres, mais supportant bravement, sans se plaindre, les misères et les périls de cette vie nomade, et trouvant en eux-mêmes, loin du monde, dans la seule satisfaction de l'accomplissement d'un devoir, la force de surmonter les difficultés et les dangers qui sont semés sur leur route. »

Mais c'est surtout en ce qui concerne la Carte de France qu'il convient de signaler l'activité de Perrier.

Laissant de côté la belle Carte en couleur au 200.000e qui est dérivée de la Carte de l'Etat-Major et qui, construite sous sa direction, a figuré à l'Exposition de 1889, j'insisterai au contraire sur deux essais qu'il présentait en mars 1885 à l'Académie ; car ils doivent être considérés comme l'amorce de cette nouvelle carte au 50.000^{e}, qui est réclamée depuis longtemps par les services publics et par les ingénieurs.

Lorsque Laplace, en 1817, par son discours à la Chambre des Pairs et par l'autorité qui s'attachait à son nom et à ses travaux, détermina le gouvernement de la Restauration à refaire la carte des Cassini, la Commission formée sous sa présidence, et dont nous avons déjà parlé, avait reçu, conformément aux indications mêmes données par l'illustre savant, la mission précise d'élaborer le projet d'une *Nouvelle Carte appropriée à tous les services publics et combinée avec les opérations du Cadastre.*

Ce n'est pas ici le lieu de rappeler tous les travaux de cette grande Commission et d'indiquer d'une manière précise les difficultés qu'elle rencontra dans sa tâche. Je me bornerai au point suivant : Après une discussion approfondie, elle décida que l'échelle des levés destinés à la préparation de la Carte serait le 10.000^{e} et que celle de la Carte elle-même serait le 50.000^{e}.

Si l'on avait donné suite à cette décisibn, plusieurs fois renouvelée, et si l'on avait pu, comme le demandait instamment la Commission, combiner les opérations de la Carte avec celles du Nivellement et du Cadastre, un service inappréciable aurait été rendu au pays. Dans son rapport sur le Budget des Travaux publics en 1889, M. Félix Faure évaluait à plusieurs centaines de millions l'économie que la France aurait réalisée sur le coût de ses 32.000 kilomètres de chemins de fer, si elle eût possédé en temps utile une carte précise, et à échelle suffisamment grande, de son territoire.

« La connaissance exacte du relief du pays est indispensable, disait-il, pour entreprendre tous les travaux publics : établissement de voies de communication de toute nature, conduites et distributions des eaux, construction des canaux pour l'agriculture, défense des places fortes : et ce n'est que par le levé topographique et le nivellement du sol qu'on obtient les données nécessaires pour le confection des projets. »

L'échelle à laquelle s'était arrêtée la Commission de 1817 aurait donné satisfaction à tous les désirs des ingénieurs. Le problème qu'elle n'avait pu résoudre se représenta en 1878, lorsque notre éminent confrère, M. de Freycinet, fit adopter par les Chambres son vaste programme de travaux publics. Dès cette époque, M. de Freycinet réunissait au Ministère des Travaux publics une Commission, qui était chargée d'étudier les moyens de poursuivre le plus rapidement possible l'exécution du Nivellement général de notre pays.

Cette Commission, dont Perrier faisait partie et où il exerça une grande influence, ne tarda pas à revenir aux conclusions de Laplace, et à reconnaître que la question du Nivellement général était étroitement rattachée à celle de l'exécution d'une carte de France à échelle suffisamment agrandie. Ses délibérations aboutirent à la rédaction d'un projet de loi qui fut présenté aux Chambres en 1881 et qui comportait une dépense de 22 millions, répartie sur dix exercices. Les difficultés budgétaires ont jusqu'ici empêché l'adoption de ce projet. Perrier a eu le mérite d'en amorcer l'exécution par deux essais bien distincts.

Dans l'un, le moins intéressant, la Carte au 50.000[e] est obtenue par l'agrandissement des anciens levés au 40.000[e] de la Carte de l'Etat-Major. Mais, dans l'autre, la carte repose sur des levés au 10.000[e], où les courbes sont déterminées exactement, et qui sont de véritables modèles de précision. C'est avec des levés de ce genre que doit être exécutée cette carte au 50.000^{e} dont Laplace, Delambre et Puissant ont voulu doter leur pays.

XIV

En même temps qu'il dirigeait le Dépôt de la Guerre, d'une main ferme, et avec une bienveillance pour les personnes dont on a gardé le souvenir, Perrier avait aussi à remplir des devoirs d'homme politique dont je dirai quelques mots, car ils lui ont permis de rendre à la science un service signalé.

Comme tous les Cévenols, il avait conservé la plus vive affection pour ses compatriotes et pour sa ville natale. Au moment où, plongé dans les brumes du détroit, il collaborait avec le colonel Levret à la jonction anglo-française, il écrivait ces quelques lignes où se montrent, dans toute leur spontanéité et leur fraîcheur, les sentiments qu'il a toujours gardés :

« Vers les premiers jours de février, écrivait-il, j'ai émigré vers le Sud, vers mes chères Cévennes, où j'ai trouvé du soleil et quelques amis, heureux de fêter le retour de l'oiseau voyageur et de s'associer de toute âme à la joie de ma famille. Je ressens avec une joie toujours nouvelle les douces émotions de la famille. J'ai beau grandir, vieillir, j'ai beau laisser quelques lambeaux d'illusion aux ronces du chemin que je parcours dans ma course hasardée et vagabonde. Je reviens toujours jeune au foyer de mes jeunes années. J'oublie ce que je suis pour redevenir ce que j'étais. Je redeviens enfant pour ma mère. Le souvenir des deux mois que j'ai passés dans ma famille est, pour moi, comme un phare qui m'éclaire, et dont je me rapproche sans cesse, pour me réchauffer à ses doux rayons. »

Aussi, lorsqu'en 1880, les électeurs du Canton de Valleraugue voulurent l'envoyer au Conseil général du Gard, il fut loin de se dérober à leurs suffrages. Chaque année, il prenait part aux travaux du Conseil, dont il devint bientôt le président. Le Département tout entier s'apprêtait à l'envoyer au Sénat, lorsque la loi sur les incompatibilités vint lui interdire une candidature dont le succès aurait été triomphal.

Ses compatriotes ne tardèrent pas à ressentir les bienfaisants effets de l'influence qu'il avait acquise au Conseil général. Grâce à lui, des chemins nouveaux, tracés dans la haute montagne, vinrent s'ajouter à ceux que Baville avait fait ouvrir pour contenir « les fanatiques des Cévennes » et à ceux que nos ingénieurs y avaient construits depuis. Mais son œuvre de prédilection, celle qu'il poursuivit avec le plus d'ardeur, ce fut la création de l'Observatoire de l'Aigoual.

Nos populations du Midi aiment les dénominations expressives et sonores. Le nom du mont Ventoux n'a besoin pour personne d'aucune explication. Qu'on le rattache au patois ou au latin, celui de l'Aigoual est plus clair encore. Cette montagne est le royaume de l'eau ; il y tombe plus de pluie qu'en tout autre point de France. Elle reçoit chaque année plus de deux mètres d'eau, trois fois plus environ que Montpellier, à peine distante de 50 kilomètres. Cette abondance de la pluie s'explique par la situation exceptionnelle de la montagne. La chaîne des Cévennes, en même temps qu'elle est la ligne de partage des eaux, est aussi, dans cette région, l'arête de séparation de deux climats absolument distincts. Son sommet culminant, l'Aigoual, est le rendez-vous des vents venus de tous les points cardinaux, de l'Océan, des Pyrénées, de la Méditerranée.

C'est aussi un observatoire naturel d'où l'on domine une immense étendue. Quand le vent du Nord chasse les nuages, la vue s'étend au Sud sur la Méditerranée, dont on peut suivre le rivage jusqu'au Canigou. A l'Est, on aperçoit le Ventoux et les Alpes du Pelvoux. Au Nord, s'étendent les Causses de la Lozère et de l'Aveyron.

L'Aigoual offrait donc les conditions les plus favorables pour l'établissement d'une station météorologique de premier rang. Cette situation privilégiée, signalée d'abord par un professeur de la Faculté des Sciences de Montpellier, M. Viguier, avait appelé l'attention de tous les Corps compétents : Bureau Central Météorologique, Congrès Météorologique, qui tous avaient émis des vœux et des avis favorables à la création d'un Observatoire en ce point. Mais, comme le disait justement Perrier, des adhésions, des votes de principe ne suffisent pas. Il fallait, pour leur assurer une sanction effective, se procurer les fonds nécessaires. C'est ici que Perrier intervint avec son habileté et son ardeur accoutumées.

Depuis longtemps, l'Administration des Forêts, poursuivant dans cette région l'œuvre si belle à laquelle le nom de Surell demeurera attaché, voulait reboiser les pentes dénudées de l'Aigoual. Elle avait acheté dans ce but plusieurs centaines d'hectares ; elle songeait à en acquérir plus encore, et à construire, sur son nouveau domaine, une maison d'habitation pour deux gardes forestiers.

Dans cette région tourmentée, où les premiers forestiers avaient dû attacher leur cabane au sol par des chaînes de fer, la nouvelle maison aurait sans doute été construite à mi-côte, dans quelque anfractuosité à l'abri des vents. Pourquoi, se demanda Perrier, ne la placerait-on pas au sommet même de la montagne, près du signal de Cassini ? Un des deux gardes, convenablement choisi, suffirait à enregistrer les observations et à les transmettre télégraphiquement. Quelques pièces, ajoutées au logement des deux gardes, pourraient servir de refuge pour les visiteurs et de laboratoires pour les savants. Une tour permettrait d'installer les instruments eux-mêmes et les appareils.

La solution du problème était trouvée. Elle reçut le meilleur accueil de l'Administration des Forêts, qui la seconda de tout son pouvoir. Ce fut un jeu pour Perrier de réunir les 50.000 francs qu'il s'était engagé à mettre à la disposition de cette Administration. Les Conseils généraux de l'Hérault et du Gard, l'Académie des Sciences, l'Association Française, de généreux souscripteurs, parmi lesquels nul ne s'étonnera de trouver notre confrère R. Bischoffsheim, répondirent dès le premier jour à son appel.

Aujourd'hui, grâce à Perrier, l'Observatoire de l'Aigoual s'élève superbe au-dessus de la plaine immense du Languedoc Les observations s'y font régulièrement ; mais elles se développeront encore. Déjà très apprécié comme station météorologique, l'Observatoire paraît destiné à favoriser les recherches les plus variées. A ses pieds, sur une croupe qui domine la vallée de l'Hérault, s'étend l'Hort-Dieu ou jardin céleste, véritable paradis du botaniste. Dans l'infinie variété des roches qui composent la montagne, le géologue trouvera, lui aussi, le sujet d'études du plus haut intérêt.

De tout temps, les hauts sommets ont attiré les hommes. Dans les siècles passés, ils se sont couronnés de temples, d'églises, de signaux, de monastères, d'ermitages, de châteaux forts. De nos jours, ils sont visités ou occupés par les savants, qui y trouvent l'occasion d'étudier tant de problèmes délicats dont la nature refuse la solution à qui se confine dans les limites étroites des villes et des laboratoires. A côté des Observatoires du Mont Blanc, du Pic du Midi, du Mounier, du Ventoux, du Puy de Dôme, l'Observatoire de l'Aigoual tiendra dignement sa place dans le réseau français.

XV

Il ne devait pas être donné à Perrier de veiller jusqu'au bout sur sa construction et d'assister à son achèvement. Dès son retour de sa mission en Floride en 1883, il avait ressenti les premières atteintes de la maladie qui devait l'emporter. Pendant les deux ou trois années qui suivirent, le mal parut sommeiller. Perrier put faire face à tous ses devoirs si variés : direction du Dépôt de la Guerre, missions à l'étranger, présidences des Congrès de géographie, participation aux travaux de commissions sans nombre qui se rattachaient de près ou de loin à ses études. En 1886, sur une démarche personnelle de plusieurs de ses confrères et sur la proposition unanime de la Commission de classement, le général Boulanger, qui était alors Ministre de la Guerre, avait décidé de le nommer général. Le décret parut le 11 janvier 1887 et reçut partout la plus vive approbation. Jules Ferry fut des premiers à féliciter Perrier : « Mon général, lui écrivait-il, je vous salue. Un tel patriote, un tel savant, un si bon républicain, j'approuve, j'acclame et je vous serre les mains. »

Six mois après, le 1er juillet 1887, Perrier était nommé directeur du Service géographique nouvellement institué. Il rêvait de compléter l'œuvre de réorganisation qu'il avait accomplie au Ministère de la

Guerre, et de grouper en un seul faisceau tous les services publics qui touchent à la géographie, de manière à créer un Institut national de géographie, analogue à ceux qui fonctionnent dans les États voisins. Mais déjà ses jours étaient comptés. Appelé, au mois de janvier 1888, par ses devoirs de Président du Conseil général, dans le Midi de la France, il y trouva un temps affreux et y contracta l'affection pulmonaire à laquelle il devait succomber chez son beau-père, le 20 février 1888, à l'âge de 54 ans. La veille même de sa mort, il terminait et datait de Montpellier un travail destiné à assurer le service des cartes aux armées en temps de guerre.

Le récit de sa vie doit vous faire comprendre toute l'étendue des regrets qu'inspira cette mort prématurée. M. Janssen, qui présidait alors l'Académie, sut, en peu de mots, exprimer nos sentiments.

« Peu d'hommes, disait-il en annonçant la triste nouvelle, ont été animés d'un sentiment patriotique plus énergique et plus dévoué. Notre collègue a rendu d'éminents services à la science. Il meurt au moment où la position qui lui était faite par le Ministère de la Guerre lui permettait d'en rendre de plus grands encore. »

Et maintenant, dans cette petite ville de Valleraugue où il naquit, non loin du monument élevé à de Quatrefages, Perrier, lui aussi, a son monument. Il est représenté la tête haute, la main posée sur le cercle du géodésien. Ces honneurs qu'on lui a rendus sont justifiés. Car il a été du petit nombre de ceux qui réalisent dans l'âge mûr les rêves, les pensées généreuses de la jeunesse, et il a pleinement mérité le titre glorieux de rénovateur de la géodésie française qui lui a été décerné d'une voix unanime par ses concitoyens reconnaissants.

Son fils unique, qui n'a pu recevoir ses leçons, a voulu, du moins, suivre une carrière où il pourrait s'inspirer directement de son exemple. Il fait partie en ce moment de cette mission de l'Equateur, confiée par l'Académie aux officiers du Service géodésique, qui sauront, nous en avons le ferme espoir, maintenir et accroître, dans la région difficile où ils opèrent, le renom de la science française.

NOTICE HISTORIQUE

SUR

CHARLES HERMITE

MEMBRE DE LA SECTION DE GÉOMÉTRIE

lue dans la séance publique annuelle du lundi 18 décembre 1905.

Messieurs,

« La mort nous moissonne plus rapidement qu'autrefois ; car si, depuis l'année 1666, les progrès de la Science ont rendu nécessaire de tripler le nombre des Académiciens, ils n'ont pas accru dans la même proportion la durée de la vie humaine. Chaque Secrétaire perpétuel, quel que soit son zèle, lègue à son successeur un arriéré toujours croissant d'éloges qu'il n'a pu prononcer ; et nous éprouvons chaque année, pour choisir entre tant de noms dont la mémoire nous est chère, un véritable et pénible embarras »

Ces paroles que Joseph Bertrand plaçait, il y a un quart de siècle, en tête de l'Eloge de Belgrand, on peut les répéter aujourd'hui encore ; car elles n'ont pas cessé d'être vraies. Mais ces progrès de la Science, qui ont rendu nécessaire de tripler le nombre des Académiciens, déterminent des modifications, chaque jour plus profondes, dans les conditions mêmes de la recherche scientifique. Le nombre était grand autrefois de ceux qui pouvaient se faire une idée nette et suffisamment précise des méthodes propres à chacune de nos sciences. Depuis, toutes ces sciences se sont développées d'une manière indépendante, se constituant chacune un langage particulier ; de telle sorte qu'il est devenu aussi difficile aujourd'hui de comprendre un chimiste ou un naturaliste qu'il l'était autrefois de suivre un mathématicien. Ce développement autonome des différentes branches particulières est assurément légitime ; mais il entraîne de graves dangers, et je crois que l'avenir est aux nations qui sauront le mieux assurer la coordination des recherches scientifiques. En attendant, lorsqu'il s'agit de prononcer l'éloge d'un de ces hommes qui ont illustré à la fois l'Académie et le pays, nous nous trouvons en présence d'une difficulté que Bertrand n'a pas signalée et qui croît cependant de jour en jour. Faut-il renoncer à donner une idée précise de leur rôle scientifique et de leurs importantes découvertes, ou bien devons-nous, sans craindre de lasser votre attention, entrer dans les explications qui sont nécessaires et qui risquent, je dois l'avouer, d'échapper même à des hommes très instruits ? Vous me pardonnerez, Messieurs, si, voulant écrire l'éloge de Charles Hermite, je me suis rangé à ce dernier parti. Sa vie s'est écoulée sans événements marquants, un seul de ses travaux peut intéresser ceux qui n'ont qu'une connaissance générale des Mathématiques. Mais notre devoir envers des hommes tels que lui est de fixer leur souvenir, avant qu'aient disparu tous ceux qui ont pu vivre à côté d'eux et recueillir de leur bouche les enseignements qui ne sont pas contenus dans leurs écrits.

I

Charles Hermite naquit, le 24 décembre 1822, à Dieuze, chef-lieu de canton du département de la Meurthe, que le traité de Francfort a fait passer depuis entre les mains de l'Allemagne.

Son grand-père du côté paternel était un armateur, probablement originaire de Marseille. Il avait un somptueux hôtel dans la Chaussée d'Antin, mais il fut ruiné pendant la Révolution ; il mourut en prison, et un de ses frères, qui était son associé, fut guillotiné. Le père de notre cher maître, Ferdinand Hermite, était encore bien jeune au moment de la ruine de sa famille. Il fit ses études d'ingénieur, mais n'eût jamais beaucoup de goût pour son métier. Autant qu'on me l'a représenté, il eût été plutôt un artiste : il faisait un peu de peinture et était excellent musicien. La destinée devait, peut-être pour son plus grand bien, le mener très loin des beaux-arts. Entré en Lorraine dans une entreprise de salines, il se fixa à Dieuze et épousa bientôt Mlle Madeleine Lallemand, fille d'un marchand de drap de cette petite ville. Il abandonna alors l'industrie du sel et l'art de l'ingénieur pour le commerce du drap et succéda ensuite à ses beaux-parents. Mme Hermite paraît avoir été l'âme de la maison de commerce, qu'elle agrandit considérablement. Charles Hermite aimait à raconter que son père avait peint l'enseigne de la maison : elle représentait un solitaire dans quelque thébaïde et on lisait au-dessous : à l'ermite. Dans son affection reconnaissante pour ses parents, il se plaisait aussi à rappeler, et il m'a dit bien des fois, que c'était à leur activité, à leur labeur persévérant, qu'il devait la modeste aisance grâce à laquelle il a pu se livrer à ses goûts, et se consacrer sans réserve à ses recherches mathématiques.

M. et Mme Ferdinand Hermite eurent sept enfants, deux filles et cinq fils. Charles Hermite fut l'avant-dernier. Il avait six ou sept ans quand ses parents vinrent établir à Nancy leur maison de commerce. La discipline était sévère dans la famille (1). Mais, comme il arrive chez beaucoup de négociants, il ne semble pas que M. et Mme Hermite aient trouvé le temps de veiller de près à l'éducation de leurs fils. On les mit au collège de Nancy, d'abord comme demi-pensionnaires, ensuite comme internes ; et, comme à cette époque les études y laissaient à désirer, on envoya Charles à Paris, où il suivit les classes de seconde et de rhétorique du Collège Henri IV. En seconde, ce qui intéressa le plus le jeune élève, ce fut la classe de Physique, faite par M. Despretz, qui devait devenir peu de temps après professeur à la Sorbonne et membre de l'Institut. Son professeur de lettres, M. Caboche, qui fut plus tard inpecteur général, lui reprochait de trop aimer le Cours de M. Despretz. Somme toute, les études classiques d'Hermite furent faites sans beaucoup d'ardeur. L'internat ne lui convenait nullement ; il avait le sentiment d'être dans une caserne, dans une geôle pour employer sa propre expression. C'est seulement après ses classes que nous le verrons reprendre spontanément ses études classiques et devenir cet humaniste distingué que nous avons connu.

II

Entraîné par l'exemple de son frère aîné Hippolyte (2), et sans doute aussi par cette intuition confuse qui dirige souvent les hommes vers les études ou les travaux qui conviennent le mieux à leurs secrètes aptitudes, il négligea la Philosophie et les Mathématiques élémentaires et, au début de l'année scolaire 1840-1841, il entrait au Collège Louis-le-Grand dans la classe des Mathématiques préparatoires à l'Ecole Polytechnique, dont le professeur était M. Richard (3). Il avait alors dix-huit ans. C'est à ce moment que se développa, avec une rapidité et une intensité extraordinaires, cette furie mathématique qu'il n'avait pas montrée dans les classes de lettres et qu'il devait garder jusqu'à son dernier jour. L'excellent M. Richard, qui, comme tous les bons professeurs, savait juger les élèves, reconnut très promptement toute la valeur d'Hermite. Il disait à son père : « Ce sera un petit Lagrange » ; mais il s'inquiétait beaucoup de le voir suivre sa fantaisie et négliger l'examen. Hermite n'était pas de ceux qui s'assujettissent volontiers à un programme régulier. Sur ce point caractéristique, nous pouvons nous en rapporter à ses propres déclarations.

« J'ai eu aussi les examens en horreur, écrivait-il quarante ans après à son jeune ami Stieltjes, et j'ai passé une année, étant élève de Mathématiques spéciales, à lire, à la Bibliothèque Sainte-Geneviève, les Collections académiques, les Ouvrages d'Euler, etc., au lieu de me mettre en mesure de répondre sur les questions de Géométrie, de Statique, etc. M. G... m'avait pris en aversion et j'ai expié par un humiliant échec mes fantaisies d'écolier savant (4). »

Si Hermite négligeait les questions de Géométrie, de Statique, il était bien loin de perdre son temps, et il acquit avec une rapidité extraordinaire des connaissances très étendues en Algèbre supérieure et en Analyse. Nous pouvons en donner comme preuve la composition qu'il présenta à la fin de l'année pour le Concours général. Le sujet choisi était la théorie de l'élimination (5). Hermite eut le premier accessit ; le second prix échut à Bresse, qui devait devenir plus tard membre de notre Section de Mécanique. Comme toutes les copies couronnées, celle d'Hermite nous a été conservée. Après un si long intervalle de temps, son écriture est facile à reconnaître ; elle ne diffère presque pas de celle que sa correspondance a répandue dans le monde entier. Le jeune élève fait preuve d'originalité dans son exposition. Il connaît à fond la théorie des fonctions symétriques, utilise déjà cette dérivée logarithmique qui devait jouer un si grand rôle dans ses travaux et applique ce que, dans son enthousiasme juvénile, il appelle le fameux théorème de Lagrange (6).

L'année suivante, il fut moins heureux. Le sujet choisi, toujours élémentaire, était la règle des signes de Descartes. Hermite consigna dans son exposé cette propriété nouvelle : Lorsque les coefficients de quatre termes consécutifs d'une équation algébrique sont en progression arithmétique, l'équation a nécessairement des racines imaginaires. Cette remarque ingénieuse ne lui valut même pas un accessit. Au concours de 1842, le nom, qui devait devenir à jamais glorieux, d'Hermite ne figura plus sur le *palmarès*.

En revanche, il fut reçu à l'École Polytechnique. Son rang ne fut pas brillant ; il est vrai ; il n'était que le soixante-huitième. Gardons-nous cependant de jeter la pierre aux juges du concours. L'examinateur de Géométrie descriptive ne dut pas être très satisfait de ses réponses. Sur ce point encore, nous pouvons invoquer le témoignage d'Hermite et sa correspondance avec Stieltjes. Cinquante ans après, il écrivait à son jeune ami :

« Si vous ne me prenez pas en compassion quand j'essaie de comprendre quelque chose aux épures de Géométrie descriptive, c'est que vous avez le cœur d'un tigre (7). »

Et ailleurs :

« Je ne puis vous dire à quels efforts je suis condamné pour comprendre quelque chose aux épures de Géométrie que je déteste et à des choses comme la formule des annuités en Arithmétique, etc. Combien sont heureux ceux qui peuvent ne songer qu'à l'Analyse (8). »

S'il avait été reçu par des examinateurs qui ne plaisantaient pas sur la formule des annuités, etc., il avait bien dû travailler un peu, bien peu, tout le programme : mais il avait songé avant tout à l'Analyse. Elève libre de l'Institution Mayer, une de celles qui étaient si florissantes à cette époque et gravitaient comme de précieux auxiliaires autour de nos Collèges d'enseignement secondaire, il avait continué à aller à la Bibliothèque Sainte-Geneviève lire les Ouvrages des maîtres et, parmi eux, le *Traité de la résolution des équations numériques* de Lagrange ; il achetait avec ses économies la traduction française des *Disquisitiones Arithmeticæ* de Gauss. C'est dans ces deux livres, se plaisait-il plus tard à répéter, que j'ai appris l'Algèbre. Le premier fruit de ses études avait été un article intitulé : *Considérations sur la résolution algébrique de l'équation du cinquième degré*, qu'il envoya en 1842 aux *Nouvelles Annales de Mathématiques*. Comme Abel, comme Jacobi et beaucoup d'autres géomètres, Hermite s'attaquait, pour ses débuts, à ce problème, que l'on rencontre au seuil de la théorie des équations, et où ses travaux devaient laisser plus tard une trace impérissable. Ce premier essai, où il se propose de démontrer l'impossibilité de la résolution algébrique de l'équation du cinquième degré, a conservé aujourd'hui encore son intérêt. On y reconnaît que le jeune élève avait su s'assimiler, dans toute leur étendue et dans toute leur portée, les principes féconds et les méthodes que Lagrange a développés dans le *Traité de la résolution des équations*.

III

Mais une preuve plus éclatante encore de ses merveilleuses aptitudes allait être donnée, dès les premiers temps de son séjour à l'Ecole Polytechnique. En janvier 1843, trois mois à peine après son entrée à l'Ecole, et sur les conseils de Liouville, il envoyait une lettre à Jacobi pour lui communiquer un Travail sur la division des transcendantes abéliennes.

Seize années auparavant, Jacobi, presque inconnu et simple privatdocent à l'Université de Kœnisberg, écrivait à l'un de nos grands géomètres, à Legendre, pour lui communiquer les généralisations qu'il avait données à la théorie de la transformation des fonctions elliptiques, et sa lettre commençait en ces termes :

« Monsieur, un jeune géomètre ose vous présenter quelques découvertes faites dans la théorie des fonctions elliptiques, auxquelles il a été conduit par l'étude assidue de vos beaux travaux. C'est à vous, Monsieur, que cette partie brillante de l'Analyse doit le haut degré de perfectionnement auquel elle a été portée, et ce n'est qu'en marchant sur les vestiges d'un si grand maître que les géomètres pourront la pousser au delà des limites qui lui ont été prescrites jusqu'ici. C'est donc à vous que je dois offrir ce qui suit comme un juste tribut d'admiration et de reconnaissance. »

Cet hommage que Jacobi rendait à Legendre était entièrement mérité. Dans des découvertes particulières de Fagnano et de Landen, dans une intégration géniale d'Euler, Legendre avait su reconnaître les premiers linéaments d'une branche importante de l'Analyse ; et, malgré l'indifférence que rencontraient tous ses travaux auprès de ses compatriotes, il n'avait cessé de travailler pendant près de cinquante ans à la constitution d'un corps de doctrine embrassant toutes les intégrales dans lesquelles entre une seule irrationnelle, la racine carrée d'un polynome du quatrième degré. Et c'était au moment où Legendre venait de coordonner tous ses résultats, de commencer la publication de son grand *Traité des fonctions elliptiques*, que les découvertes de Jacobi, bientôt suivies de celles de son illustre émule Abel, venaient transformer de fond en comble l'édifice qu'il avait élevé et apportaient des éléments destinés à renouveler l'Analyse mathématique tout entière. En présence de telles découvertes, et dès le premier jour, Legendre n'éprouva d'autre sentiment que celui de l'admiration. Notre Académie se plut à enregistrer ses éloges et à les transmettre au monde savant.

Depuis cette époque mémorable, Jacobi était devenu un des maîtres illustres de la Science mathématique ; par ses immortels travaux, par ceux d'Abel, non seulement la théorie des fonctions elliptiques avait été portée au plus haut degré de développement, mais une théorie nouvelle, prenant sa source dans le théorème d'Abel, que Legendre appelait *monumentum aere perennius*, était née, qui rattachait l'étude des fonctions elliptiques à celle des transcendantes les plus générales produites par l'intégration de différentielles algébriques quelconques.

C'est à celles d'entre elles qui sont les plus rapprochées des transcendantes elliptiques que se rapportaient les résultats communiqués par Hermite à Jacobi.

Mais, pour bien comprendre la portée de ces résultats, il faut se rappeler qu'en 1843 le Mémoire, d'un intérêt capital, dans lequel Jacobi avait donné le véritable sens du théorème d'Abel et obtenu la notion des nouvelles transcendantes, était ignoré de la plupart des Analystes. Göpel et Rosenhain n'avaient pas encore commencé ou publié leurs études sur ce sujet difficile. Hermite étendait aux fonctions abéliennes les théorèmes donnés par Abel et par Jacobi pour la division de l'argument dans les fonctions elliptiques. Ce que l'on savait faire pour les équations à une inconnue de la théorie des fonctions elliptiques, il parvenait à l'effectuer pour les équations à plusieurs inconnues à l'aide desquelles on divise les fonctions abéliennes produites par l'intégration des radicaux carrés.

« C'est ainsi, disait Liouville, on me pardonnera ce rapprochement entre l'ancienne et la nouvelle Ecole Polytechnique, qu'à son début Poisson étendit à la détermination du degré de l'équation finale résultant de l'élimination des inconnues entre un nombre quelconque d'équations la méthode des fonctions symétriques dont on n'avait d'abord su faire usage que pour deux équations à deux inconnues (9). »

En recevant la communication que lui faisait Hermite, Jacobi dut se reporter par la pensée aux premières années de sa glorieuse carrière ; et cet accueil chaleureux qu'il avait trouvé auprès de Legendre, il fut heureux de le réserver à son tour au travail du jeune Français, où se trouvait utilisée pour la première fois une notion qu'il n'avait acquise qu'au prix des plus grands efforts.

« Je vous remercie, écrit-il à Hermite le 24 juin 1843, bien sincèrement de la belle et importante communication que vous venez de me faire, touchant la division des fonctions abéliennes. Vous vous êtes ouvert, par la découverte de cette division, un vaste champ de recherches et de découvertes nouvelles qui donneront un grand essor à l'art analytique. Je vous prie de faire mes compliments à mon illustre ami M. Liouville, je lui sais bon gré d'avoir bien voulu me procurer le grand plaisir que j'ai ressenti en lisant la Mémoire d'un jeune homme dont le talent s'annonce avec tant d'éclat dans ce que la Science a de plus abstrait (10). »

Il semble qu'après ce brillant début, les productions d'Hermite auraient dû se succéder sans relâche. Elles se firent néanmoins un peu attendre. Son séjour à l'Ecole Polytechnique fut troublé par les inquiétudes que lui donna une décision ministérielle. Il avait au pied droit une infirmité qui datait de naissance et qui l'obligeait à se servir d'une canne : cette infirmité, qui n'avait pas empêché son admission, détermina le Ministre à lui refuser une prolongation de séjour. Ce n'est que sur les vives instances des hommes politiques de son département qu'il fut maintenu à l'Ecole, mais sous la réserve qu'il ne demanderait aucun poste dans les carrières publiques à la sortie. Dans ces contions, il n'avait aucun intérêt à préparer des examens qui ne pouvaient lui ouvrir l'entrée des services civils. Il quitta donc l'Ecole à la fin de la première année. Toutes les incertitudes qu'il eût ainsi à subir expliquent le long intervalle qui s'est écoulé entre sa première et sa seconde lettre à Jacobi. La première, nous l'avons dit, est datée de janvier 1843 ; la seconde a été écrite en août 1844.

Comme la première, cette nouvelle communication reçut de Jacobi le meilleur accueil.

« Si vous voyez Richelot et Hesse, écrivait-il, à un de ses correspondants, dites-leur que j'ai reçu d'Hermite une nouvelle grande lettre dans laquelle il établit pour la première fois les formules relatives à la transformation des fonctions elliptiques que j'ai données, il y a plus de seize ans, sans démonstration (11). »

La méthode qui permettait à Hermite de combler cette lacune reposait précisément sur ce caractère, qu'il déclarait digne de toute attention, des trois fonctions elliptiques d'être exprimables par le quotient de deux fonctions, développables en séries toujours convergentes, qui restent les mêmes, ou ne font qu'acquérir un facteur commun, lorsqu'on augmente l'argument de multiples des périodes. En d'autres termes, Hermite inaugurait la seconde période de la théorie des fonctions elliptiques. Au lieu de faire reposer cette théorie sur les intégrales de Legendre, il la rattachait à la transcendante Θ de Jacobi, par une méthode qui lui était propre et qui a joué un grand rôle dans ses travaux ultérieurs et dans son enseignement.

En lui répondant le 6 août 1845, Jacobi revendiquait, en même temps que quelques-uns des résultats démontrés par Hermite, l'idée fondamentale de faire reposer sur les fonctions Θ toute la théorie. Il ajoutait immédiatement ces paroles qui ont été souvent reproduites :

« Mais, ce qui auparavant ne m'est jamais venu dans l'esprit, c'est votre idée ingénieuse et très originale de faire ressortir de ces mêmes principes le théorème d'Abel en tant qu'il s'applique aux fonctions elliptiques.... En cherchant à tirer la transformation directe des fonctions Θ sans faire usage de leur décomposition en produits infinis, vous avez savamment pensé aux cas généraux, où probablement l'on doit se résigner à l'impossibilité d'une décomposition en facteurs.

« Ne soyez pas fâché, Monsieur, si quelques-unes de vos découvertes se sont rencontrées avec mes anciennes recherches Comme vous dûtes commencer par où je finis, il y a nécessairement une petite sphère de contact. Dans la suite, si vous m'honorez de vos communications, je n'aurai qu'à apprendre (12). »

IV

Après sa sortie de l'Ecole Polytechnique, Hermite resta à Paris pour y continuer ses travaux. Il était devenu une énigme pour sa famille ; l'esprit positif de sa mère ne comprenait rien à cette étrange vocation mathématique. Il semble qu'elle ait été envisagée avec plus d'indulgence par son père, qui se rappelait sans doute les prédictions de M. Richard. C'est à ce moment qu'il fit la connaissance des deux frères Alexandre et Joseph Bertrand. Ses études mathématiques n'avaient aucun point commun avec celles de Joseph ; mais il s'était mis à faire du grec, et lisait Homère avec Alexandre Bertrand. Les siens l'ont même entendu, plus tard, rappeler en riant qu'il lui avait donné d'utiles conseils pour une leçon d'agrégation.

Nous pouvons nous le représenter tel qu'il était à cette époque en regardant le portrait au crayon que possède sa famille et qui a été reproduit par l'héliogravure dans le Tome I de ses *Œuvres*, dont la publication complète est déjà commencée sous les auspices de l'Académie. Sa chevelure est bouclée, son front est large, ses yeux brillants paraissent éclairés par une lumière intérieure ; il a l'air doux et bienveillant. En tenant compte de la différence des âges, on retrouve une ressemblance parfaite entre ce portrait de sa première jeunesse et tous ceux qui nous ont été conservés de lui. Il suffit de le comparer à l'esquisse que nous possédons des traits de l'infortuné Galois pour apprécier toute la saveur du récit suivant de Joseph Bertrand :

« Un des frères de mon père, le Dr Stanislas Bertrand, qui jamais n'étudia les Mathématiques, a vécu dans l'intimité de Galois. Il le rencontrait en 1830, tantôt dans les bureaux du journal *La Tribune*, tantôt dans les réunions secrètes de la Société *Aide-toi, le ciel t'aidera* ; ce qui les conduisit à s'asseoir ensemble sur les bancs de la police correctionnelle. Quinze ans après, mon oncle, venant me voir, me trouva causant avec un jeune homme, qu'il semblait regarder avec attention et écouter avec étonnement. Il me dit le lendemain : j'ai éprouvé hier une grande émotion, j'ai cru, pendant un quart d'heure, voir et entendre Evariste Galois. Il avait vu et entendu Charles Hermite (13). »

A cette époque, l'enseignement public et l'enseignement libre ouvraient volontiers leurs rangs aux jeunes polytechniciens qui se sentaient du goût pour la recherche scientifique. Joseph Bertrand, Ossian Bonnet, Alfred Serret, un peu plus anciens à l'Ecole, n'avaient pas craint de renoncer à des positions assurées pour se faire une carrière dans le professorat. Il semble qu'Hermite, sous l'impulsion de sa famille, ait voulu faire de même ; et lui, que tous saluaient déjà comme un des maîtres de la Science française, se préoccupa pendant quelque temps d'acquérir les grades qui lui étaient nécessaires. Il se présenta au baccalauréat ès Lettres le 1er juillet 1847, à l'âge de 24 ans (14). Douze jours après, il passait l'examen du baccalauréat ès Sciences devant un Jury composé de son ancien professeur Despretz, de Sturm et de son ami Joseph Bertrand, alors agrégé de la Faculté (15). L'année suivante, le 9 mai 1848, il subissait avec succès les épreuves de la licence ès Sciences physiques. Heureusement les circonstances venaient interrompre cette poursuite des grades, qui a pour nous quelque chose de pénible ; et l'Ecole Polytechnique, renouvelant pour Hermite ce qu'elle a fait pour plusieurs de ses anciens élèves entrés dans la carrière des Sciences, lui confiait, à partir de juillet 1848, les fonctions d'examinateur d'admission. Il y joignait bientôt, le 12 décembre de la même année, celles de répétiteur d'Analyse, qu'il a quittées seulement le 6 mai 1863 pour devenir examinateur des élèves. Dès ce moment, sa carrière était orientée, au moins dans sa première partie.

Au milieu de tous ces troubles, de toutes ces préparations, Hermite n'avait jamais cessé de se consacrer, avec une ardeur et un succès extraordinaires, à ses études de Mathématiques. Ses découvertes de cette époque se rapportent surtout à l'Arithmétique supérieure; elles ont été consignées dans quatre lettres nouvelles écrites à Jacobi. Nous n'avons pas leur date exacte; mais, d'après une phrase de la première, nous pouvons affirmer qu'elle remonte aux premiers mois de 1847. Il est impossible de lire, sans être pénétré d'admiration, ces écrits d'un géomètre de 24 ans. Chez Hermite, comme chez beaucoup d'autres, le génie mathématique a été précoce. On songe à Galois, faisant à 20 ans ses immortelles découvertes ; à Gauss, écrivant au même âge ses *Recherches arithmétiques*; à Lagrange, qui, à 23 ans, avait jeté les fondements de tous ses Ouvrages. Par l'étendue des questions abordées, par la nature et la fécondité des principes employés, ces admirables lettres dépassent, et de beaucoup, tout ce qu'Hermite avait écrit jusqu'alors. Elles contiennent en germe, non seulement ses principales découvertes, mais aussi celles qu'il a préparées à ses successeurs. A partir du moment où il les a écrites, Hermite, pour tous les juges compétents, devait être classé au rang des plus grands géomètres.

Dans les fonctions d'examinateur d'admission, qu'il

a remplies jusqu'en 1860, il succédait à un savant éminent, Wantzel, dont il a plus d'une fois évoqué le souvenir et qu'une mort prématurée a seule empêché de devenir célèbre. Tous ceux qui ont connu Hermite à cette époque, ou qui ont eu la bonne fortune d'être interrogés par lui, savent avec quelle bienveillance, mais aussi avec quelle supériorité, il s'acquittait de ses délicates fonctions. Rien n'était banal dans ses examens; sur la question la plus simple, il trouvait moyen d'être ingénieux et original.

Plus tard, quand il était professeur à la Sorbonne, j'ai eu plus d'une fois à aller le trouver, pendant quelques-uns des examens qu'il avait à faire passer pour le baccalauréat. Tous, maîtres et élèves, auraient eu profit à l'entendre, même sur les sujets qui paraissaient les plus insignifiants. Il agrandissait et transformait tout ce qu'il touchait.

Au cours de l'année même où il fut nommé examinateur, il se maria avec la sœur de ses deux amis, Louise Bertrand, qui devait lui survivre de bien peu et qui lui donna deux filles. L'aînée fut mariée à M. Georges Forestier, ingénieur des plus distingués, qui vient de mourir avec le titre d'Inspecteur général des Ponts et Chaussées. La cadette a épousé M. Emile Picard, qu'Hermite aura eu la joie de voir siéger à côté de lui dans la Section de Géométrie, pendant près de douze ans.

Il habitait, à cette époque, place de l'Odéon, la même maison qu'Eugène Burnouf, avec qui il eut beaucoup de relations. Le souvenir du grand philologue lui était resté très vif. Il étudia alors le sanscrit et le vieux persan. Il suivait les cours du Collège de France et fréquentait le salon de M. Mohl. Ce n'est pas qu'il eût, pour les langues, une mémoire très heureuse ; mais il aimait à étudier le mécanisme grammatical et y trouvait le même plaisir que dans une transformation algébrique. C'est dans cet ordre d'idées qu'Hermite, toujours porté à s'intéresser aux questions d'enseignement, puisait des arguments pour le maintien du thème latin, aujourd'hui sacrifié. Il pensait qu'il joue dans l'éducation littéraire le même rôle que les Mathématiques dans l'éducation générale :

« Posséder des règles bien précises, reconnaître quand il convient de les appliquer, les appliquer alors correctement, voilà, suivant lui, écrit M. Tannery, ce qu'il faut aux enfants (16). »

Cette vie de travail, passée loin des plaisirs du monde, pour lesquels Hermite n'avait aucun goût, n'était interrompue que par les voyages qu'il devait faire chaque année, pour remplir ses fonctions d'examinateur. Il était souvent accompagné par Mme Hermite ; et, quand les examens lui laissaient quelque liberté, il allait volontiers se délasser au spectacle et y entendre quelque opéra, avec ses collègues Serret et Bonnet. Hermite avait pour la musique un goût très vif, qu'il partageait d'ailleurs avec Bonnet. Ses parents ne lui avaient fait faire aucune étude dans ce sens, mais il avait une grande mémoire musicale et pouvait facilement retrouver sur le piano un motif qu'il avait entendu une seule fois. En revanche, il aurait été très difficile de l'entraîner dans un musée. Il a écrit quelque part que l'Algèbre a son élégance et que le sentiment de l'Art n'est point étranger aux géomètres ; mais son père ne lui avait transmis aucune de ses aptitudes pour les arts plastiques, et j'ai le regret de dire qu'il manifestait pour la peinture, et surtout pour la sculpture, une véritable aversion.

Les loisirs que lui laissaient les fonctions peu absorbantes dont il était chargé lui permirent alors de se livrer sans relâche à ces méditations qui retiennent et occupent quelquefois pendant des journées entières la pensée du savant, et il put connaître cette continuité dans le travail qui est nécessaire à l'élaboration d'une œuvre vraiment solide.

V

Les nombreux travaux qu'il publia à cette époque ne sont que le développement normal du programme si vaste qu'il s'était proposé et des principes féconds qu'il avait posés, dans ses quatre dernières lettres à Jacobi. Au commencement de ses recherches, son seul but, il le dit lui-même, avait été d'examiner le nouveau mode d'approximation des irrationnelles, auquel Jacobi avait été conduit pour établir l'impossibilité d'une fonction ayant plus de deux périodes ; mais peu à peu, et sous l'influence de la lecture assidue des *Disquisitiones arithmeticæ*, des problèmes infiniment plus vastes se présentèrent à son esprit. Gauss, dans son immortel Ouvrage, avait développé la théorie des formes quadratiques binaires, et s'était borné à ébaucher celles des formes ternaires. Hermite, pénétrant dans cet admirable édifice, découvrant les principes algébriques qui y servent de support aux recherches arithmétiques, ne craignit pas d'aborder les grandes questions de la théorie des formes dans toute leur généralité.

« Dans cette immense étendue de recherches qui nous a été laissée par M. Gauss, écrit-il à Jacobi, l'Algèbre et la Théorie des Nombres me paraissent devoir se confondre dans un même ordre de notions analytiques dont nos connaissances actuelles ne nous permettent pas encore de nous faire une juste idée. Peut-être cependant doit-on entrevoir qu'il appartiendra à cette partie de la Science, constituée ainsi sur ses véritables bases, d'offrir le tableau de tous les éléments, en nombre fini ou illimité, dont dépendent les racines des équations algébriques, séparés en types irréductibles et classés suivant leurs rapports naturels (17). »

C'est dans la théorie des formes quadratiques à un nombre quelconque de variables qu'Hermite sut trouver les instruments nécessaires pour aborder ce vaste ensemble de recherches. Prenant pour point de départ un admirable théorème relatif au minimum d'une forme quadratique, dans laquelle on substitue aux variables des entiers positifs ou négatifs, il introduisit, pour chaque question, des formes quadratiques convenablement choisies, dont le caractère propre était de contenir des coefficients variables, que l'on faisait croître ou décroître d'une manière continue. Cette *introduction des variables continues dans la théorie des nombres* a été, entre les mains d'Hermite, le plus merveilleux et le plus souple des instruments de recherche. C'est grâce à elle qu'il put constituer d'une manière vraiment géniale sa méthode d'approximation d'une ou de plusieurs irrationnelles, donner d'une manière simple la réduction des formes quadratiques à un nombre quelconque de variables, et aussi obtenir la démonstration de ce remarquable théorème qui devait être généralisé plus tard, sous un certain point de vue, par M. Camille Jordan : les racines des équations algébriques à coefficients entiers et d'un même discriminant s'expriment par un nombre limité d'irrationnelles distinctes.

Même dans ce résumé si rapide, il m'est impossible de négliger une autre considération féconde, celle des *formes quadratiques à indéterminées conjuguées*, qui jouent un rôle si important dans le domaine de la variable complexe et qui permirent à Hermite d'étendre d'une manière complète aux irrationnelles imaginaires la théorie et les propriétés du développement en fraction continue. C'est en continuant les études arithmétiques d'Hermite sur les formes à indéterminées conjuguées et sur les formes quadratiques que M. Emile Picard a pu constituer sa belle théorie des groupes hyperfuchsiens et hyperabéliens.

Je ne saurais abandonner les formes quadratiques et les formes à indéterminées conjuguées sans rappeler l'usage qu'en fit Hermite pour donner des démonstrations nouvelles et originales des célèbres théorèmes de Sturm et de Cauchy relatifs à la séparation des racines. Ses travaux antérieurs l'avaient préparé à considérer les formes quadratiques formées avec des fonctions semblables des racines d'une équation ; ils lui avaient même donné, sous une forme plus générale, cette propriété des formes quadratiques que Sylvester désigna sous le nom de *loi d'inertie*. L'expression, que Sylvester obtint le premier, des polynomes de Sturm en fonction des racines de l'équation algébrique permit à Hermite de constituer une méthode entièrement nouvelle de démonstration, qui n'employait aucune considération de continuité et qui surtout avait l'avantage de pouvoir s'appliquer, sous les formes les plus variées, à plusieurs équations à plusieurs inconnues. Ces travaux, qui ont ouvert des voies aujourd'hui encore en partie inexplorées, se rattachaient à d'autres recherches dont il importe maintenant que nous donnions une idée.

VI

Dans la théorie des formes quadratiques, les notions algébriques qui servent de soutien à la théorie étaient relativement simples. La considération du déterminant de la forme, celle de la forme adjointe, suffisaient pour toutes les recherches. Mais, dès qu'on s'élevait aux formes binaires de degré supérieur, des éléments nouveaux se présentaient, qu'Hermite et Eisenstein avaient déjà dû comprendre dans leurs études. Aussi, lorsqu'en 1845, un Mémoire célèbre de Cayley mit en pleine lumière la notion des invariants, que devait suivre celle des covariants donnée par Sylvester, Hermite était admirablement préparé à suivre les deux géomètres anglais dans la voie nouvelle où ils commençaient à s'engager. « Hermite, Cayley et moi, disait plus tard Sylvester, nous formions une trinité invariantive. » La part d'Hermite est belle dans cette création de toute une théorie. C'est à lui qu'il faut attribuer la célèbre loi de réciprocité (d'après laquelle, à tout covariant d'une forme de degré m et qui est du degré p par rapport aux coefficients de cette forme, correspond un covariant d'une forme de degré p qui est du degré m par rapport aux coefficients de cette forme, les deux covariants étant d'ailleurs du même degré par rapport aux variables homogènes), la découverte d'un covariant quadratique pour toutes les formes binaires de degré pair à partir du sixième degré, celle des covariants linéaires pour toutes les formes de degré impair à partir du cinquième degré, celle de l'invariant gauche du dix-huitième degré pour les formes du cinquième ordre, etc. Tous ces résultats sont exposés avec cette extrême élégance qui caractérise les travaux d'Hermite. Il avait le secret de ces transformations analytiques qui permettent de pénétrer au cœur d'une question de la manière la plus rapide et la plus imprévue.

VII

Parmi ces travaux qui ont tant contribué au développement de l'Algèbre moderne, il faut distinguer celui qu'il a consacré à la transformation de Tschirnhausen ; car il offre ce mérite inattendu de faire rentrer dans le domaine des invariants une question qui paraissait leur échapper ; il faut mentionner aussi ses recherches approfondies sur les formes du cinquième degré. C'est qu'il avait en vue un beau problème dont il allait bientôt apporter la solution. Déjà en 1847, Borchardt, un des meilleurs élèves de Jacobi, étant de passage à Paris, avait fait la connaissance d'Hermite, et il écrivait d'Oxford à son illustre maître :

« Hermite a vérifié et démontré les théorèmes de Galois relativement à l'abaissement de l'équation modulaire pour la transformation du cinquième, du septième et du onzième degré des fonctions elliptiques. En particulier, pour la transformation du cinquième ordre, l'équation modulaire du sixième ordre est la réduite d'une équation du cinquième ordre. Cette équation du cinquième ordre peut donc être résolue par les fonctions elliptiques. Hermite s'est donc posé le problème de rechercher si toutes les équations du cinquième ordre peuvent être ramenées à cette équation spéciale, ce qui est très vraisemblable puisqu'elle contient une constante arbitraire (18). »

Ce beau problème qu'Hermite s'était proposé à l'époque où il écrivait la première de ses quatre lettres à Jacobi, il ne le perdit pas de vue pendant onze ans. C'est en 1858 qu'il en apporta la solution à l'Académie des Sciences, dont il était devenu membre le 13 juillet 1856, succédant à Binet dans la section de Géométrie. Utilisant la réduction de l'équation du cinquième degré à une équation trinome, qui avait été effectuée depuis longtemps par Bring et Jerrard à l'aide de la transformation de Tschirnhausen, Hermite identifia cette équation trinome à celle que lui fournissait la transformation du cinquième ordre des fonctions elliptiques, et put ainsi exprimer les cinq racines de l'équation du cinquième degré par des fonctions uniformes d'un même paramètre. C'était l'extension aux équations du cinquième degré du résultat obtenu depuis longtemps à l'aide des fonctions trigonométriques pour l'équation du troisième degré. Cette découverte, qu'il étendit immédiatement à l'équation du quatrième degré, eut un immense retentissement. Il fut bientôt suivi dans la voie qu'il avait ouverte par Kronecker et Brioschi. Kronecker avait trouvé de son côté, mais sans la publier, une autre solution du problème si élégamment résolu par Hermite. S'empressant de communiquer cette nouvelle solution à l'Académie, Hermite en fit plus tard une étude approfondie.

VIII

La fonction uniforme à l'aide de laquelle Hermite était parvenu au résultat qu'il avait en vue depuis si longtemps est la *fonction modulaire*, une des plus importantes de l'Analyse. Le génie pénétrant d'Hermite sut en reconnaître tout l'intérêt ; il lui consacra un de ses plus beaux Mémoires. Elle offre le premier et mémorable exemple de ces fonctions engendrées par un groupe discontinu que M. Poincaré devait introduire en Analyse et qui, entre autres résultats, ont donné à notre confrère les moyens d'intégrer toutes les équations linéaires à coefficients algébriques. Rappelons également qu'entre les mains de M. Emile Picard, la fonction modulaire a permis d'établir des propriétés caractéristiques et très cachées des fonctions holomorphes.

Ces recherches sur la fonction modulaire se rattachaient à celles que Hermite n'a jamais cessé de faire sur les fonctions elliptiques. Les formules si élégantes qu'on rencontre dans cette théorie, ces transformations inattendues dont son génie analytique percevait toute la portée, étaient l'objet de ses incessantes méditations : « Je ne puis sortir du domaine elliptique, écrivait-il vers la fin de sa vie ; là où la chèvre est attachée, dit le proverbe, il faut qu'elle broute (19). » Si quelque jeune géomètre venait lui demander une direction, il lui assignait comme but de devenir un *vir ellipticus*, ou bien il lui signalait comme digne d'éclaircissement quelque point particulier des *Fundamenta nova* de Jacobi. Ce qui l'attirait par-dessus tout, ce sont les relations que Jacobi avait commencé à mettre en évidence entre les transcendantes elliptiques et l'Arithmétique supérieure. J'aurai plus loin l'occasion d'y revenir.

IX

Cependant, depuis le premier travail d'Hermite sur la division des fonctions abéliennes, deux géomètres allemands, Göpel et Rosenhain, et après eux Weierstrass avec une bien plus grande généralité, avaient résolu le problème posé par Jacobi de l'inversion des fonctions abéliennes à l'aide des fonctions Θ généralisées. En 1855, une année avant sa nomination à l'Institut, Hermite revint sur cette belle théorie et publia, sur la transformation des fonctions abéliennes, un Mémoire que l'on s'accorde à regarder comme une de ses plus belles œuvres. Les difficultés qu'il y rencontrait étaient infiniment plus grandes que dans le problème correspondant de la théorie des fonctions elliptiques. Tandis que, dans les fonctions doublement périodiques, les deux périodes sont indépendantes, pour les fonctions abéliennes il existait entre les quatre périodes une relation bilinéaire qui devait être respectée par la transformation. Hermite a été ainsi conduit à constituer, pour la solution du problème, un groupe très intéressant de substitutions linéaires, dont les propriétés ont ensuite trouvé leur emploi dans un grand nombre d'autres recherches. M. Camille Jordan l'a utilisé comme élément essentiel dans le beau problème de la résolution des équations algébriques par radicaux ; il apparaît aussi dans le *Calcul des systèmes linéaires* de Laguerre, notre confrère regretté.

X

C'est ainsi qu'Hermite poursuivait ses travaux, sans suivre d'autre loi que celle du mouvement naturel de son esprit, sans se préoccuper des tendances qui se manifestaient autour de lui. A l'étranger, ses guides ou ses émules, Gauss, Jacobi, Dirichlet, Cayley, Borchardt, Sylvester, cultivaient, en même temps que la théorie pure, les applications à la Géométrie, à la Mécanique ou à la Physique. En France, Joseph Bertrand, Liouville, Ossian Bonnet s'attachaient à compléter les découvertes de Gauss en Géométrie, celles de Jacobi en Mécanique analytique. Quelques années auparavant, Fourier, en assignant comme but aux

Mathématiques l'utilité publique et l'explication des phénomènes naturels, essayait de justifier son opinion par ces paroles, qui ont été souvent reproduites et qui, il faut bien le dire, contiennent quelque part de vérité :

« L'étude approfondie de la nature est la source la plus féconde des découvertes mathématiques. Non seulement cette étude, en offrant aux recherches un but déterminé, a l'avantage d'exclure les questions vagues et les calculs sans issue ; elle est encore un moyen assuré de former l'Analyse elle-même, et d'en découvrir les éléments qu'il nous importe le plus de connaître et que cette Science doit toujours conserver : ces éléments fondamentaux sont ceux qui se reproduisent dans tous les effets naturels. »

Hermite ne se livrait pas à l'étude approfondie de la nature ; il s'attachait à cultiver l'Algèbre, l'Arithmétique supérieure, l'Analyse transcendante, à révéler ou à utiliser les relations multiples qui unissent l'une à l'autre ces trois branches de la Science ; mais, en restant confiné dans la région la plus abstraite des Mathématiques, dans celle où règne le nombre pur suivant l'expression de M. Poincaré, il ne croyait pas s'écarter beaucoup de l'opinion de Fourier. Il pensait, et je cite ici ses propres expressions, que les nombres et les fonctions de l'Analyse ne sont pas le produit arbitraire de notre esprit, qu'ils existent en dehors de nous avec le même caractère de nécessité que les choses de la réalité objective, et que nous les rencontrons, ou les découvrons et les étudions, de la même manière que les physiciens, les chimistes, les zoologistes, etc. (20). Cette doctrine était chez lui fort ancienne. On la voit poindre déjà, il me semble, dans un passage de ses lettres à Jacobi :

« On ne peut, dit-il, faire concourir trop d'éléments pour

jeter quelque lumière sur cette variété infinie des irrationnelles algébriques dont les symboles d'extraction des racines ne nous représentent que la plus faible partie... ; mais quelle tâche immense pour la théorie des nombres et le calcul intégral de pénétrer au milieu d'une telle multiplicité *d'êtres de raison*, en les classant par groupes irréductibles entre eux, de les constituer tous individuellement par des définitions caractéristiques et élémentaires (21). »

Pour moi, écrivait-il plus tard à Stieltjes, je ne suis qu'algébriste et jamais je n'ai quitté la sphère des Mathématiques subjectives. Je suis toutefois bien convaincu qu'aux spéculations les plus abstraites de l'Analyse correspondent des réalités qui existent en dehors de nous et parviendront quelque jour à notre connaissance. Je crois même que les efforts des géomètres reçoivent à leur insu une direction qui les fait tendre vers un tel but, et l'histoire de la Science me paraît prouver qu'une découverte analytique survient au moment nécessaire pour rendre possible chaque nouveau progrès dans l'étude des phénomènes du monde reel qui sont accessibles au calcul (22). »

Ces idées revenaient à chaque instant dans la conversation d'Hermite ; il les exprimait souvent aussi sur ses cahiers de calcul, avec plus de liberté d'esprit peut-être, et en laissant mieux transparaître sa croyance. Je leur emprunte le passage suivant :

« Il existe, si je ne me trompe, tout un monde qui est l'ensemble des vérités mathématiques, dans lequel nous n'avons accès que par l'intelligence, comme existe le monde des réalités physiques ; l'un et l'autre indépendants de nous, tous deux de création divine, qui ne semblent distincts qu'à cause de la faiblesse de notre esprit, qui ne sont pour une pensée plus puissante qu'une seule et même chose, et dont la synthèse se révèle partiellement dans cette merveilleuse correspondance entre les Mathématiques abstraites d'une part, l'Astronomie et toutes les branches de la Physique de l'autre. »

Hermite était donc *réaliste* à la manière de Platon ou de Guillaume de Champeaux. Discuter ici sa doctrine, qui a quelque rapport aussi avec *l'harmonie préétablie*, ce serait reprendre la critique des Systèmes philosophiques depuis Pythagore jusqu'à nos jours. Il vaut mieux mettre en évidence les points de vue qu'il y rattachait.

Si les mathématiciens se transforment en naturalistes pour observer les phénomènes du monde arithmétique, il faut qu'une part soit faite en Analyse à la méthode d'observation. Hermite ne reculait pas devant cette conséquence ; il la développait dans une Note étendue qu'il a écrite pour Chevreul et que celui-ci a insérée dans un de ses nombreux Mémoires philosophiques (**23**).

« Il sera toujours difficile, dit Hermite, dans toute branche de nos connaissances, de rendre compte avec quelque fidélité de la méthode suivie par les inventeurs ; il faut même croire que l'auteur d'une découverte pourrait seul apprendre comment, avec les moyens toujours faibles de notre esprit, une vérité nouvelle a été obtenue. Mais c'est peut-être à l'égard des Mathématiques que le fait intellectuel de l'invention semble le plus mystérieux ; car la série de ces transitions où l'on reconnaîtrait la voie réellement suivie dans la recherche, le plus souvent n'apparaît pas d'une manière sensible dans la démonstration. Cette facilité d'isoler ainsi la preuve et d'ajouter à la concision du raisonnement, sans lui rien ôter de sa rigueur et de sa clarté, explique toute la difficulté de l'analyse des méthodes en Mathématiques. On peut néanmoins, à l'égard des procédés intellectuels propres aux géomètres, faire cette remarque fort simple, que justifiera l'histoire même de la Science, c'est que *l'observation y tient une place importante et y joue un grand rôle.*

« *Toutes les branches* des Mathématiques fournissent des preuves à l'appui de cette assertion, mais je les choisirai de préférence dans une de celles qu'on regarde comme *plus abstraites*. Je veux parler de la *théorie des nombres*. »

Et Hermite citait, comme exemples de faits constatés *d'abord* par l'observation, la périodicité du développement en fractions continues des racines d'une équation du second degré à coefficients entiers, la loi de réciprocité pour les résidus quadratiques, la loi de réciprocité pour les résidus cubiques qu'on voit, disait-il, dans les Œuvres posthumes d'Euler, déduite par l'observation, dans les termes mêmes où elle a été démontrée par Jacobi ; il rappelait également que Jacobi, voulant reconnaître s'il est vrai que tout nombre soit la somme de neuf cubes, suivant une proposition énoncée par Waring, avait fait construire par un calculateur habile des Tables qui donnaient, jusqu'au nombre 12.000, toutes les décompositions d'un entier en une somme de cubes. Sa Note se terminait par quelques observations sur le rôle de l'observation dans les procédés mêmes de démonstration des théorèmes (24).

Hermite voyait donc les faits analytiques se dresser devant lui comme des « êtres de raison » et son esprit pénétrant en découvrait sans peine les caractères essentiels ; mais ce qui l'attirait et le fascinait par-dessus tout, ce sont les rapports mystérieux, inattendus, que manifeste la marche de la Science entre ceux qui, au premier abord, peuvent paraître le plus distincts. C'est un point sur lequel il ne se lasse pas de revenir.

« C'est Riemann, nous dit-il quelque part, qui a reconnu le rôle important des points multiples et révélé par ses profondes découvertes une correspondance imprévue et du plus haut intérêt entre la Géométrie et les théories les plus abstraites du Calcul intégral (25). »

En parlant des travaux de Legendre et de Gauss sur la décomposition des nombres en carrés, il écrivait :

« Ces illustres géomètres, en poursuivant aux prix de tant d'efforts leurs profondes recherches sur cette partie de l'Arithmétique supérieure, tendaient ainsi à leur insu vers une autre région de la Science et donnaient un exemple de cette mystérieuse unité qui se manifeste parfois entre les travaux analytiques les plus éloignés (26). »

Et dans sa belle notice sur Kronecker, voici les réflexions qu'il présente, à propos des rapports si singuliers entre la théorie des fonctions elliptiques et celle des formes quadratiques :

« M. Kronecker a mis en évidence que la théorie des formes quadratiques de déterminant négatif a été une anticipation de la théorie des fonctions elliptiques ; de telle sorte que les notions de classes et de genres, celles des déterminants réguliers et de l'exposant d'irrégularité auraient pu s'obtenir par l'étude analytique et l'examen des propriétés de la transcendante. Cette correspondance que rien ne pouvait faire prévoir entre deux ordres si distincts, si éloignés, de connaissances mathématiques est une surprise pour l'esprit. Elle appelle l'attention sur la marche de la Science qui nous est en partie cachée et sur une secrète coordination de nos travaux qui seconde nos efforts et concourt à son développement. »

On pourrait multiplier les citations, mais il importe que je continue le récit de la glorieuse carrière d'Hermite.

XI

Pendant qu'il remplissait ses fonctions d'examinateur, ses amis et ses camarades entrés dans l'Enseignement proprement dit étaient nommés au Collège de France, à l'École Polytechnique, à la Sorbonne. Hermite leur fit part de son désir d'obtenir une chaire où il put exposer ses travaux ; malheureusement, et malgré tous leurs efforts, cette ambition si légitime ne put recevoir qu'une satisfaction tardive.

Déjà lorsqu'en 1848, Libri, obligé de quitter la France, laissa vacant son enseignement au Collège de France, Hermite y fut chargé, sur la proposition unanime des professeurs, d'un cours de Mathématiques qui dura deux ans (27). Le fruit de cet enseignement fut un Mémoire où Hermite exposait la théorie des fonctions doublement périodiques sous un point de vue essentiellement original. Ce travail, présenté à l'Institut en 1849, ne nous a pas été conservé. Nous le connaissons seulement par le Rapport que lui a consacré Cauchy. Mais il devait être rappelé ici, car il inaugure ce que l'on peut appeler *la troisième période de la théorie des fonctions elliptiques*, celle où les théories de Cauchy donnent enfin le secret et la véritable explication de la double périodicité. Des indications données par Cauchy dans son Rapport et dans une Note qui parut en même temps (28), on peut conclure que, dès cette époque, Hermite s'était arrêté au mode d'exposition de la théorie des fonctions elliptiques qu'il adopta plus tard dans son enseignement et dans la Note célèbre ajoutée à l'ouvrage de Lacroix.

En 1862, et sur l'initiative de Pasteur, qui voulait accroître l'éclat de l'enseignement mathématique à l'École Normale, une nouvelle Maîtrise de conférences fut créée dans cette école et confiée à Hermite, qui devait l'occuper pendant sept ans. J'ai été un des premiers à recueillir son enseignement ; mais je préfère laisser la parole à celui qui, dans le livre du *Centenaire*, s'est fait l'interprète de nos sentiments communs.

« Que de remarques fines ou profondes, écrit M. Tannery, à propos de sujets rebattus. Quelle lumière jetée sur d'autres sujets que le maître se plaisait à éclairer de loin. Que d'exemples merveilleusement propres à illustrer la matière, tout en captivant l'auditeur par l'intérêt qu'ils portaient en eux.

» J'ai entendu dire à M. Giard que l'enseignement qu'il avait le plus goûté à l'Ecole était celui de M. Hermite. M. Giard n'avait pourtant, dès cette époque, aucune hésitation sur la voie où il voulait s'engager : c'étaient les sciences naturelles qui l'attiraient, la science de ce qui est vivant. En écoutant M. Hermite, il avait l'illusion d'être dans le domaine où il se complaisait déjà, d'y voir les êtres se distinguer, se classer, se métamorphoser, se transformer les uns dans les autres (29). »

En 1869, M. Duhamel ayant pris sa retraite, Hermite lui succéda à la fois à l'Ecole Polytechnique et à la Sorbonne. Après une courte suppléance, il fut nommé professeur d'Algèbre supérieure à la Faculté des Sciences, le 18 mai 1870 ; il avait été nommé professeur d'Analyse à l'Ecole Polytechnique, le 11 novembre 1869. Il devait occuper cette dernière chaire jusqu'en 1876. A cette époque, il voulut se consacrer exclusivement à son enseignement de la Sorbonne et fut remplacé à l'Ecole Polytechnique par M. Camille Jordan.

Nous ne connaissons guère son enseignement à l'Ecole Polytechnique que par quelques cours autographiés, qui n'ont pas reçu de véritable publication, et par un volume imprimé, le *Cours d'Analyse de l'Ecole Polytechnique*, dont la première partie seule a paru. C'est un ouvrage ayant cette élégance concise, cet accent original et personnel qui permettent de reconnaître toutes les œuvres du maître. Le lion se reconnaît à la griffe. Mais, dans les feuilles autographiées, il y a aussi beaucoup de parties originales qui mériteraient d'être reprises et publiées.

Dans une de ses lettres à Legendre, Jacobi exprimait, en 1832, le vœu suivant :

« Les fonctions elliptiques et la science des nombres ne devraient pas manquer à l'avenir dans les leçons données aux élèves de l'École Polytechnique, si l'on veut que ces leçons soient conformes aux progrès du temps. Quant à moi, je donne des leçons régulières sur ces belles théories, et je vois avec plaisir les élèves de notre Université s'emparer avec empressement de ces matières. Vous verrez plusieurs de leurs travaux dans les volumes suivants du *Journal de Crelle*. Ce sont encore, Monsieur, les fruits de vos travaux que ces branches de la Science, jadis peu connues, vont devenir la possession commune des géomètres. »

Ce désir était formulé dans une lettre particulière ; mais, alors même qu'il l'aurait été publiquement, il n'aurait pas été écouté. Les préoccupations des géomètres français étaient ailleurs. Si l'on avait à ce moment songé à développer l'enseignement, on aurait ajouté sans doute quelques leçons sur le calcul des probabilités, sur les théories de l'attraction, de la chaleur, et peut-être de la capillarité. Malgré toute l'autorité de Legendre, les fonctions elliptiques auraient été sans doute réduites à ce que nous en avait appris Euler. C'est Hermite qui, pour la première fois, a donné satisfaction réelle et complète, au moins en ce qui concerne les fonctions elliptiques, au vœu si légitime de Jacobi. Il exprimait parfois le regret que la théorie des nombres fut encore exclue de notre enseignement régulier. Malheureusement il n'a jamais fait sur ce sujet une proposition à laquelle sa situation scientifique aurait donné une autorité irrésistible ; mais, en ce qui concerne les fonctions elliptiques et la théorie des fonctions, son enseignement de la Sorbonne a été, non seulement, à la hauteur de tous les progrès; il a été encore, et surtout, un guide et un initiateur. Pour savoir quelle action il a exercée, écoutons quelques-uns de ses meilleurs élèves.

« Ceux qui l'ont entendu, nous dit M. Picard, garderont toujours le souvenir de cet enseignement incomparable. Quelles merveilleuses causeries, d'un ton grave que relevait par moment l'enthousiasme, où, à propos de la question la plus élémentaire, il faisait surgir tout à coup d'immenses horizons et où, à côté de la Science d'aujourd'hui, on apercevait tout à coup la Science de demain. Jamais professeur ne fut moins didactique, mais ne fut plus vivant (30). »

« Ceux qui ont eu l'heureuse fortune d'être les élèves du grand géomètre, écrit M. Painlevé, ne sauraient oublier l'accent presque religieux de son enseignement, le frisson de beauté ou de mystère qu'il faisait passer à travers son auditoire devant quelque admirable découverte ou devant l'inconnu. Hermite fut un professeur incomparable, sa parole saisissante ouvrait brusquement de larges horizons sur les régions de la Science ; elle suggérait à la curiosité et à l'attention les problèmes nouveaux et essentiels ; mais surtout elle communiquait l'amour et le respect des idéales vérités. Dans l'inoubliable journée de son jubilé, en accueillant l'hommage d'admiration de tous les pays civilisés, l'illustre Analyste parle en termes pleins de noblesse de la corrélation *étroite et secrète qui existe entre le sentiment de la justice et du devoir et l'intelligence des vérités absolues de la Géométrie*. Cette corrélation semblait évidente quand on écoutait ses leçons (31). »

« Nos élèves, nous dit M. Tannery en parlant de l'École Normale, continuent de recevoir à la Sorbonne un enseignement dont l'éclat n'a fait que grandir ; ils écoutent cette parole d'une éloquence si particulière où il y a du recueillement, de la solennité et une sorte de tendresse passionnée. Ils jouissent de cette lumière qui va jusqu'au fond des choses, qui les sépare et les réunit, qui en montre les liens les plus délicats, qui donne aux abstractions mathématiques la couleur et la vie (29). »

« C'est à la Sorbonne, écrit M. Borel, que j'ai suivi les leçons d'Hermite ; c'est là que j'ai entendu cette parole si vivante exposer, avec respect à la fois et avec amour, les belles vérités de l'Analyse. C'était un grand prêtre de la divinité du Nombre qui nous en dévoilait les mystères redoutables et sacrés. Les questions les plus arides, les calculs en apparence les plus ingrats, se transfiguraient, tant il avait l'intuition de leurs secrètes beautés. Quelques-uns peut-être ont eu, autant qu'Hermite, le pouvoir de faire comprendre et admirer les Mathématiques ; nul n'a su les faire aimer aussi profondément que lui (32. »

Ces citations, que je pourrais multiplier, sont de nature à mettre en évidence l'action prépondérante que l'enseignement d'Hermite a eu dans les dernières années du XIXe siècle sur le développement de la jeune école mathématique française. A l'étranger, son influence n'a pas été moins grande, et sa chaire de la Sorbonne a été, pendant trente ans, un des foyers les plus actifs du travail mathématique. Quatre éditions successives ont répandu le Cours d'Hermite. Il a été étudié et commenté dans toutes les Universités du monde. En Allemagne, en Italie, en Suède, en Amérique, c'est dans les leçons de la Sorbonne que l'on étudiait la théorie des fonctions elliptiques et la théorie des fonctions. On les louait à la fois pour le soin donné à la partie historique et pour la simplicité de l'exposition. On était charmé de la lumière que le maître répandait sur les parties les plus difficiles et les plus délicates, des exemples élégants dont il enrichissait les théories. Que dis-je, l'enthousiasme que provoquaient ses Leçons s'étendait jusqu'aux étudiants qui les suivaient. On les félicitait de leur ardeur, des efforts couronnés de succès qu'ils déployaient pour élargir leur horizon et s'assimiler des théories aussi élevées. Aux étudiants français venaient d'ailleurs se joindre des camarades étrangers. Hermite les accueillait les uns et les autres, toujours prêt à prodiguer les encouragements et les conseils. Ce n'était pas d'ailleurs à de simples conseils qu'il limitait son action bienfaisante ; et tous ceux qui avaient acquis à ses yeux le droit de se réclamer de lui le trouvaient prêt à multiplier les démarches, à donner les témoignages qui pouvaient faciliter leur carrière ou assurer leur avenir.

XII

Les devoirs d'un enseignement ainsi compris étaient lourds, ils n'arrêtèrent pas pourtant l'activité créatrice d'Hermite. Son cours l'entraîna sans doute à s'occuper de quelques questions importantes de Calcul intégral, les intégrales Eulériennes, les fonctions de Bernoulli, par exemple, dont il renouvela la théorie ; mais il resta fidèle aux études favorites de sa jeunesse ; et son plus beau Mémoire peut-être, celui qu'il a consacré à la fonction exponentielle et qui date de 1873, n'est qu'une application des méthodes générales d'approximation des irrationnelles dont il avait fait connaître le principe dans ses Lettres à Jacobi. Ce Mémoire marque une date et contient une des plus belles découvertes que les Mathématiques aient faites dans tous les temps ; mais, pour la faire bien comprendre, il est nécessaire que nous entrions dans des développements assez étendus.

Dès leurs premières études, les Mathématiciens ont rencontré, à côté des entiers et des fractions, réunis sous la dénomination de *nombres commensurables*, les nombres dits *incommensurables*, ou mieux *irrationnels*. Les Grecs apprirent à construire, avec la règle et le compas, certains de ces nombres irrationnels qui s'expriment à l'aide de radicaux carrés ; ils purent, par exemple, résoudre le problème de la duplication du carré ; mais, malgré tous leurs efforts poursuivis pendant des siècles, il leur fut impossible de résoudre par les mêmes moyens les problèmes analogues de la duplication du cube et de la trisection de l'angle, c'est-à-dire de construire, à l'aide de lignes droites et de cercles seulement, des irrationnelles définies par une équation irréductible du troisième degré. Archimède fut conduit, par ses recherches sur la quadrature du cercle et la rectification de la circonférence, à reconnaître que ces deux problèmes se ramenaient l'un à l'autre et dépendaient de la détermination d'une irrationnelle d'un genre tout nouveau, le nombre π, puisqu'il faut l'appeler par son nom. Les trois problèmes de la duplication du cube, de la trisection de l'angle et de la quadrature du cercle nous ont été légués par les anciens. Si l'on y joint la recherche du mouvement perpétuel, on peut dire qu'ils constituent une charge lourde et un embarras pour les Académies. Il ne se passe pas de séance que nous ne recevions de communication sur l'un ou l'autre de ces quatre problèmes, souvent sur tous à la fois. Ce qui ajoute au zèle des inventeurs, c'est la croyance très répandue que, comme il est arrivé autrefois pour le célèbre problème des longitudes, les Gouvernements ont en réserve une forte somme d'argent, destinée à celui qui les résoudra ; l'inventeur du mouvement perpétuel est d'ailleurs très fondé à penser, et c'est le seul point sur lequel il raisonne juste d'ordinaire, qu'il trouvera dans sa découverte même la récompense et le prix de ses efforts. En 1775, notre Académie décida formellement qu'elle ne s'occuperait plus désormais des communications relatives à ces quatres problèmes. Les motifs de sa résolution sont consignés dans une déclaration qui fut rédigée par Condorcet, alors Secrétaire perpétuel, et qui a été imprimée dans nos Mémoires (33). Ils ont été résumés en 1791 dans une lettre écrite par Condorcet à l'Assemblée Constituante qui, ayant reçu d'un pétitionnaire une solution du problème de la trisection de l'angle, l'avait renvoyée à l'examen de l'Académie.

« En 1775, dit Condorcet, l'Académie a pris et rendu publique la résolution de ne plus examiner ni trisection de l'angle, ni duplication du cube, ni quadrature du cercle, ni mouvement perpétuel.

» Les problèmes de la trisection de l'angle et de la duplication du cube sont résolus depuis deux mille ans, et, si l'on cherche encore à les résoudre, ce n'est que par une ignorance absolue de ces questions. L'impossibilité de la quadrature du cercle est aussi démontrée que peut l'être une chose de ce genre, et celle du mouvement perpétuel l'est également. Ainsi, en renonçant à examiner les prétendues solutions nouvelles de tous ces problèmes, l'Académie a été bien sûre de n'exclure aucun travail utile.

» Le motif qui l'a déterminée à les examiner pendant longtemps a été uniquement la crainte de paraître adopter en corps une opinion, et elle a mieux aimé employer quelquefois de la manière la plus inutile le temps des Académiciens que d'avoir l'air de donner son jugement comme une chose éternelle. Mais le nombre de ceux qui consument une partie de leur vie à ces vaines recherches, dont tout le fruit est de nuire à leur fortune et trop souvent d'altérer leur raison, l'a déterminée à prendre une résolution qu'elle a cru propre à les détourner de cette occupation. Elle craint que, si elle continuait à examiner leurs solutions, elle pût être accusée de les encourager à s'en occuper, et qu'elle ne se rendît en quelque sorte complice des malheurs qui leur arrivent (34). »

On peut souscrire sans hésitation aux considérations morales que développe Condorcet ; aujourd'hui encore leur vérité nous frappe tous les jours, ou du moins tous les jours de séance. Mais la partie mathématique de la lettre laisse plus à désirer. Condorcet était un esprit universel ; le temps lui manquait pour donner à ses travaux mathématiques la rigueur et la précision nécessaires. Il n'était pas vrai que le problème de la duplication du cube et celui de la trisection de l'angle fussent résolus depuis deux mille ans. Il n'était pas vrai non plus que l'impossibilité de la quadrature du cercle fut démontrée autant que peut l'être une chose de ce genre. Ce qui était vrai, c'est que l'Académie avait affaire quatre-vingt-dix-neuf fois sur cent à des inventeurs qui ne se rendaient même pas compte de l'énoncé des problèmes dont ils recherchaient imprudemment la solution. Descartes et Newton n'avaient pas dédaigné de s'occuper de la duplication du cube et de la trisection de l'angle. Descartes, en particulier, en avait donné de belles solutions, en employant seulement une parabole et un cercle. En réalité, c'est à un géomètre tout contemporain, à Wantzel dont j'ai déjà prononcé le nom, que l'on doit, je crois, la première démonstration connue de l'impossibilité de résoudre ces deux problèmes à l'aide de la règle et du compas. En ce qui concerne la quadrature du cercle, on avait calculé le nombre π avec une grande approximation, soit en suivant la méthode même d'Archimède, soit en utilisant les développements en série fournis par le Calcul infinitésimal ; mais, en réalité, tout ce que l'on savait à l'époque de Condorcet sur la nature même de ce nombre, c'est qu'il est incommensurable. La démonstration en avait été donnée pour la première fois en 1761 par un géomètre des plus pénétrants, Lambert, dans les *Mémoi-*

res de l'Académie de Berlin. On n'avait pas même démontré que ce nombre ne peut être racine d'une équation du second degré à coefficients entiers ; et, à plus forte raison, il n'était pas établi qu'on ne peut le construire à l'aide de la règle et du compas.

Il y avait une différence essentielle entre les diverses irrationnelles qui se présentent dans les trois problèmes que nous venons d'énumérer. Pour la duplication du cube et la trisection de l'angle, les inconnues, définies par une équation du troisième degré, étaient comprises dans cette classe générale d'irrationnelles qui sont les racines des équations algébriques de tous les degrés. Mais en dehors de ces nombres *algébriques*, dont les profondes recherches d'Hermite ont commencé l'étude et la classification, l'Analyse infinitésimale nous en fournit d'autres, formant des classes encore plus étendues : tel est le rapport de la circonférence au diamètre ; tels sont le nombre e, base des logarithmes naturels, la *constante d'Euler* et une foule d'autres qu'il serait même impossible d'énumérer. Pour en pénétrer la nature, il faut se demander d'abord si ces irrationnelles ne seraient pas, dans tous les cas, assujetties à satisfaire à une équation algébrique de degré convenablement choisi. On pourrait le soutenir. Tout nombre rationnel est donné par une équation du premier degré à coefficients entiers : pour un nombre irrationnel donné, ne peut-on s'adresser d'abord aux équations du second degré pour voir s'il en est une qu'il vérifie, puis, si les essais sont infructueux, passer aux équations du troisième, du quatrième degré, et ainsi de suite indéfiniment. Ne finira-t-on pas ainsi, puisque le nombre des essais est illimité, par obtenir une équation algébrique définissant l'irrationnelle et permettant de l'étudier ? Ce raisonnement, si c'en est un, ne serait pas accepté, hâtons-nous de le dire, par les bons esprits. Legendre, en reprenant dans sa *Géométrie* la démonstration que Lambert a donnée de l'incommensurabilité de π et en l'étendant au carré de ce nombre, ajoute en terminant :

« Il est probable que le nombre π n'est même pas compris dans les irrationnelles algébriques, c'est-à-dire qu'il ne peut être la racine d'une équation algébrique d'un nombre fini de termes dont les coefficients soient rationnels ; mais il paraît difficile de démontrer rigoureusement cette proposition. »

C'est à un géomètre français, Liouville, qu'on doit la première démonstration connue de ce fait qu'en dehors des irrationnelles algébriques, il peut en exister une infinité d'autres, que nous appellerons désormais *nombres transcendants*. Généralisant le beau théorème de Lagrange sur les propriétés de périodicité du développement en fraction continue des racines des équations quadratiques, Liouville a démontré une propriété nécessaire du développement de toute irrationnelle algébrique en fraction continue. Comme il était facile de construire une infinité d'irrationnelles pour lesquelles cette propriété nécessaire n'a pas lieu, il était ainsi établi qu'il existe des classes étendues de nombres transcendants.

Depuis Liouville, les belles et philosophiques recherches de M. G. Cantor sur la théorie des ensembles nous ont appris que les nombres algébriques ne forment qu'une classe très particulière dans la foule immense des nombres transcendants ; mais cette classe est si dense que l'on comprend très bien la remarque de Legendre et l'extrême difficulté qu'il doit y avoir à établir la preuve qu'une irrationnelle ne peut lui appartenir.

C'est cette preuve si difficile qu'Hermite nous a apportée, *pour le nombre le plus important de l'Analyse*, le nombre e, base des logarithmes népériens. Il l'a obtenue en appliquant aux diverses puissances de e les méthodes générales qu'il avait données pour l'approximation simultanée de plusieurs irrationnelles.

Il est inutile de faire remarquer la différence très nette entre ce résultat capital et celui de Liouville. Dans les considérations, si ingénieuses d'ailleurs, qu'il a présentées, Liouville disposait, en quelque sorte, et du nombre, et de la démonstration. Ses irrationnelles ont été imaginées pour que la démonstration put s'y appliquer et, d'ailleurs, elles ne se rattachent à aucune question d'Analyse. Hermite, au contraire, s'adressait à une irrationnelle déterminée, jouant en Analyse un rôle fondamental.

Quand son beau Mémoire commença à paraître en 1873 dans nos *Comptes rendus*, il fit sensation, et l'un de ses meilleurs amis, Borchardt, lui écrivit pour lui demander s'il ne s'attaquerait pas aussi au nombre π. En lui envoyant immédiatement une démonstration nouvelle et élégante du théorème de Legendre relatif à l'incommensurabilité de π^2, Hermite commençait sa lettre en ces termes :

« Je ne me hasarderai point à la recherche de la transcendance du nombre π. Que d'autres tentent l'entreprise, nul ne sera plus heureux que moi de leur succès ; mais, croyez-m'en, mon cher ami, il ne laissera pas de leur coûter quelques efforts. »

Neuf ans après cependant, en 1882, un géomètre des plus distingués, M. Lindemann, trompait ces prévisions pessimistes. Utilisant les relations que Euler a établies entre les nombres e et π, il généralisait d'une manière très ingénieuse la méthode d'Hermite, et obtenait la démonstration si longtemps attendue, non seulement de l'impossibilité de la quadrature du cercle, mais encore de la transcendance du nombre π.

« On peut, dit M. Camille Jordan, légitimement revendiquer pour Hermite une part de ce beau résultat ; car il a été obtenu en imitant la marche qu'il avait suivie pour l'exponentielle. »

La haute importance de toutes ces découvertes a naturellement suscité l'attention et provoqué une foule de recherches. On a simplifié les démonstrations des inventeurs. Elles peuvent aujourd'hui être mises à la portée d'un bon élève de nos lycées. En applaudissant à ces modifications, remarquons toutefois qu'elles prennent une forme bien synthétique et qu'elles conservent toutes la pierre angulaire de la démonstration d'Hermite : je veux dire ce polynome à facteurs multiples qui se présente si naturellement quand il applique au cas particulier sa méthode générale d'approximation. Certes, il y a toujours grand intérêt à démontrer par des voies différentes et, par suite, à présenter sous un aspect nouveau, une proposition importante : mais on n'aura trouvé une démonstration vraiment différente de celle d'Hermite que le jour où toute trace aura disparu de son polynome fondamental.

XIII

Quelque temps après ce travail sur l'exponentielle, qui demeurera toujours son titre le plus accessible aux profanes, Hermite entreprit la publication d'une série d'articles sur les *applications des fonctions elliptiques*. Ses recherches incessantes l'avaient conduit à prendre comme point de départ, pour l'étude des fonctions doublement périodiques, une belle formule de décomposition en éléments simples, qui rend les intégrations immédiates et introduit de l'ordre et de la méthode dans cette théorie si touffue. Ici, il envisageait de nouvelles fonctions, extrêmement voisines des anciennes, auxquelles il donna le nom de *fonctions doublement périodiques de deuxième et de troisième espèce*, et auxquelles il étendit sa formule de décomposition. Les méthodes puissantes qu'il instituait ainsi le conduisirent à intégrer, dans tous les cas, une équation linéaire du second ordre, que Lamé avait rencontrée dans ses recherches sur le mouvement de la chaleur à l'intérieur d'un ellipsoïde. Toutes ces découvertes, dont il serait difficile de donner ici une idée plus complète, ont servi de point de départ aux théorèmes généraux de M. Emile Picard sur l'intégration d'une classe nouvelle et étendue d'équations différentielles linéaires et aux importantes études de M. Paul Appell sur les fonctions à multiplicateurs. Elles permirent à Hermite lui-même de donner des solutions nouvelles et originales pour plusieurs problèmes mécaniques de grand intérêt : la rotation d'un corps solide autour d'un point fixe, le mouvement du pendule conique, la détermination de la courbe élastique, c'est-à dire de la figure d'équilibre d'un ressort. Ces applications, qu'Hermite avait semblé fuir pendant toute sa vie, venaient en quelque sorte le solliciter, par l'intermédiaire de ses chères fonctions elliptiques, et lui donner l'occasion de couronner sa carrière par un de ses plus beaux travaux.

XIV

Ainsi s'écoulait, calme et solitaire, la vie du grand analyste ; mais ses recherches, qu'il devait poursuivre jusqu'à son dernier jour, son cours de la Sorbonne, sa correspondance, sur laquelle je reviendrai plus loin, ne suffisaient pas à la remplir tout entière. Son cœur généreux le portait à concourir à toutes les grandes et belles œuvres. Très incrédule dans sa jeunesse, il avait été ramené à la foi catholique, en 1856, par Cauchy, au cours d'une maladie grave, une petite vérole, qui mit ses jours en danger. Trois ans après, il témoignait sa reconnaissance au grand géomètre disparu, dans la dédicace qu'il plaçait en tête de son Mémoire sur les équations modulaires : *Venerandæ memoriæ eximii viri Augustini Cauchy hoc qualecumque munus libenter accipias et ex beata æternæ felicitatis sede animum sanctæ amicitiæ pie memorem benigne aspicere digneris.* L'attachement, qu'à partir de ce jour il manifesta pour la religion à laquelle il était revenu, s'allia sans effort au respect le plus scrupuleux de toutes les croyances et de toutes les opinions. Toujours prêt à entendre et même à discuter les affirmations les plus contraires à ses idées, il demandait seulement, et il en avait assurément le droit, que l'on voulût bien s'abstenir de toute légèreté, de toute raillerie, dans l'examen des questions si graves qui ne cessaient de le préoccuper.

S'il n'abordait pas volontiers certains sujets, qui relèvent de la conscience individuelle, en revanche il était toujours disposé à prendre l'initiative pour s'entretenir, avec ses amis et ses correspondants, du cours des événements politiques. L'avenir de notre pays le préoccupait ; il était d'un pessimisme dont j'ai vu peu d'exemples, et j'avoue que, malgré tout le plaisir que j'avais à le voir, il m'arrivait quelquefois de redouter sa conversation.

Un jour que je lui avais écrit, il me répondait par une lettre affectueuse, en se plaignant de n'avoir vu que mon écriture et me priant d'aller m'entretenir avec lui :

« Mais, ajoutait-il, ne venez point et fuyez moi si vous ne voulez entendre des plaintes, des regrets qui débordent d'amertume et de tristesse, des raisons longuement réfléchies de désespérance, des craintes et des pressentiments de catastrophes. »

La foi d'Hermite se conciliait aussi très bien avec une conception vraiment large et vraiment personnelle du rôle et de l'importance de la recherche scientifique. Il aimait à répéter que le labeur scientifique approfondi contient un enseignement qui va bien au delà de l'objet propre de la Science. Mais c'est surtout sur l'influence bienfaisante de ses études de prédilection, de l'enseignement mathématique, qu'il revenait le plus volontiers et le plus souvent :

« Une rigoureuse discipline de l'esprit, dit-il dans le discours de présidence qu'il a prononcé en 1889, prépare aux devoirs militaires, et l'on ne peut douter que les études mathématiques contribuent à former cette faculté d'abstraction indispensable au chef pour se faire une représentation, une image intérieure de l'action, par laquelle il se dirige, en oubliant le danger, dans le tumulte et l'obscurité du combat. »

Et ailleurs, dans le discours qu'il prononça lors de son Jubilé :

« L'Ecole Normale et l'Ecole Polytechnique sont deux branches d'une même famille, étroitement unies par le sentiment de la justice et du devoir, sentiment lié d'une manière secrète à l'enseignement mathématique, mais si certaine que, sans en avoir aucunement le privilège, il semble passer de l'intelligence à la conscience et s'impose comme les vérités de la Géométrie. »

L'homme qui s'exprimait ainsi était assurément incapable de montrer quelque préoccupation étroite dans la conduite de la vie ; j'ai passé près de quarante ans auprès de lui, ayant part à sa confiance et à son affection. Que de fois j'ai pu constater sa bienveillance foncière et sa bonté. Jamais je ne l'ai vu accueillir la moindre insinuation malveillante ; il prêtait toujours aux autres les sentiments élevés qui l'animaient.

XV

De tout temps, il avait entretenu une correspondance étendue avec les géomètres de tous les pays. Cette correspondance avait commencé avec des maîtres tels que Jacobi et Dirichlet, avec des émules qui étaient devenus pour lui des amis bien chers, et dont la perte devait beaucoup l'attrister, Borchardt, Cayley, Sylvester, Brioschi. Peu à peu, elle s'était beaucoup développée, car il répondait à tous ceux qui sollicitaient ses conseils ou lui soumettaient leurs travaux. On pourra la publier un jour : on y trouvera, en même temps que le témoignage de la candeur et de la bonté la plus inépuisable, le tableau le plus intéressant de la vie mathématique au XIXe siècle. Et d'ailleurs, de ce que j'avance la preuve n'est-elle pas déjà faite ? N'avons-nous pas les deux volumes de la correspondance qu'il échangea, de 1882 à 1894, avec un jeune géomètre hollandais, Thomas Stieltjes, doué du plus beau talent mathématique, mais voué à une mort prématurée. C'est à Hermite, c'est à ses démarches incessantes, que j'ai été heureux de seconder, que Stieltjes a du cette chaire de la Faculté des Sciences de Toulouse, où il a rendu tant de services et où il a pu produire tant de beaux Mémoires, qui demeureront le patrimoine glorieux de ses enfants, devenus français. Ce qu'Hermite a fait pour Stieltjes donne la mesure de ce qu'il tentait pour tous ceux, élèves ou amis, qui s'adressaient à lui. Sans aucune préoccupation personnelle, jugeant les idées qui lui étaient soumises avec une pénétration qui leur ajoutait toujours quelque chose, il répandait avec la plus grande libéralité, sans rien réserver pour lui-même, ces indications précieuses qui aident à franchir le pas difficile et inspirent une longue suite d'excellents travaux.

Aussi lorsqu'en 1892, un Comité composé de ses élèves et de ses amis émit l'idée de célébrer son soixante-dixième anniversaire, les appels qu'il adressa trouvèrent partout l'accueil le plus chaud. Sur les listes de souscription, à côté des noms illustres de v. Helmholtz, de lord Kelvin, de Weierstrass, etc., on lisait ceux des élèves de nos lycées, ceux des étudiants de toutes les Universités, unis dans un sentiment de reconnaissance et de commune admiration. Le 24 décembre 1892, les membres du Conseil de l'Université, les collègues, les élèves, les amis d'Hermite, plusieurs de ses compatriotes lorrains, se réunirent à la Sorbonne pour offrir au grand géomètre la médaille qui reproduisait ses traits, une des plus belles de toutes celles que nous devons à notre illustre confrère Chaplain. Toutes les Académies du monde, dont Hermite avait été nommé membre depuis longtemps, avaient envoyé des adresses ou des délégués. Je n'insisterai pas sur cette touchante cérémonie dont le compte rendu a été publié : elle fut douce au cœur d'Hermite, elle lui apporta ce qu'il estimait la meilleure récompense de ses efforts. Le Ministre de l'Instruction publique, M. Charles Dupuy, avait tenu à la présider. La même semaine devait avoir lieu le Jubilé de Pasteur. Puisse la Sorbonne revoir dans l'avenir beaucoup de fêtes aussi glorieuses pour notre pays.

XVI

Cependant les atteintes de l'âge, sans éteindre l'ardeur d'Hermite, venaient progressivement diminuer ses forces. Son Cours de la Sorbonne commençait à devenir pour lui une charge, tant il mettait de soin à le préparer :

« Je vous fais la confidence, écrit-il à Stieltjes, que, cédant à la paresse, je prépare si insuffisamment mes leçons, que pendant la nuit, ma conscience se réveille, me poursuit au point que j'allume ma bougie pour faire un bout de calcul (35). »

Après une leçon à la Sorbonne, écrivait-il à M. Genocchi, je ne fais plus rien de la journée. Je lis les *Orientales* de Victor Hugo ou des articles de journaux... Mais à entreprendre un calcul sérieux, difficile, j'y renonce absolument ; le flambeau ne s'allume pas et la paresse règne sans partage. »

Aussi, lorsqu'en 1897, l'âge de la retraite eut sonné pour lui, c'est en vain que je lui fis connaître notre commun désir. Malgré toutes mes instances, malgré l'assurance que l'Administration supérieure le verrait avec plaisir conserver ses fonctions actives, il voulut quitter son enseignement. Son seul désir, qu'il n'exprima même pas, mais qu'il fut heureux de voir réalisé, était d'être remplacé dans sa chaire par M. Emile Picard.

Renonçant à l'enseignement, il était loin de renoncer à la recherche scientifique. Il suivait d'un œil attentif cette transformation si profonde des études mathématiques qui a marqué les dernières années du

XIXe siècle. Certains résultats, il faut le dire, ne lui agréaient pas entièrement : « *Je me détourne avec effroi et horreur, écrivait-il familièrement à Stieltjes, de cette plaie lamentable des fonctions continues qui n'ont pas de dérivée* (36). » Mais si, comme il est naturel à un vieillard, il restait volontiers dans la région où il avait trouvé ses plus beaux succès, il n'était pas de ces esprits négatifs qui veulent barrer la route, et il ne contestait la légitimité d'aucune recherche. Il se plaisait aussi, comme autrefois Lagrange et Ampère, à se tenir au courant des questions les plus étrangères à l'objet de ses propres travaux. Il s'était formé sur les grands problèmes de la philosophie naturelle des opinions personnelles et précises ; plusieurs de nos confrères avaient grand plaisir et trouvaient profit à s'en entretenir avec lui. Les compagnons de sa jeunesse disparaissaient peu à peu ; il leur consacrait des notices émues, qui seront des documents précieux pour l'histoire des Sciences et font l'ornement de nos *Comptes rendus*. Avec sa modestie habituelle, il y célébrait leurs travaux sans jamais rappeler les siens. Pour exprimer ses regrets, pour développer ses vues originales, il savait trouver les expressions les plus saisissantes, les termes les mieux appropriés. Son style évoque les noms des grands savants qui ont eu une si grande influence sur le développement de la langue française, ou qui ont contribué à lui conserver ses qualités. Sentant que la fin approchait aussi pour lui, il revenait, pour les compléter, sur celles de ses recherches qui l'avaient le plus passionné ; et il s'attachait à mettre mieux en lumière ces relations, que Kronecker et lui avaient découvertes, entre les fonctions elliptiques et les parties les plus ardues de l'Arithmétique supérieure. Les appels des directeurs de journaux scientifiques ne le trouvaient jamais insensible, et il leur envoyait des articles traitant des questions les plus variées, adoptant volontiers la forme épistolaire qu'il avait employée dans ses premiers travaux. Un de ses derniers écrits contient ses idées sur l'enseignement des Mathématiques.

« J'ai toujours été, écrivait-il à M. Janke, directeur de l'*Archiv der Mathematik und Physik*, et je serai jusqu'à mon dernier jour, le disciple de vos grands géomètres, de vos maîtres illustres, Gauss, Jacobi, Dirichlet. D'autres, comme Kronecker, Borchardt, M. Lipschitz, etc., ont été les compagnons de mes études et mes amis dévoués. C'est une dette de reconnaissance laissée par leurs chers souvenirs dont j'aurai à cœur de m'acquitter en me faisant votre collaborateur avec l'intention de servir auprès des étudiants de vos Universités la cause du savoir mathématique.

» Vous me permettrez peut-être de vous dire dans quel sens je désirerais voir se diriger l'influence, l'action de votre nouvelle publication. L'enseignement, même très élémentaire, peut mettre à profit les œuvres du génie, quand elles concernent directement son objet.

» Prenez par exemple, l'idée de Dirichlet, à la fois si simple et si profonde, concernant les minima des fonctions linéaires à indéterminées entières ; n'est-elle pas exposée avec la théorie des fractions continues ?

» Bacon de Vérulam a dit que l'admiration est le principe du savoir. Sa pensée qui est juste en général, l'est surtout à l'égard de notre Science ; et je m'en autoriserai pour exprimer le désir qu'on fasse, pour les étudiants, une part plus large aux choses simples et belles qu'à l'extrême rigueur, aujourd'hui si en honneur, mais bien peu attrayante, souvent même fatigante, sans profit pour le commençant qui n'en peut comprendre l'intérêt (37). »

Cette belle lettre, que j'aurais voulu reproduire en entier, est du 25 novembre 1900. Deux mois après, le 14 janvier 1901, Hermite s'éteignait paisiblement, dans son domicile de la rue de la Sorbonne. En annonçant le jour même cette triste nouvelle à l'Académie, notre Président, sous le coup d'une émotion profonde, trouvait les paroles qui répondaient à nos sentiments :

« Tous ceux qui siègent ici comme géomètres, disait M. Fouqué, s'honorent d'avoir été ses élèves, tous sont pénétrés de reconnaissance pour l'appui généreux qu'il n'a cessé de leur prêter. Partout où la Science est honorée, partout le nom d'Hermite était prononcé avec vénération. La perte que nous déplorons sera vivement ressentie par les correspondants si nombreux qu'il avait dans le monde entier et qui ne cessaient de faire appel chaque jour à ses conseils, à sa bienveillance inépuisable. Il appartenait à presque toutes les Sociétés savantes du monde entier. Toutes, comme la nôtre, se sentiront diminuées par sa mort. »

Hermite ne voulut à ses obsèques ni honneurs, ni discours. Les témoignages de reconnaissance et d'admiration qu'il avait reçus lors de son Jubilé lui suffisaient pleinement. Mais l'Université de Paris, se souvenant du lustre qu'il a fait rejaillir sur elle pendant près de trente ans par son enseignement et par ses découvertes, a décidé qu'elle lui élèverait dans la Cour d'honneur de la Sorbonne un monument commémoratif, dont la partie essentielle sera un médaillon exécuté par Chaplain. Ce monument est déjà préparé ; il sera placé dans le voisinage de celui qui fut élevé autrefois à l'illustre chimiste Thénard. En réunissant, dans un même hommage, l'analyste qui s'est tenu toute sa vie dans les régions les plus austères de la Science la plus abstraite, et le chimiste dont les découvertes ont tant contribué au progrès de l'Industrie et des Arts, l'Université de Paris montre une fois de plus qu'elle est pleinement consciente de toute l'étendue de sa mission, et que, si elle entend faire aux applications la part qui leur revient de droit dans nos Sociétés modernes, elle entend aussi rester fidèle à l'étude désintéressée, dans ce qu'elle a de plus pur et de plus élevé.

NOTES ET ÉCLAIRCISSEMENTS

---

(1) Il paraît que, dans la famille Hermite, les enfants ne devaient pas boire de vin ; on les faisait sortir de table avant le dessert, sauf le dimanche. Quand Hermite revenait à ces souvenirs de sa jeunesse, il se plaisait à comparer l'éducation qu'il avait reçue avec celle que l'on donne aujourd'hui aux enfants.

(2) Ce frère aîné, Hippolyte Hermite, fut reçu à l'Ecole Polytechnique en 1839 et servit pendant dix ans dans le Génie. Il a publié quelques travaux de géologie ; il est le père de M. Gustave Hermite qui s'est occupé d'aéronautique et dont les Communications ont figuré à différentes reprises dans nos *Comptes rendus*.

(3) M. Richard a laissé la réputation d'un excellent professeur. Il a eu pour élèves à quinze ans d'intervalle Evariste Galois et Charles Hermite. Les bons élèves font la gloire du maître, disait à cette occasion l'excellent Terquem.

(4) *Voir* la *Correspondance d'Hermite et Stieltjes publiée par les soins de* B. Baillaud *et* H. Bourget, t. I, p. 129, lettre du 2 juillet 1884.

(5) La question qu'Hermite eut à résoudre en 1841 était énoncée de la manière suivante :

« Exposer d'une manière concise la théorie de l'élimination entre deux équations de degré quelconque à deux inconnues. Démontrer le théorème relatif au degré de l'équation finale.

« Indiquer la méthode à suivre pour trouver les solutions uniquement propres aux deux équations proposées.

« Les valeurs imaginaires des inconnues attestent quelque

impossibilité dans le problème ; il en est de même des valeurs infinies ; marquer avec précision ce qui caractérise ces deux genres d'impossibilité.

« Eclaircir cette discussion d'Algèbre par des exemples empruntés à la Géométrie. »

Sa banalité soulevait à juste titre les critiques du savant directeur des *Nouvelles Annales de Mathématiques* :

« La destination du grand concours, disait Terquem, est de faire sortir de la foule, de mettre en évidence les esprits brilants et les intelligences privilégiées. Dès lors on ne saurait mettre trop de soins dans le choix des questions. »

Loin de tenir compte de ces remarques, les juges donnaient, les années suivantes, le théorème de Descartes, puis la théorie des racines égales, ce qui provoquait en 1843 ces nouvelles réflexions de Terquem :

« Ceci me rappelle une anecdote racontée par le Champenois baron de Tott, diplomatiquement accrédité près de la Porte ottomane.

» Le grand vizir, très ignorant, avait une haute opinion des connaissances mathématiques du Collège de Constantinople ; il invita notre compatriote à procéder à un examen. Or, dans aucun pays, pas même en Turquie, il n'est prudent de blesser l'opinion d'un ministre, surtout lorsqu'elle est mal fondée. Tott mit donc par écrit une proposition très modeste : démontrer que la somme des angles d'un triangle est égale à deux droits. Après quelques jours de réflexion, on lui répondit que la proposition était vraie pour le triangle équilatéral.

» Je ne garantis pas l'authenticité du fait, ajoutait Terquem, car le baron est sujet à caution. Mais, quoi qu'il en soit, depuis que l'illustre Poisson a quitté avec la vie la haute direction de l'enseignement mathématique, il semble qu'en fait de concours nous convergeons vers l'antique Byzance ».

(6) Il s'agit de la célèbre formule relative à l'équation $u = x + tf(u)$.

(7) *Correspondance d'Hermite et de Stieltjes*, t. II, p. 66, lettre du 22 juin 1890.

(8) *Voir* même *Correspondance*, t. II, p. 41, lettre du 8 mai 1890.

(9) Liouville, *Rapport sur un Mémoire de M. Hermite relatif à la division des fonctions abéliennes ou ultra-elliptiques* (*Comptes rendus*, t. XVII, août 1843, p. 295).

(10) La lettre de Jacobi, communiquée à l'Académie par

Liouville, se trouve imprimée au Tome XVII des *Comptes rendus*, juillet 1843, p. 82.

(11) *Voir* l'important Ouvrage *Carl-Gustav-Jacob Jacobi*, par M. Leo Kœnigsberger, p. 333.

(12) Jacobi, *Mathematische Werke*, t. II, p. 115 et suivantes.

(13) *Voir* un article sur la vie d'Evariste Galois publié par Joseph Bertrand en juillet 1899 dans le *Journal des Savants*. Cet article se trouve reproduit dans la deuxième série des *Eloges académiques de Joseph Bertrand*, p. 345.

(14) Voici le procès-verbal de l'examen d'Hermite. Il est de nature à consoler les candidats malheureux :

Composition écrite		faible.
Série première	Auteurs grecs	faible.
	» latins	passable.
	» français	passable.
Série deuxième	Philosophie	passable.
	Littérature	passable.
	Histoire	passable.
Série troisième	Géographie	faible
	Mathématiques	passable.
	Physique et Chimie	faible.

Mention assez bien.

On ne s'explique la mention que par la connaissance qu'avaient sans doute les juges de la situation d'Hermite.

(15) Voici le procès-verbal de la Faculté des Sciences :

« Examen de bachelier ès Sciences mathématiques, subi le 12 juillet 1847 par M. Hermite Charles, né à Dieuze le 24 décembre 1822 ; pourvu du diplôme de bachelier ès Lettres en date du 7 juillet 1847.

» Le candidat a été examiné par MM. Despretz, Sturm, Bertrand, sur les matières indiquées par l'article 1er de l'Arrêté du Conseil royal de l'Instruction publique, en date du 3 février 1837, attendu qu'il a déclaré se destiner à l'enseignement. Le résultat du scrutin secret a été pour l'admission, le candidat ayant reçu deux boules blanches pour les Mathématiques et une rouge pour les Sciences physiques. »

(16) *Voir* le *Centenaire de l'Ecole Normale*, p. 389 et suivantes.

(17) *Œuvres de Charles Hermite*, t. I, p. 136.

(18) *Voir* l'Ouvrage déjà cité de M. Kœnigsberger, p. 398. La lettre de Borchardt est du 24 juin 1847.

(19) *Correspondance d'Hermite et de Stieltjes*, t. II, p. 270, lettre du 22 octobre 1892.

(20) *Correspondance d'Hermite et de Stieltjes*, t. II, p. 398. Lettre du 13 mai 1894.

(21) *Œuvres de Charles Hermite*, t. I, p. 131.

(22) *Correspondance d'Hermite et de Stieltjes*, t. I, p. 8, lettre du 28 novembre 1882.

(23) La Note d'Hermite a été insérée dans le Mémoire de Chevreul : *Sur la distribution des connaissances humaines du ressort de la Philosophie naturelle* (*Mémoires de l'Académie des Sciences*, 2e série, t. XXXV, année 1866, p. 528).

(24) On peut rapprocher les remarques d'Hermite de ces deux passages de Laplace que j'emprunte aux *Leçons faites à l'École Normale* :

« Nous ne pouvons nous élever aux vérités générales que par la comparaison des résultats particuliers, qu'il faut considérer longtemps et varier d'un grand nombre de manières, pour saisir ce qu'ils ont de commun entre eux et pour en faire éclore les grandes théories qui changent la face des Sciences et font époque dans l'Histoire (*Œuvres de Laplace*, t. XIV, p. 104). »

Et encore :

« L'esprit humain, si actif dans la formation des systèmes, a presque toujours attendu que l'observation et l'expérience aient fait connaître d'importantes vérités qu'un raisonnement fort simple eût pu faire découvrir ; c'est ainsi que la découverte des télescopes a suivi de près de trois siècles celle des verres lenticulaires et n'a été due qu'au hasard ; c'est encore ainsi que l'aberration des étoiles, résultat fort simple du mouvement progressif de la lumière, a échappé aux savants célèbres du commencement du XVIIIe siècle et n'a été reconnue que par l'observation, cinquante ans après la découverte de ce mouvement (*Œuvres de Laplace*, t. XIV, p. 140). »

(25) Discours de Présidence de 1889 (*Comptes rendus*, t. CIX, p. 991)

(26) *Œuvres de Charles Hermite*, t. I, p. XXIX.

(27) D'après les renseignements qui m'ont été fournis avec empressement par M. Picavet, Secrétaire du Collège de France, Hermite traita de la *théorie des nombres* pendant l'année scolaire 1848-1849 ; l'année suivante, il choisit comme sujet : la *théorie des fonctions elliptiques* et la *théorie des nombres*. Quand il s'agit de remplacer définitivement Libri, il s'effaça

devant Cauchy et Liouville, et ne fut à aucun moment candidat. C'est Liouville qui fut définitivement nommé.

(28) Cauchy, *Rapport sur un Mémoire présenté par M. Hermite et relatif aux fonctions à double période* (*Comptes rendus*, t. XXXII, 1851, p. 442). *Voir* aussi dans ce même Volume une Note de la page 454.

(29) Voir *Le Centenaire de l'École Normale*, p. 389 et suivantes.

(30) *Œuvres de Charles Hermite*, t. I, p. xxxiv.

(31) Voir *Nouvelles Annales de Mathématiques*, 4e série, t. V, 1905, p. 49 ou le journal *La Nature*, février 1901.

(32) *Annuaire des Mathématiciens*, publié par MM. Laisant et Buhl en 1902, p. xviii.

(33) *Histoire de l'Académie royale des Sciences*, année 1775, p. 61-66.

(34) *Œuvres de Condorcet*, t. I, p. 525, lettre du 20 janvier 1791 au Président de l'Assemblée nationale.

(35) *Correspondance d'Hermite et de Stieltjes*, t. II, p. 388, lettre du 20 avril 1894.

(36) Même *Correspondance*, t. II, p. 310, lettre du 20 mai 1893.

(37) *Voir* cette lettre dans le journal *Archiv der Mathematik und Physik*, 3e série, t. I, p. 20, qui contient aussi le dernier travail d'Hermite intitulé : *Sur une équation transcendante*.

NOTICE HISTORIQUE

SUR

ANTOINE D'ABBADIE

MEMBRE DE LA SECTION DE GÉOGRAPHIE ET DE NAVIGATION

lue dans la séance publique annuelle du 2 décembre 1907

Depuis l'année 1721, où l'Académie des Sciences put décerner pour la première fois un prix fondé par Rouillé de Meslay, conseiller au Parlement, le nombre des fondations de toute nature dont l'exécution lui est confiée s'est accru singulièrement. Plusieurs d'entre elles, et ceci est tout à l'honneur de l'Académie, sont dues à ses membres, c'est-à-dire à ceux qui l'ont vue de près à l'œuvre et qui ont été mêlés à sa vie de tous les jours. C'est Lalande, si cruellement traité un jour par Napoléon, qui a eu l'honneur de donner l'exemple, en 1802. Le prix *Lallemand*, les deux prix *Montagne*, le prix *Serres*, le prix *Vaillant*, le prix *Gay*, la fondation *du Moncel*, la médaille *Janssen*, le prix *Lannelongue*, le prix *Berthelot*, ont tous pour origine des Académiciens. Parmi ces diverses fondations, celle que nous devons à Antoine d'Abbadie se distingue par des caractères tout particuliers. Notre confrère aurait pu nous demander de distribuer en son nom des prix, des médailles ou des récompenses : c'est une tâche toute différente, de haute importance, qu'il a préféré nous confier. De son vivant déjà, l'Académie lui a décerné, avec la médaille Arago, l'hommage le plus élevé dont elle dispose. Il est juste qu'après sa mort, elle célèbre sa mémoire et rappelle sa vie, consacrée tout entière aux plus nobles pensées, occupée sans relâche par les travaux les plus utiles.

I

Antoine d'Abbadie était né le 3 janvier 1810 à Dublin. Son père, Michel d'Abbadie, descendait d'une ancienne famille d'abbés laïcs d'Arrast, commune du canton de Mauléon. L'institution de ces abbés laïcs remontait, par delà les croisades, jusqu'à Charlemagne, qui les avait créés pour défendre la frontière contre les Sarrasins. Les abbés laïcs vivaient la lance au poing dans les abbayes du pays basque ; ils avaient le droit de percevoir les dîmes, et prenaient part à la nomination des curés en les désignant au choix de l'évêque. Le nom même d'Abbadie n'a pas été à l'origine un nom de famille ; il s'appliquait à la fonction (*abbatia*, *abbadia*).

Michel d'Abbadie, qui avait émigré au commencement de la Révolution, épousa une Irlandaise, Mlle Thompson. Retenu sans doute dans la famille de sa femme, il ne revint en France que vers 1820, et se fixa d'abord à Toulouse pour y veiller à l'éducation de ses enfants. La famille se composait de trois frères, Antoine, Arnauld, Charles, et de trois sœurs, Elisa, Célina et Julienne. Tous étaient confiés aux soins d'une gouvernante.

« J'ai été élevé, nous dit d'Abbadie, avec mes sœurs aînées, à l'anglaise, toute la journée, toute la nuit dans un dortoir, avec une servante qui veillait scrupuleusement sur nous ; et à peine, chaque soir, avions-nous une heure, une seule heure, non pour converser avec nos parents par un familier tutoiement, mais, en entendant tout au plus quelque petit conte de papa, pour être relégués à nos jeux dans un coin de la salle, et répondre à toute question par des *Vous*, des *oui Monsieur*, des *oui Madame*. »

On garda Antoine trois ou quatre ans à la maison. « Loin du martinet d'un maître d'études de pensionnat, formé par la tutelle de mes parents, j'ignorai longtemps, nous dit-il, toutes les tracasseries des études. » Mais, quand il eut atteint 13 ans, on l'envoya au collège où il déploya une ardeur exceptionnelle. Tout enfant, selon Henri de Parville, il manifestait une curiosité insolite pour l'inconnu qui l'environnait : « Qu'y a-t-il au bout du chemin ? demandait-il à sa gouvernante. — Une rivière, mon ami. — Et après la rivière ? — Une montagne. — Et après la montagne ? Je ne sais plus, je n'y suis jamais allée. — Eh bien ! j'irai voir », répliquait l'enfant.

Jeune homme, il ne changea pas, il voulut toujours savoir. Il s'assimila très rapidement les langues anciennes et modernes. Ses Ouvrages sont émaillés de citations heureusement choisies, et quelques-uns de ses registres de voyage sont écrits en grec. On y trouve aussi des récits, des poésies anglaises, ou françaises, dont je crois bien qu'il est l'auteur.

Quand il entra en 1826-1827 dans la classe de Philosophie, il commença à tenir un carnet où il notait quelques-unes de ses impressions. Il nous raconte d'abord comment il employait ses journées :

« Je me lève à sept heures, nous dit-il : à huit heures, je vais au Collège étudier, sous un vieux professeur, les merveilles de la Géométrie. De là à dix heures, si c'est un lundi ou un vendredi, je vais écouter les leçons d'un jeune professeur de Physique ; c'est là vraiment la classe des amusements. Les autres jours, je reviens *rue de la Trinité* où je déjeune avec un morceau de *mistra* et un œuf ; à onze heures, les leçons de M. Despan, savant chimiste, me rappellent à la Faculté. A midi, je vais me délasser à la bibliothèque, soit du collège, soit de Saint-Etienne ; j'y lis la Géographie, car je me prépare à l'examen du baccalauréat. Quelquefois Ségur me retient au milieu des malheurs de Rhadamiste ou des folies de Xerxès.

« Une heure sonne, je vais peut-être au cours de M. Lécluse ; mais plus souvent je vais, en lisant le *Voyage d'Anacharsis*, attendre la classe du soir, classe de dégoûts, classe de Philosophie ; depuis deux heures et demie jusqu'à quatre heures et demie, je dévore l'ennui des syllogismes.

« A cinq heures je dîne : la première heure de la soirée est consacrée à une leçon mutuelle d'algèbre et d'anglais avec le grave Buisson, notre meilleur philosophe. Le soir, ou bien je trace des figures de Géométrie, ou bien je lis Chateaubriand, ou Casimir Delavigne, ou quelque autre astre de la littérature. A dix heures, j'achève ma journée. »

Le jeune philosophe s'exprime un peu plus loin en ces termes :

« Cette année est la plus heureuse de mon existence. Quelles joies n'ai-je pas eues depuis l'ouverture de l'année classique : une *mesure* complète de Castex, l'*Algèbre* de Bourdon, étrennes précieuses ; une première place au collège dans cette Philosophie que j'ai presque détestée, les œuvres de Buffon ; les pages tour à tour sublimes, éloquentes, mélancoliques de Chateaubriand, et enfin la douce pensée d'étudier bientôt l'hébreu : voilà ce qui fait mon bonheur, voilà ce que je ne voudrais échanger contre la gloire d'un Voltaire ou d'un Masséna ; mon héritage dans ce monde me contente, et je bénis le Seigneur qui me l'a donné. »

C'est ainsi qu'écrivait et travaillait en 1827 un élève de Philosophie, peut-être un peu original. L'initiative du jeune Antoine, son désir de s'instruire, n'avaient, pour ainsi dire, pas de limites.

« Je songe, nous dit-il, à acheter le nouveau manuel d'Astronomie, l'*Astronomie en vingt six leçons* ; celle de Francœur, la *Chimie* d'Orfila ; le *Tasse*, *Virgile* par Lefèvre ; je suis rassasié de projets, et je soupire toujours pour l'Ouvrage de M. Gay-Lussac. »

Chateaubriand, nous venons de le voir, agissait particulièrement sur sa jeune imagination :

« J'ai lu les *Natchez*, écrit-il, jamais livre ne fit sur moi plus d'impression. Pendant quelques jours, chaque instant me trouvait occupé des malheurs de René, de l'amitié d'Outougamiz ou des larmes de Céluta. On a cru voir dans mes pleurs une dangereuse fluxion des yeux, et j'ai manqué une classe de Mathématiques en l'honneur de Chactas. »

Ce passage suffit à montrer qu'elle était la sensibilité du jeune philosophe. Il conservait un souvenir fidèle à ceux qui s'étaient occupés de ses premières années, à sa première gouvernante, au pays où il était né.

« Hier, nous dit-il, c'était la Saint-Patrice ; pour la première fois depuis que j'ai touché le sol de France, j'ai fait quelque chose pour ma pauvre patrie. J'ai présenté à papa un bouquet de shamrock, de violettes et d'immortelles. Maman en a aussi reçu ; la vue du shamrok l'a émue ; elle a versé quelques larmes sur la terre d'émeraude, sur la malheureuse Erin. »

II

Reçu brillamment aux examens du baccalauréat, qu'il passa au mois d'août 1827, le jeune d'Abbadie revint une année encore à Toulouse, pour y devenir étudiant en droit, avec beaucoup de ses camarades de collège. Il nous donne d'intéressants détails sur ceux auxquels il était le plus attaché. Après avoir parlé de quelques-uns de ses condisciples, pour lesquels il n'éprouve qu'une médiocre sympathie, il ajoute :

« Il n'en est pas ainsi des deux dont il me reste à parler ; il me semble que ma plume s'ennoblit en traçant leurs noms. Ce sont Granier et Duchartre. Malgré ses discours parfois caustiques, ses railleries souvent mordantes sur tout ce que j'entreprends, et surtout malgré ses opinions politiques, je suis véritablement attaché à Duchartre, avec qui j'étudie la langue italienne.

« Mais Granier est mon ami de cœur. Ce jeune homme, âgé de 21 ans, est étudiant de seconde année ; il est de taille moyenne, les cheveux noirs et arrangés sans grâce, un visage basané, un nez retroussé, les yeux enfoncés dans leur orbite et qui brillent des feux d'une noble ambition, j'ose presque dire, de tout l'éclat précoce du génie. »

Des deux amis dont nous parle d'Abbadie, l'un, Duchartre, est devenu savant botaniste, professeur à la Sorbonne et membre de l'Institut. Nous l'avons connu caustique et mordant, comme le dépeint son jeune condisciple ; celui-ci, qui, malgré toute sa piété, était partisan d'une monarchie constitutionnelle et demandait la suppression des missions de la Restauration, lui reprochait de se rattacher par ses opinions politiques au parti des *ultras*, si puissant à cette date.

Quant à l'autre condisciple, Granier, pour lequel d'Abbadie se sentait tant de sympathie, il est devenu plus tard le meilleur journaliste du second Empire. C'est Granier de Cassagnac, qui, dès cette époque, annonçait ses dispositions pour la politique. Nous en avons la preuve dans les notes mêmes auxquelles nous faisons des emprunts.

« Mais, dit notre futur confrère, quand nous nous faisons la demande de Cinéas : que ferez-vous ensuite ? J'écrirai sur la politique, répond gravement Adolphe Granier ; et là-dessus une foule de considérations nouvelles, de rapprochements imprévus, que lui seul a découverts et qu'il me fait avaler jusqu'au bout, malgré mon sérieux rebutant, qu'il prend pour de l'attention.

« Quelquefois, à son tour, Granier s'enquiert de mes projets ultérieurs ; je lui réponds par des lieux communs ; il n'y voit sans doute que de l'indécision ; et moi je renferme dans mon cœur, pour lui comme pour le reste du monde, le projet si insensé, mais si beau, qui fait les délices de tous mes loisirs. »

III

Ce projet, auquel fait une allusion si précise le jeune étudiant en droit, était loin d'être nouveau dans son esprit. Dès ses années de collège, il avait dirigé sa pensée, ses études et ses moindres actions. De très bonne heure, d'Abbadie s'était senti les goûts et la vocation d'un explorateur. Ses idées, un peu vagues d'abord, ne tardèrent pas à se préciser.

« Ayant formé, nous dira-t-il plus tard, au sortir du collège en 1829, le projet d'une exploration dans l'intérieur de l'Afrique, où je voulais entrer par Tunis et le Maroc, je consacrai une grande partie des six années suivantes à étudier les sciences nécessaires pour voyager avec fruit. La lecture des voyages de Bruce me ramena invinciblement à l'Afrique orientale, théâtre de tant d'émigrations et source de presque toutes les traditions qui vivent encore dans ce continent, si mystérieusement fermé.

« D'ailleurs, malgré le grand attrait des sciences exactes pour lesquelles je me suis toujours passionné, la perspective de visiter, uniquement comme géographe ou comme naturaliste, des contrées peu ou point connues, me souriait moins que l'étude des langues, des religions, des institutions politiques et législatives et de la littérature, qui me paraissait devoir offrir des particularités dignes d'intérêt dans les régions du Sud, restées isolées de l'état stagnant et décrépit de l'orient, comme de l'élan progressif de l'Europe. Je me laissai gagner dès lors par la pensée que la plus haute étude à laquelle l'homme puisse s'adonner est celle de ses semblables.

« Le silence que gardent toutes les relations de voyage dans l'Afrique occidentale sur ces sujets importants m'avait fait conclure, trop légèrement peut-être, que les populations de ces contrées réputées barbares n'ont, ni état politique réglé, ni us juridiques, et en tous cas fort peu de ces conventions tacites qui forment, en même temps que le bien-être, le lien des sociétés humaines. Au contraire, les voyageurs en Ethiopie disaient avoir trouvé sur les rives du lac Tana, comme jadis autour des lacs des plateaux mexicains, des palais, des ruines, des livres, des érudits une littérature et tout le cortège de la culture intellectuelle. Enfin, si le fanatisme stupide inhérent à la plupart des populations musulmanes pouvait entraver ces études qui me souriaient tant, cette puissante barrière morale ne devait pas exister chez les *Amara* et les *Tigray*, que la foi chrétienne avait associés, depuis le quatrième siècle de notre ère, aux croyances de l'Europe. Sachant que le temps avait altéré leur foi, je me proposai de travailler à son rétablissement ; je conçus aussi l'espoir de recueillir de nouveaux faits propres à éclaircir l'origine des nègres, en les étudiant dans les régions dont ils se disent aborigènes ; j'espérais enfin jeter des lumières nouvelles sur les sources du Nil. Dans l'ambition confiante de mes jeunes années, je me faisais fort d'embrasser et de mener à bonne fin, en deux ou trois ans, toutes ces vastes entreprises ; je ne songeais pas alors que le temps est un élément de succès, avec lequel il faut nécessairement compter. »

Voici comment d'Abbadie employa les six années dont il parle à mûrir le beau projet qu'il avait conçu.

Doué déjà d'une agilité peu commune, même dans le pays basque, il se prépara par plusieurs années d'exercices physiques aux fatigues et aux privations qui attendent les explorateurs. Il se rendit très habile à l'escrime, pratiqua la gymnastique, s'exerça à faire à pied, par tous les temps, les plus longues courses, et devint un nageur émérite. Dans les vacances qu'il passa à Biarritz en 1827, il étonna les habitants en se rendant à la nage au rocher de Boucalot, situé à près de 500 mètres du rivage.

« On se rappelle, écrit M le Président Charles Petit, un de ses compatriotes du pays basque, cette particularité de sa jeunesse. A l'époque où il habitait le château d'Audaux, il s'impatienta un jour d'attendre le bac qui, à Laas, faisait passer les voyageurs d'un bord à l'autre du Gave : son frère cadet Arnauld était avec lui : on les vit soudain se jeter l'un et l'autre, tout habillés, dans la rivière, puis, après l'avoir traversée, courir, ruisselants d'eau, d'une course effrénée jusqu'à Audaux.

« Il assouplit avec la même énergie son estomac. Proscrivant toute viande, il s'accoutuma à ne se nourrir que d'œufs, de légumes et de lait. »

Il n'apporta pas moins de soin à ce que l'on peut appeler sa préparation intellectuelle. Le vaste programme qu'il s'était tracé comportait des études littéraires, aussi bien que des études scientifiques ; il ne négligea ni les unes, ni les autres. A l'automne de 1828, sa famille vint s'établir à Paris, rue Saint-Dominique. Il nous raconte, ici encore, quelles étaient ses occupations habituelles :

Huit heures m'appellent à peine hors du lit ; de là je vais, jusqu'à neuf ou dix heures, lire le journal, ou quelque livre, et déjeuner ensuite, sur mon repas favori, de soupe au lait ; à onze heures, et trois fois par semaine, je vais m'ennuyer au cours du fade Morand, ou plutôt (car il faut tout avouer) je lis les *Essais* de Bacon à côté du poêle de la Faculté de Droit ; si c'est un mercredi, je vais à trois heures au cours de l'Histoire du Droit de M. Lherminier ; si c'est un mardi, je vais, une heure à l'avance, attendre au cours de M. Villemain ; si c'est un jeudi, c'est l'éloquent et fougueux Cousin, le samedi, le profond Guizot, qui m'appelle à la Sorbonne ; les mêmes jours, je vais écouter à deux heures les leçons de M. Berriat-Saint-Prix. Ce savant professeur a le talent de nous intéresser aux arides formalités de la procédure, qu'en mon particulier j'étudie de mon mieux. »

Dans les années suivantes, les Sciences vinrent prendre place à côté du Droit et des Lettres. En 1830 et 1831, sans négliger l'Histoire du Droit, le jeune étudiant suit les cours de Brongniart et de Brochant de Villiers sur la Minéralogie et la Géologie, celui de Biot sur les instruments astronomiques, celui de Duméril sur les poissons et les reptiles. Il s'inscrit à la Faculté des Sciences, dont Thénard était alors doyen. Il est d'ailleurs plein de zèle. Quand le terrible choléra de 1832 interrompt le cours de Brochant de Villiers, il se demande si ce choléra n'est pas celui de la paresse. Il ne néglige ni les observations astronomiques, ni les travaux manuels. C'était d'ailleurs chez lui une vieille habitude : à Toulouse, il s'exerçait déjà à construire des cadrans solaires, des instruments.

Il voulut faire aussi quelques voyages et commença par la Bretagne. L'évêque de Quimper, pour lequel il avait des lettres de recommandation, l'ayant invité à dîner : « *Je mis, dit-il, les femmes sur le tapis, et fis rire beaucoup, en levant les yeux au ciel et priant Dieu de faire naître les hommes comme les champignons, spontanément. Un des prêtres disait que Dieu avait béni tous ses ouvrages et les avait trouvés bien, sauf la femme* ».

Ce sujet paraît lui tenir au cœur. Il nous apprend ailleurs qu'il s'en était entretenu avec une femme des environs de Biarritz :

« J'eus avec une vénérable femme, nous dit-il, une conversation sur les mœurs du présent âge, comparées comme de raison avec celles du bon vieux temps : la caustique duègne déclamait surtout contre les égarements de son sexe, égarements dont sans doute sa philosophie l'avait préservée, et alla jusqu'à désirer naïvement qu'il ne naquît plus de filles, pour le salut de la chrétienté. »

En 1835, d'Abbadie se rendit en Angleterre et alla revoir l'Irlande, son pays natal. Un jour il fit 36 km. en 4 heures 10 minutes. « *Cette course, écrit-il, est la plus belle que j'ai faite en ce pays.* » Elle serait belle dans tous les pays. Au point de vue physique, comme à tous les autres, ses années d'apprentissage étaient finies.

IV

Les idées de sa jeunesse s'étaient, d'ailleurs, peu à peu précisées. Son frère Arnauld, plus jeune que lui de cinq ans, et dont il avait surveillé les études, était prêt à l'accompagner. C'était en Ethiopie que les deux frères s'apprêtaient à se rendre, lorsque Arago, qui s'intéressait à Antoine, lui fit confier, en 1836, une mission au Brésil par l'Académie des Sciences.

A cette époque, sous la puissante impulsion de Humboldt, d'Arago et de Gauss, on commençait à étudier d'une manière systématique les lois complexes qui président à la variation des éléments du magnétisme terrestre. Arago, qui se passionnait pour ce genre de recherches (il a fait à lui seul plus de 50.000 observations magnétiques), demanda à Antoine d'Abbadie d'élucider par ses travaux une question intéressante, relative à la variation diurne de l'aiguille aimantée. Dans l'hémisphère Nord, la pointe d'une aiguille horizontale dirigée vers le Nord marche vers l'Ouest, depuis 8 heures du matin jusqu'à 1 heure après midi, pour rétrograder ensuite, d'une manière plus ou moins régulière, vers l'Est jusqu'au lendemain matin. Dans l'hémisphère Sud, cette même pointe a un mouvement exactement contraire, et s'avance de l'Ouest à l'Est pendant le même temps. Arago voulait savoir ce que devient le phénomène dans la région qui sépare les deux hémisphères. D'accord avec lui, d'Abbadie choisit pour lieu d'observation la ville d'Olinda, dans le Brésil, située sur l'océan Atlantique à une altitude de 33 mètres et à une latitude sud de 8° 1' environ. Il y passa plus de deux mois et réunit 2 000 observations, qui lui permirent de tirer la conclusion suivante :

Quand le Soleil culmine au sud du zénith, l'aiguille se comporte comme dans l'hémisphère austral ; elle reprend les allures qui lui sont propres dans l'hémisphère boréal, peu après le jour où le Soleil vient culminer au nord du zénith.

V

Grâce à Arago, M. d'Abbadie avait pu obtenir de prendre passage sur la belle frégate de l'État, l'*Andromède*, qui était désignée pour aller occuper la station des mers du Sud, après avoir transféré de Rio de Janeiro à l'Amérique du Nord notre ambassadeur, M. Pontois, qui venait de recevoir ce changement de destination.

La frégate attendait à Lorient la fin d'un vent debout qui soufflait en tempête, quand le télégraphe fit connaître au commandant, et l'affaire de Strasbourg, et l'arrivée prochaine du prince L. Napoléon, auquel le gouvernement de Louis-Philippe, dirigé alors par M. Thiers, infligeait, pour tout châtiment, une promenade de quatre mois environ à travers l'Atlantique. Le prince vint en effet, mais sans domestique, sans malle, et même sans chapeau. Il a toujours ignoré comment M. d'Abbadie lui fournit de quoi se couvrir la tête. Le prince et le jeune savant eurent, pendant la longue traversée, tout le temps de s'entretenir ; d'Abbadie, qui avait connu Mme Lenormand, se plaisait à prédire l'avenir. Le prince l'ayant consulté : « *Vous serez, lui déclara-t-il, appelé à gouverner la France; je vous donne rendez-vous aux Tuileries.* » Le prince était, seize ans après, Président de la République ; et, comme Antoine d'Abbadie lui rappelait que ce n'était pas à l'Elysée, mais aux Tuileries, qu'il lui avait donné rendez-vous : « *L'Elysée, répliqua le prince, n'est pas loin des Tuileries.* »

Devenu Empereur, il revit plus d'une fois notre confrère, qui ne lui demanda jamais rien. Mais l'Empereur se souvenait des services que lui avait rendus, et que lui avait offerts, à bord de l'*Andromède*, le jeune voyageur : « *Je vous avais promis une discrétion*, lui dit-il un jour. *L'avez-vous oublié ?* » M. d'Abbadie lui répondit : « *Sire, je construis un château près d'Hendaye pour y finir mes jours. Si Votre Majesté daigne, à son prochain voyage à Biarritz, faire pour moi quelques kilomètres, je me considérerai comme très honoré de lui voir poser la dernière pierre de ma demeure.* » L'Empereur sourit et promit. Mais on était en 1870, et Napoléon III ne retourna plus à Biarritz. Voilà comment une pierre manque, aujourd'hui encore, au balcon d'une des fenêtres de l'Observatoire d'Abbadia.

VI

Après avoir rempli, avec le succès que nous avons vu, la mission que lui avait confiée Arago, Antoine d'Abbadie courut au Caire, dans le courant de 1837, pour y retrouver son jeune frère qui l'attendait.

L'Éthiopie, où les deux jeunes voyageurs, âgés l'un de 26 et l'autre de 21 ans, allaient séjourner près de 12 années, est une des contrées les plus belles et les plus intéressantes de notre globe. Elle est formée par un massif de terrains primitifs ou volcaniques, d'une élévation moyenne de 2.400 m. Du côté de la mer Rouge, ce massif se termine nettement par une crête rectiligne qui porte, sur les anciennes Cartes, le nom de *Spina mundi* ; sur une longueur de 1.000 km., elle domine, à la hauteur moyenne de 2.500 m., les plaines étroites qui forment le rivage de la mer. Quand le voyageur aborde l'Abyssinie par Massaouah, qui est un des lieux les plus chauds de la terre, il franchit en une nuit ces plaines désertiques, habitées par les lions, les panthères et les voleurs ; il gravit à grand'peine les pentes escarpées, où le meilleur cavalier doit mettre pied à terre. Arrivé au terme de la rude montée, il se trouve, non sur une arête, mais en face d'un plateau ondulé ; il voit s'étendre, au Nord, à l'Ouest et au Sud, une plaine unie, parsemée de grands arbres, analogues à nos cèdres, dont les branches sont agitées par des brises relativement fraîches, propres à ranimer son courage. Cette plaine immense s'abaisse par degrés insensibles vers la vallée du Nil blanc. Formée par des granites, des schistes cristallins ou des nappes volcaniques, elle consiste en une multitude de plateaux inégaux, séparés par des précipices, au fond desquels coulent des rivières qui épuisent le pays sans l'arroser. Lorsqu'à la fin d'une journée de marche, on arrive au bord d'une de ces coupures étroites où le terrain se dérobe brusquement, il faut renoncer à continuer la route, et chercher un abri pour la nuit, parmi les rochers. Malheur à l'imprudent qui voudrait descendre aux bords de la rivière : ils sont fiévreux et malsains, et les Ethiopiens ont coutume de dire que les mauvais génies habitent auprès des cours d'eau. La journée du lendemain tout entière, le voyageur devra l'employer à descendre au fond de la gorge, à traverser, au péril de sa vie, la rivière, infestée par les crocodiles, et à gravir péniblement le bord opposé, pour remonter sur le plateau. Il faut même renoncer à passer la rivière, pendant toute la saison où elle a été grossie par les pluies.

C'est ainsi qu'au lieu de rendre les communications plus aisées, les cours d'eau isolent et séparent les régions, même les plus voisines, pendant une bonne partie de l'année. Un simple viaduc permettrait de franchir en quelques minutes la fissure qui leur sert de lit ; mais, en 1837, il existait en Abyssinie un seul pont, remarquable ouvrage construit dans le voisinage de Gondar.

Au milieu, ou sur les bords, de ces plateaux qui forment l'Abyssinie, se dressent fréquemment des monts forts, que l'on appelle des *ambas*, espèces de tours portées sur des colonnes verticales de basalte, qui atteignent quelquefois 1.200 m. de hauteur, comme il arrive au *Tsad Amba* ou *forteresse blanche* près de Kerèn. Les ambas servent souvent de prison, ou de forteresse, comme celui de *Magdala*, où Théodoros fut vaincu et forcé par les Anglais ; souvent aussi, ils se couronnent de monastères.

Dans les dépressions du plateau éthiopien, les eaux s'assemblent en lacs plus ou moins étendus. Le plus important de tous est le *Tana*, quatre fois grand comme le lac de Genève. De même que le Léman est traversé par le Rhône, le Tana l'est par le haut Nil bleu, l'Abbaïe ainsi que le nomment les Ethiopiens ; après avoir décrit une vaste courbe autour du massif élevé du Gojjam, ce beau fleuve va rejoindre le Nil blanc à Khartoum et apporter à l'Egypte la fertilité de ses eaux. C'est autour du Tana, situé à l'altitude de 1.800 m., que se groupaient, depuis deux siècles, la richesse et la civilisation propre de l'Ethiopie. Immédiatement sur les bords du lac, on voit Koarata, la plus grande cité de la région, célèbre par son sanctuaire ; à quelque distance du lac, vers le nord, se trouve établie, sur un éperon de montagne, la ville de Gondar, la résidence des anciens Empereurs, capitale religieuse et intellectuelle de l'Ethiopie. Théodoros en a fait une ruine; mais, au temps où elle fut visitée par les frères d'Abbadie, elle comptait encore 17 églises et 80.000 habitants.

Mise à l'abri des invasions par les escarpements ou les déserts insalubres qui la limitent des différents côtés, l'Ethiopie a pu conserver sa foi, qui est la religion chrétienne, à la vérité très altérée ; et cependant elle n'a jamais connu la paix et la concorde ; les divisions du sol, qui isolent les habitants pendant des semaines et des mois, y ont implanté quelque chose d'analogue à notre régime féodal ; le morcellement de son territoire a engendré les divisions de ses peuples. Elle a toujours été, elle était encore déchirée par les luttes et les guerres civiles, au temps où les frères d'Abbadie commencèrent leur voyage d'exploration.

VII

Ils quittèrent le Caire à la fin de 1837, traversèrent l'Egypte et la mer Rouge pour débarquer en février 1838 sur l'îlot de Massaouah, point de départ habituel des caravanes qui se rendaient en Ethiopie. Ils avaient avec eux un Anglais, qui devait promptement renoncer à les suivre et revint au Caire où il se convertit à l'Islam, et un jeune missionnaire lazariste, le père Sapeto, qui se proposait de fonder une mission catholique en Abyssinie.

Dès leurs premiers pas, les deux frères éprouvèrent la vérité du proverbe arabe : *Toi qui as longtemps patienté, patiente encore.* Venus dans le pays pour étudier, comme ils le disaient aux indigènes, les airs, les eaux et les étoiles, ils ne voulurent pas être considérés comme des marchands, et refusèrent de se soumettre aux exactions qui, pour ainsi dire à chaque pas, y attendent le voyageur. Ils durent camper pendant deux mois dans une plaine sans intérêt, ayant pour toute nourriture du pain d'orge et l'eau d'une mare infecte ; mais ils réussirent à maintenir leur droit et furent, dans la suite, à l'abri de tout péage.

Ils arrivèrent à Gondar le 28 mai, après avoir installé à Adoua le père Sapeto, qui se prépara à sa mission par l'étude des langues dont la connaissance lui était nécessaire : l'*amariñña*, la plus communément parlée, et le *ghez*, la langue des prêtres et des théologiens.

Dans cette première exploration, Antoine reconnut avec chagrin qu'il n'avait pas à sa disposition les instruments nécessaires. Il avait employé les procédés de relèvement les plus usuels, se servant de la boussole et évaluant aussi exactement que possible ses temps de parcours. Dans ce pays si accidenté, sur des terrains souvent bourrés de minerais de fer, de tels procédés ne pouvaient lui donner aucune sécurité. Il imagina donc, sous le nom de *géodésie expéditive*, une méthode tout à fait intéressante, sur laquelle nous aurons à revenir ; mais des instruments nouveaux, et en particulier un théodolite, lui étaient nécessaires. Il n'hésita pas à rentrer en France pour se les procurer. Malgré toute son insistance et tous ses efforts, il ne put obtenir de Gambey, qui était alors notre grand constructeur, un théodolite dont il avait cependant fourni les plans et surveillé l'exécution ; il dut donc se contenter d'un instrument un peu usé, qui lui fut confié par le capitaine Falbe, de la marine danoise, et dont il espérait, malgré ses défauts, tirer bon parti. « *Qui ne sait, dit-il finement, que le braconnier muni d'un fusil défectueux, mais qu'il connaît bien, tire avec plus de succès que le chasseur qui déballe de loin en loin une arme précieuse, mais trop peu étudiée ?* »

Plus heureux auprès du prince de Joinville, qui voulut bien lui céder un sextant à tabatière et auquel Arnauld devait plus tard, en signe de reconnaissance, offrir un magnifique cheval éthiopien, auprès de MM. Walferdin et Bréguet, qui consentirent à lui prêter, l'un un joli hypsomètre, le second un excellent chronomètre, il put, après bien des retards, débarquer en février 1840 à Massaouah, où il trouva son jeune frère fidèle, à trois heures près, au rendez-vous qu'il lui avait donné 20 mois auparavant. Arnauld avait d'ailleurs bien employé le temps où il était seul. Après un séjour assez prolongé à Gondar, où il avait reçu l'assistance et l'hospitalité de l'un des hommes les plus distingués et les plus honorés de l'Éthiopie, le *lik* ou grand-juge *Atskou*, il s'était, d'après les conseils de son hôte, présenté à la cour d'un des plus puissants seigneurs féodaux du pays, le *dedjazmatch Guoscho*, qui lui avait réservé l'accueil le plus bienveillant. Admis dans l'intimité de ce prince, il avait pris part à ses campagnes et il avait pu pénétrer avec son armée dans le pays des Gallas, inconnu jusque-là des Européens. Il avait pu visiter aussi le *Guiche Abbaïe*, c'est-à-dire l'œil ou la source du Nil Bleu, qu'avaient atteinte avant lui deux Européens seulement, le jésuite espagnol Pedro Paez, qui la découvrit en 1630, et l'Ecossais Jacques Bruce, qui y revint en 1770.

Après avoir échangé leurs renseignements, les deux frères arrêtèrent le plan de leur second voyage et résolurent de retourner à Gondar. Mais ils avaient compté sans les difficultés de toute sorte qui vinrent les assaillir. Arrêtés à trois journées seulement de marche de Gondar, par l'hostilité d'un prince éthiopien, qui avait momentanément étendu son autorité sur toute la région, ils durent retourner à la côte et se séparer pour quelque temps. Pour comble de malheur, Antoine, blessé dans l'œil par un éclat de capsule de sa propre carabine, fut bientôt atteint d'une ophtalmie, qui le rendit momentanément aveugle, et n'a cessé de l'affliger tant qu'il est resté en Ethiopie. C'est en vain qu'il alla chercher les secours de la médecine à Aden et au Caire. De retour à Aden, il fut soumis à une foule de vexations de la part du capitaine Heines, gouverneur de cette colonie, sous le prétexte qu'il pouvait bien être un agent secret du gouvernement français, et dut se réfugier sur la côte opposée du golfe, à Berbérah. C'est là que le rejoignit Arnauld. Emu de le trouver si souffrant, Arnauld proposa à son frère de tout abandonner ; mais, semblable à cet alpiniste aveugle dont nous parle Alphonse Daudet,

Antoine déclara que, même privé de la vue, il marcherait seul, s'il était nécessaire, à l'aide d'un bâton. Les deux frères firent des tentatives pour pénétrer par le Sud en Abyssinie ; là encore, ils ne purent avoir raison des obstacles qui leur étaient opposés. Revenant donc à la voie qu'ils avaient suivie dans leur premier voyage, ils purent profiter d'un moment d'accalmie dans les guerres qui désolaient le Tigré. Arnauld retourna près du chef dont il avait conquis la bienveillance, et Antoine arriva à Gondar le 25 juin 1842.

VIII

A partir de ce moment, tantôt réunis, tantôt et le le plus souvent séparés, les deux frères parcoururent le pays. Arnauld devint général, juge, diplomate. Il prit part à des batailles rangées et conquit le titre de *Ras*, si honoré dans ce pays. On l'appelait le *Ras Mikaël*. Antoine adopta la carrière paisible de lettré.

« Lorsqu'on veut séjourner dans une contrée où l'on apparaît sans antécédents connus, il est bon, nous dit-il, d'assumer une profession en harmonie avec les idées locales, et cela, sous peine de passer pour un espion politique, ce qui est dangereux en tout pays. Ne pouvant être ni guerrier, ni cultivateur, ni marchand, je me donnais dans l'Ethiopie chrétienne pour un *mamhir*, c'est-à-dire professeur ou savant, et j'en fréquentais les écoles. Elles sont publiques et gratuites, mais non obligatoires. »

Depuis longtemps, du reste, les deux frères avaient pris les habitudes du pays ; renonçant au costume européen, ils avaient adopté le turban et la toge des Ethiopiens. Ils marchaient pieds nus ; car, dans ce pays, les lépreux seuls et les juifs chaussent des sandales. Partout, d'ailleurs, ils étaient bien accueillis.

IX

Cependant ils ne perdaient pas de vue l'antique problème déjà posé par Hérodote et se préoccupaient de découvrir les sources du Nil blanc. Se fiant trop aveuglément à l'opinion de Bruce, qui les plaçait vers le 7e degré de latitude Nord, et aux récits des indigènes qui considéraient la rivière *Omo* comme le cours supérieur du Nil blanc, Antoine se proposa d'explorer le bassin supérieur de cette rivière. Grâce à l'influence de son frère, il put pénétrer dans l'Inarya et fut reçu solennellement à la cour du roi de ce pays, Abba Boggibo, soldat heureux qui devait son élévation à son audace et à ses talents. Pour se concilier la bienveillance du puissant monarque, Antoine d'Abbadie exécuta devant lui quelques expériences de Physique. Il lui montra ses instruments d'observation, en particulier son chronomètre, son *âme de cuivre*, comme disaient les Ethiopiens ; il fit bouillonner de l'eau en y jetant les deux poudres dont le mélange produit l'eau de Seltz. En un mot, il sut donner au roi l'idée la plus haute de ses talents. Cela était peut-être imprudent : dans ces pays, un étranger, surtout s'il est blanc, est trop précieux pour ne pas être gardé toujours. Le Cardinal Massaja, qui a passé 35 ans en Ethiopie, et qui fut le chef de la première mission catholique envoyée chez les Gallas sur la demande même de M. d'Abbadie, fut plus tard retenu près de 3 ans en Kaffa, et ne dut sa liberté qu'à l'émotion qu'il suscita en prêchant la fidélité dans le mariage : on se hâta de faire partir un homme si dangereux. On connaît le sort de Pedro Covillao, ce Portugais qui put pénétrer à la fin du xve siècle auprès du « prêtre Jean » : il ne revit jamais sa patrie. Antoine d'Abbadie, du reste, ne désirait pas encore revenir : il voulait, au contraire, aller plus au Sud, dans le pays de Kaffa. Une circonstance heureuse vint favoriser son dessein.

Abba Boggibo demandait en mariage depuis 10 ans une sœur du roi de Kaffa, que celui-ci lui promettait toujours, sans donner suite à ses engagements. Le roi d'Inarya avait heureusement de quoi attendre ; car la princesse qu'il désirait épouser devait être sa douzième femme. Quoi qu'il en soit, le roi de Kaffa avait entendu parler de l'étranger qui émerveillait la région tout entière ; sa curiosité s'était éveillée, et il promit de tenir cette fois toutes ses promesses, si son voisin consentait à lui envoyer le sorcier blanc. Abba Boggibo se décida à remplir cette condition. C'est ainsi que M. d'Abbadie partit pour le pays de Kaffa comme frère de noces du roi d'Inarya. Il y avait en tout quatre frères de noces, six parents du roi, et une escorte d'honneur de mille guerriers. Le roi de Kaffa reçut notre voyageur avec beaucoup de compliments. Il aurait bien voulu le garder ; il serait trop long de raconter à l'aide de quels artifices celui-ci put reprendre sa liberté. M. d'Abbadie ne resta que 11 jours dans ce pays, dont la végétation luxuriante lui rappela les belles forêts du Brésil ; il ne put y faire que peu d'observations, à cause du *Qobar* ou brouillard sec, très commun en Ethiopie, qui obscurcissait constamment l'horizon.

Il lui restait maintenant à échapper à Abba Boggibo lui-même, pour revenir à Gondar. Il fallut ici l'intervention puissante de son frère. Arnauld menaça, si Antoine ne lui était pas rendu, d'intercepter la route à toutes les caravanes qui se rendraient en Inarya. Le roi dut céder : M. d'Abbadie revint avec une caravane qui, pleine de déférence pour le frère d'un chef puissant, consentit plus d'une fois à modifier quelque peu son itinéraire, et permit ainsi à notre confrère de compléter ses relèvements, en prenant de nouveaux tours d'horizon.

Les deux frères devaient plus tard retourner ensemble dans le pays d'Inarya, pour y planter le drapeau français sur la source de la rivière Omo. Ils purent en sortir alors sans trop de retard, parce que le roi d'Inarya, désireux de posséder, cette fois comme quatorzième femme, une fille du Ras Ali, les envoya en ambassade auprès de ce potentat, dont ils avaient conquis la faveur, et qui était à cette époque le véritable maître de l'Ethiopie.

X

Dans l'intervalle entre ces deux voyages, Antoine était revenu à Gondar. Admis dans la hiérarchie des lettrés, il s'occupait de réunir des manuscrits et de discuter avec les membres du corps enseignant, dont il était devenu le collègue et l'ami. Une lettre, écrite en septembre 1844, nous donne à ce sujet des détails intéressants :

« Je suis, écrit-il, en ce moment, à terre dans une maison couverte de chaume, non loin du palais bâti pour le roi Facilidas. Une centaine de manuscrits et plus sont épars autour de moi, mais quels manuscrits ! L'incurie des copistes et l'insouciance des maîtres sont telles que j'ai là quatre exemplaires des Evangiles, remplis d'un plus grand nombre de variantes que jamais Griesbach ou Tischendorf n'en ont signalées dans l'original grec. — J'ai vainement essayé d'infuser un esprit de critique, ou du moins d'examen, chez le petit nombre de lettrés qui existent encore. — Mais toutes les peines que je prends à cet égard sont inutiles. Chacun de ces *savants*, fièrement drapé dans sa propre doctrine, répond obstinément à mes argumentations sur l'absurdité de diverses leçons : Votre livre a tort et le mien a raison.

«Du choc des opinions jaillit la vérité, dit l'adage français ; aussi ai-je imaginé de réunir un certain nombre de lettrés (dont les manuscrits différaient...) dans le vain espoir qu'au moins ils s'attaqueraient réciproquement et qu'à leur insu, ils me montreraient leur habileté dans les luttes de la controverse. Mais, lorsqu'ils se sentaient serrés de près, ils se contentaient de répondre : L'homme blanc en agit durement avec nous, pauvres enfants de Cham. C'est un fils de Japhet, et en conséquence il a quatre yeux. Les Arabes ont deux yeux, et nous autres Ethiopiens, nous sommes aveugles. Il y a dans ce peu de mots un sens plus profond de découragement sans espoir que ma plume n'en peut maintenant communiquer à un ardent philologue européen. »

Ces travaux de Philologie, ces recherches de manuscrits, ces études sur les dialectes, dont il s'occupait avec passion, étaient loin de l'absorber tout entier. Nous l'avons déjà dit, il avait conçu et il appliquait, sous le nom de *géodésie expéditive*, une méthode tout à fait originale de relèvement, qui lui a fourni des résultats d'une extraordinaire précision, et dont il importe que nous donnions au moins une idée.

XI

Elle repose sur l'emploi de signaux naturels, tels que pics de montagnes, cimes d'arbres, angles saillants des précipices, bords des îles, en un mot de tous les objets remarquables qui constituent l'horizon de l'observateur isolé. M. d'Abbadie en relevait l'azimut et l'apozénith (distance zénithale) à l'aide d'un petit théodolite, en y joignant le plus souvent des croquis et des remarques ; il formait ainsi des *tours d'horizon*, orientés par des observations répétées du Soleil. Par le moyen de ces tours d'horizon, il a pu porter une chaîne liée de triangles, des bords de la mer Rouge jusqu'aux confins du pays de Kaffa. Ce réseau, qui embrasse 8° de latitude sur 3° de longitude, est appuyé sur un grand nombre de déterminations indépendantes, de latitudes absolues, de longitudes obtenues par les occultations, et d'altitudes déterminées par l'observation du baromètre et de l'hypsomètre. En dehors des bases déduites des observations astronomiques, quelques autres sont obtenues par la vitesse du son. Etabli définitivement par une méthode de compensation graphique, qui tient compte des renseignements de toute nature, ce réseau fournit plus de 850 positions de lieux, entre lesquelles s'intercalent les détails topographiques des *Journées de route*. C'est ainsi que M. d'Abbadie a, peu à peu, construit de belles Cartes, accompagnées de planches qui donnent les croquis des signaux, les profils des montagnes qui bordaient l'horizon, etc. D'une précision dix fois supérieure à celles que donnent les méthodes usuelles des voyageurs, ces Cartes ne pourront être dépassées que le jour où des escouades de géodésiens, munies de toutes les ressources de la technique moderne, reprendront, à grands frais et d'une manière méthodique, la tâche que d'Abbadie a pu accomplir seul, malgré le climat, malgré les bêtes fauves, malgré les chemins impraticables, malgré les méfiances des habitants.

Pour obtenir des résultats de cette importance, l'infatigable voyageur dut entreprendre, du Nord au Sud, de l'Est à l'Ouest, de longues courses, qui durèrent plus de 6 ans. Il ne nous a laissé malheureusement que des récits très incomplets de ses aventures ; et nous devons d'autant plus le regretter qu'il a vu l'Ethiopie au moment où elle était à la veille de subir une transformation décisive ; il a eu, du moins, l'occasion, plus d'une fois, de raconter à ses amis les périls qu'il avait courus, les obstacles qu'il avait dû surmonter.

XII

« Il traversa parfois, nous dit M. Dehérain, des districts où la lèpre est si répandue qu'on n'y demande pas, lors des pourparlers matrimoniaux, s'il y a de la lèpre dans la famille, car on n'en doute pas, mais seulement s'il y en a beaucoup. M. d'Abbadie me racontait les angoisses dans lesquelles la crainte d'avoir contracté la lèpre l'avait une fois jeté. Par charité, il avait pris comme secrétaire un lépreux qui souffrait tellement qu'un jour, par espoir de soulagement, il lui arriva de se couper une phalange d'un doigt. M. d'Abbadie lui avait fait cadeau d'une de ses chemises. Or, un soir, celui-ci la déposa par mégarde dans la case, sur la pierre où était généralement placée la chemise de nuit de son maître. M. d'Abbadie, se couchant à tâtons, sans aucun éclairage, prit la chemise et la revêtit, d'autant plus sûr que c'était la sienne, qu'elle portait le petit rabat, insigne des lettrés. Mais quelle ne fut pas sa stupeur quand, au jour, il reconnut qu'il avait dormi dans la chemise du lépreux ! Il se voyait déjà atteint de l'horrible maladie et dans l'impossibilité de retourner en Europe. Il s'était heureusement alarmé trop vite : « Je passai une rivière à « la nage, disait-il en concluant, j'entrai dans une contrée « où la lèpre est presque inconnue, et j'oubliai mes vaines « terreurs. »

Une autre fois, dans le Djimma, un explorateur anglais qui avait pénétré à sa suite ayant tué un notable du pays, les indigènes jurèrent. en guise de représailles, de mettre à mort tout voyageur blanc.

M. d'Abbadie dut se cacher pendant longtemps à Adami, en attendant des jours meilleurs.

« Vivant, nous dit-il, au milieu des bois, dans une hutte isolée que les lions ont plus d'une fois ébranlée de nuit, et sur la lisière d'une herme infestée de guerriers Djimma en quête d'ennemis à surprendre, je m'occupais à relever toute la chaîne des monts *Rare* et à perfectionner les méthodes de la Géodésie expéditive. »

XIII

Il connut encore d'autres soucis, d'autres dangers, qui ne lui venaient ni des lépreux, ni des lions, ni des éléphants, ni des crocodiles au passage des rivières. Ecoutons ici M. Radau :

« Le Tigré est séparé du Bagemidir par une rangée de montagnes qui s'élèvent à environ 4.500 mètres au-dessus de la mer. Le mont *Buahit*, dont le sommet se couvre souvent de neige, fait partie de cette chaîne. M. d'Abbadie tenta plusieurs fois de l'escalader, parce que le faîte très élevé de cette montagne promettait une admirable station d'observation. Mais les montagnes, dans ce pays, sont des forteresses naturelles ; on en interdit l'accès aux étrangers. En Ethiopie, parmi ces tribus éminemment guerrières, on se défie, tout autant qu'en Europe, des curieux qui viennent *écrire le pays*. Une fois que l'étranger connaîtra le terrain, il trouvera moyen de s'en emparer ; s'il a le plan, il aura le sol. Alors, pour s'approcher des montagnes en Ethiopie, le voyageur doit faire semblant de s'égarer en route ; sa constante préoccupation doit être de cacher l'envie qui le possède d'escalader les sommets. Il suffit qu'il se trahisse une fois et qu'il soit soupçonné de mauvais desseins : sa réputation s'établira dans le pays, et partout où il se présentera, il se verra l'objet d'une surveillance ombrageuse.

« Pour aller sur le Buahit, M. d'Abbadie renvoya un

jour ses domestiques et *s'égara* ; il fut arrêté en chemin et dut revenir sur ses pas. Ce n'est qu'au mois de mai 1848 qu'il réussit à monter jusqu'au point le plus élevé de ce faîte. Arrivés à mi-hauteur, ses domestiques refusèrent d'aller plus loin ; la neige les effrayait. M. d'Abbadie ne put garder avec lui que son coupeur d'herbes, qui est le dernier des domestiques, presque un esclave, et auquel il ordonna de le suivre. Le coupeur d'herbes obéit en tremblant. Tout le long du chemin, il récita un chant plaintif et lugubre, improvisation dans laquelle il exhalait ses angoisses. Sa mère lui avait donné le nom de *Bitawligne*, qui signifie *S'il-me-le-laisse*. « Malheur à moi, chantait le « pauvre homme, malheur à moi, ô infortuné S'il-me-le-« laisse ! Mon maître s'en va dans les nuages. Qu'as-tu fait, « ma mère ? As-tu fait S'il-me-le-laisse pour marcher dans « les nuages ? A quoi pensais-tu quand tu le portais dans « tes flancs ? » Malgré les sombres prévisions de Bitawligne, on parvint au sommet du Buahit, ayant de la neige jusqu'aux genoux. M. d'Abbadie disposa aussitôt son hypsomètre : c'est un thermomètre très délicat que l'on plonge dans l'eau bouillante ; la température à laquelle l'eau entre en ébullition fait connaître l'altitude à laquelle on se trouve.

« Au sommet du Buahit, l'eau bout à environ 85°,5 ; on en conclut que la hauteur est de 4.600 mètres. C'est la seule observation que M. d'Abbadie y put faire : jusqu'à la nuit tombante, les nuages voilèrent l'horizon, et il lui fut impossible de voir les cimes voisines. Ayant les pieds presque gelés (on marchait pieds nus), M. d'Abbadie dut songer à retourner au col, où il avait laissé ses domestiques, et à chercher un gîte pour la nuit.

« Il aurait été fort dangereux de rester sur ces hauteurs. Les gens du pays ne connaissent pas les premiers symptômes du froid et ne savent pas s'en défendre. Un jour que M. d'Abbadie passa par la même route, tout son monde éprouva cet engourdissement qu'un froid intense produit toujours et qui invite au sommeil. Ses domestiques voulurent tous s'asseoir et dormir ; après avoir murmuré longtemps entre eux, ils déclarèrent tout haut leur désir. Pour les faire marcher, M. d'Abbadie n'eut d'autre moyen que de les fustiger l'un après l'autre avec son fouet d'hippopotame. Vingt-quatre heures après, on était sur les bords de la rivière *Takkazé*. Là, le sol brûlait : impossible d'y poser le pied nu, le thermomètre marquait 70° dans le sable. On rencontrait à chaque instant des troupes de guerriers. Le soir M. d'Abbadie apprit que 300 hommes avaient péri dans le col du Buahit ; ils y étaient morts de froid. »

Nous venons de voir M. d'Abbadie faire usage de son fouet d'hippopotame. Il ne faudrait pas en tirer une conclusion inexacte ; il ne ressemblait nullement à ces voyageurs modernes qui n'ont jamais hésité à se servir, et du fer, et du feu. Eux, ils aiment les voyages rapides : notre confrère aimait, au contraire, les voyages lents. Ils emploient la violence ; d'Abbadie, comme Livingstone, n'a connu que la patience et la douceur. Arnauld nous dit bien, quelque part, qu'un jour son frère s'emporta jusqu'à donner un soufflet; mais c'était dans les premiers temps, et l'indigène auquel il administra cette correction s'était permis de lui porter la main au menton, pour caresser sa barbe naissante.

Si Antoine était doux et patient, Arnauld était hardi et prompt à la riposte ; plus d'une fois, il a couru des périls en tenant tête aux potentats de l'Ethiopie. Antoine a, du reste, très bien marqué cette différence de leurs caractères :

« On sait assez, écrit-il, la différence d'esprit qui existe, souvent même entre frères. Né pour commander, le mien prenait son parti rapidement et s'exprimait sur un ton qui n'admettait pas la contradiction. Il était tout simple que, par sa manière de parler et d'agir, il façonnât son entourage, même sans le vouloir, à cette pente de son esprit. La mienne était toute différente ; au lieu de surmonter hardiment l'obstacle, je trouvais qu'il était plus facile de le tourner; cédant en apparence, je persévérais toujours, et parvenais, à force de patience, à obtenir le même avantage que mon frère obtenait de prime saut »

XIV

C'est seulement à la fin de 1848 que les deux frères quittèrent l'Ethiopie, ayant rempli, et au delà, le vaste programme qu'ils s'étaient tracé.

Ils avaient fait mieux connaître la région septentrionale qui s'étend autour du lac Tana ; les premiers, ils avaient pénétré au cœur de l'Ethiopie méridionale. Cette rivière Omo, qu'ils croyaient être le Nil blanc, n'est, il est vrai, des explorations ultérieures l'ont à peu près démontré, qu'un affluent du lac Rodolphe ; mais combien étaient-ils excusables de s'être trompés, dans une région dont la géologie est si complexe et, aujourd'hui même si peu connue !

Si, contrairement à leurs espérances, ils n'avaient pas résolu le problème des sources du Nil blanc, les premiers du moins depuis Bruce, ils avaient revu la source du Nil bleu.

Antoine avait réuni les vocabulaires d'une trentaine de langues éthiopiennes, contenant plus de 40.000 mots; il avait formé la plus riche collection de manuscrits éthiopiens qui fût au monde ; il avait montré, par son exemple, qu'un homme peut, à lui seul, faire le relèvement d'un pays étendu, et en dresser une Carte, dont l'exactitude ne peut être égalée que par les travaux de haute précision et de longue haleine des géodésiens.

L'importance et la variété de ces résultats, l'honneur que faisaient rejaillir sur notre pays le courage, la science, la noble conduite des deux intrépides explorateurs, avaient attiré depuis longtemps l'attention de tous ceux qui, parmi nous, s'intéressaient aux études géographiques. Dès 1839, la Société de Géographie avait attribué sa médaille d'argent à Antoine, pour son premier voyage en Abyssinie. En juillet 1850, elle décerna aux deux frères d'Abbadie la grande médaille d'or, la plus haute récompense dont elle dispose. Il était juste de ne pas séparer ceux qui s'étaient montrés si étroitement unis dans les luttes et dans les peines. Si les travaux d'Antoine avaient quelque chose de plus précis et de plus scientifique, il faut bien reconnaître que, seule, l'influence acquise par son jeune frère lui avait permis de les accomplir. Et d'autre part, les publications mêmes du frère aîné avaient commencé à appeler l'attention sur ces belles expéditions qu'Arnauld devait nous retracer plus tard avec tant de charme, dans un Ouvrage malheureusement inachevé : *Douze ans de séjour dans la Haute-Éthiopie.* J.-B. Dumas, qui était alors Ministre de l'Agriculture et du Commerce en même temps que Président de la Société de Géographie, présentait, le 27 septembre 1850, à la signature du Prince-Président deux décrets par lesquels les deux frères étaient, en même temps, nommés chevaliers de la Légion d'honneur « pour services rendus au Commerce et à la Géographie ».

L'Académie des Sciences ne tardait pas de son côté à faire connaître toute la valeur qu'elle attribuait aux résultats obtenus par Antoine et aux méthodes qu'il avait découvertes. Le 19 juillet 1852, il était élu correspondant pour la Section de Géographie et de Navigation, qui, dès cette époque, le fit figurer sur ses listes de présentation aux places vacantes de membre titulaire. D'Abbadie aurait pu attendre longtemps une nomination qu'il désirait beaucoup, et dont la perspective l'avait, paraît-il, puissamment soutenu dans ses rudes campagnes. A cette époque, pour récompenser les mérites si divers, et si rarement comparables, des géographes, des marins, des géodésiens, des hydrographes, des constructeurs de navires, la Section de Géographie et de Navigation ne disposait que de trois sièges. Heureusement, un décret du 3 janvier 1866 la mit sur le même pied que nos dix autres sections, en portant de 3 à 6 le nombre de ses membres ; et d'Abbadie obtint, le 22 avril 1867, la seconde des trois places ainsi créées. L'élection fut d'ailleurs très disputée ; nous avons sur ce sujet une lettre amusante de Duchartre. Gourmandant son ami de jeunesse qui, éloigné de Paris par l'observation d'une éclipse, négligeait de faire preuve de la mobilité si nécessaire aux candidats, Duchartre lui écrivait : « *Les x que je vois votent comme un seul homme pour x^2* ». x^2, c'était Yvon Villarceau, qui ne méritait pas une qualification si strictement mathématique, mais s'était déjà acquis, lui aussi, par des travaux variés et originaux, les titres les plus sérieux. Les deux concurrents se disputèrent, au scrutin de ballottage, les suffrages des Académiciens. D'Abbadie fut élu par 29 voix contre 28 données à Yvon Villarceau. Il eut ainsi tous les bonheurs ; car les succès chèrement achetés sont ceux dont le souvenir est le plus doux, et qui donnent la joie la plus durable.

XV

Notre confrère ne devait plus entreprendre de grande exploration : celle à laquelle il avait consacré 12 ans de sa vie lui avait fourni assez de matériaux à utiliser pour occuper le reste de son existence. Pourtant, il alla observer à Frederiksvœrn, en Norvège, l'éclipse totale du 28 juillet 1851. Le mariage qu'il contracta, le 21 février 1859, avec Mlle Virginie de Saint-Bonnet, qui appartenait à une excellente famille du Dauphiné et s'associa dès lors à toutes ses nobles préoccupations, à toutes ses libéralités, fut loin de ralentir et de modérer son ardeur. Accompagné désormais dans tous ses déplacements par Mme d'Abbadie, il observa en 1860, à Briviesca dans la vieille Castille, l'éclipse totale du 18 juillet; en 1867, il fit le voyage d'Algérie pour étudier à Bougsoul l'éclipse partielle du 6 mars.

En 1882, déjà âgé de 72 ans, il fut le chef de l'une des missions organisées par l'Académie des Sciences, et alla observer à Haïti le passage de Vénus sur le Soleil.

Deux ans plus tard, il remplit une mission que lui avait confiée le Bureau des Longitudes, auquel il appartenait depuis 1878, en qualité de géographe : il effectua un voyage de reconnaissance magnétique en Orient et dans cette région de la mer Rouge où, au temps de sa jeunesse, il avait été si éprouvé par la maladie et par les hommes. Il revit même l'Ethiopie avec Mme d'Abbadie, mais ne fit que traverser le pays. C'était l'éternel voyageur, toujours prêt à remplir, avec la conscience d'un débutant, les missions que l'on confiait à sa vieille expérience et à son mérite hors de pair.

Toutes les fois qu'il revenait dans sa patrie, il s'occupait à mettre en ordre et à publier les résultats de sa grande exploration. Grâce au concours décisif de notre confrère Radau, auquel il s'est plu à rendre hommage, il put enfin terminer en 1873 la publication d'un véritable monument, son grand Ouvrage, intitulé : *Géodésie d'Ethiopie ou triangulation d'une partie de la Haute-Ethiopie exécutée selon des métho-*

des nouvelles par Antoine d'Abbadie, vérifiée et rédigée par R. Radau, qui contient, en dix feuilles, la Carte à grande échelle des parties qu'il a explorées. La même année, il faisait paraître des *Observations relatives à la physique du globe faites au Brésil et en Ethiopie*, rédigées encore par M. Radau.

Dès 1852, il avait présenté à l'Académie un Mémoire *Sur le tonnerre en Ethiopie*, où Arago se plaisait à signaler l'habileté, l'exactitude et les connaissances d'un physicien consommé.

Ces travaux de Science positive ne comprenaient qu'une partie du vaste programme qu'il s'était tracé. Il portait son attention et ses remarques sur les sujets les plus divers, publiant des Notices sur les monnaies des rois d'Ethiopie, sur les mœurs et le Droit de la peuplade connue sous le nom de *Bilens*, sur la Procédure, qui est si curieuse en Ethiopie, sur la nation des *Gallas* ou *Oromos*, chez lesquels il avait le premier pénétré.

En 1859, il imprimait un Catalogue raisonné de sa riche collection de manuscrits éthiopiens.

En 1860, il publiait une traduction latine nouvelle de l'Ouvrage attribué au pasteur Hermas, et dont le texte, écrit dans la langue sacrée des Ethiopiens, le ghez, formait le n° 174 de sa collection de manuscrits.

Avant de revenir dans son pays, en 1850, il avait voulu faire le voyage de Jérusalem et, nous dit-il, « dans ce but si cher à tous les Ethiopiens, j'emmenai avec moi *Tawalda Madhin*, l'un de mes camarades d'Ecole à Gondar et l'homme le plus aimablement doux qu'il m'ait été donné de connaître ». Il profita de la présence au Caire et des conseils du lettré éthiopien pour mettre la main à son Dictionnaire de la langue amariñña, qui est sans doute son œuvre maîtresse, mais qui parut bien plus tard, seulement en 1881.

Vers la fin de sa vie, il s'occupait de traduire en français un manuscrit arabe qui avait été découvert par son frère, le *Futuh el-Hábacha ;* ce précieux Ouvrage, de haute importance à la fois pour l'Histoire et la Géographie, contient le récit des expéditions et conquêtes de l'Iman *Ahmed*, dit *Gragne*, ce nouvel Attila qui dévasta l'Abyssinie au commencement du XVIe siècle et la soumit, pour un temps bien court, au joug de l'Islam. Cette traduction, à laquelle M. d'Abbadie n'a pu mettre la dernière main, a été terminée et publiée en 1898, après sa mort, par le Dr Paulitschke, de l'Université de Vienne.

La compétence me manquerait pour apprécier de tels travaux ; ils sont d'ailleurs trop nombreux pour que je songe même à les énumérer. Je préfère insister sur ceux qui sont plus particulièrement du ressort de notre Académie.

XVI

Très désireux de voir employer cette *géodésie expéditive* qui était sa création, il se préoccupa de perfectionner l'instrument qui est nécessaire à l'application de cette méthode, et il créa, sous le nom d'*aba*, un théodolite nouveau, qui a été adopté plus tard par Serpa Pinto. Pour la grande commodité de l'observateur, la lunette du nouveau théodolite est assujettie à demeurer toujours horizontale ; seulement elle peut tourner sur elle-même, et porte un prisme à réflexion totale, attaché en avant de l'objectif ; cette disposition permet de viser dans toutes les directions. M. d'Abbadie a imaginé aussi une nouvelle lunette zénithale, munie d'un prisme également, et un hypsomètre gradué directement pour la mesure des altitudes. Avec l'aide de notre confrère M. Mascart, et secondé par d'excellents constructeurs, les frères Brünner, il a contribué à rendre portatifs les instruments employés pour la mesure des trois constantes du magnétisme terrestre.

Mais il ne se bornait pas à préparer à ses successeurs des instruments propres à faciliter leurs observations ; il considérait aussi comme un devoir de leur transmettre les conseils que lui avaient suggérés ses épreuves et sa vieille expérience de voyageur.

« Il faut éviter, écrivait-il, de froisser l'indigène dans ses façons d'entendre les convenances ; en Afrique elles diffèrent beaucoup de celles que nous admettons chez nous ; mais là, comme en Europe, l'opinion publique exerce son empire. Nous avons connu un Italien plein de bienveillance, qui a dû quitter l'Ethiopie sans y avoir atteint son but, parce qu'il se promenait souvent, en tenant ses mains derrière le dos. Il n'a jamais compris que cet acte inoffensif est, aux yeux de tous les indigènes, le signe évident d'un dérangement d'esprit... »

« Les paroles ou gestes de colère, disait il encore, si naturels chez nous, sont aux yeux des indigènes des signes, non seulement de déraison, mais de folie complète. Le voyageur doit affecter en toute occasion ce calme absolu qui en impose à l'Africain, et ne jamais se fâcher que par député. »

Et ailleurs :

« Dans les caravanes de marchands éthiopiens, on répète, avec raison, qu'on avance plus avec les mains qu'avec les pieds. Cela veut dire qu'on fraye la route au moyen de cadeaux. Mais un cadeau ne doit pas être donné trop facilement, comme si l'on voulait se débarrasser d'une sollicitation importune, ou s'alléger d'un bagage incommode ; bien plus, avant de s'en dessaisir, il est bon d'en accroître l'importance par un long discours, de le donner enfin comme à regret, parce qu'on en prise la rare valeur, et parce qu'on tient à l'amitié, si *utile* et si *inaltérable*, de celui à qui on l'offre. Ces fleurs de rhétorique sauvage sont banales en Afrique, et j'ai souvent vu l'événement donner raison à celui qui les avait employées. Les étoffes forment les meilleurs cadeaux, parce qu'elles occupent un petit espace en voyage, et que leur déploiement si vaste leur donne une grande importance aux yeux des gens simples. »

Avec quelques légères transpositions, c'est là de la vérité de tous les temps et de tous les pays.

XVII

Parmi les questions qu'il n'a cessé d'étudier, on ne saurait oublier celles qui se rapportent aux déviations de la verticale et aux variations de la pesanteur. Elles comptent au nombre des plus difficiles et des plus délicates de l'Astronomie moderne. Il avait été conduit à s'en occuper déjà dans son voyage au Brésil, où il avait constaté des déplacements inexpliqués de la bulle dans les niveaux fixes à bulle d'air. Pour étudier ces variations incontestables, mais qui ne sont peut-être pas encore susceptibles d'une interprétation correcte, il avait édifié à Arragori, dans le pays basque, une tour où il a, pendant plusieurs années, poursuivi ses observations. S'il n'a pu obtenir de résultat décisif, il conservera du moins le mérite d'avoir été, avec notre confrère Bouquet de la Grye, un des précurseurs et des initiateurs des études qui se poursuivent aujourd'hui dans le monde entier, sur la fluctuation des latitudes, les déplacements du pôle, les variations locales de la verticale et les mouvements de faible amplitude de l'écorce terrestre.

Je laisserai de côté les essais si rationnels, mais non couronnés de succès, qu'il a faits pour introduire en Astronomie la division décimale de l'angle et du temps. Il était grand partisan des unités proposées par Lagrange, inaugurées et employées par Laplace et les auteurs de notre Système métrique. Il a contribué aussi à introduire dans la Géodésie la pratique des observations de nuit et la mesure des bases par le fil Jaëderin. J'ai hâte d'arriver à ce qui, après son exploration de l'Ethiopie, a été la grande préoccupation de sa vie et de sa carrière finissante.

XVIII

Appartenant, nous l'avons vu, à une famille du pays basque, il s'honorait d'être l'un des fils de ce petit peuple honnête, énergique et fier, qui, malgré tant d'obstacles, a su, depuis tant de siècles, conserver à la fois sa langue et son originalité. Dans un de ses carnets, je trouve cette pensée énergique : « *Nous autres Basques, nous sommes un secret, nous ne ressemblons pas aux autres peuples, fiers de leurs origines et pleins de traditions nationales. Si nous avons un fondateur, un premier aïeul, c'est Adam.* »

Cet attachement à la langue et au pays basques était de tradition dans la famille d'Abbadie. Le père d'Antoine, Michel d'Abbadie, pendant son séjour à Toulouse, avait vivement encouragé M. Lécluse, professeur de littérature grecque, à s'occuper de la langue basque ; il l'avait aidé dans ses études et avait subventionné ses publications. Plus tard, il avait signalé à l'Académie française, qui fit honneur à cette recommandation, tous les mérites de l'Ouvrage sur la grammaire basque écrit par l'abbé Darrigol.

Le fils suivit les traces du père. Dès 1836, il publiait, en collaboration avec Augustin Chaho, des études grammaticales sur la langue eskuarienne, où l'on remarque cette fière devise traduite du basque : « *On dirait que toutes les langues humaines sont confondues et mêlées les unes avec les autres, tandis que l'eskuara conserve encore son originalité et sa pureté primitive* », et la conclusion, qu'on peut signaler aux amateurs de langues universelles : « *La langue eskuara, qui peut s'approprier tous les radicaux des langues connues et les plier à l'unité régulière et à la perfection absolue de son système grammatical, ne réunit-elle pas toutes les conditions désirables pour former une langue universelle ?* »

Dès son retour dans sa patrie, Antoine d'Abbadie se remit à ses études sur le basque. En 1859, il publia une analyse des travaux récents sur cette langue ; on lui doit même un Opuscule écrit en basque intitulé : *Zubernoatikaco gutun bat.*

Mais il était bien loin de se borner à des écrits. Pour assurer le maintien des coutumes, des traditions, de la langue du petit peuple auquel il portait tant d'affection, il avait établi des concours annuels, que l'Académie est chargée de maintenir aujourd'hui. Des juges choisis par lui se rendaient chaque année, à tour de rôle, dans l'une des sept provinces basques, et récompensaient par des primes assez élevées les concurrents dans les diverses épreuves qu'il avait instituées. Il y avait un concours sur un sujet désigné à l'avance par les juges, qui, m'a-t-on dit, a provoqué plus d'une fois des compositions heureusement inspirées. Il y en avait un aussi, pour les improvisations poétiques, qui, souvent, a vu couronner de simples artisans ou de modestes cultivateurs. Un prix était toujours réservé pour les danses nationales; un autre, quelquefois attribué à la meilleure chanson basque. Des récompenses étaient prévues pour les différents jeux de paume, si en honneur dans le pays : le rebot, le blaid à mains nues, et le blaid *a chistera*, où les joueurs prennent des gants d'osier.

M. d'Abbadie avait même tenu à instituer un concours pour les *irrintcinas*. Ce sont des cris de guerre, aux intonations rudes et prolongées, qui ont pour but d'effrayer l'ennemi, en se répercutant au loin sur les montagnes. « *Qui sait ?* disait M. d'Abbadie, *ces cris peuvent faire vibrer dans une âme basque, en même temps que le souvenir du pays, un bon, un noble sentiment, digne des vieux temps et de nos grands ancêtres* ».

XIX

Notre confrère se plaisait dans ces tentatives qu'il faisait pour conserver à ses compatriotes leur génie propre, leur droiture et leur sentiment de l'honneur. Il revenait sans cesse à son pays d'origine, où il avait réussi à constituer une belle propriété de 340 h., non loin de l'embouchure de la Bidassoa, entre Hendaye et Saint-Jean-de-Luz. Il sut choisir au centre de son domaine un emplacement merveilleux, d'où l'on a la plus belle vue sur la mer et sur la montagne, et il y fit construire, sur les plans de Viollet-le-Duc, exécutés librement par l'architecte Duthoit, un magnifique château auquel il donna le nom d'*Abbadia*. A défaut du nom, bien d'autres particularités de la demeure rappelleraient au besoin celui qui l'a fait élever. On dit que, lorsque Viollet-le-Duc vint visiter, une fois terminée, l'œuvre dont il avait conçu le plan, il fut quelque peu choqué de voir, substitués aux ornements ordinaires de l'architecture, des crocodiles et d'autres animaux empruntés à la faune de l'Ethiopie. L'intérieur du château surtout porte l'empreinte des habitudes et des goûts de M. d'Abbadie. D'innombrables devises y circulent partout, écrites dans toutes les langues. C'est d'abord, sous le porche, une inscription en vieil irlandais qui souhaite aux visiteurs « *cent mille bienvenues* » ; dans le vestibule, une inscription latine composée de quatre vers :

Abbadiae tectum qui mente inquiris amica.
Te manus excipiet lenis amicitiae.
Limina qui casu mea transis hospes aveto.
Horae sint rapidae. Sit tibi fausta domus.

Au vitrail, la devise même, si modeste, du maître de la maison :

Plus estre que paraistre.

Le petit salon contient des devises en arabe, par exemple :

L'aiguille habille tout le monde et elle reste nue.

La chambre d'honneur appartient encore à l'arabe; on remarque cependant, autour du lit, cette inscription française :

Doux sommeil, songes dorés à qui repose céans, joyeux réveil, matinée propice.

Dans la salle à manger, on peut lire différentes devises éthiopiennes, celle-ci, par exemple :

L'éloquence du pauvre, ce sont ses larmes.

La chambre de Mme d'Abbadie est réservée à l'allemand. Sur les solives du plafond, on y lit, un peu effacés par le temps, quatre vers empruntés à Schiller :

Triple est la marche du temps : hésitant, mystérieux, l'avenir vient vers nous ; rapide comme la flèche, le présent s'enfuit ; éternel, immuable, le passé demeure.

Le basque ne pouvait être oublié ; la bibliothèque nous offre des proverbes dans cette langue :

Tout buisson fait de l'ombre.
Il suffit d'un fou pour jeter une grosse pierre dans un puits ; il faut six sages pour l'en tirer.

Il y a des devises anglaises au grand salon et dans la chambre de la tour, mais il convient de ne pas abuser.

Le vestibule est orné de fresques empruntées à la vie des Ethiopiens. Parmi elles, quelques-unes se rapportent à des habitudes dont nous devons la connaissance à M. d'Abbadie lui même.

La quatrième, par exemple, représente un orateur Galla, au Parlement : c'est avec le fouet qu'il ponctue son discours. « *Un petit coup*, nous dit d'Abbadie dans son article sur la procédure en Ethiopie, *indique la virgule; les deux points, le point et virgule, le point d'interrogation, sont indiqués par des claquements dont la signification est bien connue des auditeurs. Le point d'exclamation s'exprime par une suite de grands coups bruyants, qui font songer à nos postillons dès qu'ils entrent dans une petite ville.* »

Une autre fresque nous montre une école éthiopienne. Quelques enfants, y sont représentés, enchaînés les uns aux autres. C'est qu'en Ethiopie, comme ailleurs, les enfants, fort assidus en général, font aussi, quelquefois, l'école buissonnière. Leurs parents les ramènent dans l'enceinte de l'église où l'on enseigne, et attachent leurs pieds ensemble avec une chaîne de fer.

La dixième fresque nous rappelle les héros d'Homère : elle figure un guerrier éthiopien faisant entendre son chant de guerre avant de se jeter dans la mêlée. Chaque brave a le sien, qu'il répète au moment où il va s'élancer sur l'ennemi.

Quand on s'attarde dans le vestibule, on ne peut manquer de remarquer encore une magnifique statue en bois. Juché sur la tête d'un buffle de son pays, un Ethiopien aux formes sculpturales élève en l'air une lampe, comme s'il était prêt à accompagner le visiteur. Cette statue est la reproduction fidèle d'un Abyssin que M. d'Abbadie avait ramené avec lui. Il s'appelait Abd Ullah. Transplanté dès son jeune âge dans le pays basque, il voulut, quand il grandit, quitter le château. Il s'engagea dans les turcos et, valeureux comme tous ses compatriotes, il fit des prodiges à la bataille de Magenta. Sa fin a été lamentable. Resté à Paris pendant la Commune, il n'a pas su choisir le bon parti : il a été pris en 1871 dans les rangs des fédérés, et fusillé à la caserne de la rue de Bellechasse.

XX

La demeure que nous venons de décrire est maintenant sous la sauvegarde de l'Académie. Notre confrère, toute sa vie, avait rêvé d'y installer un centre de hautes études ; avec l'assentiment de Mme d'Abbadie, il était prêt à donner toute sa fortune pour la réalisation d'un si vaste projet. S'il n'a pu trouver les concours qui lui étaient nécessaires, il a vu du moins ses confrères disposés à continuer et à développer ce qu'il avait réussi à créer lui-même. Il avait assigné comme tâche à son Observatoire la publication d'un Catalogue de 500.000 étoiles. L'habile directeur qu'il a légué à l'Académie, M. l'abbé Verschaffel, et ses collaborateurs dévoués, en prêtant, par leurs observations si précises et si multipliées, le plus utile concours à nos grands Observatoires, contribuent, pour leur part, à assurer le succès de cette grande *Carte du Ciel* et du *Catalogue photographique*, où les étoiles enregistrées se compteront cette fois par millions. Ainsi se trouveront réalisés et dépassés les vœux de notre confrère.

Lorsqu'on monte sur le donjon du château d'Abbadia, on aperçoit, à l'Est, la côte qui s'étend de Saint-Jean-de-Luz à Biarritz, et la mer toujours agitée, la *mer sauvage*, comme disent les Basques, qui vient battre les hautes falaises. Au Sud, le regard plonge sur la paisible et verdoyante vallée d'un petit ruisseau, le *Mentaberry*, et se relève au delà, devant la belle montagne de la *Rhune*, qui dresse à l'horizon ses lignes harmonieuses. Au Sud-Ouest, par delà l'île historique des *Faisans*, la montagne espagnole des *Trois-Couronnes* s'élève brusquement devant la chaîne des *Monts Cantabres*. A l'Ouest même, le regard embrasse la vaste baie qui forme l'embouchure de la *Bidassoa*, et la charmante petite ville de *Fontarabie*, sise au pied d'une haute montagne, le *Jaizquibel*, dont les derniers contreforts se prolongent dans la mer, pour y former le cap *Figuier*. Au Nord, enfin, les pelouses du parc, parsemées d'arbres magnifiques et de petits bois distribués avec le goût le plus sûr, descendent jusqu'au promontoire de *Larrecayx*, entouré d'admirables falaises, en face d'îlots rocheux, plus beaux de forme et moins saccagés par les hommes que ceux de Biarritz. Par une belle soirée, ce spectacle est réellement enchanteur. M. d'Abbadie est de ceux qui ont su réaliser leur rêve.

Il a voulu assurer la continuation de son œuvre sociale et de son œuvre astronomique, en les confiant toutes deux à l'Académie, pour laquelle il avait tant d'affection et de respect. Notre Compagnie lui a, de son vivant, exprimé toute sa gratitude ; après lui, elle se conformera fidèlement à ses intentions.

Notre confrère s'est éteint, le 19 mars 1897, dans cette maison de la rue du Bac où Chateaubriand était mort cinquante ans auparavant ; le lundi précédent, 15 mars, il assistait encore à nos séances. Il avait d'avance refusé tous les honneurs funèbres ; mais ses métayers ont voulu, pendant dix-huit jours, veiller près de son cercueil, en attendant qu'un tombeau lui fût préparé sous la chapelle d'Abbadia.

Mme d'Abbadie est allée le rejoindre quatre ans après, le 1er mars 1901.

NOTICE HISTORIQUE

SUR LE

GÉNÉRAL MEUSNIER

MEMBRE DE L'ANCIENNE ACADÉMIE DES SCIENCES,

lue dans la séance publique annuelle du 20 décembre 1909.

Dans la belle et longue série d'éloges que nous devons à François Arago, nous voyons figurer, à côté des noms de Fresnel, de Volta, de Fourier, de Watt, d'Ampère, de Poisson, de Monge, de Malus, de Gay-Lussac, qui, à des titres divers, firent partie de l'Institut, ceux de Bailly et de Condorcet qui, vous le savez, n'appartinrent jamais qu'à l'ancienne Académie. M'autorisant de l'exemple de mon illustre prédécesseur, je viens aujourd'hui célébrer la mémoire d'un contemporain de Bailly, de Lavoisier et de Condorcet, d'un membre de cette ancienne Académie à laquelle nous demeurons attachés par tant de liens. Le général Meusnier, dont je vais retracer devant vous la vie et les travaux, s'est distingué par la modestie la plus vraie, unie à l'esprit d'initiative le plus hardi. Elevé dans les croyances traditionnalistes, il s'est laissé gagner, comme tant d'autres, aux idées généreuses qui ont produit la Révolution française. Il a été, à la fois, un grand inventeur et un excellent soldat. Après avoir consacré sa trop courte vie aux recherches les plus neuves, les plus difficiles, les plus fécondes, il a trouvé devant l'ennemi, au siège de Mayence, la mort la plus héroïque. Comme il arrive trop souvent, cette mort prématurée avait rejeté dans l'ombre tout ce qu'il avait pu accomplir pendant sa vie. Mais le prodigieux mouvement de recherches, qui sera l'honneur de notre époque et qui nous a valu en quelque sorte une double conquête de l'air, a fait revivre les travaux de Meusnier relatifs à l'aérostation et a remis en lumière le génie de leur auteur. Le moment vous semblera donc bien choisi, pour lui rendre, dans cette enceinte, l'hommage qu'il n'a pas encore reçu. Il est bon, d'ailleurs, qu'on s'attache ici à combattre l'esprit de pessimisme et de découragement, en rappelant, toutes les fois que l'occasion s'en présente, la vie glorieuse de ces hommes qui appartiennent, par leur naissance et leurs origines, à cette pure race française dont le génie a illuminé le monde.

Jean-Baptiste-Marie-Charles Meusnier de Laplace naquit à Tours, le 19 juin 1754. Sa famille avait su depuis longtemps mériter, dans toute l'étendue de la province, l'estime et la considération publiques. Son grand-père du côté paternel, messire Simon Meusnier, avait été conseiller du roi et son procureur au baillage et siège présidial de Tours. Son grand-père maternel, Jacques Le Normand de la Place, avait exercé les fonctions de lieutenant criminel. Un de ses oncles fut tué à la bataille de Raucour, un autre devint Maître des comptes à Paris. Dans l'acte de naissance, enregistré à la paroisse Saint-Vincent de Tours, le père de Meusnier est désigné comme avocat au présidial de Tours. C'était un homme d'une droiture parfaite et d'une dévotion minutieuse. Il aurait été heureux de voir son fils se destiner à la prêtrise ; aussi lorsqu'en 1762, les maisons d'éducation dirigées par les Jésuites furent partout fermées, résolut-il de donner à son fils une éducation privée ; et ce ne fut que pour la dernière année, pour l'étude de la philosophie, que Meusnier fut rendu au cours commun d'enseignement.

En 1771, il fut envoyé à Paris, dans la pension Berthaud, où se préparaient les jeunes gens qui se destinaient à l'Ecole du Génie, alors établie à Mézières. Dès le premier jour, il y manifesta les dispositions les plus heureuses pour l'étude des sciences exactes. Il devint promptement le répétiteur bénévole de ses camarades ; il rédigea même des notes, destinées à expliquer, à éclaircir, à redresser quelquefois le texte du cours sur lequel les aspirants subissaient leurs examens.

Il concourut à l'examen de 1772 ; mais, au grand étonnement de ses camarades, il ne fut pas admis. L'examinateur, qui était membre de l'Académie des Sciences, ne put, ou ne sut, apprécier sa capacité. Cet insuccès s'expliquerait dans une certaine mesure si, comme le raconte un de ses biographes, le jeune aspirant, à qui l'examinateur demandait : « Que savez-vous ? » s'était permis de lui répondre : « Interrogez-moi sur ce que vous savez. »

Quoi qu'il en soit, l'échec de Meusnier semblait devoir lui être d'autant plus préjudiciable qu'en 1773 il n'y eut pas de promotion ; mais le Gouvernement, sur la proposition même de l'examinateur, en fit une particulière pour Meusnier. Comme nous l'indiquent les états de service conservés au Ministère de la Guerre, il fut nommé, le 1er janvier 1774, lieutenant en second, élève à l'Ecole du Génie de Mézières. Il devait en sortir deux ans après, le 25 décembre 1775, avec le diplôme d'ingénieur.

A son arrivée à Mézières, il eut la bonne fortune d'y être reçu par Monge, qui y enseignait à la fois les Mathématiques et la Physique, et là, comme plus tard à l'Ecole Polytechnique, entretenait avec ses élèves les rapports les plus affectueux. Monge nous a laissé sur Meusnier des notes extrêmement précieuses.

« Le jour même de son arrivée à Mézières, nous dit-il, Meusnier vint me voir le soir, et il me témoigna le désir qu'il avait que je lui proposasse une question qui me mît à portée de connaître le degré de son instruction et de juger ses dispositions. Pour le satisfaire, je l'entretins de la théorie d'Euler sur les rayons de courbure *maxima* et *minima* des surfaces courbes : je lui en exposai les principaux résultats et lui proposai d'en chercher la démonstration. Le lendemain matin, dans les salles, il me remit un petit papier qui contenait cette démonstration ; mais ce qu'il y avait de remarquable, c'est que les considérations qu'il avait employées étaient plus directes, et la marche qu'il avait suivie était beaucoup plus rapide, que celles dont Euler avait fait usage. L'élégance de cette solution, et le peu de temps qu'elle lui avait coûté, me donnèrent une idée de la sagacité et de ce sentiment exquis de la nature des choses dont il a donné des preuves multipliées dans tous les travaux qu'il a entrepris depuis. Je lui indiquai alors le Volume de l'Académie de Berlin dans lequel était le Mémoire d'Euler sur cet objet ; il reconnut bientôt que, les moyens qu'il avait employés étant plus directs que ceux de son modèle, ils devaient être aussi plus féconds, et il parvint à des résultats qui avaient échappé à Euler. »

Monge s'occupait à cette époque d'une question difficile : l'intégration de l'équation aux dérivées partielles du second ordre donnée par Lagrange et qui caractérise les surfaces d'aire minima assujetties à passer par un contour donné. Les efforts du grand géomètre pour obtenir cette intégration, qui constitue peut-être sa plus belle découverte, ne devaient aboutir que dix ans après. En attendant, le jeune Meusnier, mis au courant des recherches de son maître, imagina une méthode nouvelle, qui depuis devait être fréquemment appliquée, en recherchant, parmi les surfaces soumises à une certaine génération, quelle était celle qui satisfaisait à la question. C'est ainsi qu'il découvrit que, parmi les surfaces de révolution, la seule qui soit une surface minima, comme nous disons aujourd'hui, est celle qui est engendrée par la révolution d'une chaînette autour de sa base ; et que, parmi les surfaces engendrées par une droite qui se meut parallèlement à un plan fixe, la seule qui soit minima est la surface de vis à filet carré. Au reste, je n'insisterai ici, ni sur les méthodes, ni sur les résultats de Meusnier. Je les ai analysés avec les détails nécessaires dans mon Ouvrage *sur la théorie des surfaces*. Je me bornerai à faire remarquer que, même après l'intégration de l'équation aux dérivées partielles de Lagrange faite par Monge en 1784, les deux surfaces minima découvertes par Meusnier ont été pendant longtemps les seules surfaces réelles de cette nature obtenues par les géomètres.

Ces recherches de Meusnier étaient, on le conçoit, très au-dessus des travaux ordinaires de l'Ecole ; mais elles ne l'empêchaient pas de remplir ses devoirs avec la plus exacte régularité ; il ne consacrait à ses études personnelles que le temps donné par ses camarades à leurs délassements ou à leur récréation. Aussi fut-il reçu à l'examen final par une promotion particulière qui le mettait en avant de tous ses camarades.

A sa sortie de l'Ecole, le 1er janvier 1776, il fut envoyé dans les Ardennes, à Charlemont et à Givet, en qualité d'ingénieur ordinaire du Roi. C'est vers cette époque, les 14 et 21 février 1776, qu'il lut à l'Académie un Mémoire où ses découvertes de l'Ecole se trouvaient exposées. A côté du célèbre théorème sur la courbure des sections obliques, qui maintiendra toujours dans la Science le nom de son auteur, ce travail de Meusnier contient une théorie nouvelle de la courbure des surfaces, qui aurait mérité d'être conservée à côté de celle d'Euler. On peut dire sans exagération qu'il frappa beaucoup l'Académie ; d'Alembert le remarqua et dit : « *Meusnier commence comme je finis.* » Deux commissaires furent nommés, Condorcet et Bossut ; ils déposèrent leur rapport, le 6 mars 1776. Par une faveur bien rare de tous temps, le jeune auteur n'eut même pas à attendre quinze jours, pour connaître l'opinion des juges qui lui avaient été donnés. Cette opinion fut si favorable que, dès le 12 juin suivant, Meusnier était nommé correspondant de l'Académie. Il n'avait pas encore 22 ans. A cette époque, chaque correspondant devait être rattaché à un pensionnaire, qui devenait en quelque sorte son tuteur et son répondant devant l'Académie. Meusnier fut attaché à Vandermonde, avec qui il ne cessa, dans la suite, d'entretenir les meilleures relations.

Le 20 janvier 1777, il recevait une première marque d'estime de ses chefs du corps du Génie. Nommé lieutenant en premier, surnuméraire placé à la suite des compagnies de mineurs et de sapeurs, il fut envoyé à Verdun pour y suivre les cours de l'Ecole. C'était lui, et lui seul, qui se trouvait ainsi désigné, parmi ses compagnons d'arme, pour acquérir cette connaissance approfondie de l'art du mineur qui pouvait permettre au corps du Génie de rivaliser, dans certaines circonstances, avec celui de l'Artillerie.

Deux ans après, lorsqu'on commença les travaux du port de Cherbourg, la Marine, les Ponts et Chaussées envoyèrent les premiers sujets de leur corps : Meusnier fut choisi par le sien.

Le projet du port de Cherbourg est une des entreprises qui font le plus d'honneur au règne de Louis XVI. La nature a placé autour de cette ville tout ce qu'il faut pour inspirer de grandes conceptions. Vauban, qui a laissé partout, sur nos côtes aussi bien qu'à l'intérieur, des traces de son génie, avait déjà reconnu toute l'importance de la situation de Cherbourg ; et même il avait dressé un plan pour en faire un port militaire de premier ordre. Le projet de Vauban consistait à fermer la rade à l'aide de deux digues, rattachées à la terre ferme et laissant, entre leurs deux extrémités, une passe de 1.800 mètres. La Bretonnière substitua au plan de Vauban un projet infiniment plus vaste et plus hardi. Il proposa de fermer la rade, qu'on trouvait trop ouverte, par une digue formée de deux parties avec trois passes, l'une à l'Est auprès de l'île Pelée, la seconde au centre, l'autre à l'Ouest près de Querqueville. La rade de Vauban se trouvait ainsi triplée. L'exécution de ce plan si neuf et si original fut confiée à Cessart, le célèbre ingénieur. Meusnier et les autres officiers eurent à s'occuper surtout, pendant plus de dix ans, de la construction et de l'armement des fortifications que comportait ce grand travail. Voici ce que Monge nous apprend des travaux de son élève favori.

« Peu de temps après son admission dans le corps du Génie, il fut envoyé, avec un assez grand nombre de ses camarades de l'Ecole, dans le port de Cherbourg. On s'occupait alors de la clôture de la rade ; il fallait fortifier les îles qui la défendent, sonder la rade afin de connaître les mouillages convenables aux différents tirants d'eau. En vertu de cet ascendant que donne naturellement le talent, et surtout par cette affabilité qui le fait aimer, il se trouva naturellement le chef de toutes les opérations, qu'il conduisit avec un plein succès. C'est peut-être dans cette circonstance qu'il a montré le plus d'adresse. Il avait à surmonter, non seulement les difficultés physiques, mais encore une foule de difficultés morales, devant lesquelles échoue ordinairement un jeune homme sans expérience ; il avait des intrigues à déjouer, des hommes puissants à combattre, des fripons à démasquer ; il le fit avec un courage très remarquable et y réussit complètement. Aujourd'hui que la plupart de ses adversaires ont disparu, il serait peut-être intéressant de montrer le jeune Meusnier aux prises avec les difficultés ; j'en ai connu la plus grande partie, mais ces objets étaient étrangers à mes occupations ordinaires, et ils sont sortis de ma mémoire. »

Un des meilleurs amis de Meusnier, Xavier Audouin, frère du conventionnel qui contribua à la chute de Robespierre, nous a laissé un Mémoire, qui permet de donner un peu plus de précision au récit de Monge et qui explique en outre la haine que Dumouriez portait à Meusnier.

« Jusque-là, nous dit Audouin, il avait exercé la partie administrative dont sont chargés les officiers du Génie, seulement par routine, comme il faisait tout ce qui n'était pas l'objet direct de son étude ; mais le comte de Broglie ayant fait employer à Cherbourg Dumouriez, les travaux, les entreprises relatives, parurent à Meusnier très répréhensibles, et ce doute le détermina à étudier davantage l'administration. Ce doute devint certitude ; encore jeune capitaine du Génie, il osa se plaindre au duc d'Harcourt et lutta avec avantage. »

Mais poursuivons le récit de Monge :

« Un des objets des travaux du corps du Génie était de fortifier l'île Pelée, qui défend une des passes de la rade ; cette île n'a pas d'eau, et doit tirer du continent celle qui lui est nécessaire. Dans les beaux temps, ce transport n'a rien d'embarrassant; mais dans l'hiver, et lorsque la mer est mauvaise pendant plus d'un mois, elle est exposée à en manquer tout à fait. Meusnier conçut le projet de lui en fournir continuellement, en distillant l'eau de la mer, de la lui donner sans frais en employant la distillation dans le vide, qui n'exige aucune dépense de combustibles, et d'employer le mouvement même de la marée pour exécuter et entretenir le vide. Il fut d'abord obligé de faire quelques expériences, qui lui dévoilèrent des obstacles ; alors qu'il voulait les lever, il en naissait une foule d'autres. Je me souviens qu'une des grandes difficultés qu'il a éprouvées était de rendre le cuivre battu ou l'étain coulé imperméable à l'air atmosphérique. Cependant, après un travail opiniâtre de près de deux ans, il termina sa machine, qu'il apporta pour la présenter à l'Académie. On y admira la sagacité de l'auteur pour découvrir les véritables difficultés, et ses ressources pour les surmonter. Ces travaux l'avaient constitué en frais, qui l'avaient forcé de contracter une dette d'environ 15.000 francs, et je sais que cette dette l'a gêné pendant une grande partie de sa vie. Cette circonstance peut-être, et surtout une nouvelle destination, l'empêchèrent de donner suite à ce projet. Je ne crois pas qu'il ait rien publié sur cet objet, pour lequel il avait fait tant de sacrifices ; et c'est certainement une perte, parce que, indépendamment des résultats que son Ouvrage aurait fait connaître, on y aurait vu un modèle de la sagacité qu'on peut mettre dans des recherches de ce genre. »

La machine dont parle Monge avec tant d'admiration fut présentée à l'Académie au mois de mars 1783. Sans nous apporter d'indication précise sur sa construction, nos archives de l'Académie et celles du Ministère de la Guerre nous permettent de compléter ce que Monge nous apprend sur cette période de la vie de Meusnier.

Dès qu'il fut nommé correspondant en 1776, il

offrit ses services à l'Académie et fut chargé de continuer, sous sa direction, la publication du beau recueil des *Machines approuvées par l'Académie*, qui venait d'être mise en souffrance par la mort de Boudet et la retraite de Gallon. Sans perdre de temps, Meusnier s'occupait de ce travail ; et, le 22 février 1777, il présentait à l'Académie le septième Volume de la Collection des machines, revu et corrigé par ses soins. Vandermonde et Le Roy, chargés d'examiner ce travail, tout en louant le zèle de l'auteur, exprimèrent le désir que Meusnier reçût un congé annuel, pour lui permettre de se consacrer utilement à l'œuvre si intéressante qu'il avait assumée. L'Académie reconnut l'intérêt qu'il y aurait à accueillir cette demande ; et Condorcet, se faisant son interprète, écrivit au Ministre de la Guerre, qui était alors le comte de Saint-Germain, la lettre suivante, datée du 13 mars 1777 :

« M. Meusnier, officier dans le corps royal du Génie, a donné, quoique très jeune, des preuves d'un talent rare pour les sciences. Son zèle pour leur avancement l'a déterminé à se charger de rédiger le *Recueil des machines approuvées par l'Académie*, que cette Compagnie est dans l'usage de publier. Ce Recueil, entre des mains habiles, peut devenir de la plus grande utilité. Non seulement il peut servir à perfectionner les machines nécessaires à la marine, à l'art militaire ; mais comme il doit renfermer la plupart des moyens mécaniques connus jusqu'ici, les ingénieurs occupés de constructions militaires y trouveraient des ressources toutes prêtes, pour les cas imprévus qui se présentent souvent, et pour lesquels la pratique ordinaire ne fournit aucun secours ; la perfection de ce Recueil n'intéresse donc pas moins le bien du service que celui de l'Académie. Tels sont, M. le Comte, les motifs qui déterminent l'Académie à vous demander pour M. Meusnier un congé chaque hiver, saison où sa présence serait inutile dans le lieu de sa résidence. Ce séjour à Paris lui est nécessaire ; une grande partie des machines sont présentées par des ouvriers, qui peuvent trouver des moyens ingénieux, mais qui ne savent, ni les décrire, ni les apprêter ; et ce n'est qu'en causant avec eux, et même en les voyant travailler, qu'on peut saisir leurs idées ; plusieurs d'entre eux ne savent point dessiner, leur peu de fortune ne permet pas d'exiger rigoureusement qu'ils déposent des modèles ; d'un autre côté, il y a des cas où le rapport des commissaires qui ont jugé une machine ne suffit pas pour bien connaître les idées qu'elle leur a fait naître, et il est souvent indispensable que celui qui doit publier le recueil des machines consulte les commissaires et se concerte avec eux. »

« Le temps que M. Meusnier passerait à Paris, occupé de ce travail, ne pourrait être regardé comme perdu pour le service, parce qu'indépendamment de l'utilité de son Ouvrage, il acquerrait, pendant ce temps-là, une connaissance approfondie de la Mécanique pratique, connaissance qui le mettrait à portée de se rendre plus utile dans les fonctions de son état. Et si vous accordiez cette grâce que l'Académie vous demande, bien loin de lui nuire comme militaire, elle servirait à en faire un ingénieur plus habile encore. »

Malgré toute la valeur des arguments développés par Condorcet, il est permis de penser qu'aujourd'hui, peut-être la demande de l'Académie aurait de la peine à recevoir un accueil favorable. Ce qu'il y a de certain, c'est que le comte de Saint-Germain s'empressa de faire droit à cette demande, et décida qu'un congé serait accordé tous les ans à Meusnier, du 1er octobre au 31 mars, période pendant laquelle sa présence n'était pas utile à Cherbourg. Heureuse décision, qui a, sans doute, beaucoup contribué à l'éclosion des travaux de premier ordre dont nous parlerons plus loin. En même temps que Meusnier conduisait en chef les premiers établissements de l'île Pelée, dont il traçait les fortifications et sondait le port en 1780, il se livrait aux recherches scientifiques les plus précises et les plus délicates, dégageant ainsi la parole de Condorcet.

Pendant la période qui s'étend de 1777 à 1783, nos procès-verbaux ne contiennent guère que la trace des recherches longues et minutieuses que fit Meusnier sur la vaporisation. Le jeune lieutenant du Génie était sans doute absorbé par ses travaux du port de Cherbourg et par la construction de cette machine à distiller l'eau de mer, à laquelle il apportait un intérêt si passionné. Mais en 1783, la découverte des frères Montgolfier vint lui donner l'occasion d'exercer son génie, dans un domaine sur lequel l'attention de tous était vivement attirée.

Le 5 juin 1783, un aérostat gonflé par la dilatation de l'air s'élevait dans les airs pour la première fois, à Annonay, devant l'assemblée des Etats du Vivarais. Il faut lire les Ouvrages de cette époque, les procès-verbaux de l'Académie, pour se rendre compte de l'enthousiasme que suscita cette expérience décisive. Rien ne pourrait nous en donner l'idée, si nous ne voyions aujourd'hui l'intérêt passionné qu'attache le public aux tentatives qui se poursuivent, sous nos yeux, pour donner à l'homme les moyens de voler comme les oiseaux. C'est qu'au moment où se produisait cette première conquête de l'air, on ne se rendait nul compte des difficultés qu'il y aurait à la rendre plus complète. On voyait qu'un aérostat peut s'élever dans l'atmosphère, de même qu'un navire se maintient sur l'eau ; il semblait que l'essentiel était fait, et que l'homme n'éprouverait pas plus de difficulté pour parcourir l'espace aérien qu'il n'en rencontrait, depuis longtemps, dans les voyages sur la mer. Les découvertes qui se succédaient rapidement étaient de nature à accroître cette confiance. Trois mois après l'expérience des frères Montgolfier, le 17 août 1783, le physicien Charles lançait dans les airs le premier ballon gonflé à l'aide du gaz hydrogène. Le 19 septembre de la même année, Montgolfier répétait l'expérience d'Annonay, dans la cour du palais de Versailles, en présence du roi, de la famille royale et d'un grand nombre de spectateurs émerveillés. Le 21 novembre suivant, le courageux Pilatre de Rozier et le marquis d'Arlandes accomplissaient le premier voyage aérien à l'aide d'une montgolfière. Enfin, pour nous borner à l'essentiel, le 1er décembre de la même année, Charles et Robert s'élevaient dans les airs, pour la première fois à l'aide d'un ballon gonflé de gaz hydrogène, et partaient du jardin des Tuileries, pour aller tomber à Nesles d'abord, où Robert descendit, puis à la Tour-du-Lay où le ballon s'arrêta définitivement, après s'être élevé, dans la seconde partie du voyage, à une hauteur de 3.000 mètres. C'est à l'occasion de cette ascension que Charles créa, avec une sûreté de coup d'œil surprenante, presque tout le matériel aérostatique employé encore de nos jours : le filet qui recouvre le ballon, la soupape placée à la partie supérieure, l'appendice qui met le gaz intérieur en communication avec l'air libre, le lest qui permet la manœuvre, le baromètre qui décèle les mouvements verticaux, l'ancre qui sert à l'atterrissage.

Le *surlendemain* de la mémorable ascension de Charles, le 3 décembre 1783, Meusnier lisait à l'Académie des Sciences un *Mémoire sur l'équilibre des machines aérostatiques, sur les différents moyens de les faire monter et descendre, et spécialement sur celui d'exécuter ces manœuvres sans jeter de lest et sans perdre d'air inflammable, en ménageant dans le ballon une capacité particulière destinée à renfermer de l'air atmosphérique.*

Ce travail marque une étape décisive dans l'histoire de l'aérostation. Meusnier y expose, avec une précision admirable, les lois des mouvements verticaux du ballon et les règles de manœuvre qu'il convient de suivre dans les ascensions. Il montre que, lorsqu'un ballon a commencé à descendre, il est impossible qu'il s'arrête dans une zone intermédiaire, et qu'il doit revenir à terre, à moins que l'aéronaute n'intervienne en jetant du lest; et alors le ballon remonte à une position d'équilibre momentané, plus élevée que celle d'où il est descendu. On peut comparer un aérostat à une bouée, mais à une bouée qui serait instable dans le sens vertical; et l'on ne peut parer à cette instabilité qu'en jetant du lest ou en perdant du gaz; de sorte que, même pour un ballon imperméable, la durée du voyage a une limite qu'on ne saurait franchir. Et c'est vers la fin de l'ascension que le ballon atteint le point le plus élevé, pour tomber, en quelque sorte, de la plus grande hauteur à laquelle il ait pu parvenir.

Meusnier prescrit de partir avec un ballon entièrement gonflé, de disposer le lest en parties d'un poids connu, de le jeter par petites portions, etc. Toutes ces règles de manœuvre sont encore suivies aujourd'hui; mais l'analyse si fine et si précise de Meusnier lui suggère une découverte capitale, et dont il sent tout le prix, puisqu'il la mentionne expressément dans le titre de son Mémoire : je veux parler de l'emploi d'une capacité particulière ménagée dans le ballon et destinée à renfermer simplement de l'air atmosphérique. C'est ce que nous appelons aujourd'hui le *ballonnet à air*, que Meusnier a employé sous trois formes différentes, et qui, bientôt oublié comme ses autres découvertes, n'a plus reparu qu'en 1870, dans le projet de ballon dirigeable de notre confrère Dupuy de Lôme. Cette idée d'emprunter le lest dont a besoin l'aérostat à l'air même qui l'enveloppe est véritablement géniale ; Meusnier a su d'ailleurs en déduire toutes les conséquences qu'elle comporte. L'emploi du ballonnet permet d'abord d'assurer au ballon cette invariabilité de formes qui est nécessaire toutes les fois qu'on veut diriger le ballon. Il permet aussi de remédier à l'instabilité verticale et d'assurer, sans perte de gaz ni projection de lest, la navigation du ballon à une hauteur déterminée, comprise entre des limites que le constructeur aura fixées à l'avance d'après le but qu'il désire atteindre, limites qui dépendront exclusivement des capacités respectives du ballon et du ballonnet.

Tels sont les résultats fondamentaux contenus dans le premier travail de Meusnier ; je n'ai pas besoin de dire que leur importance fut pleinement reconnue par l'Académie. La savante Compagnie avait nommé, dès le premier jour, une Commission des aérostats qui comprenait le duc de La Rochefoucauld, Le Roy, Condorcet, Tillet, l'abbé Bossut, Brisson, Berthollet et Lavoisier. Dans une conférence tenue le 27 décembre à l'hôtel de La Rochefoucauld, trois semaines après la lecture de Meusnier, Lavoisier exposait à la Commission les questions dont elle aurait à s'occuper et les ramenait à quatre points principaux : imperméabilité et légèreté de l'enveloppe, choix et préparation du gaz à employer, découverte d'un procédé pour faire monter ou descendre à volonté l'aérostat sans perdre du gaz ou du lest, et enfin étude des moyens propres à les diriger. Sur tous ces points, Meusnier devait, nous le verrons, apporter des contributions de grande importance ; mais, sur le troisième et le quatrième, il faisait connaître des solutions aussi complètes qu'on pouvait le désirer à cette époque. Voici comment s'exprimait Lavoisier :

« Sur le troisième objet, M. Meusnier a indiqué des moyens sûrs. On ne peut douter, d'après ce qu'il en a fait connaître, qu'en supposant une enveloppe capable de contenir le gaz inflammable qui pèse sur elle avec une force de 6 lignes de mercure, il ne puisse donner à la machine la faculté de descendre ou de monter à volonté, et dans une latitude assez étendue ; enfin, en employant la force des hommes, il paraît constant qu'on pourra s'écarter du vent sous un angle de plusieurs degrés. »

Et Lavoisier terminait ainsi son exposé :

« M. Meusnier ayant déjà beaucoup réfléchi et déjà beaucoup travaillé sur cet objet, il semble que la Commission pourrait se l'attacher sous une forme quelconque ; il lui ferait part de ses idées, et sa grande activité ne serait pas inutile. »

L'Académie des Sciences ne devait pas tarder à résoudre à sa manière la question de l'adjonction de Meusnier à la Commission. Le 14 janvier 1784, dans une élection à une place d'associé mécanicien, les premières voix, comme on disait alors, étaient pour Coulomb, et les deuxièmes voix pour Meusnier. Le 17 janvier suivant, Meusnier se voyait encore préférer Cousin, dont le nom est bien oublié aujourd'hui ; mais le 28 janvier, dans une élection à la place d'adjoint géomètre rendue vacante par la promotion de Cousin qui remplaçait d'Alembert, les premières voix étaient cette fois pour Meusnier, qui devenait ainsi, à 29 ans, membre de l'Académie ; et les deuxièmes voix allaient à un homme dont il était glorieux de triompher, car c'était le physicien Charles qui avait, lui aussi, tant fait déjà pour l'aérostation. Trois jours après, la nomination de Meusnier était confirmée par le baron de Breteuil ; et le 7 février suivant, il était adjoint avec Borda à la Commission des ballons, dont il ne tardait pas à devenir l'âme. C'est ce que met en évidence la lettre suivante écrite *un mois après* par Lavoisier à M. de Fourcroy, Directeur du Génie à Versailles, pour demander que le congé annuel de Meusnier, qui allait expirer le 31 mars, fût prolongé pendant toute la durée de l'été :

« Vous savez, écrivait Lavoisier, avec quel zèle M. Meusnier s'est livré aux opérations dont il a été chargé par l'Académie, en conformité des ordres du roi, relativement à la construction et à la perfection des machines aérostatiques. La Commission formée à cet égard, qui roule principalement sur lui, a déjà fait des travaux immenses, qui sont au moment d'être achevés et qui la mettront en état de rendre incessamment compte au roi de ce qu'on peut attendre de ces sortes de machines, et de ce qu'il en coûterait pour les construire. Dans ces circonstances, l'Académie voit avec inquiétude que le congé de M. Meusnier expire, et que son absence suspendrait ses travaux, éloignerait le terme auquel elle doit faire son rapport au ministre, et lui ferait perdre le fruit d'un travail dont le principal mérite tient au moment et consiste dans l'à-propos. Nous espérons donc que vous voudrez bien employer le crédit dont vous jouissez auprès du ministre à obtenir une prolongation du congé de M. Meusnier. Ce sera un service réel que vous rendrez à l'Académie. »

Ces instances, auxquelles se joignirent celles du duc de La Rochefoucauld, eurent encore un plein succès, et Meusnier fut autorisé à rester à Paris, pour s'occuper des aérostats, ainsi que de la machine à distiller l'eau de mer, à laquelle le ministre s'intéressait particulièrement. Nous allons voir comment il justifia une fois de plus la confiance qu'on lui témoignait.

Sous le titre modeste : *Précis des travaux faits à l'Académie des Sciences de Paris pour la perfection des machines aérostatiques*, Meusnier lisait, à la séance publique du 13 novembre 1784, un exposé succinct des recherches de toute nature qu'il avait pu entreprendre depuis 10 mois, grâce à la prolongation de congé qui lui avait été accordée. Cet exposé nous a été conservé, et l'on en verra la reproduction dans nos *mémoires* (1). Meusnier y fait connaître les résultats des nombreuses expériences qu'il avait faites sur la solidité et l'imperméabilité des étoffes qui doivent servir à l'enveloppe, sur les vernis dont on doit les enduire, etc. Il reprend la théorie du ballonnet et aborde une question qui passionnait alors tout le monde : celle des moyens qu'on peut employer pour permettre aux aérostats de se diriger dans les airs. Sa conclusion est que ces moyens de direction, de quelque espèce qu'ils puissent être, ne peuvent guère procurer aux ballons une vitesse propre de plus d'une lieue à l'heure, indépendamment des vents. Néanmoins ces moyens de direction seront, croit-il, très utiles ; car ils permettront de choisir au moins un lieu d'atterrage convenable.

Le véritable esprit de la navigation aérienne consistait, selon Meusnier, et c'était la seule conclusion à laquelle on pût s'arrêter à son époque, à faire un emploi éclairé des vents, et à étudier très exactement leur succession, en perfectionnant les Tables d'observation qu'on avait déjà rassemblées de son temps.

D'après ces idées, Meusnier avait dressé deux projets d'aérostats ayant tous deux la forme d'un ellipsoïde allongé, pouvant tous deux descendre à terre ; et même la nacelle était construite de manière à pouvoir servir à la navigation, dans le cas où l'on aurait été forcé de faire descendre la machine en pleine mer. Pour donner au ballon un mouvement propre relativement aux vents, Meusnier se servait de rames en forme d'hélices que l'équipage mettait en rotation. C'est donc à Meusnier que revient l'honneur d'avoir appliqué l'hélice à la navigation aérienne ; mais il convient de remarquer que, déjà en 1772, un Américain, Bushnell, l'avait employée dans un essai de bateau sous-marin.

Dans la pensée de Meusnier, le premier et le plus vaste des deux projets qu'il avait conçus devait former un aérostat capable de faire le tour de la Terre, sous les climats les plus divers. Il devait porter 24 hommes d'équipage et 6 hommes d'état-major, avec des vivres pour 60 jours. Les moindres détails de manœuvre et d'équipement avaient été prévus. Meusnier avait fait un nombre immense d'expériences, sur les matières qu'il aurait à employer, sur les tensions qu'elles auraient à supporter. Le devis avait été calculé dans les moindres détails, il atteignait la somme énorme de trois millions trois cent mille livres. Le hangar qui devait contenir la machine avait les dimensions d'une cathédrale.

Le second projet, prévu pour 6 hommes d'équipage seulement, devait donner un ballon d'expérience, destiné, dans la pensée de son auteur, à servir en quelque sorte d'école pour les aéronautes et de moyen d'étude sur la constitution de l'atmosphère. Ce projet aurait coûté plus de trois cent soixante-dix mille livres.

« Louis XVI, nous dit Monge, voulut voir le grand projet, et entendre l'auteur. Il en fut aussi enchanté qu'il l'avait été de la première ascension, et il l'aurait fait exécuter, s'il n'en avait été détourné par l'énorme dépense qu'il aurait entraînée. »

Et Monge ajoute :

« Meusnier s'est très longtemps proposé de ne pas s'en tenir à cet égard à des dessins, et de rédiger le texte même du projet. Différents travaux l'en ont empêché ; c'est une grande perte que les sciences ont faite, non seulement à cause des résultats que cet Ouvrage eût contenus, mais encore parce qu'il aurait présenté l'union très rare du courage, de l'adresse, et même de la patience, au génie. »

La postérité a déjà ratifié ce jugement. Tout, dans les recherches de Meusnier, est de nature à nous frapper d'admiration : la hardiesse des conceptions d'ensemble n'est égalée que par la précision extraordinaire des travaux et des expériences de détail. Selon la remarque frappante de l'auteur d'un bel Ouvrage sur les aérostats, « l'histoire des sciences ne nous fournit qu'un autre exemple d'un si puissant effort intellectuel, celui d'Ampère posant, lui aussi en quelques mois, les lois de cette importante partie de la Physique qu'on appelle l'*Electrodynamique* ».

Cette œuvre est bien digne de celui que Monge se plaisait à signaler comme l'intelligence la plus extraordinaire qu'il eût jamais rencontrée. Et cependant, en rappelant rapidement les principales découvertes qui la composent, nous avons négligé de parler des recherches qui assurent à Meusnier une place dans l'histoire de la Chimie moderne. Il convient que nous en disions quelques mots.

Lavoisier, qui appartenait à l'Académie depuis 1768, n'avait pas tardé à y acquérir une influence prépondérante, grâce à sa situation, à son caractère et à ses travaux. Son logement et son laboratoire de l'Arsenal étaient devenus le rendez-vous de tous les hommes éminents dans les sciences. On y voyait Macquer, D'Arcet, Bucquet, Cadet de Gassicourt, Berthollet parmi les chimistes ; Vandermonde, Cousin, Lagrange, Laplace, Monge et Meusnier parmi les géomètres. On y rencontrait aussi les grands seigneurs qui faisaient partie de l'Académie : le duc de La Rochefoucauld, le duc de Chaulnes, le duc d'Ayen, président de l'Académie. Quand des savants étrangers, tels que Blagden, Ingenhouz, Fontana, Franklin, Watt, venaient à Paris, ils étaient, eux aussi, cordialement accueillis. C'est devant cette réunion d'élite que Lavoisier répétait les expériences qui devaient faire triompher ses vues et créer notre système moderne de Chimie. Il eut de la peine, et mit du temps, à convaincre les chimistes ; mais ses expériences, toutes de précision et de mesures, obtinrent plus de succès auprès des géomètres. Laplace, Monge, Meusnier furent les premiers adeptes de la Chimie nouvelle. Laplace, on le sait, collabora à différentes reprises avec Lavoisier. Il en fut de même de Meusnier.

Parmi les recherches que Lavoisier et Meusnier entreprirent ensemble, je signalerai seulement celles qui eurent pour objet de mettre en évidence, sans aucune objection possible, la véritable nature et la composition de l'eau.

Cette question de la composition de l'eau devait fournir, en quelque sorte, le champ clos dans lequel partisans et adversaires des théories nouvelles allaient se livrer une dernière et décisive bataille. Si je voulais raconter dans le détail les luttes et les revendications qu'elle a suscitées, cette séance entière, et d'autres encore, n'y suffiraient pas. Ici même, son histoire a été retracée trois fois : par Cuvier d'abord, puis par

Arago, et enfin par Berthelot qui, avec l'étendue incomparable de son esprit, a su donner la conclusion définitive, dans son éloge de Lavoisier.

Pour bien juger de la portée et de la priorité des découvertes faites dans l'étude de ce beau sujet, il est essentiel que nous fassions abstraction de nos idées modernes ; nous devons, avant tout, nous replacer dans l'état d'esprit des chimistes contemporains de Lavoisier, qui en étaient restés à la doctrine des quatre éléments, l'eau, l'air, la terre et le feu, complétée et, en quelque sorte, rendue cohérente par la théorie du phlogistique de Stahl et de Macquer. Quand on se reporte à cette époque, il faut se rappeler que le premier Mémoire de Lavoisier a été consacré à démontrer que l'eau ne saurait se changer en terre. Après avoir établi sa théorie fondamentale de la combustion, après avoir montré que l'air était un mélange, Lavoisier ne devait pas tarder à aborder cette question capitale de la composition de l'eau. Là aussi, il devait, le premier, énoncer une vue claire du résultat, bien qu'il ait pu être précédé dans certaines expériences.

Le 24 juin 1783, Lavoisier et Laplace présentaient en commun à l'Académie un Mémoire sur la formation de l'eau par la combustion de l'hydrogène dans l'oxygène. Cette expérience avait été déjà réalisée par Monge ; et de l'aveu même de Lavoisier, elle pouvait laisser subsister quelque doute sur la conclusion si ferme par laquelle les auteurs déclaraient que l'eau n'était qu'un composé. Au contraire, le Mémoire présenté une année après, le 24 avril 1784, par Meusnier et Lavoisier venait, on peut le dire, apporter des preuves nouvelles et décisives. Lavoisier n'avait aucune espèce de doute sur ses conclusions antérieures ; mais il pensait à juste titre que c'est à la multiplicité des faits, bien plus peut-être qu'au raisonnement, qu'il convient de demander la confirmation de toute théorie nouvelle. Meusnier, de son côté, toujours préoccupé de ses recherches sur les machines aérostatiques, se proposait d'obtenir les moyens de préparer l'hydrogène en grand ; et il était naturel qu'il s'attachât à le tirer de l'eau, dans laquelle il devait exister, si la théorie de Lavoisier était exacte. Telle est l'origine du Mémoire, publié en commun par Meusnier et Lavoisier, où se trouve réalisée la décomposition de l'eau par le fer à une haute température, et dans des conditions de précision qui ne pouvaient plus laisser place à aucune objection. Pour juger ce beau travail, ayons recours à Monge une fois de plus :

« J'avais déjà, nous dit le grand géomètre, fait six onces d'eau à l'Ecole du Génie, à Mézières, par les explosions successives d'un mélange de gaz hydrogène et de gaz oxygène ; et si le résultat eût été autre chose que de l'eau, l'expérience aurait été convaincante pour tous les physiciens. Mais il fallait en conclure que l'eau n'était pas un élément ; cette conclusion était si étrange, et la plupart des physiciens étaient si peu disposés à l'admettre, que, pour fermer la bouche aux incrédules, il fallait faire une expérience dans laquelle on prouvât que le poids de l'eau composée était exactement égal à la somme des poids de gaz composants ; et, pour mettre le comble à la certitude, il fallait employer l'analyse, c'est-à-dire décomposer un poids donné d'eau pure, prouver que, de cette décomposition, il ne résultait que de l'oxygène et de l'hydrogène, et que la somme des poids de ces deux composants était égale au poids de l'eau décomposée. Ces expériences exigeaient une exactitude et une délicatesse qui n'avaient été nécessaires pour aucune autre. »

« Meunier engagea son confrère Lavoisier à les entreprendre ; il se chargea d'imaginer les machines nouvelles, de faire toutes les recherches préliminaires qui devaient contribuer à leur perfection, et d'en surveiller l'exécution.

C'est à cette occasion qu'il composa le gazomètre, au moyen duquel on mesure avec exactitude le poids d'un fluide élastique consommé, quels que soient les changements qu'apportent dans son volume les variations de la température et du poids de l'atmosphère. Ces expériences se firent en présence de tous ceux qui, à Paris, cultivaient les sciences physiques. J'y assistai ; elles eurent le succès le plus complet ; et dès lors, il n'y eut plus de doute sur la composition de l'eau ; mais, ce qui attira l'attention de l'assemblée autant que le résultat, auquel elle s'attendait, c'est le talent avec lequel les appareils étaient formés, c'était la sagacité avec laquelle on les avait imaginés pour l'effet qu'ils devaient produire, c'était le génie de Meusnier. »

« On répète aujourd'hui cette expérience dans tous les cours ; mais, comme son objet n'a plus de contradicteurs, on n'a plus besoin de l'extrême exactitude qui était nécessaire alors, et les gazomètres qu'on voit dans les cabinets de Physique n'ont presque plus rien de commun que le nom avec le gazomètre de Meusnier. »

Ce récit de Monge explique bien une particularité, qui ne saurait manquer d'attirer l'attention. Lavoisier, qui était le directeur de l'Académie, qui lui appartenait depuis près de vingt ans, alors que Meusnier, depuis trois mois à peine, était simple associé, voulut cependant que Meusnier rédigeât le Mémoire où se trouvait relatée leur décisive expérience, et consentit même à faire figurer le nom de son jeune collaborateur avant le sien. C'est ce que montre bien le titre complet du Mémoire commun :

Mémoire où l'on prouve par la décomposition de l'eau que ce fluide n'est point une substance simple et qu'il y a plusieurs moyens d'obtenir en grand l'air inflammable qui y entre comme principe constituant, par MM. Meusnier et Lavoisier.

Un an après, se justifiait ce que Monge dit de l'effet de ce Mémoire. Dès 1785, Berthollet abandonnait le premier la théorie du phlogistique. Il était bientôt suivi par Guyton de Morveau ; et en 1786, Fourcroy commençait à enseigner ce qu'il appelait la *théorie française*, ce qu'il aurait dû nommer, pour être juste, la *théorie de Lavoisier*.

J'aurais encore à parler d'autres recherches que poursuivit Meusnier, avec l'opiniâtreté qu'il apportait dans tout ce qui l'intéressait. Ce furent, sans doute, les études relatives à l'éclairage des villes faites par Lavoisier, dont il était l'ami, qui le conduisirent à s'occuper du perfectionnement des lampes à huile, seules employées à cette époque. C'est dans les travaux de Meusnier sur les moyens d'opérer l'entière combustion des huiles et d'augmenter la lumière des lampes, en évitant la formation de la suie, qu'Argand et que Quinquot ont trouvé le principe, et plus que le principe, des appareils si utiles, qui ont rendu tant de services à nos pères, et qui, aujourd'hui encore, portent leur nom.

Tout en poursuivant ses études scientifiques si variées, Meusnier était bien loin de négliger ses devoirs militaires :

> « Partout, nous dit le général Gillon, il laissait des traces brillantes d'une intelligence d'élite secondée par un zèle infatigable ; partout aussi, il recueillait les témoignages d'une estime profonde et d'une véritable admiration. »

En 1786, son chef, M. de Caux, en demandant pour lui le grade de capitaine, écrivait : « J'aperçois une disproportion entre Meusnier et le grade de lieutenant. » Meusnier était, depuis deux ans déjà, membre de l'Académie des Sciences ; il dut cependant attendre un an encore sa promotion ; et c'est seulement le 27 mai 1787 qu'il fut nommé capitaine du Génie. Le

1er juillet 1788, il était nommé aide-maréchal général des logis au corps de l'Etat-Major de l'armée, avec le rang de major. Mais il conservait au fond du cœur un si vif attachement pour l'arme dans laquelle il venait d'accomplir la première partie de sa carrière qu'il suppliait le ministre, M. de Brienne, « de mettre le comble à ses bontés en lui conservant avec le corps royal du Génie des rapports qu'il ne pourrait perdre sans un vif regret. »

Son directeur, M. de Caux, appuyait vivement cette demande dans les termes suivants :

« Non seulement la demande de M. Meusnier lui fait honneur, en montrant que son zèle ne fait que s'accroître, au moment où il reçoit un avancement particulier, et qu'il n'est occupé que de la crainte de se voir restreint dans les objets multipliés, pour lesquels il a été si utile jusqu'ici ; mais il est indispensable qu'elle soit accueillie, pour l'avantage du service et l'intérêt de cette place en particulier (Cherbourg). L'immensité des sujets entièrement neufs qui vont y être traités ne permet pas qu'on renonce aux talents de cet officier, sans cesse occupé, depuis le commencement des travaux, de tout ce qui a pu accroître la défense de la rade, et surtout procurer entre la partie des fortifications et celle de l'artillerie un ensemble parfait, qui sera dû à la variété de ses connaissances et à l'activité qu'il a mise à en multiplier les applications ; il est d'ailleurs chargé, en ce moment, de plusieurs travaux et projets relatifs aux fortifications, auxquels il est impossible qu'il soit enlevé. On exciterait dans le corps du Génie un regret universel si on en séparait totalement Meusnier. En ce qui me concerne, je désire infiniment le conserver sous mes ordres, et avoir avec lui les rapports de service desquels j'ai eu de tout temps la plus grande satisfaction. »

A ce témoignage, si honorable pour la mémoire de Meusnier, il convient d'en joindre un autre, non moins touchant, et qui jette un jour curieux sur les habitudes de l'ancien régime. Les camarades de Meusnier ne craignaient pas d'intervenir en sa faveur et écrivaient au ministre la lettre suivante :

« Monseigneur, tous les officiers du Génie employés à Cherbourg se réunissent pour vous témoigner leur reconnaissance de la manière flatteuse dont vous avez distingué l'un d'entre eux ; mais ils osent vous confier la douleur qu'ils ont ressentie, en voyant que vous n'avez cru possible de récompenser son zèle et son talent qu'en le tirant du corps du Génie », et la lettre, qui portait 16 signatures, se terminait ainsi : « Vous le laisserez à ses anciens camarades pour leur servir toujours, et de guide, et de motif d'encouragement. »

Le ministre ne voulut pas résister à des sollicitations si flatteuses pour le jeune officier ; il avait d'ailleurs les moyens de motiver sa décision, car, dans ses visites à Cherbourg, il avait pu se rendre compte par lui-même de tout ce que les travaux devaient à Meusnier : fours à boulets d'un modèle particulier, nouveaux affûts pour les pièces de gros calibre, qui permettaient de servir une pièce de 36 avec trois hommes seulement, etc.

De ce jour, l'avancement de Meusnier, qui avait été si lent jusque-là, se poursuit, brillant et rapide. Nommé lieutenant-colonel le 11 juillet 1789, décoré de l'Ordre de Saint-Louis avant d'avoir le temps de service requis, ayant reçu, ce qu'il appréciait plus encore, toutes les facilités possibles pour poursuivre ses études scientifiques, il était à coup sûr de ceux auxquels la Monarchie n'avait fait subir aucun mécompte. Il embrassa pourtant avec ardeur le parti de la Révolution. Comme ses amis Monge, Berthollet, Vandermonde, il devint membre de la Société des

Jacobins, à une époque où elle n'avait pas acquis toute la prépondérance qu'elle a prise dans la suite ; il fonda même la section du Luxembourg. Mais la place d'un militaire tel que lui était aux armées qui défendaient le territoire.

Nommé colonel du 14e régiment d'infanterie le 5 février 1792, adjudant général colonel trois jours après, il ne devait pas tarder à recevoir des lettres de service pour une de nos armées les plus exposées. Une nouvelle découverte, utile à notre pays, le retint pour quelque temps à Paris. Une loi du 13 septembre 1791 avait établi un *Bureau de consultation pour les Arts et Métiers*, chargé d'étudier toutes les inventions utiles à l'État et de les récompenser au besoin. Ce Comité consultatif se réunissait au Louvre, dans les locaux de l'Académie, qui y était représentée par un grand nombre de ses membres ; Coulomb, Lagrange, Laplace, Monge, Meusnier en faisaient partie. Lavoisier, qui, jusqu'à son dernier jour, ne cessa de se dévouer à la Science et à son pays, en était le président, au moment où il fut emprisonné et déféré au Tribunal révolutionnaire[1]. C'est à ce Bureau consultatif que le gouvernement renvoya l'examen de la plupart des questions relatives aux assignats ; et c'est à cette occasion que Meusnier inventa la machine la plus ingénieuse, pour graver les assignats en taille douce, de manière à en empêcher la falsication.

« Il ne lui fallut qu'une demi-heure pour la trouver et en faire le calcul, qu'il présenta à ses collègues Monge, Vandermonde, Berthollet. Tous trois ne revenaient pas de leur étonnement de cette découverte, qui se fit dans un temps donné et fut, en quelque sorte, une saillie d'invention mécanique. »

Nous trouvons des détails à ce sujet dans une belle

lettre, datée de l'an II de la Liberté, que Meusnier écrivait, le 2 juin 1792, au ministre, au moment où il recevait des lettres de service lui enjoignant de partir immédiatement pour l'armée du Midi :

« Ayant indiqué, disait-il, des procédés nouveaux pour éviter la contrefaçon des assignats dont la fabrication est commencée depuis longtemps, je n'ai pu me refuser au désir que m'a témoigné le Comité des assignats et monnaies de m'en voir diriger l'exécution, jusqu'à ce que quelqu'un soit formé de manière à pouvoir la conduire en mon absence. Il ne me reste plus à terminer à cet égard que ce qui concerne la gravure en taille douce des assignats de 25 et de 10 livres ; je ne saurais mettre la fabrication en état de se passer de ma présence que dans une quinzaine de jours...

« Me sera t-il permis de vous exposer encore qu'en me livrant à un travail que j'ai cru bien important pour la chose publique, dans un temps où je n'avais pas encore d'autres devoirs à remplir, j'ai surtout désiré que mon zèle dans une partie étrangère à mes fonctions ordinaires ne me privât pas des moyens d'être utile à ma patrie sur les frontières les plus exposées, et que j'avais toujours espéré de servir dans l'armée du Rhin, ou dans celle du Nord que M. Lückner commande aujourd'hui. Malgré cette observation, je vous supplie cependant, Monsieur, de rendre justice à la soumission avec laquelle je ne cesserai de prendre les emplois auxquels je pourrais être jugé nécessaire, quelque part qu'ils puissent se trouver.

« Je suis avec respect,

« B. Meusnier, adjudant général ».

Malgré tout son désir, Meusnier ne devait pas encore être envoyé aux armées. Nommé maréchal de camp le 7 septembre 1792, il était retenu au Ministère de la Guerre pour y remplir des fonctions dont nous ignorons la nature. Après la démission de Servan, il devint sans doute le bras droit du nouveau ministre Pache, qu'il avait connu à la Société populaire de la Section de Luxembourg. On peut conjecturer que ce fut lui qui proposa et soutint le grand plan d'offensive, la marche de toutes les troupes sur le Rhin. Meusnier était l'ami de Carnot, qui comme lui, sortait de l'Ecole de Mézières, et qu'il avait déjà eu l'occasion d'entretenir à l'Académie des Sciences. Mais, nous le répétons, les renseignements précis nous font défaut. Tout ce que nous savons, c'est que, lorsque Beurnonville succéda à Pache, il envoya Meusnier à l'armée du Rhin.

Le 14 février 1793, il écrivait à Custine, qui commandait cette armée :

« J'ordonne au maréchal de camp Meusnier de partir sur le champ pour Mayence. On m'assure qu'il a tout le patriotisme et toute l'intelligence nécessaires pour faire un bon chef d'état-major. Vous l'employerez au surplus comme vous le désirerez. »

Dans l'intérêt du pays et dans le sien, Custine aurait bien fait de suivre le conseil que lui donnait le ministre, et de prendre Meusnier comme chef d'Etat-Major. Il préféra l'employer autrement. Dès le 18 février, un jour ou deux à peine après avoir reçu la lettre de Beurnonville, il ordonnait à Meusnier de se rendre à Kastel, pour y prendre le commandement de cette forteresse et des troupes qui l'occupaient, en le plaçant sous les ordres du général de brigade d'Oyré, auquel il attribuait le commandement en chef de la place et de la garnison de Mayence. C'était méconnaître la valeur de Meusnier, et même commettre envers lui une véritable injustice. Lors du procès qui amena sa condamnation à la peine capitale, cette décision de Custine devait lui être reprochée. D'Oyré était, sans doute, un excellent officier, très apprécié dans son arme et plus âgé que Meusnier. Mais il avait été nommé maréchal de camp après lui, et ne pouvait lui être comparé, ni pour le mérite, ni pour l'activité et la fermeté du caractère. Il n'était pas d'ailleurs entièrement remis d'une blessure à la jambe qu'il venait de recevoir.

Kastel ou Cassel, où Meusnier était appelé à commander, n'est autre chose qu'un faubourg de Mayence. Cette ville, qui a de tout temps été considérée comme une des forteresses les plus importantes de l'Europe, est située sur la rive gauche du Rhin, un peu au-dessous du confluent de ce fleuve avec le Mein ; elle communique avec la rive droite du Rhin par un pont qui débouche dans le faubourg de Kastel. Comme Mayence, ce faubourg avait dû être fortifié ; il était protégé par une enceinte continue, flanquée de deux forts que nos troupes appelaient le fort de Mars et le fort de la République. Bien qu'il communiquât librement avec la ville, sa situation un peu isolée, et aussi le mauvais état des ouvrages qui le défendaient, donnaient une importance exceptionnelle au commandement que recevait Meusnier.

L'armée prussienne n'était pas loin, Kastel aurait pu être enlevé par un coup de main. Le premier soin du nouveau commandant fut de le mettre autant que possible en état de défense. Le 7 mars 1793, Custine, écrivant à Meusnier, lui mandait qu'il comptait sur son génie inventif pour rendre nulles toutes les tentatives de l'ennemi sur Mayence et détruire les batteries flottantes qu'il voulait employer. En conséquence, le général en chef engageait Meusnier à faire construire des fourneaux à reverbère, en nombre suffisant pour alimenter de boulets rouges toutes les batteries des quais de Mayence.

Les pièces conservées aux Archives de la Guerre mettent en évidence toutes les améliorations qu'avait, dès le 1er avril, réalisées le jeune général (il n'avait pas encore 39 ans) dans l'état de défense de Kastel.

L'investissement de Mayence s'acheva le 14 avril. La garnison, qui comptait environ 23.000 hommes, était commandée par d'excellents officiers : au premier rang Meusnier et Kléber, tous deux destinés à une mort prématurée ; puis Aubert-Dubayet, ancien président de la Législative ; le chevaleresque Beaupuy, qui combattit à Kastel aux côtés de Meusnier, et qui devait trouver en Vendée une mort héroïque ; Marigny, Gaudin, Damas et bien d'autres, dont j'aurais à citer les noms si j'avais l'intention de faire l'histoire complète du siège. Il ne faut pas oublier les deux représentants du peuple : Reubell, le brave et honnête Alsacien, dont les qualités administratives furent très utiles, et Merlin de Thionville, qui étonna les Allemands par son courage. Revêtu du costume de simple canonnier, il accompagnait Meusnier ou Kléber, il se rendait aux avant-postes, dégainant quelquefois, dirigeant plus souvent l'artillerie et pointant lui-même les pièces : « Son exemple, rapporte Decaen, influa beaucoup sur les soldats et les officiers, qui rivalisaient entre eux d'ardeur et de courage pour se distinguer et mériter ses éloges. »

La garnison était composée à la fois de troupes de ligne et de volontaires ; elle manquait peut-être de cette instruction et de cet ensemble que donnent seuls les exercices et l'habitude de la guerre ; mais elle était composée de braves soldats, qui accomplirent plus d'une fois des actes de véritable héroïsme, à la voix des chefs pleins d'ardeur qui les commandaient, et surent rester pendant 4 mois sans découragement sous une véritable pluie de feu, malgré les fausses nouvelles de toute nature répandues avec profusion par l'ennemi.

Il ne nous appartient pas d'apporter une opinion sur la manière dont fut conduit le siège de Mayence. Nous nous bornerons à rappeler ici le jugement de deux hommes ayant une compétence que nous ne saurions réclamer.

Voici d'abord comment s'exprime le maréchal Gouvion Saint-Cyr, dans son Mémoire sur les campagnes des armées du Rhin :

« Le siège de Mayence est un des événements de cette guerre mémorable qui peut offrir le plus d'instruction sur la meilleure manière de défendre les places fortes. Il y eut, parmi les membres du Conseil de défense, deux systèmes qui furent vivement discutés. L'un, conforme à l'ancienne pratique et qui avait pour lui le général d'Oyré, consistait à se défendre derrière les ouvrages de la place, en tirant d'eux ses principaux moyens. L'autre, qui était celui de Meusnier et qui comptait beaucoup de partisans, consistait à tirer ses principales forces de l'activité et du courage des troupes, en les portant de préférence hors de l'enceinte, non seulement de la place, mais des ouvrages avancés, au moyen de sorties multipliées, et protégeant leur retraite avec les ouvrages et l'artillerie de la place. Ces deux systèmes ont été essayés et ont prédominé tour à tour selon les circonstances, jusqu'à la mort de Meusnier, après laquelle on voit que l'opinion de d'Oyré reprit définitivement le dessus. »

M. le général Gillon, dans l'éloge de Meusnier qu'il a prononcé à Tours en 1888, dit à peu près la même chose en ces termes :

« Sous les ordres du général d'Oyré, Meusnier avait été

nvesti du commandement en second de la place, et chargé plus spécialement de la défense de Kastel et des ouvrages le la rive droite du Rhin.

« Meusnier avait approché le grand Carnot, il portait gravée au fond du cœur cette pensée, que le glorieux organisateur de la victoire a inscrite depuis en tête de son Ouvrage sur la défense des places : « Tout militaire chargé « de la défense d'une place doit être dans la résolution de « périr plutôt que de se rendre. » Aussi, dès le début du siège, sa fièvre d'activité, son impatience d'agir, de se porter en avant, se donnent libre carrière ; en mainte occasion, il sait prendre le rôle d'assaillant, allant chercher l'ennemi dans ses propres retranchements, au lieu d'attendre l'attaque ; il insiste même auprès du général en chef pour en obtenir une grande sortie de toute la garnison. Bien que, sur ce dernier point, Meusnier, dans le Conseil de guerre tenu à cet effet, n'ait pas réussi à faire partager son opinion aux autres généraux, il n'en faut pas moins reconnaître la haute valeur du système qu'il avait adopté, on pourrait dire inventé : harceler l'ennemi par d'incessantes attaques, étendre le champ d'action de la garnison par des sorties nombreuses, aussi lointaines que possible. »

Voyons comment Meusnier appliqua, dans la limite restreinte qui lui était imposée par le général en chef et le conseil de défense, les idées qu'il avait proposées, et qui paraissent d'autant plus justes qu'au moins dans la première partie du siège, l'armée assiégeante, divisée nécessairement par le Rhin et le Mein en trois tronçons, comptait à peine deux fois plus d'hommes que la garnison.

Pendant que, sur la rive gauche, Kléber, secondé par le vaillant Marigny, chef de la légion des Francs, se couvrait de gloire et accomplissait ce que Merlin appelait à juste titre l'*Iliade Kléber*, Meusnier, sur la rive droite, secondé par le courageux Beaupuy et le capitaine Tyrant, chef des volontaires de Kastel, s'efforçait de réaliser cette défense active dans laquelle il voyait le seul salut possible pour la garnison. En face des lignes françaises et de Kastel, on apercevait le riant village de Kostheim ; Meusnier résolut de s'en rendre maître. Il y pénétra deux fois, le 10 et le 29 avril, et s'en empara définitivement le 2 mai. C'est en vain que le roi de Prusse, venu pour visiter son armée, donna l'ordre de reprendre le village. Après un brillant combat, dans lequel Beaupuy dut combattre corps à corps, les assiégeants furent définitivement repoussés.

Devenu maître de Kostheim, que le feu et la canonnade avaient réduit en cendres, Meusnier le rattacha au système de défense et voulut poursuivre ses succès, en s'emparant des îles qui sont au confluent des deux rivières.

Ces îles sont au nombre de trois ; la Bleiau, que les Français nommèrent l'*île Longue* à raison de sa forme, l'île Kopf, que les Français appelèrent l'*île Meusnier* du nom de leur général, et enfin la Bürgerau, la plus rapprochée de l'ennemi, à laquelle nos troupes avaient donné le nom d'*île Carmagnole*.

Dès le 28 avril, Meusnier faisait passer le Mein à 60 grenadiers et 60 chasseurs, qui détruisirent une redoute et des batteries saxonnes placées entre les deux rivières. Ce fut un brillant succès. Dans la nuit du 20 au 21 mai, il fit attaquer les trois îles et, plus particulièrement, l'île Longue, où il avait l'intention de s'établir.

Pendant qu'un détachement de 200 hommes débarquait dans cette île avec la mission de s'en emparer, l'intrépide général vint, sur un bateau bastingué qui portait 30 hommes et deux pièces de canon chargées à cartouche, croiser dans le chenal du Rhin, entre l'île Longue et la rive gauche du fleuve, pour attirer sur lui seul l'attention de l'ennemi. Il ne tarda pas en effet à être aperçu par les Prussiens, soigneusement abrités, qui couvrirent le bateau de leur feu. Meusnier et ses compagnons, grenadiers, chasseurs, canonniers, ripostèrent avec sang-froid. Meusnier voulait remonter le courant pour attirer l'ennemi hors de son embuscade et le battre à découvert. Malheureusement, malgré toutes les instances du général, les bateliers refusèrent de continuer leur route, et Meusnier dut, cette fois, consentir à la retraite.

Cet échec ne découragea pas l'intrépide général. Le 3 juin, il se rendait maître définitivement de celle des trois îles, la Bürgerau, dont il n'avait pu réussir encore à s'emparer.

On commençait aussitôt à s'y retrancher sous le feu roulant de l'ennemi, « car les Français, dit un des assiégeants, savent se terrer, comme les anciens Romains » ; on y mettait du canon ; on s'y installait à l'abri des buissons ; on jetait un pont sur radeaux entre l'île Kopf et la Bürgerau. Mais ce pont était si dangereux que les soldats hésitaient à le traverser et le nommaient le *pont des morts ;* Meusnier le fit tendre de voiles pour rassurer les imaginations.

Voilà comment Meusnier faisait la guerre sur la rive droite, appliquant chaque jour, avec une ardeur inlassable, le système qu'il s'était tracé, dans des notes de sa main qui nous ont été conservées ; essayant de tout reconnaître par lui-même, ou par des officiers de confiance ; se faisait voir souvent à cheval, soit de jour, soit de nuit, pour inspirer de la confiance aux timides ; veillant à ce que le soldat fût bien traité et régulièrement nourri, même sous le feu de l'ennemi. Mais le moment approchait où le vaillant général allait être victime de son courage.

Le 5 juin, pour se venger sans doute, dit un témoin

oculaire, de ce que, cinq jours auparavant, on avait tenté l'attaque de son quartier général, et failli enlever, dans la surprise de Marienborn, son général en chef lui-même, l'ennemi commença, vers 3 heures du matin, une canonnade infernale, telle que n'en avaient jamais entendue les plus vieux officiers, sur les ouvrages de la rive droite du Rhin. Le général Meusnier, qui avait passé la nuit aux avant-postes, dans les îles du Mein, craignit que ce feu violent ne fût le signal d'une attaque générale sur Kastel. Il s'embarqua à la hâte, pour repasser le Mein et donner dans la place les ordres nécessaires. L'ennemi tirait à la mitraille sur tous les bateaux : l'héroïque soldat fut atteint d'un biscaïen qui lui fracassa le genou et dont un fragment, pesant plus d'une demi-livre, resta d'abord dans la plaie,

C'est à Mayence, au logis de Merlin, qu'on transporta l'infortuné général. Merlin le veilla, l'entoura de soins et de tendresse comme un frère ; mais le mauvais tempérament de Meusnier, la gravité de la blessure, l'affaiblissement produit par les fatigues du siège, tout concourut à rendre la blessure mortelle. Meusnier expira le 13 juin dans d'horribles souffrances. « *Je fus témoin de son courage, dit Beaupuy, et je vis un héros pour la première fois ; lui seul était serein, lui seul ne versait pas de larmes.* » Que pourrions-nous ajouter à de telles paroles ? Bornons-nous à dire que, le lendemain, on enterra le brave général à la place qu'il avait lui-même désignée : à la pointe du bastion du centre de Kastel, face à l'assiégeant. Les soldats de ligne et les volontaires portaient le corps. Tristes, silencieux, des officiers tenaient les pans du drap mortuaire. Le commandant de l'armée ennemie, le général Schönfeld, qui, dès qu'il avait su la blessure de Meusnier, avait envoyé des oranges et des citrons pour soulager ses souffrances, voulut s'associer au deuil de l'armée française. Il y eut une suspension d'armes de 2 heures et, au moment suprême, les assiégeants, montés sur leurs lignes, tirèrent à poudre, mêlant leurs détonations à celle de la garnison.

Ici finit ce que nous avions à faire connaître du siège de Mayence.

« La mort de Meusnier, dit Gouvion Saint-Cyr, fut un des événements les plus marquants du siège, celui qui a le plus hâté la reddition de la place. Ce fut une grande perte, non seulement pour la garnison et l'armée du Rhin, mais pour la France. Meusnier était un savant distingué, que l'Académie avait admis dans son sein à l'âge où l'on est encore sur les bancs de l'école. Eminemment doué du génie de la guerre, l'expérience qu'il eût bientôt acquise nous aurait permis de voir ce que cet art peut tirer du secours des sciences exactes. Je ne doute pas que, s'il eût vécu, la France n'aurait eu deux génies de même trempe à la tête de ses armées.

. . . .

Son républicanisme était ardent, et il avait donné plusieurs fois des preuves de l'exaltation de ses principes et de l'audace de ses conceptions. Tout cela lui assurait une grande influence sur le conseil de défense de la place. Quelques hommes faibles, et il s'en trouve toujours dans une place assiégée, ont pu voir sa perte sans regrets ; mais les braves, qui étaient nombreux dans cette armée, l'ont regretté longtemps ; et ses soldats, qui avaient pour lui de l'admiration et de l'enthousiasme, en versant des larmes sur sa tombe, ne voulaient pas croire que sa mort fût naturelle. »

Le maréchal Gouvion Saint-Cyr, qui n'a pas assisté au siège de Mayence, écrivait en 1829 ; mais ce qu'il rapporte de l'enthousiasme que Meusnier inspirait à la garnison est confirmé par tout ce que nous apprennent les témoins contemporains.

« Quel malheur affreux ! » disait, en déplorant cette mort, Merlin de Thionville : jusqu'à l'extrême vieillesse, il ne cessa de parler de Meusnier avec émotion, et comme du meilleur ami dont il lui eût été donné de jouir dans cette vie. Il aimait à rappeler l'éclatante vengeance qu'il avait tirée de l'ennemi, après que Meusnier eut été mortellement atteint. « Merlin, dit à cette occasion le général Beaupuy, animant tout par sa présence, faisait un feu d'enfer. Il y avait quelque temps que cela durait, lorsque, tout à coup, j'aperçus une fumée noire et épaisse, d'où partaient des éclairs de coups de canons et d'obus ; c'était un des magasins de l'ennemi qui sautait et qui nous procurait ce magnifique spectacle. »

« Meusnier, nous dit un autre des témoins du siège, avait plus de talents et d'audace que qui que ce soit dans la place ; il avait surtout ce nerf qui se raidit contre les difficultés, et qui est indispensable pour une défense longue et vigoureuse. Tous ceux qui étaient alors dans Mayence conviennent que, si Meusnier eût été commandant en chef de la place, Mayence n'eût pas été rendue. »

Lorsque le jour de la capitulation fut venu, d'une capitulation très honorable, qui laissait à l'armée française le droit de quitter la place avec armes et bagages, les compagnons de Meusnier résolurent d'emporter avec eux la dépouille de leur général. Gœthe qui, le jour même de la bataille de Valmy, a parlé en termes si prophétiques de la Révolution française, était venu accompagner le duc de Weimar et assistait à la sortie de la garnison. En tête de la colonne, commandée par Aubert-Dubayet et Kléber, marchaient les compagnies franches de Marigny, suivies des bataillons de volontaires, des troupes de ligne, des chasseurs de Paris, des chasseurs de Kastel. Ceux-ci escortaient le corps de Meusnier et avaient à leur tête l'aide de camp Damas, qui montait le cheval du général et portait son épée. La cavalerie suivait l'infanterie. Soudain la musique fit entendre la *Marseillaise* :

« Avec quelque entrain qu'on l'exécute, nous dit Gœthe, ce chant révolutionnaire a quelque chose qui saisit l'âme d'une mystérieuse tristesse. Cette fois on le jouait tout doucement, comme pour se conformer à l'allure lente des chevaux. L'effet fut saisissant, terrible. Et quel grave spectacle que celui de ces cavaliers longs et maigres, tous d'un certain âge, tous d'une mine qui répondait à ces accents ; chacun d'eux ressemblait à don Quichotte ; tous ensemble et en masse inspiraient le plus profond respect. »

Dès le premier jour, la France entière s'associa aux honneurs qui étaient rendus à Meusnier par ses compagnons. Les débris de la garnison de Mayence passèrent à Tours, quelque temps après la capitulation, au mois d'août 1793, pour aller combattre en Vendée ; les concitoyens de Meusnier voulurent consacrer à sa mémoire une pompe funèbre, qui eut lieu le 27 août et à laquelle assistèrent tous les frères d'armes du jeune général. Les archives du Conseil municipal de Tours pourront renseigner ceux qui désireraient connaître l'ordonnance des cérémonies républicaines, sur celle-ci, où furent portés les bustes de Franklin, de Brutus, de Rousseau et de Le Pelletier. Ce fut Aubert-Dubayet qui prononça l'éloge de Meusnier.

Les cendres du général, recueillies par un de ses meilleurs amis, l'officier du Génie Vérine, furent portées à Paris et présentées, le 26 janvier 1799, à la séance d'ouverture de l'Ecole Polytechnique, où elles furent couvertes de lauriers et de palmes triomphales par un de ses camarades, Gayvernon, sous-directeur de l'Ecole, qui invita l'assemblée à honorer dans Meusnier « le génie le plus fécond en découvertes dans les Sciences et dans les Arts, l'imagination la plus finement organisée, le courage le plus brillant et le patriotisme le plus ardent ».

Un peu plus tard, en l'an IX, le Conseil général d'Indre-et-Loire vota l'érection d'un monument à Meusnier et exprima le désir que ses cendres y fussent renfermées. Son président fut chargé d'aller à Paris en solliciter la remise. Elle lui fut accordée, et acte en fut dressé le 1er messidor an IX, signé par Monge, Gayvernon, Xavier Audouin, Hassenfratz.

Voici le procès-verbal de la cérémonie ordonnée par le Conseil général :

« Le 1er vendémiaire an X, les autorités civiles et militaires de Tours se rendirent sur la place de la Nation, où avait été élevé un monument provisoire, destiné à recevoir les cendres du général.

« Le brancard sur lequel était posée l'urne contenant les cendres de Meusnier était porté, à la tête des autorités constituées, par huit vétérans. Les coins du poêle étaient soutenus par le citoyen Thorel, le plus ancien soldat de l'Europe, âgé de 103 ans, par le général préfet de Pommereul, le général divisionnaire Liébert, commandant la 22e division militaire, et le général Mouret, commandant les vétérans.

« Le cortège arrivé au pied de l'arbre de la Liberté, le citoyen Delaunay, professeur à l'Ecole Centrale, élevé sur une estrade, a prononcé l'oraison funèbre de ce jeune héros. Les applaudissements qui ont suivi le discours du citoyen Delaunay, les acclamations réitérées de « Vive la République ! » ont manifesté combien il avait excité l'intérêt du peuple nombreux qui l'entourait.

« Après le discours, les généraux, le citoyen Thorel, le maire de la commune de Tours et le président du Conseil général ont placé les cendres du général Meusnier dans le piédestal de la colonne, où elles ont été scellées, pour y rester jusqu'à la future érection du monument plus durable que le département se propose de lui élever. »

Vers la fin du Consulat, au moment de la conspiration de Georges, le 15 ventose an XII (6 mars 1804), le gouvernement donnait l'ordre de détruire partout les arbres de la Liberté. En abattant celui de la place de la Nation, on renversa malheureusement la colonne dans laquelle avaient été déposées les cendres du général Meusnier. Ces cendres furent déposées à la Mairie, dans un coffret en plomb. Elles devaient, hélas ! y rester longtemps oubliées.

En 1887, M. le Dr Fournier, maire de Tours, les retrouvait dans l'une des salles où se trouvent déposées les archives ; et, sur sa proposition, le Conseil municipal de cette ville décidait, d'une voix unanime, de réparer un oubli regrettable et de donner suite à la délibération prise en l'an X par le Conseil général, en élevant à Meusnier un monument durable sur la place de la Victoire (aujourd'hui place de la République).

Vous savez, Messieurs, que cette décision réparatrice a reçu son exécution, le 29 juillet 1888. Vous vous souvenez que, dans son beau discours, notre regretté confrère Janssen, délégué pour représenter l'Académie, sut exprimer nos sentiments, et rappela que notre Compagnie n'avait jamais cessé d'allier le culte de la Patrie à celui de la recherche scientifique. Toutes les fois que le pays aura besoin de nous, il nous trouvera prêts à suspendre l'étude des vérités abstraites pour les devoirs de salut public, qui sont à nos yeux les plus impérieux et les plus urgents.

Les nécessités de la vie moderne ont conduit la Municipalité de Tours à déplacer le monument qu'elle avait élevé à Meusnier. Mais il a. nous l'espérons, trouvé une place définitive dans le jardin des Prébendes-d'Oë, où il est entouré de verdure et de grands arbres. Il consiste en un buste de marbre blanc, reposant sur un piédestal dans lequel sont enfermées les cendres de l'héroïque général. Puisse-t-il, dans l'avenir, inspirer à nos enfants de France de généreuses pensées! puisse-t-il susciter de dignes successeurs au savant de génie, au soldat glorieux, dont la Touraine a le droit d'être fière !

(1) Pour faire connaître les mémoires et travaux de Meusnier relatifs à l'aérostation je vais reproduire ici l'avant-propos que j'ai mis en tête de leur publication dans le tome LI des *Mémoires de l'Académie*.

« Le 26 juillet 1886, mon regretté confrère le général Perrier, dont il m'a été donné plus tard d'écrire l'éloge, présentait à l'Académie des Sciences un précieux album, reproduction photographique d'un Atlas qui contient seize planches de dessins, relatifs à un projet de machine aérostatique rédigé par le général Meusnier et huit Tableaux, donnant les coefficients de résistance de diverses substances propres à entrer dans la construction de cette machine.

« Le général Perrier présentait en même temps une Note de M. le capitaine (aujourd'hui commandant) Létonné, où l'on trouve des détails de haut intérêt sur les travaux de Meusnier relatifs à l'aérostation et sur les circonstances dans lesquelles ils nous ont été conservés.

« Il nous a semblé (et nous espérons que l'éloge contenu dans ce Volume contribuera à rallier tous nos lecteurs à cette opinion) qu'il y aurait grand intérêt, aujourd'hui encore, à publier, comme le demandait M. le commandant Létonné dès 1886, tout ce que Meusnier nous a laissé sur l'aérostation.

« En conséquence, nous réunissons ici :

« 1° Une *lettre de M. Meusnier, officier au Corps Royal du Génie, à M. Faujas de Saint-Fond sur la force d'ascension du ballon parti du Champ de Mars, sur la marche qu'il a tenue après avoir percé la nue, sur la hauteur à laquelle l'air inflammable a pu réagir contre son enveloppe, suivie de recherches sur les degrés de pesanteur des différentes couches de l'atmosphère*, etc.

« Cette lettre, datée du 21 octobre 1783, est relative à l'expérience faite au Champ de Mars, le 27 août 1783, avec un ballon de taffetas enduit de gomme élastique, plein d'air inflammable tiré du fer. Elle est tirée de l'Ouvrage de Faujas de Saint-Fond, publié dès 1783 et intitulé : *Description des expériences de la machine aérostatique de MM. de Montgolfier*.

« 2° Un *Calcul des différentes élévations auxquelles a dû parvenir le globe aérostatique de 26 pieds de diamètre, lancé du Jardin des Tuileries le 1er décembre* 1783, *d'après la seule considération des poids que cette machine a portés*.

Cet article a paru le 29 décembre 1783 dans le *Journal de Paris*.

« 3° Le *Mémoire sur l'équilibre des machines aérostatiques, sur les différents moyens de les faire monter et descendre, et spécialement sur celui d'exécuter ces manœuvres sans jeter de lest et sans perdre d'air inflammable, en ménageant dans le ballon une capacité particulière destinée à renfermer de l'air atmosphérique; avec une addition contenant une application de cette théorie au cas particulier du ballon que MM. Robert construisent à Saint-Cloud et dans lequel ce moyen doit être employé pour la première fois*.

(C'est le travail fondamental dont il a été question à la page 230 de ce volume).

« 4° Le *Précis des travaux faits à l'Académie des Sciences de Paris pour la perfection des machines aérostatiques*, qui a été lu à la séance publique tenue par l'Académie des Sciences, le 13 novembre 1784 (et dont il a été question à la page 235 de ce volume).

« 5° Le *mémoire et devis du projet d'une machine aérostatique calculée pour porter trente hommes et des vivres pour 60 jours, et d'une machine semblable calculée pour porter six hommes*.

« Nous devons des copies correctes des nos 2, 3, 4 et 5 à MM. les Chefs de service de la Section technique du Génie, qui ont mis à notre disposition avec beaucoup d'obligeance les précieux documents dont la garde leur a été confiée.

« 6° Un Atlas qui est la reproduction photographique de celui dont le général Perrier avait fait hommage en 1886 à l'Académie des Sciences. Il est moins beau et moins grand que celui de la Section technique du Génie. Mais il paraîtra, nous l'espérons, très suffisant à nos lecteurs.

« Ceux d'entre eux qui désireraient avoir des renseignements authentiques sur les conditions dans lesquelles nous sont parvenus tous les travaux de Meusnier pourront lire un très intéressant article de M. le commandant Létonné, inséré en mars-avril 1888 dans la *Revue du Génie*, p. 247-258.

« Ils pourront consulter également de belles études sur les travaux de Meusnier relatifs à l'aérostation, publiées par M. le commandant Voyer dans la même *Revue* en 1902, t. XXIII, p. 421-430 et p. 521-532 (mai et juin 1902), et t. XXIV, p. 135-156 (août 1902) ».

ELOGE

DES

DONATEURS DE L'ACADÉMIE

Lu dans la séance publique annuelle du 18 décembre 1911.

Messieurs,

Chaque année, vous le savez, suivant un usage qui remonte à la fondation de l'Institut, un des Secrétaires perpétuels vous lit dans la séance publique l'éloge d'un de nos confrères disparus. La liste de ceux d'entre eux qui n'ont pas encore reçu dans cette enceinte l'hommage auquel ils ont droit ne cesse pas, hélas, de s'accroître. Vous m'approuverez pourtant, je l'espère, si je consacre, à titre tout à fait exceptionnel, la séance de ce jour à rappeler le souvenir de tous ceux et de toutes celles qui, en instituant des fondations auprès de notre Académie, l'ont aidée par cela même à mieux remplir sa mission. En ce faisant, du reste, je m'éloignerai moins qu'on ne pourrait le croire de notre tradition : car, parmi toutes les fondations dont j'aurai à vous parler, plusieurs, et ceci est tout à l'honneur de notre Compagnie, sont dues à ses membres, à ceux qui ont pu le mieux la juger, puisqu'ils l'ont vue à l'œuvre et ont été mêlés à sa vie de tous les jours.

I

C'est précisément un de nos confrères, Jérôme de Lalande, qui a eu l'honneur d'instituer, en 1802, la première fondation dont l'Institut ait eu le bénéfice.

Le 5 germinal an X (27 mars 1802), il faisait à l'Institut, réuni en séance générale, la proposition suivante :

« Je demande à l'Institut la permission de placer au Mont-de-Piété 10.000 francs dont le revenu serve à donner chaque année une médaille d'or, ou la valeur, à celui qui aura fait l'observation la plus curieuse ou le Mémoire le plus utile pour le progrès de l'Astronomie, en France ou ailleurs, les membres résidants de l'Institut exceptés, sur le rapport des Commissaires que l'Institut aura choisis dans la section d'Astronomie ou dans les autres sections analogues.

« A défaut d'observation ou de Mémoire assez remarquable, la Compagnie aura le droit de décerner la médaille, comme encouragement, à quelque élève qui aurait fait preuve de zèle pour l'Astronomie. »

Cette donation, qui remonte à la première organisation de l'Institut, fut acceptée dans la séance générale du 4 floréal de la même année (25 avril 1802) et approuvée par un arrêté des consuls de la République daté du 13 floréal, de sorte que le prix Lalande put être décerné dès l'an XI. Le premier lauréat fut Olbers. Cette attribution ouvrait dignement une liste qui contient les plus grands noms de l'Astronomie au XIXe siècle. A côté de nos compatriotes Mathieu, Poisson, Gambart, Gambey, Faye, Chacornac, Janssen, Mouchez, Tisserand, Paul et Prosper Henry, etc., on y voit figurer, conformément au désir de Lalande, fidèlement respecté par l'Académie, d'illustres étrangers : Gauss, Herschel, Plana, Galle, Schiaparelli, Huggins, etc.

L'exemple que Lalande donnait ainsi à l'occasion de son 70e anniversaire a eu, parmi nos confrères, de nombreux imitateurs.

En 1852, le Dr François Lallemand, membre de notre section de Médecine et Chirurgie, nous léguait 50.000 francs pour la fondation d'un prix destiné à récompenser ou à encourager les travaux relatifs au système nerveux, dans la plus large acception des mots.

Le 16 janvier 1868, un autre membre de la Section de Médecine, M. Serres, professeur au Muséum, léguait de même à l'Académie une somme de 60.000 francs pour instituer un prix triennal sur l'embryologie générale appliquée, autant que possible, à la Physiologie et à la Médecine.

En 1862, M. Montagne, membre de la section de Botanique, instituait l'Académie sa légataire universelle, à la charge d'affecter le revenu de sa succession à fonder un ou deux prix, devant être décernés chaque année, sur le Rapport de sa section de Botanique, à des savants français ou naturalisés français.

Claude Gay, qui appartint également à la Section de Botanique et que quelques-uns d'entre nous ont connu dans leur jeunesse, fut un intrépide voyageur. Il avait passé douze ans de sa vie au Chili, où il résida de 1829 à 1841, parcourant chaque province, y étudiant l'histoire, les mœurs, en même temps que la faune, la flore et la géographie physique. Les chambres législatives de ce pays lui accordèrent des subventions considérables pour publier son *Histoire du Chili* en 24 volumes. On dit même que, de son vivant, elles lui firent élever une statue à Santiago. Revenu dans notre pays, Claude Gay fut élu membre de l'Académie, le 19 mai 1856, en remplacement de Mirbel. Dans son testament, daté du 3 novembre 1873, il s'exprimait en ces termes, qui le dépeignent tel que nous l'avons connu :

« Ayant trouvé, écrivait-il, un bonheur pur et parfait dans mes occupations scientifiques et n'ayant jamais connu ni l'ennui, ni l'oisiveté, pour encourager les personnes qui auraient certaines aptitudes à ces sortes d'études, je laisse à l'Institut (Académie des Sciences) une rente annuelle de 2.500 francs pour un prix annuel de Géographie physique conformément au programme donné par la commission nommée à cet effet. »

Le 1er février 1872, le maréchal Vaillant, qui faisait partie de notre Section des Académiciens libres, donnait 40.000 francs à l'Académie. « Elle emploiera, disait-il, cette somme à fonder un prix qui sera accordé par elle, soit annuellement, soit à de plus longs intervalles. Je n'indique aucun sujet pour le prix, ayant toujours pensé laisser une grande Société comme l'Académie des Sciences appréciatrice suprême de ce qu'il y a de mieux à faire avec les fonds mis à sa disposition. L'Académie fera donc tel emploi qu'elle jugera convenable de la somme que je lui laisse et que je la prie d'accepter. »

En imitant l'exemple donné par le maréchal Vaillant, un autre académicien libre, M. le comte du Moncel, dont le nom sera retenu par les historiens du progrès de l'industrie électrique, a été plus large encore. Par son testament en date du 19 février 1880, il a légué à l'Académie une somme de 15.000 francs qui sera employée, sur les indications du Bureau, soit à une fondation de prix, soit à des encouragements, soit même aux besoins de l'Académie.

Un des lauréats de la médaille Lalande, Janssen, qui fut dans notre pays le promoteur et le plus illustre représentant des études d'Astronomie physique, a voulu imiter de tous points l'exemple qui lui avait été donné par notre premier donateur. De son vivant, le 26 novembre 1886, il faisait donation à l'Académie d'une rente de 180 francs et d'une somme de 1.339 francs, pour lui permettre de décerner un prix biennal, consistant en une médaille d'or et en une médaille d'argent de même module, en tout semblables entre elles et de la valeur qui correspondra au revenu de la fondation, à l'auteur français ou étranger (les membres de l'Institut exceptés) d'un travail ou d'une découverte faisant faire un progrès direct à l'Astronomie physique.

Nous avons perdu dernièrement M. Janssen. Notre confrère O.-M. Lannelongue, que nous aurons, je l'espère, le bonheur de conserver longtemps, nous a fait, le 20 mars 1905, une donation entre vifs de 1.200 francs de rente, qu'une nouvelle libéralité a portée, dans la suite, à une valeur annuelle de 2.000 fr.

Ce prix doit être donné, sur la proposition de notre Commission administrative, à une ou deux personnes au plus, dans l'infortune, appartenant elles-mêmes, ou par leur mariage, ou par leur père et mère, au monde scientifique et, de préférence, au monde scientifique médical.

C'est à une pensée du même genre, un peu différente cependant, qu'avait obéi notre regretté confrère Cahours, vérificateur à l'Hôtel des Monnaies, professeur à l'École Polytechnique, décédé le 17 mars 1891. Il était de ceux qui, comme Bour et Ebelmen, ont désiré passionnément nous appartenir. Nommé membre de notre Section de Chimie, il nous a témoigné sa reconnaissance en léguant à l'Académie une somme de 100.000 francs, dont les intérêts devront être distribués chaque année, à titre d'encouragement, à des jeunes gens qui se seront déjà fait connaître par quelques travaux intéressants, plus particulièrement par des *recherches de Chimie.*

II

Parmi nos donateurs appartenant à l'Académie, il convient de ne pas oublier le vice-amiral Paris, que nous avons perdu en 1893 et qui fut, de son vivant, membre de notre Section de Géographie et Navigation. Le brave amiral, dont Joseph Bertrand a écrit l'éloge, fut, en 1871, et sans l'avoir sollicité, nommé Conservateur du Musée de Marine au Louvre. Ne voulant pas, disait-il, être plus favorisé que n'importe lequel de ses camarades, il consacrait le supplément de solde qu'il recevait ainsi à faire dessiner des aquarelles, à construire des modèles de navires, destinés à conserver le souvenir des constructions navales que les progrès modernes faisaient disparaître peu à peu. Ce désintéressement de l'amiral a beaucoup contribué à maintenir au Louvre le Musée de Marine, qui est, paraît-il, le plus visité de tous ceux qui sont réunis dans ce Palais. Ceux même qui auraient voulu le transporter ailleurs cessaient toute démarche, lorsqu'ils étaient au courant de l'affection que portait à son Musée le bon amiral, et des sacrifices qu'il faisait pour lui. Aussi l'Académie, qui avait pour cet éminent serviteur de la Marine affection et respect, a-t-elle accepté le don que lui faisait l'amiral de 500 francs de rente pour continuer, sous le nom de

Souvenirs de marine conservés, l'œuvre à laquelle il avait voué sa verte vieillesse, et qui doit réunir des gravures fidèles des bâtiments de toutes sortes et de toutes nations.

Comme l'amiral Paris, Antoine d'Abbadie, l'illustre explorateur de l'Ethiopie, nous a fait sa donation si importante en nous imposant d'autres obligations que celle de fonder des prix. Appartenant à une famille basque originaire des environs de Saint-Jean-de-Luz, M. d'Abbadie revenait chaque année au pays de sa famille ; grâce à des efforts persévérants, il avait réussi à constituer près d'Hendaye une belle propriété. Il avait su choisir, au centre même de son domaine, un emplacement merveilleux d'où l'on a la plus belle vue à la fois sur la mer et sur la montagne ; et il y fit élever, de 1868 à 1870, un beau château dont les plans furent donnés par Viollet-Le-Duc. Il avait fait construire, attenant au château, un petit observatoire où il continuait ses études sur la déviation de la verticale et où se poursuivaient sous sa direction des observations astronomiques régulières. Passionnément attaché à son pays d'origine, M. d'Abbadie distribuait chaque année des prix destinés à maintenir l'originalité du peuple Basque, à favoriser la conservation de sa langue et de ses exercices nationaux. Il a voulu assurer après lui la continuation de son œuvre sociale comme de son œuvre scientifique, et il les a confiées toutes deux à l'Académie des Sciences, dont il était un des membres les plus respectés. J'ose dire que l'Académie n'a pas failli à la tâche qui lui a été ainsi assignée. Sous l'habile direction de M. l'abbé Verschaffel, l'observatoire d'Abbadia s'est placé au premier rang pour les observations méridiennes ; depuis 1902, date de l'entrée en possession de l'Académie, il n'a pas publié moins de dix Volumes d'observations, devenant ainsi un des collaborateurs les plus précieux pour l'exécution de cette œuvre grandiose de la Carte du Ciel qui sera un titre d'honneur de la France au XIXe et au XXe siècles. Pour sa tâche sociale comme pour son œuvre astronomique, l'Académie a rempli fidèlement les obligations qui lui étaient imposées. Elle récompense, chaque année, des œuvres écrites et des improvisations en langue basque, elle donne des prix aux meilleurs joueurs de pelote, à ceux qui savent le mieux faire retentir les *irrintcina*, ces cris de guerre que les Basques ont recueillis de leurs ancêtres.

Quelques-uns d'entre nous ont pu connaître encore Antoine d'Abbadie ; mais presque tous, on peut le dire, conservent le souvenir de notre confrère Henri Becquerel, décédé il y a seulement trois ans, le 20 août 1908. Né le 15 décembre 1852, dans cette tranquille maison du Muséum, où son grand-père Antoine-César Becquerel, où son père Edmond Becquerel, ont vu s'écouler leur existence, tout entière consacrée à la recherche, Henri Becquerel était à peine âgé de 55 ans lorsqu'il nous a été enlevé. Professeur au Muséum et à l'Ecole Polytechnique, membre de notre Académie depuis plus de vingt ans, investi depuis quelques mois à peine des fonctions de secrétaire perpétuel, tout semblait sourire à sa jeunesse, tout semblait lui promettre un glorieux avenir. Heureux de voir siéger à mes côtés celui dont j'avais guidé les premiers pas dans la carrière des sciences, je prenais plaisir d'avance à l'initier au rôle et à la mission particulière qu'ont à remplir les secrétaires perpétuels. Il avait toujours vécu dans le milieu académique, il connaissait nos traditions, il était jaloux plus que personne de la bonne réputation de notre Compagnie. Assuré depuis longtemps que chez lui l'esprit de pondération et de finesse sauraient s'allier à une ardeur exceptionnelle pour la recherche, je m'apprêtais à seconder de mon mieux mon élève de jadis, devenu mon confrère illustre et glorieux. Tous ces espoirs sont venus hélas se briser devant un cercueil

Nul ne pouvait s'attendre, Henri Becquerel moins que personne, au coup fatal qui l'a brusquement frappé. Mais Becquerel, animé pour notre Compagnie d'une affection en quelque sorte héréditaire, nous avait fait, dès le premier jour, notre part dans son testament.

« Je lègue, dit-il, à l'Académie des Sciences, la somme de 100.000 francs, en mémoire de mon grand-père et de mon père, membres comme moi de cette Académie ; je lui laisse le soin de décider le meilleur usage qu'elle pourra faire des arrérages de ce capital, soit pour établir la fondation de prix, soit dans la manière dont elle distribuera périodiquement les arrérages dans le but de favoriser le progrès des Sciences. »

Les revenus du legs Becquerel seront attribués pour la première fois en 1912.

III

A côté des fondations que nous venons d'énumérer, il convient de placer celles qui sont dues à l'initiative directe de nos confrères. Lorsque Charles Dupin devint, en 1834, ministre de la Marine, ce savant illustre, membre de deux Académies, qui appartenait à notre Section de Mécanique depuis 1818, constitua, sur les fonds du Ministère de la Marine, un prix de 6.000 francs destiné à récompenser tout progrès de nature à accroître l'efficacité de nos forces navales; et depuis, cette belle fondation a toujours été maintenue par ses successeurs. C'est sans hésitation que les concurrents, toujours nombreux, communiquent à l'Académie leurs inventions les plus secrètes ; elle couronne les meilleures, sans pouvoir, on le conçoit, donner toujours les motifs de ses décisions. La création d'un prix analogue pour les Sciences militaires aurait sans doute les plus heureux effets.

IV

Même dans cette revue rapide, il conviendrait mal d'oublier le membre de la Section de Mécanique qui a fait quelque bruit dans le monde en dehors de l'Institut, je veux parler de l'Empereur Napoléon qui, élu par l'Institut le 25 décembre 1797, quelques mois après les préliminaires de Leoben, demeura membre de notre Académie, de la première Classe comme on disait alors, jusqu'au 10 avril 1815. A cette date, Carnot, devenu ministre de l'Empire, invita notre Président à réserver à l'Empereur le titre de Protecteur de l'Institut et à le faire remplacer dans la Section de Mécanique.

Napoléon comptait de nombreux amis dans la première Classe : Monge, Berthollet, Fourier, Lagrange, les membres de l'Institut d'Egypte, d'autres encore. Il eut toujours le sentiment le plus vif de l'importance et de l'intérêt que présente la culture des Sciences. Le 17 prairial an XIII, il écrivait à Laplace, qui lui avait envoyé le quatrième Volume de la *Mécanique Céleste* « Tout ce qui tend à accroître le domaine des sciences et à donner un nouvel éclat au siècle où nous vivons m'est agréable sous tous les points de vue ». Parmi les discours qu'il adressa à l'Institut et qui sont conservés dans nos Archives, il en est un dont les termes m'ont toujours paru caractéristiques. Le 6 février 1808, parvenu au comble de la grandeur et de la puissance, il recevait en Conseil d'État la première Classe de l'Institut, qui venait lui rendre compte de l'état des Sciences et de leurs progrès depuis 1789. Après avoir entendu la lecture des Rapports de Delambre et de Cuvier, nos deux Secrétaires perpétuels, il prononçait le discours suivant :

« Messieurs les Présidents, Secrétaires et Députés de la première Classe de l'Institut, j'ai voulu vous entendre sur les progrès de l'esprit humain dans ces derniers temps, afin que ce que vous auriez à me dire fût entendu de toutes les nations et fermât la bouche aux détracteurs de notre Siècle qui, cherchant à faire rétrograder l'esprit humain, paraissent avoir pour but de l'éteindre.

« J'ai voulu connaître ce qui me restait à faire pour encourager vos travaux, *pour me consoler de ne pouvoir plus concourir autrement à leur succès*. Le bien de mes peuples et la gloire de mon trône sont également intéressés à la prospérité des Sciences.

« Mon ministre de l'Intérieur me fera un rapport sur toutes vos demandes ; vous pouvez compter constamment sur les effets de ma protection. »

Parmi les marques de bienveillance que l'Empereur ne cessa de prodiguer à l'Institut et à sa première Classe, il en est qui rentrent dans notre sujet : ce sont la création d'un prix sur le Galvanisme qu'il fit le 26 prairial an X, alors qu'il n'était encore que Premier Consul, et dont il confia le jugement à la première Classe de l'Institut, et l'institution des *prix décennaux*, qui furent répartis entre les différentes Classes. Ces derniers prix furent créés par deux décrets : l'un, daté du 24 fructidor an XII et signé au Palais d'Aix-la-Chapelle ; l'autre, du 28 novembre 1807 et signé au Palais des Tuileries. La première Classe de l'Institut seule put terminer son travail en temps utile. Les lauréats des grands prix de première classe furent Lagrange, Laplace, Berthollet, Cuvier, Montgolfier, Oberkampf et l'établissement de *la Mandria* de Chivas, département de la Doire. Parmi les lauréats des grands prix de seconde Classe, on remarque *La base du système métrique décimal;* je me demande sous quelle forme celle-ci reçut la récompense qui lui était ainsi attribuée.

Ces concours, qui ont disparu avec l'Empire, ne sont pas les seuls que l'on doive à Napoléon. Le 5 mars 1807, Napoléon Charles, le premier des fils de Louis Bonaparte et d'Hortense de Beauharnais, le frère aîné par conséquent de Napoléon III, mourait emporté par le croup. Douloureusement ému par cette mort, l'Empereur instituait un prix de 12.000 francs pour le meilleur Ouvrage sur le traitement de cette maladie; mais cette fois, le jury ne fut pas composé exclusivement de membres de l'Institut.

V

J'en ai fini, sauf une exception que je réserve pour la fin de ce discours, avec l'énumération des libéralités que l'Académie doit à ses membres; mais à ces marques de confiance qu'elle a reçues d'eux, elle est fière, à juste titre, d'ajouter toutes celles qui lui ont été données par des savants étrangers. Nous allons maintenant les faire connaître.

M. Henry Wilde, membre de la Société Royale de Londres, a fait don à l'Académie, le 30 juin 1899, de la somme nécessaire pour fonder un prix annuel de 4.000 francs, qui devra porter le nom de *Prix Wilde*.

Conformément aux prescriptions du donateur, ce prix est décerné chaque année, sans distinction de nationalité, à la personne dont la découverte ou l'Ouvrage sur l'Astronomie, la Physique, la Chimie, la Minéralogie, la Géologie ou la Mécanique expérimentale aura été jugé, par l'Académie, le plus digne de récompense. « La présente donation, écrit M. Wilde dans sa lettre à l'Académie, est faite dans le but de stimuler de nouvelles investigations dans les sciences physico-chimiques, et dans un sentiment de reconnaissance du donateur envers la science française, tant pure qu'appliquée, pour le profit qu'il en a tiré. »

Un autre ami de notre pays, Pierre de Tchihatchef, qui fut un grand explorateur et dont tous les Ouvrages sont écrits en français, a légué à l'Académie, dont il était correspondant, la somme de 100.000 francs pour les intérêts de cette somme être affectés à offrir annuellement une récompense ou une assistance aux naturalistes de toute nationalité qui se seront le plus distingués dans l'exploration du continent asiatique ou îles limitrophes, notamment des régions les moins connues et en conséquence à l'exclusion des contrées suivantes : Indes Britanniques, Sibérie proprement dite, Asie Mineure et Syrie, contrées déjà plus ou moins explorées. Les explorations devront avoir pour objet une branche quelconque des Sciences naturelles, physiques ou mathématiques. Seront exclus les travaux ayant rapport aux autres sciences, telles que archéologie, histoire, ethnographie, philologie, etc.

Un physicien anglais, David-Edward Hughes, né

en 1831, décédé le 21 janvier 1900, est bien connu par trois inventions : le télégraphe imprimant, le microphone et la balance d'induction. Il nous a légué 4.000 livres sterling pour la fondation d'un prix annuel destiné à récompenser une découverte originale dans les Sciences physiques auxquelles il avait consacré sa vie et dû tous ses succès.

C'est encore un étranger, le Dr Louis-Joseph Jecker, qui nous a permis de récompenser chaque année l'Ouvrage le plus utile à la Chimie organique. La valeur du prix Jecker, qui remonte à 1855, est actuellement de 10.000 francs.

Un italien, M. Jérôme Ponti, avait légué toute sa fortune, évaluée à deux millions, conjointement aux trois Académies des Sciences de Paris, de Vienne et de Londres (Société Royale). A la suite d'une étude minutieuse faite par mon cher prédécesseur Joseph Bertrand, l'Académie refusa le legs. Mais M. le chevalier André Ponti, désirant perpétuer le souvenir de son frère, fit donation à l'Académie d'une somme de 60.000 lires, dont les intérêts devaient être employés par l'Académie « selon qu'elle le jugera le plus à propos pour encourager les sciences et aider à leurs progrès ». L'Académie a décidé qu'elle donnerait le prix Jérôme-Ponti, tous les deux ans, sur le Rapport de sa Commission administrative, à l'auteur d'un travail scientifique dont la continuation ou le développement seront jugés importants pour la Science.

Le Dr Georges Parkin, membre du Collège royal des Physiciens d'Edimbourg et du Collège royal des Chirurgiens de Londres, a légué à l'Académie la somme de 1.500 livres sterling, dont les arrérages devront être attribués tous les trois ans, comme récompense ou prix, au meilleur travail écrit en français, en allemand ou en italien, sur les effets curatifs du carbone, sous ses diverses formes et plus particulièrement sous la forme gazeuse, dans le choléra, les différentes formes de fièvre et autres maladies, et, en outre, sur les effets de l'action volcanique dans la production de maladies épidémiques et dans celle d'ouragans et de perturbations atmosphériques anormales.

M. le commandant Joseph-Joachim de Gama Machado léguait également une somme de 20.000 fr., destinée à publier une seconde édition de sa *Théorie des ressemblances* et à fonder un prix pour récompenser les meilleurs Mémoires sur la coloration de la robe des animaux, y compris l'homme, et sur la semence dans le règne animal.

A la suite d'une transaction, la famille s'étant chargée de la réimpression de la *Théorie des ressemblances*, le legs fut réduit à 10.000 francs. Le prix est décerné aux meilleurs Mémoires sur les parties colorées du système tégumentaire des animaux ou sur la matière fécondante des êtres animés.

VI

Les Académiciens et les Etrangers ne sont pas les seuls qui aient songé à nous prendre pour dispensateurs de leurs libéralités.

Il est arrivé plus d'une fois que des femmes, désireuses de perpétuer le souvenir de maris ou de parents regrettés, ont voulu fournir à l'Académie les moyens d'encourager les études auxquelles s'était voué pendant sa vie celui qu'elles avaient perdu.

C'est ainsi que la marquise de Laplace, veuve de l'illustre auteur de la *Mécanique céleste*, a fait don, en 1836, d'une rente annuelle de 215 francs pour la fondation d'un prix, qui consiste dans les *Œuvres complètes de Laplace*, convenablement reliées, et qui est donné tous les ans, par les mains du Président, au premier élève sortant de l'École Polytechnique.

Vous avez vu, tout à l'heure, notre Président se conformer pour la soixante-quinzième fois à cette coutume, que nous tiendrions beaucoup à conserver, alors même qu'elle ne nous serait pas prescrite ; car elle est en quelque sorte le symbole des relations étroites qui nous rattachent à l'École Polytechnique.

L'exemple de la marquise de Laplace a trouvé des imitatrices.

Mme la baronne Damoiseau, veuve de Damoiseau, qui fut membre de notre Section d'Astronomie et du Bureau des Longitudes, nous fit don, par son testament, en 1863, de la somme de 20.000 francs, dont les arrérages devaient être affectés à récompenser les recherches les plus utiles à l'Astronomie. Désireuse de seconder de la manière la plus complète les intentions de la testatrice, l'Académie a plus d'une fois récompensé des travaux relatifs aux satellites de Jupiter et à la théorie de la Lune : elle se rappelait que ces deux questions, si différentes et si importantes, ont fait l'objet des recherches persévérantes du baron Damoiseau.

Deux fondations de même nature, le prix Valz et le prix de Pontécoulant, réservées également aux astronomes, dans les mêmes conditions que le prix Lalande, sont dues, la première à Mme Valz, la veuve de l'astronome distingué, qui a donné à la planète Nemausa le nom de sa ville natale, l'autre à Mme de Barrère, fille du comte de Pontécoulant, lauréat de l'Institut et ancien élève de l'École Polytechnique.

Cette dernière fondation est d'autant plus méritoire, que de Pontécoulant se trouva toute sa vie en opposition avec Arago, notre illustre Secrétaire perpétuel. De Pontécoulant est l'auteur d'un Ouvrage, l'*Exposition analytique du système du Monde*, qui a donné occasion, d'une manière bien singulière, à l'un des plus beaux Mémoires de Jacobi. Le grand géomètre allemand n'avait pas, paraît-il, très bon caractère ; il était, au plus haut degré, doué de cet esprit critique qui est quelquefois l'origine de belles découvertes. Ayant lu, dans l'Ouvrage de Pontécoulant, cette affirmation que les seules figures d'équilibre possibles, pour une masse liquide animée d'un mouvement de rotation, sont nécessairement de révolution autour de l'axe de rotation, il se proposa immédiatement de rechercher si cet énoncé, qui n'était accompagné d'aucune preuve, était exact ; et il fut ainsi conduit à sa belle découverte de la figure d'équilibre formée d'un ellipsoïde à trois axes inégaux. Ce premier résultat, on le sait, a ouvert les voies à une théorie toute nouvelle des figures d'équilibre qui, dans ces derniers temps, a reçu une ampleur et un développement inattendus, à la suite des recherches géniales de notre confrère Henri Poincaré.

VII

Si j'arrêtais ici cette énumération, on pourrait croire que l'Astronomie seule a le don d'inspirer les dévouements féminins. Il n'en est rien heureusement. Dans les fondations faites à l'Académie, comme dans toutes les œuvres qui réclament un esprit élevé et un cœur généreux, les femmes ont su, vous allez le voir, se placer au premier rang. Voici, par exemple, comment s'exprime Mlle Olympe Letellier de Savigny, qui consacra tout son dévouement à consoler les derniers jours de notre confrère, le naturaliste de Savigny, devenu aveugle.

« Voulant, dit-elle, avant toute autre disposition, perpétuer, autant qu'il est en mon pouvoir de le faire, le souvenir d'un martyr de la Science et de l'honneur, je lègue à l'Institut de France (Académie des Sciences, Section de Zoologie) 20.000 francs au nom de Marie-Jules-César Le Lorgne de Savigny, ancien membre de l'Institut d'Egypte et de l'Institut de France, pour que l'intérêt de cette somme soit employé à aider les jeunes naturalistes voyageurs, qui ne recevront pas de subvention du gouvernement et, s'occupant plus spécialement des animaux sans vertèbres de l'Egypte et de la Syrie, voudraient publier leur Ouvrage et se trouveraient, en quelque sorte, les continuateurs des recherches faites par M. Jules-César Savigny et qui n'ont pu être terminées à cause de l'affreuse maladie qui l'a précipité vivant dans la tombe. »

Les plus anciens membres de l'Académie ont pu connaître personnellement le général Poncelet, qui fut un inventeur de premier ordre, aussi bien en Mécanique qu'en Géométrie.

Le 13 avril 1868, Mme Poncelet écrivait à l'Académie la lettre suivante :

« Les sentiments de respect et d'affection, dont le général Poncelet était animé pour l'Académie, lui avaient inspiré le désir d'être toujours associé à ses travaux. Pendant sa vie, et ses confrères qu'il a tant aimés le savent bien, il n'avait pas cessé un seul instant d'être occupé de la marche des sciences ; vers sa dernière heure, il formait le vœu d'être encore associé, après sa mort, à leur développement pendant un long avenir. Je remplis ses intentions, en mettant à la disposition de l'Académie une somme annuelle de 2.500 francs, destinée à recompenser l'auteur, français ou étranger, du travail le plus important de Mathématiques pures ou appliquées, publié dans le cours des dix années qui auront précédé le jugement de l'Académie. »

Beaucoup d'entre nous se rappellent Mme Poncelet, qui réalisait si noblement la pensée de son mari. Les lauréats du prix Poncelet, et ils sont nombreux à l'Académie, avaient l'habitude de lui rendre visite. Elle s'intéressait à nos travaux et... à nos élections. Elle a dignement couronné son œuvre, en nous donnant les moyens d'offrir aux lauréats un exemplaire des Ouvrages de son mari.

Ces lauréats ont, en général, passé l'âge où il leur serait agréable de venir au Bureau recevoir de la main du Président l'exemplaire qui leur est destiné. Le temps n'est plus d'ailleurs où, suivant l'article du Règlement voté par l'Institut réuni en séance plénière, le Président devait appeler à haute voix, et successivement, chacun des lauréats, leur remettre une médaille et un diplôme, leur donner l'accolade, poser sur leur tête une couronne de laurier et les faire reconduire à une place d'honneur par l'agent de l'Institut.

A côté de Mme Poncelet, je citerai Mme Vve Delesse et Mme Francœur. Delesse, qui est mort en 1881, était sorti le premier de l'Ecole des Mines en 1839. Ses travaux sur la métamorphisme des roches et ses cartes agronomiques lui avaient valu en 1871 une place dans notre Section de Minéralogie. Voulant perpétuer le souvenir de son mari, Mme Delesse nous a donné 20.000 francs, pour récompenser les travaux afférents à la Section dont faisait partie notre regretté confrère, qui fut aussi le maître de plusieurs d'entre nous.

Mme Francœur, en l'honneur de son père, professeur de Géométrie à l'Ecole des Beaux-Arts, a fondé un prix annuel de 1.000 francs, destiné à récompenser les travaux utiles au progrès des Mathématiques pures ou appliquées. Le lauréat doit être choisi de préférence parmi de jeunes savants, dont la situation n'est pas encore assurée, ou parmi des géomètres, dont la vie, consacrée à la Science, n'aurait pas suffisamment assuré le repos et l'aisance de leur existence.

En 1893, l'Académie a reçu une fondation inspirée par une pensée touchante. Mme Vve Isbecque, déplorant son manque d'instruction, nous a laissé 10.000 francs pour la fondation d'un prix destiné à récompenser un jeune écolier pauvre, de 12 à 16 ans, studieux, soumis à ses maîtres, respectueux envers ses supérieurs, élevé dans des principes moraux.

VIII

Parmi les noms dont s'honore notre Compagnie, s'il en est de plus grands et de plus illustres, aucun n'est plus pur, ni plus honorable, que celui de Jean-Dominique Larrey, le chirurgien de la grande armée, celui que nos soldats appelaient la Providence et de qui Napoléon a dit, à Sainte-Hélène, qu'il n'avait jamais connu d'homme plus vertueux. Larrey, qui succéda en 1829 à Pelletan dans notre Section de Médecine et Chirurgie, avait laissé un fils, Félix-Hippolyte, qui fut, en 1859, médecin en chef de nos armées d'Italie et devint à son tour membre de notre Compagnie dans la Section des Académiciens libres. Il avait hérité de toutes les vertus de son père. Après nos désastres de 1870, il recueillit et adopta, en quelque sorte, une héroïne de la guerre, Mlle Juliette Dodu qui, à peine âgée de 20 ans, avait eu le courage de servir son pays au péril de sa vie. Directrice du Bureau de télégraphe de Pithiviers, elle réussit à intercepter pendant la nuit les dépêches du prince Frédéric-Charles et à les transmettre au commandant de l'armée de la Loire, le général d'Aurelle de Paladines, qu'elle sauva ainsi d'une perte presque certaine ; car il courait le risque d'être enveloppé par l'armée allemande, venue de Metz. Condamnée à mort pour cet acte de dévouement à la patrie par le Conseil de guerre de l'armée ennemie, elle fut grâciée, et même félicitée pour son courage, par le prince Frédéric-Charles. Devenue légataire universelle de notre confrère, Mlle Juliette Dodu a voulu perpétuer la mémoire du père et du fils, et nous a donné les moyens de créer un prix Larrey de 850 francs, destiné à récompenser un médecin ou un chirurgien des armées de terre ou de mer, pour le meilleur Ouvrage présenté à l'Académie au cours de l'année et traitant un sujet de médecine, de chirurgie ou d'hygiène militaires. En contemplant, dans la cour du Val-de-Grâce, la belle statue, due à David d'Angers, de Dominique Larrey, les élèves de notre première Ecole de Santé militaire pourront penser, grâce à Mlle Dodu, que les descendants du grand chirurgien ne les ont pas oubliés.

IX

A côté de tant de noms que je viens de rappeler, combien d'autres sur lesquels j'aurais plaisir à insister ! Le temps me presse et je dois me borner à rappeler les donations :

De Mme Caméré qui, pour perpétuer la mémoire de son mari décédé inspecteur général des Ponts et Chaussées, a fondé un prix biennal de 6.000 francs destiné à un ingénieur français ayant réalisé un progrès dans l'art de construire ;

De Mlle Juliette de Reinach qui, désirant perpétuer la mémoire de parents chéris, a fondé en 1910, sous le nom de sa mère, née Fanny Emden, un prix biennal de 3.000 francs, pour récompenser les meilleures recherches relatives à l'hypnose, à la suggestion, et, en général, aux actions physiologiques qui pourraient être exercées à distance sur l'organisme animal ;

De Mme Fano qui, en souvenir de son mari, oculiste des plus distingués, a donné une somme de 70.000 francs (dont l'Académie ne possède que la nue-propriété), destinée à fonder un prix pour les travaux d'ophtalmologie ;

De Mme Jules Mahyer, qui nous a légué 629 francs de rente pour la fondation d'un prix, sans autres conditions ;

De Mme Gustave Roux, qui, désireuse d'attacher à une bonne action le souvenir de son mari, nous a associés à sa généreuse pensée et a créé un prix annuel de 1.000 francs destiné à aider un jeune savant français ou étranger ;

De Mlle Foehr qui, après avoir consacré toute sa vie au Dr Bellion, a voulu, sur ses indications, fonder le prix Bellion pour encourager et récompenser les découvertes profitables à la santé de l'homme et à l'amélioration de l'espèce humaine ;

D'une alsacienne, Mme Kastner, née Léonie Boursault, décédée à Kehl, qui a légué 55.000 francs pour un prix à décerner successivement par l'Académie française, l'Académie des Beaux-Arts et l'Académie des Sciences ;

De Mme veuve Guérineau, née Delalande, qui, sans doute en mémoire de son père, explorateur du plus haut mérite, nous a légué 10.000 francs pour un prix biennal à décerner au voyageur ou au savant français qui, l'un ou l'autre, auront rendu le plus de services à la France ou à la Science ;

D'une américaine, Mme Joséphine Hall Bishop qui, pour rappeler également le souvenir de son père, notre regretté correspondant James Hall, a voulu fonder un prix quinquennal de Géologie.

Cette longue énumération montre bien que l'Académie a su mériter la confiance et la sympathie des femmes. Je la compléterai en parlant du prix Pierre Guzman qui se présente dans des conditions spéciales.

Mme veuve Guzman a légué à l'Académie des Sciences 100.000 francs pour la fondation d'un prix qui portera, en souvenir de son fils, le nom de *Prix Pierre Guzman* et sera décerné à celui qui aura trouvé le moyen de communiquer avec un astre. « Je veux dire, ajoute la testatrice, qui a l'esprit précis, faire un signe à cet astre et recevoir réponse à ce signe ; j'exclus la planète Mars, qui paraît suffisamment connue ».

Prévoyant que le prix ne serait pas décerné de sitôt, la fondatrice a voulu que, jusqu'à ce que le prix fut gagné, les intérêts cumulés pendant 5 années fussent employés à former un prix, portant aussi le nom de son fils, qui sera décerné à un savant, français ou étranger, auquel on devra un progrès important en Astronomie.

Messieurs, c'est cette disposition additionnelle qui a déterminé l'assentiment immédiat de l'Académie, assurée ainsi de pouvoir employer dès le début, et d'une manière utile, les revenus du legs. Mais, alors même que cette disposition, qui nous couvre au regard des profanes, n'aurait pas existé, je me demande, sans vouloir d'ailleurs engager mes confrères, pourquoi la donation aurait été refusée. Quelles merveilles la science n'a-t-elle pas réalisées au cours du siècle qui vient de finir : le téléphone, le phonographe, la télégraphie ordinaire, la télégraphie sans fil, les rayons X, le radium, la conquête de l'air, etc. Quelqu'un qui les eût prédites, il y a seulement un siècle, en 1811, aurait passé pour un insensé. Gardons-nous donc de condamner *a priori* des rêves comme celui de communiquer avec les astres. La Physique et la Chimie, déjouant les prédictions d'Auguste Comte, ont commencé à nous éclairer sur la nature et la composition des corps célestes. Qui peut dire où elles s'arrêteront?

X

Revenons à nos fondations. Celles que nous avons encore à signaler sont assez nombreuses pour qu'il soit utile d'y établir un ordre, une classification, comme en Histoire naturelle. C'est ce que nous allons essayer de faire.

Plus d'une fois, les Comités chargés de rendre hommage à quelque savant illustre ont attribué à l'Académie, en vue d'une fondation, les reliquats des souscriptions qu'ils avaient recueillies.

C'est ainsi que l'Académie a pu fonder en 1839 le prix Cuvier, destiné à récompenser l'Ouvrage le plus remarquable sur l'étude des ossements fossiles, l'anatomie comparée ou la zoologie.

C'est ainsi qu'elle décerne, dans les cas exceptionnels, les médailles Arago et Lavoisier ; qu'elle attribue chaque année, aux lauréats de prx de Chimie, des médailles Berthelot, auxquelles vient s'ajouter tous les deux ans un prix de 500 francs, provenant du don, fait par Berthelot, d'une somme de 4.500 fr.

XI

Parmi les autres fondations, quelques-unes émanent de correspondants de l'Académie, par exemple, celle qui est due au lieutenant-colonel Boileau, professeur de Mécanique à l'Ecole de Metz, auteur d'un *Traité de la nature des eaux courantes*, et celle qui est due à Gustave-Adolphe Hirn, un des créateurs de la Thermodynamique.

D'autres nous viennent de personnes qui ont consacré leur vie à l'étude des sciences ou à leurs applications.

C'est ainsi que le baron Bigot de Morogues, pair de France en 1835, géologue, minéralogiste et agriculteur, nous a donné les moyens de récompenser par un prix décennal l'Ouvrage qui aura fait faire le plus grand progrès à l'agriculture ;

Que M. Jean-Robert Bréant, ancien Directeur des Essais des Monnaies en France, nous a laissé, par son testament écrit au moment de la terrible épidémie de 1849, un prix de 100.000 francs destiné à celui qui aura trouvé le moyen de guérir le choléra asiatique, ou qui aura trouvé les causes de ce terrible fléau ;

Que M. Joseph-Athanase Barbier, ancien chirurgien en chef de l'Hôpital militaire du Val-de-Grâce, créé baron en 1824, en récompense des progrès qu'il avait réalisés dans la chirurgie militaire et du dévouement admirable avec lequel il avait soigné les blessés de la campagne de France, amis et ennemis, a fondé un prix annuel destiné à celui qui fera une découverte précieuse pour la science chirurgicale, médicale, pharmaceutique et dans la Botanique relative à l'art de guérir :

Que M. Louis Berthé, pharmacien, nous a légué 625 francs de rente pour faciliter les débuts d'un homme de valeur ;

Que M. Auguste-Henri Cornut de Lafontaine de Coincy a légué 30.000 francs à l'Académie, à la charge par elle de fonder un prix annuel pour récompenser un Ouvrage de Phanérogamie, écrit en latin ou en français ;

Que par contre M. H.-J. Desmazières, un des bienfaiteurs de la ville de Lille et du Museum, a fondé un prix de 1.600 francs destiné au meilleur travail sur tout ou partie de la Cryptogamie ;

Que M. Danton, ingénieur civil, a légué la somme de 10.000 francs pour récompenser les travaux relatifs aux phénomènes radiants ;

Que M. Benoit Fourneyron, également ingénieur civil, a donné 500 francs de rente pour être employés, tous les deux ans, à un prix de mécanique appliquée ;

Que M. Fontannes, paléontologiste, bien connu par un Ouvrage de premier ordre, la description géologique du Bassin du Rhône, lauréat de notre grand prix des Sciences physiques, a témoigné sa reconnaissance à l'Académie en lui léguant la somme de 20.000 fr. destinée à fonder un prix triennal de Paléontologie ;

Que M. J.-Henri Giffard, ingénieur et aéronaute français, inventeur de l'injecteur automoteur, nous a laissé une somme de 50.000 francs dont les arrérages sont employés à distribuer des secours ;

Que M. le Dr Godard, plusieurs fois lauréat de l'Académie, lui a légué, dans son testament fait à Jérusalem, une rente de 1.000 francs pour un prix annuel destiné à récompenser le meilleur travail sur l'anatomie, la physiologie et la pathologie des organes génito-urinaires ;

Que la Société anonyme des aciéries de Longwy et la Société anonyme métallurgique de Gorcy se sont unies pour fonder un prix biennal de 1.000 francs auquel a été donné le nom de *Prix Joseph-Labbé*, en souvenir du fondateur de ces deux établissements, et qui est destiné à récompenser les *travaux géologiques* ou des recherches ayant efficacement contribué à mettre en valeur les richesses minières de la France, de ses colonies et de ses protectorats ;

Que le Dr Martin Damourette a légué 20.000 francs pour fonder un prix biennal de Physiologie thérapeutique ;

Que le Dr Mège a légué 10.000 francs pour favoriser des recherches relatives à l'histoire de la Médecine ;

Que M. le Dr Pourat a laissé la somme nécessaire pour créer un prix annuel de 1.000 francs destiné à récompenser les recherches de Physiologie ;

Que M. Philipeaux, un des amis et des collaborateurs de Vulpian, plusieurs fois couronné par l'Académie, lui témoignait sa reconnaissance en fondant, lui aussi, un prix annuel de Physiologie expérimentale d'une valeur de 890 francs ;

Que Gaston Planté, bien connu par de remarquables travaux sur l'électricité et par l'invention des accumulateurs, a légué la somme nécessaire pour fonder un prix biennal de 3.000 francs, destiné à récompenser l'auteur français d'un travail important dans le domaine de l'électricité ;

Que les héritiers de Victor Raulin, professeur à la Faculté des Sciences de Bordeaux, ont fait don à l'Académie de 1.500 francs de rente dans le but de faciliter la publication de travaux relatifs à la Géologie, à la Minéralogie, à la Physique du globe,

Que le Dr Saintour a légué à l'Académie des Sciences, comme aux autres Académies, la somme nécessaire pour fonder un prix annuel dont la valeur actuelle est de 3.000 francs ;

Que M. Thore, propriétaire à Dax, a fondé, en l'honneur de son père, médecin et botaniste, un prix de 200 francs à décerner alternativement à des travaux sur les Cryptogames, et à des recherches sur les mœurs ou l'anatomie d'un insecte ;

Que M. Félix Rivot, ancien chef de bureau au Ministère de la Guerre, imitant l'exemple de la marquise de Laplace, a légué à l'Académie, pour honorer la mémoire de son frère L.-E. Rivot, professeur à l'Ecole des Mines, auteur du *Traité de Docimasie* et sorti le premier en 1842 de l'Ecole Polytechnique, une rente de 2.500 francs à partager chaque année entre les quatre élèves de cette Ecole sortis avec les nos 1 et 2 dans le corps des Mines et dans celui des Ponts et Chaussées.

Je ne saurais oublier ici le legs d'une rente de 2.500 francs fait par M. Franck-Bernard-Simon Chaussier, pour fonder un prix de Médecine de 10.000 fr. à décerner tous les quatre ans.

C'était un des fils de notre confrère François Chaussier, qui fut, sous le premier Empire, médecin de l'Ecole Polytechnique, et au sujet duquel Joseph Bertrand raconte une amusante anecdote : Michel Chasles, ce grand géomètre et ce galant homme que nous avons connu, aimait à recevoir ses confrères à sa table, où il leur offrait les vins les plus délicats et les plus fins ; et cependant il n'a jamais bu que de l'eau. Son père, le conduisant à l'Ecole Polytechnique, où il avait été reçu en 1814, voulut assister à la visite médicale et pria le Dr Chaussier d'engager son fils à boire du vin. — Pourquoi, répondit le célèbre docteur? Votre fils ne boit pas de vin ; un cheval non plus, et il ne s'en porte pas plus mal.

XII

Parmi toutes ces fondations, il faut distinguer particulièrement celle du Dr Louis La Caze, celui-là même qui a fait à notre Musée du Louvre un don royal. Il a légué à l'Académie des Sciences les sommes nécessaires pour permettre la fondation de trois prix biennaux de 10.000 francs : l'un pour la Physique, l'autre pour la Chimie, le troisième pour la Physiologie. « Je provoque, dit il dans son testament, par la fondation assez importante de ces trois prix, en Europe et peut-être ailleurs, une série continue de recherches sur les Sciences naturelles, qui sont la base la moins équivoque du savoir humain ; et en même temps je pense que le jugement et la distribution de ces trois prix par l'Académie des Sciences sera un titre de plus au respect et à l'estime dont elle jouit dans le monde entier. Si ces prix ne sont pas obtenus par des Français, du moins ils seront distribués par des Français et par le premier corps savant de France. »

XIII

Les dons que nous venons d'énumérer nous ont été faits par des hommes qui, à des degrés divers, avaient pris part à la recherche scientifique.

D'autres, non moins nombreux, sont dus à ceux qui ne s'intéressaient guère à nos études que pour en avoir reconnu la valeur, en avoir apprécié les résultats.

Dès 1817, c'est M. Alhumbert, ministre du culte catholique, qui lègue 300 francs de rente sur l'Etat pour encourager le progrès des Sciences et des Arts. Le legs avait été fait à l'Académie des Sciences et Arts de Paris. Il a été interprété en ce sens qu'il devait être partagé entre les deux Académies des Sciences et des Beaux-Arts.

En 1835, M. Charles-Laurent Bordin, ancien notaire, lègue à l'Institut 15.000 francs de rente qui doivent être répartis également entre les cinq Académies. Les revenus devront être distribués en prix. Les sujets mis au concours auront toujours pour but l'intérêt public, le bien de l'humanité, le progrès de la Science et l'honneur national. M. Bordin fut aussi bienfaiteur de la Chambre des Notaires et fondateur d'une chaire de Notariat.

En 1859, M. Jean-Baptiste Plumey, propriétaire, lègue à l'Académie 25 actions de la Banque de France, pour les revenus être attribués au perfectionnement des machines à vapeur, ou à toute autre invention qui, au jugement de l'Académie, aura le plus contribué aux progrès de la navigation à vapeur.

En 1867, M. F.-J. de la Fons Mélicocq, propriétaire à Raismes, laisse 300 francs de rente pour la fondation d'un prix triennal, destiné au meilleur Ouvrage de Botanique sur le Nord de la France.

En 1869, M. Jean-Louis Gegner, employé au Ministère des Finances, lègue une rente de 4.000 francs, destinée à soutenir un savant pauvre qui se sera signalé par des travaux sérieux et qui, dès lors, pourra continuer plus fructueusement ses recherches en faveur du progrès des sciences positives.

En 1874, M. Abraham-Richard Dugaste fonde un

prix quinquennal de 2.500 francs destiné à l'auteur du meilleur Ouvrage sur les signes diagnostics de la mort et sur le moyen de prévenir les inhumations précipitées.

En 1875, M. Petit d'Ormoy, propriétaire à Marolles en Hurepoix, institue l'Académie sa légataire universelle ; et les revenus provenant de cette succession permettent à l'Académie de créer deux prix biennaux de 10.000 francs, destinés respectivement à récompenser les travaux de Mathématiques pures et d'Histoire naturelle, trop négligés par les donateurs.

En 1895, M. Jean-Charles-François Fresgot, receveur de rentes, institue l'Académie des Sciences sa légataire universelle, sans lui imposer aucune condition.

En 1891, M. Charles-François-Emile Hébert lègue à l'Académie des Sciences une rente de 1.000 francs, pour récompenser l'auteur du meilleur Traité ou de la plus utile découverte relative à la vulgarisation et à l'emploi pratique de l'électricité

En 1896, M. Louis-François Binoux, propriétaire à Milly (Seine-et-Oise), un philanthrope qui impose à la vente de ses propriétés des conditions très douces et très avantageuses... pour les acquéreurs, nous institue ses légataires universels, sous la condition de fonder avec les revenus un ou plusieurs prix. L'Académie profite de la latitude qui lui était laissée pour encourager à la fois les explorateurs et les historiens de la Science. Le prix Binoux consacré à l'Histoire des Sciences est un de ceux qui réunissent le plus de concurrents, et l'on doit s'en féliciter. Une nation qui veut vivre se doit à elle-même de faire valoir les titres qu'elle a acquis, et les résultats qu'elle a obtenus, dans toutes les recherches qui ont en vue le progrès de la civilisation.

En 1899, M. Paul-Frédéric Hély d'Oissel a légué à l'Académie des Sciences une somme de 35.000 francs sous les conditions suivantes : « Le revenu sera divisé en deux parts égales : l'une sera à la disposition de l'Académie et employée dans le but de favoriser le progrès des Sciences, mais sans pouvoir profiter à un membre de l'Académie ; l'autre moitié sera capitalisée et placée à nouveau, de manière à augmenter constamment le revenu de cette fondation, qui devra, tous les ans, être partagé en deux portions égales, dont l'une sera capitalisée de nouveau. »

En 1902, M. Pierson Perrin, propriétaire à Mirecourt (Vosges), avait légué à l'Académie française une somme de 100.000 francs pour le revenu de cette somme être distribué tous les deux ans au Français qui aura fait la plus belle découverte physique, telle, par exemple, que la direction des ballons.

Par décret du 25 juillet 1902, l'Académie française a été autorisée à refuser ce legs ; par le même décret, l'Académie des Sciences a été autorisée à l'accepter.

En 1903, M. Pierre-Charles Theurlot, célibataire rentier, a légué à l'Académie des Sciences une somme de 50.000 francs dont le revenu capitalisé sera attribué, au bout d'une période qui ne pourra jamais être moindre de 25 ans, à celui des constructeurs d'instruments de précision qui aura rendu à la Science et aux savants les plus grands services par l'ingéniosité de ses inventions, par la rigoureuse perfection de tous les instruments sortant de ses ateliers, etc.

En 1855, M. le baron de Trémont, ancien préfet, qui a été bienfaiteur également des Facultés, a légué à l'Académie 1.000 francs de rente pour aider dans ses travaux tout savant, ingénieur, artiste ou mécanicien, auquel une assistance sera nécessaire pour atteindre un but utile et glorieux pour la France.

Toute latitude est laissée à l'Académie pour la durée de cette aide.

En 1906, M. Irénée Longchampt, rentier à Pontarlier (Doubs), a laissé à l'Académie 4.000 francs de rente pour la fondation d'un prix annuel visant à la fois les maladies de l'homme, des animaux et des plantes, au point de vue spécial de l'introduction des substances minérales en excès comme cause de ces maladies.

Enfin, en 1908, M. Argut (Louis-Pierre-Jules) a légué, conjointement à l'Académie des Sciences et à l'Académie de Médecine, une somme de 40.000 francs, que les deux Compagnies se sont partagées par parties égales, dans le but de créer un prix destiné à récompenser le savant « qui aura fait une découverte « guérissant une maladie ne pouvant jusqu'alors être « traitée que par la chirurgie et agrandissant ainsi le « domaine de la médecine ».

XIV

Parmi toutes ces fondations, nous devons une mention spéciale à celle de M. Victor-Eugène Leconte, rentier, qui, en instituant, par ses testaments, dont le dernier remonte à 1887, l'Académie sa légataire universelle, lui a permis de fonder un prix triennal, ne pouvant être divisé et destiné à récompenser, soit les auteurs de découvertes nouvelles et capitales en Mathématiques, Physique, Chimie, Histoire naturelle, Sciences médicales, soit les auteurs d'applications nouvelles de ces Sciences, applications qui devront donner des résultats de beaucoup supérieurs à ceux obtenus jusque-là. Malgré les créations récentes des prix Nobel, du prix Osiris, le prix Leconte, dont la valeur est de 50.000 francs et dont l'Académie tient essentiellement à maintenir le niveau, est une des plus belles récompenses que les savants puissent ambitionner.

XV

Me voici bientôt au bout de la tâche que j'ai entreprise et, cependant, j'ai laissé de côté les deux prix que nous devons à la libéralité de l'Etat, ceux que l'Académie décerne à tour de rôle, comme les prix Jean Reynaud et Estrade Delcros, ceux enfin, tels que le prix Osiris, au jugement desquels nous participons avec nos confrères des autres Académies. Je ne vous ai rien dit surtout de celui qui, il y a plus d'un siècle, a donné le premier l'exemple et demeure aujourd'hui encore notre principal donateur. Je veux parler du baron Auget de Montyon, qui fut aussi le bienfaiteur de l'Académie française et de l'Assistance publique de Paris. Le 19 mars 1906, quand les travaux furent faits à l'église Saint-Julien-le-Pauvre, votre secrétaire perpétuel fut appelé, avec Gaston Boissier, à constater dans la nef de gauche de l'église la présence des restes de notre donateur, et il s'acquitta avec empressement de ce pieux devoir.

Tout a été dit sur le baron de Montyon. Il ne se passe pas d'année sans que nos confrères de l'Académie française ne prononcent son éloge. Il nous suffira, pour lui rendre l'hommage qui l'aurait le plus touché, de rappeler les fondations qu'il nous a confiées.

Dès 1780, M. de Montyon faisait à l'ancienne Académie un don de 12.000 livres dont les intérêts devaient être employés en encouragements, frais d'expériences, prix pour quelque invention *dont il puisse résulter un bien pour la Société*. D'autres fondations, faites en 1782 et 1783 auprès de notre Compagnie, inspirées uniquement, comme la première, par le souci du bien public, disparurent en 1793. Sans se laisser décourager, M. de Montyon reprenait son œuvre au début de la Restauration. On lui doit la création d'un prix de Statistique en 1817, d'un prix de Physiologie expérimentale en 1818, d'un prix de Mécanique en 1819. Enfin en 1821, l'Académie recevait communication du testament par lequel il léguait la plus grande partie de sa fortune, par parts égales, à l'Académie française, à l'Académie des Sciences et à chacun des hospices du département de Paris.

Grâce à ce don magnifique, fait à une époque où l'Académie n'avait guère d'autres ressources que celles que lui fournissait l'Etat, nous avons pu créer trois prix et trois mentions honorables de Médecine et de Chirurgie, un prix et une mention honorable, dits des *Arts insalubres*, destinés à récompenser celui qui aura trouvé les moyens de rendre un art mécanique moins malsain. Ainsi, parmi les récompenses que nous distribuons chaque année, onze au moins sont dues à M. de Montyon. Et elles sont d'un caractère tel qu'il semble que le donateur se soit souvenu des paroles prononcées par Condorcet à l'Assemblée Nationale, le 12 juin 1790 :

« Depuis son institution, l'Académie a toujours saisi et même recherché les occasions d'employer pour le bien des hommes les connaissances acquises par la méditation ou l'étude de la nature.

« L'Académie s'est toujours plus honorée d'un préjugé détruit, d'un établissement public perfectionné, d'un procédé économique ou salutaire introduit dans les arts, que d'une découverte difficile ou brillante. »

XVI

La longue énumération qui précède met en évidence un fait dont il faut se réjouir. L'Académie a aujourd'hui à sa disposition des moyens de récompense variés. S'il y a des lacunes, et il y en a, dans la liste de nos prix, les donateurs nous permettront sans doute de les combler et continueront, nous l'espérons, à nous témoigner une confiance, qui nous paraît justifiée par le soin scrupuleux que met l'Académie à seconder et à respecter leurs intentions. Mais, à côté de cette mission de récompense que l'Académie remplit de son mieux et qui maintient à un niveau si élevé le titre, dont on se pare volontiers, de lauréat de l'Académie des Sciences, n'est-il pas d'autres parties de sa tâche dans lesquelles notre Compagnie pourrait être grandement aidée par ses bienfaiteurs ?

Pour répondre à cette question, nous présenterons quelques remarques sur le rôle qu'ont joué autrefois les Académies, sur celui qu'elles sont appelées à jouer aujourd'hui.

Si l'on excepte l'Académie des Jeux floraux, qui remonte au moyen âge, on peut dire que les Académies modernes ont commencé à naître en Italie, à l'époque de la Renaissance. Vers le commencement du XVIIe siècle, le chancelier François Bacon nous a laissé, dans sa *Nouvelle Atlantide*, la description d'un curieux établissement, qu'il nommait le *Collège de l'œuvre des six jours* ou la *Maison de Salomon*. L'institution imaginée par Bacon devait embrasser à la fois l'investigation théorique sous toutes ses formes, l'enseignement, les missions à l'étranger, les applications scientifiques de tout ordre et de toute nature. Ce rêve, car c'en était un, n'a jamais été réalisé ; mais il semble que les idées de Bacon ont eu une réelle influence sur l'organisation donnée aux premières Académies : à la nôtre, à l'Institut de Bologne, à l'Académie de Berlin. Pour ne parler que de notre Compagnie, on sait que Colbert, son véritable fondateur, lui avait tracé un plan de travaux qui en faisait en quelque sorte une Académie universelle. Les membres de la Compagnie devaient travailler en commun, résoudre ensemble des problèmes de mathématiques, faire des expériences, préparer des Traités sur les diverses branches de la Science, sans qu'aucun d'eux eût le droit de signer de recherche particulière.

Cette organisation n'eut pas, on le concevra sans peine, de bons résultats. Rien n'est plus funeste que les entraves mises à la liberté du savant. La recherche doit être libre, et l'esprit doit pouvoir souffler où il veut. C'est ce que les faits ne tardèrent pas à mettre en évidence. « Vers la fin du XVIIe siècle, nous dit Fontenelle, l'Académie était tombée dans une sorte de langueur dont elle ne pouvait sortir que par une réorganisation. » Cette réorganisation nécessaire fut accomplie au commencement de 1699 par le chancelier de Pontchartrain et par son neveu l'abbé Bignon.

Malgré quelques restrictions, qui devaient disparaître avec le temps, le nouveau Règlement était établi sur des bases plus larges, plus conformes aux conditions nécessaires de la recherche scientifique. Je n'ai pas besoin de rappeler tous les résultats qu'il a produits : la détermination de la forme de la Terre, la création de la Géographie mathématique, la Carte des Cassini, la nomenclature chimique, les immenses progrès de l'Histoire naturelle dans toutes ses branches, la *Description des Arts et Métiers*, etc., etc. L'ancienne Académie des Sciences est peut-être le plus parfait modèle de ces institutions qui, nées d'une pensée juste et élevée, ont su dégager et réaliser de la manière la plus complète les vues et les espérances de ses fondateurs.

XVII

Avec le temps, il est vrai, la Science a étendu dans des proportions extraordinaires le champ déjà si vaste de son action. Les Académies, les Universités même, les grands Etablissements scientifiques ne lui suffisent plus. Elle a trouvé sa place, justifiée par les services qu'elle rend, dans les usines et dans les fermes, dans les laboratoires de toute nature créés par les grandes Compagnies et par les Services publics, dans la demeure du riche et dans la chaumière du paysan. Dans leur ardeur juvénile, nos Universités, qui rendent tant de services au pays, s'efforcent d'embrasser tout son domaine. Il faut cependant prévoir, sous peine de commettre des fautes graves, qu'une évolution nécessaire, une division du travail, séparera dans l'avenir les établissements où se cultive la haute Science de ceux où l'on étudie ses applications. Cette évolution, qu'il sera sage de préparer, n'atteindra pas les Académies. Leur rôle semble dorénavant fixé, et le champ dans lequel elles auront à se mouvoir demeure encore assez vaste pour contenter les ambitions les plus exigeantes. Elles doivent laisser à d'autres l'enseignement, les œuvres régulières et permanentes. Ce n'est pas à elles qu'il appartiendrait de mettre sur pied, si cela était encore possible, la maison de Salomon ; mais c'est à elles que reviennent l'honneur et le devoir de prendre les initiatives que réclame à chaque instant l'état perpétuellement changeant de la Science, de susciter les grandes entreprises dont l'intérêt est général, de signaler au gouvernement les travaux qu'exigent l'intérêt et le bon renom du pays, de l'éclairer, toutes les fois qu'il le désire ou que cela est nécessaire, sur les questions où elles sont particulièrement compétentes. Il leur appartient aussi de découvrir et d'encourager les talents naissants, de s'agréger, quelle que soit leur origine, tous ceux qui se recommandent par leurs travaux et, surtout, ces chercheurs isolés qui, sans être munis de grades et sans appartenir à l'enseignement, ont été portés par un goût naturel vers la recherche scientifique et ne peuvent trouver asile qu'au sein des Académies. Ce sont eux qui créèrent autrefois nos Compagnies, et qui ont été, pendant longtemps, les seuls à entretenir parmi nous le culte de la Science. Descartes, les deux Pascal, Fermat, Montmort, qui furent les précurseurs de notre Académie; Huygens, Lavoisier, Meusnier, Montgolfier, Lagrange, qui en furent la gloire, étaient des volontaires de la science. Les Académies ne doivent pas l'oublier ; elles doivent maintenir la porte ouverte sur ce que j'appellerai *le monde extérieur*.

XVIII

Dans cette tâche si variée et si intéressante, notre Compagnie, elle le reconnaît avec plaisir, a toujours été soutenue par l'appui et la bienveillance du gouvernement. C'est lui qui assure le présent et l'avenir de nos publications. Il nous a donné, sur notre demande, les moyens de diriger et de patronner de grandes entreprises, notamment les deux missions qui ont été envoyées en 1874 et 1882 pour l'observation du paysage de Vénus sur le Soleil, la mission du cap Horn, celle qui est à peine terminée et qui avait pour objet une évaluation nouvelle et plus précise de l'arc du Pérou, déjà mesuré au XVIIIe siècle par les Académiciens. De leur côté, nos donateurs nous fournissent, à l'envi, les moyens de récompenser tous ceux qui se sont distingués dans les différents ordres de recherches afférents à notre Académie et d'encourager, par cela même, tous ceux qui se préparent à les aborder.

XIX

Récompenser des travaux, l'Académie s'est toujours montrée disposée à le faire. Elle le fera encore à l'avenir. Mais provoquer, subventionner et encourager des recherches, cela est mieux encore, et sur ce point, nous partageons le sentiment de notre sœur aînée, la Société Royale de Londres, qui publie régulièrement dans son Annuaire la Notice suivante :

« Le Président et le Conseil désirent faire connaître à tous que, tandis qu'ils recevront volontiers des dons devant être appliqués à un objet particulier ou pour le bénéfice d'une discipline particulière indiquée par le donateur, ils considèrent qu'en vue des nécessités variables de la Science, les bienfaits les plus utiles seront ceux qui auront été attribués à la Société Royale en termes généraux pour l'avancement de la connaissance de la nature. »

Mes confrères, j'en suis assuré, seraient disposés à souscrire à une telle formule. Mais, je me hâte de le dire, ils n'auront pas besoin de se l'approprier ; si je puis m'exprimer ainsi, leur appel a été entendu d'avance par plusieurs des bienfaiteurs de l'Académie. Au cours de cette longue étude, j'ai déjà cité les noms de quelques-uns d'entre eux, qui nous ont laissé une latitude plus ou moins grande : le maréchal Vaillant, le chevalier Ponti, M. Fresgot, le comte du Moncel,

Mais aucun n'a exprimé ses intentions d'une manière aussi précise que M. Godin de Lépinay. Ancien élève de l'Ecole Polytechnique, Adolphe Godin de Lépinay fut un ingénieur de grand mérite, qu'un goût naturel portait vers toutes les grandes entreprises de travaux publics. Son nom se retrouve dans la plupart d'entre elles : Canal de jonction de l'Océan à la Méditerranée, percement du Mont-Blanc, Paris port de mer. Mais c'est surtout à l'occasion du percement de l'isthme de Panama qu'il a donné toute sa mesure. Il soutint contre Ferdinand de Lesseps, égaré par de faux renseignements, le projet d'un canal à écluses ; et peut-être, si ce projet avait été adopté dès l'abord, le canal de Panama serait-il resté une œuvre entièrement française. M. Godin de Lépinay, mort sans enfants, le 14 janvier 1897, a institué l'Académie des Sciences sa légataire universelle, l'usufruit étant réservé à son frère.

« L'Académie, écrit-il, restera maîtresse de tout le revenu, mais je lui signale l'utilité d'une *Caisse pour alimenter les besoins de la science*, dont ma succession pourrait faire le premier fonds. »

L'Académie n'est pas encore entrée en possession ; mais quand le moment sera venu, elle n'aura aucune peine à donner suite à de si généreuses intentions. Elle saura aussi reporter régulièrement le mérite de ses libéralités sur celui qui lui aura permis de les distribuer.

XX

En attendant l'heure, que nous souhaitons aussi éloignée que possible, où nous aurons la libre disposition de ce legs si intéressant, des libéralités de même ordre, inspirées par la même haute pensée, ont permis déjà à l'Académie de faire beaucoup de bien et de fournir les ressources nécessaires à un grand nombre de jeunes savants. Notre confrère, le prince Roland Bonaparte, nous a fait don chaque année, depuis quatre ans, d'une annuité de 25.000 francs (portée même à 30.000 francs pour les deux années qui viennent de finir) ; et il nous a annoncé, il y a quelques jours, son intention de continuer cette annuité pour les cinq années qui vont commencer, en l'élevant à 50.000 francs ; je remplis un devoir très agréable en le remerciant ici de nouveau au nom de tous nos confrères. C'est avec plaisir que nous le voyons témoigner à notre Académie une affection qu'il a trouvée dans les traditions de sa famille.

XXI

J'ai fini cet exposé que vous seuls, mes chers confrères, n'aurez pas trouvé trop long, puisqu'il avait pour objet d'acquitter une dette de reconnaissance qui nous est commune à tous. Pourtant, bien que j'aie négligé de parler de la fondation si intéressante que M. Debrousse a faite à l'Institut tout entier, que j'aie aussi passé sous silence les libéralités qui ne nous sont pas définitivement acquises, je me reprocherais de terminer sans vous entretenir du don vraiment exceptionnel que nous devons à M. Auguste-Tranquille Loutreuil. Ce bon Français qui, parti pour la Russie comme simple employé, y avait, à force de travail et de volonté, progressivement acquis une situation industrielle prépondérante, n'avait cessé de faire le bien pendant sa vie. Arrivé au terme de sa carrière, il a voulu laisser la plus grande partie de sa fortune, sous des conditions bien conçues, aux grandes institutions scientifiques de la France : il a donné un million à la Caisse des recherches scientifiques, deux millions et demi aux Universités de France, trois millions et demi à l'Académie des Sciences.

Tous ces dons nous imposent de grands devoirs, j'ai le ferme espoir que nous saurons les remplir. Aux garanties de compétence que nul ne songe à vous dénier, vous pouvez ajouter, mes chers confrères, toutes celles qui découlent de votre impartialité. Vous venez des quatre points de l'horizon. Notre Académie, à côté des chercheurs tout à fait libres, comprend des représentants des grands établissements : Universités, Collège de France, Ecole Polytechnique, Muséum, Ecole Normale, etc. Affranchis par la diversité de nos origines de tout intérêt particulier, de tout esprit de corps, unis dans une pensée commune de concorde et de dévouement à cette Science qui a été l'objet des études de toute notre vie, nous nous efforcerons d'employer tous les moyens qui sont mis à notre disposition pour justifier la confiance qui nous est témoignée, accroître la réputation de notre Compagnie, et surtout, pour faire honneur de plus en plus à notre cher pays.

En attendant, à tous ceux dont nous venons de rappeler les noms, nous adresserons l'expression de notre profonde gratitude. Ils la méritent d'abord pour le bien qu'ils nous ont permis de faire ; ils la méritent encore pour le grand et noble exemple qu'ils ont donné les premiers. Dans notre pays, si attentif à seconder les généreuses initiatives, cet exemple, il n'en faut pas douter, portera ses fruits et suscitera des imitateurs. S'il est vrai que le progrès continu de la science, la complexité de plus en plus grande des problèmes sociaux, comportent, exigent même un développement incessant des recherches, s'il est vrai encore que ces recherches deviennent, chaque jour, à la fois plus difficiles et plus coûteuses, ayons confiance dans l'avenir. La voie lui est largement ouverte par le présent et le passé que nous venons de retracer.

L'ACADÉMIE DES SCIENCES

ET

L'ASSOCIATION INTERNATIONALE DES ACADÉMIES

Discours prononcé par M. Darboux, président, à l'ouverture de la première séance de la première assemblée plénière de l'Association tenue le mardi 16 avril 1901 au Palais de l'Institut.

Messieurs et chers Confrères,

Fondée depuis quatorze à quinze mois seulement, notre jeune Association accomplit successivement, et sous les auspices les plus favorables, tous les actes qui ont été prévus et préparés par ses statuts. Les 19 et 20 mars de l'année dernière, à peine âgée de six semaines, elle apportait ses félicitations les plus cordiales à l'Académie de Berlin qui célébrait, dans une fête mémorable, le second centenaire de sa fondation. Le 31 juillet dernier, se réunissait ici même ce que l'on peut appeler le *pouvoir exécutif*, le Comité de notre Association. Aujourd'hui, nous ouvrons notre première *Assemblée générale* et, nous avons grand plaisir à le constater, les Académies constituantes ont bien voulu se conformer à l'invitation qui leur avait été adressée. Appréciant toute l'importance de cette première réunion, elles ont tenu à assurer leur représentation de la manière la plus large, la plus complète, la mieux appropriée aussi à l'ordre du jour de la session. Des dix-huit Académies qui composent l'Association, une seule, celle de Washington, ne sera pas représentée. Le délégué qu'elle avait eu soin de désigner longtemps à l'avance, M. le professeur Lincoln Goodale, Directeur du Jardin botanique de Harvard University, retenu à Genève par une grippe persistante, nous a écrit pour nous exprimer tous ses regrets. En faisant des vœux pour le prompt et entier rétablissement du Confrère dont nous regrettons l'absence, nous souhaitons, au nom du Gouvernement français et de l'Institut de France, la plus cordiale bienvenue à tous les délégués ici présents. L'Institut, qui leur offre l'hospitalité, s'efforcera de leur rendre agréable le séjour qu'ils vont faire parmi nous. Puissent-ils emporter le meilleur souvenir de la semaine que nous allons employer ensemble à l'organisation et aux progrès de l'œuvre pour laquelle nous sommes réunis.

Que cette œuvre réponde à des besoins reconnus, c'est ce que prouve de reste la rapidité même avec laquelle elle a réuni l'adhésion des Corps savants invités à y participer. Le temps n'est plus, et quelques-uns le regrettent, où le travail scientifique pouvait rester morcelé, où l'œuvre du savant, du lettré était celle d'un solitaire enfermé dans son cabinet.

Déjà, au début du XVIIe siècle, le chancelier Bacon avait reconnu la nécessité de faire appel à l'association pour la recherche scientifique, prise dans son ensemble, et il avait tracé le modèle d'une institution, un peu fermée peut-être, dont le but était d'étudier la nature sous toutes ses faces, de manière à étendre les connaissances et la puissance des hommes jusqu'à leurs dernières limites.

Avec sa puissante imagination, Bacon avait arrêté

dans les moindres détails le plan de ce curieux établissement, qu'il nommait le *Collège de l'Œuvre des six jours* ou la *Maison de Salomon*. Cette maison devait contenir des tours et des cavernes, des étangs, des puits, des jardins, des laboratoires, des instruments, des machines. Ses membres très nombreux, et portant ces noms pittoresques que Bacon excelle à trouver, devaient se partager les différents travaux : la recherche théorique sous toutes ses formes, les missions à l'étranger, l'enseignement, les applications. Plein de confiance dans ses nobles idées, Bacon demandait à son souverain les moyens de passer sans retard à l'exécution, car il n'ignorait pas que, suivant les belles expressions de Condorcet, « il est des obstacles que le temps seul peut faire disparaître et des travaux dont rien ne peut accélérer le succès et pour lesquels il faut une volonté longtemps dirigée vers le même but, autant que des moyens vastes et les efforts combinés d'un grand nombre de savants ».

Vous le savez, Messieurs, le projet de Bacon n'a jamais été réalisé : j'ajoute qu'aujourd'hui il ne pourrait plus l'être. La Science, j'entends ce mot dans son sens le plus général, a pris dans nos sociétés modernes une trop grande place pour que son étude puisse être confinée dans les limites d'une institution, quelque largement conçue qu'on l'imagine. Elle se mêle à tout aujourd'hui, les Académies et les Universités même ne lui suffisent plus. Pour accroître son propre domaine ou pour répandre ses bienfaits, elle a pénétré dans les usines et dans les laboratoires industriels, dans la maison de l'ouvrier, dans la chaumière du paysan. Ses conquêtes sont incessantes, et les problèmes dont ses progrès nous ont imposé l'étude ont acquis une telle ampleur qu'ils ne sauraient plus être résolus par une seule nation, quelque puissante, quelque active qu'on la suppose, et ne peuvent être abordés d'une manière véritablement utile que grâce à l'accord et au concours de l'ensemble toujours grandissant des nations civilisées.

Cet accord a déjà été obtenu pour un certain nombre de questions particulières, et ce n'est pas devant vous, Messieurs, qu'il serait nécessaire de rappeler longuement les services rendus par des institutions telles que le *Bureau international des Poids et Mesures*, l'*Association géodésique internationale*, l'*Association pour la Carte du Ciel* et bien d'autres que je néglige en ce moment. L'une d'elles pourtant mérite aujourd'hui une mention toute particulière, parce qu'elle a joué un rôle important dans la formation si rapide de notre Association. Je veux parler du *Catalogue international de littérature scientifique* qui sera dû tout entier à l'initiative de la *Société Royale*. Cette illustre Compagnie, qui a déployé dans l'exécution de son dessein une ténacité et un esprit de suite vraiment admirables, vous fera connaître, d'ailleurs, l'état très satisfaisant de cette belle entreprise et vous demandera pour elle un appui moral que, j'en suis assuré d'avance, vous n'hésiterez pas à lui accorder.

Cette coopération internationale, qui a déjà fait ses preuves dans les cas où elle s'imposait, pour ainsi dire, notre Association, vous le savez, Messieurs, a pour but de l'assurer d'une manière durable, normale, universelle. La tâche que nous avons entreprise peut, sans doute, paraître difficile ; mais elle est devenue tout à fait nécessaire, et les dispositions qui nous animent doivent nous donner l'assurance que nous réussirons, par nos efforts unis, à surmonter toutes ses difficultés. En constituant sous une forme visible et permanente cette *Académie universelle* qui avait été préparée et rêvée par Leibniz, dont tant d'autres rêves se sont réalisés d'ailleurs, ou se réalisent sous nos yeux, notre Association rendra à la civilisation et à la Science un service dont on ne saurait exagérer la valeur.

Grâce à elle, le savant, voué aux recherches les plus délicates ou les plus abstraites, cessera de se sentir isolé, tout en conservant cette indépendance qui est le premier bien et le premier besoin du chercheur.

En rapprochant tous ceux qui s'occupent de la même branche d'études dans les différentes Académies et en leur donnant, s'ils le désirent, l'occasion de s'associer à une œuvre commune, en signalant aux gouvernements tous les projets dont la réalisation prochaine est nécessaire ou désirable, et en leur indiquant aussi les moyens d'exécuter ces projets dans les meilleures conditions et avec la plus grande économie possible, en provoquant et préparant, par l'entente des savants dans le domaine de la théorie, les accords des peuples sur le terrain de la pratique et des faits, notre Association est appelée à devenir rapidement un des instruments les plus puissants de concorde et de progrès.

C'est avec cette ferme conviction que je déclare ouverte la première Assemblée générale de l'Association internationale des Académies (*Applaudissements*).

Protokolle über die Verhandlungen der Delegirten der Kartellirten Akademien und gelehrten Gesellschaften in der V. Versammlung zu Gottingen am 31. Mai und 1. Juni 1898. — *Generalplan zur Gründung einer internationalen Association der Akademien.* Vorlaeufige Feststellung der Akademien zu Berlin, Goettingen, Leipzig, München und Wien. Versandt mit der Einladung zur Conferenz in Wiesbaden, 9., 10. October 1898. — *Procès-verbaux de la Conférence tenue à Wiesbaden en vue de la fondation d'une Association internationale des Académies les 9 et 10 octobre 1899.* Projet de statuts pour l'Association internationale. — *Communication relative à l'Association internationale des Académies.* Comptes rendus des séances de l'Académie des sciences de Paris, t. CXXXI, p. 6 (séance du 2 juillet 1900). — *Association internationale des Académies*, juillet-août 1900 (1).

Les opuscules dont nous venons de transcrire les titres ne sont pas de ceux auxquels le *Journal des Savants* a l'habitude de consacrer des articles. Publiés à un petit nombre d'exemplaires, distribués seulement à quelques Académies, ils offrent les caractères de ces pièces qui sont destinées à demeurer dans les archives jusqu'au jour où l'œuvre à laquelle elles se rapportent a grandi et s'est développée. Si nous venons à en parler aujourd'hui, si nous nous empres-

(1) Cet article, extrait du *Journal des Savants* (n° de janvier 1901), et le suivant font connaître les premiers actes de l'Association internationale des Académies et les conditions dans lesquelles elle a pris naissance.

sons de faire connaître à nos lecteurs cette *Association internationale des Académies* dont la formation remonte à quelques mois à peine, c'est que nous tenons à répondre à des demandes qui nous ont été adressées par plusieurs de nos confrères et de différents côtés. Et puis, n'est-il pas naturel que ce journal, rédigé par des membres de notre Institut, c'est-à-dire de l'association la plus complète réalisée jusqu'ici entre les Académies d'une même nation, suive avec le plus vif intérêt la formation et les progrès d'une fédération qui est sans doute appelée à provoquer les plus heureuses modifications dans l'organisation du travail académique ? Telles sont les raisons qui nous ont déterminé à faire connaître dès à présent comment s'est formé le nouvel organisme international, quels sont les intérêts, les besoins auxquels il a mission de pourvoir, quelles sont les règles établies pour son fonctionnement

Si quelque amateur de statistique cherchait à faire le compte des mots qui, au cours de l'année 1900, ont été employés le plus grand nombre de fois, je crois que des recherches, même superficielles, le conduiraient à mettre en bon rang sur la liste le mot *international*. L'Exposition Universelle, dont le succès nous a réjouis tous, a été au plus haut degré un concours international. Nous avons eu une foule de congrès internationaux ; plusieurs ont été très brillants. Le congrès de physique, par exemple, a réuni plus d'un millier d'adhérents. Ses organisateurs avaient eu l'excellente idée de demander aux physiciens les plus autorisés des rapports sur l'état actuel des branches de la physique qu'ils connaissaient le mieux ; et la collection de ces rapports, réunis en trois volumes in-8°, forme dès à présent une œuvre des plus utiles qui sera, longtemps encore, consultée avec grand profit. Le succès de ces congrès fait le plus grand honneur au Commissaire général, qui les avait soigneusement préparés ; il ne faudrait pas cependant rattacher par un lien trop étroit toutes ces réunions à l'Exposition qui vient de finir. A côté de celles qui ont été organisées par la direction de l'Exposition, provoquées par son initiative et qui ne reparaîtront sans doute qu'à la prochaine exposition, plusieurs offices constitués depuis longtemps déjà, l'*Association géodésique internationale*, l'*Office central des chemins de fer* et bien d'autres que nous oublions à dessein, avaient, longtemps à l'avance, décidé que leur prochaine réunion périodique coïnciderait avec l'Exposition Universelle et se tiendrait, à Paris, en 1900. Il est impossible de ne pas être frappé de la rapidité avec laquelle se multiplient aujourd'hui ces organismes internationaux. Cette tendance à l'association, qui se manifeste avec tant de force au sein même des différentes nations, a commencé à franchir, avec le chemin de fer et les télégraphes, les frontières qui séparent les peuples ; elle s'exerce au delà des mers et tend à unir les deux continents. Pour ne citer que deux exemples empruntés à la science pure, le *Bureau international des poids et mesures*, fondé en exécution de la *Convention du mètre* conclue le 20 mars 1875, par une conférence réunie à Paris, comprend 16 Etats de l'Ancien et du Nouveau Monde. L'*Association géodésique internationale*, dont la constitution définitive remonte à l'année 1886, a vu figurer à sa réunion de cette année les représentants de 18 nations.

Depuis plus de quatre ans, il est sérieusement question de créer un nouvel office international, de même nature que les deux précédents ; et c'est précisément dans les pourparlers entamés à cette occasion qu'il faut chercher la première origine et la cause occasionnelle de la formation de l'*Association internationale des Académies*.

Tous ceux qui s'occupent de recherches positives connaissent la belle collection de 11 volumes in-4° où la *Royal Society* a réuni par noms d'auteurs la liste aussi complète que possible de tous les mémoires de science publiés depuis le commencement du XIXe siècle jusqu'en 1884. La *Royal Society* a l'intention de compléter cet important travail et de le conduire, au moins jusqu'en 1900. Mais le développement incessant des recherches scientifiques accroît chaque jour, dans une proportion excessive, la difficulté qu'il y a à le continuer. D'autre part, les savants s'accordent à reconnaître qu'un catalogue par noms d'auteurs ne remplit qu'imparfaitement le but auquel doivent viser les collections de ce genre. Un catalogue rangé par ordre de matières paraît aujourd'hui indispensable pour toutes les recherches scientifiques. La *Royal Society* a voulu se mettre en mesure de donner satisfaction, dès le début du XXe siècle, à un désir si justifié ; mais elle a pensé avec raison que, pour réaliser une œuvre de cette importance, elle était en droit de réclamer le concours et la collaboration des différents pays civilisés. Nous dirons quelque jour, si nous en avons l'occasion, comment cette œuvre, à la fois si difficile, si compliquée et si nécessaire, a été entreprise et, nous l'espérons, menée à bonne fin. Elle a exigé la convocation de trois conférences qui se sont réunies à Londres en 1896, 1898 et 1900 et de deux réunions accessoires dont l'une vient à peine de se terminer.

Au cours de cette période de préparation, les délégués de la *Royal Society*, qui devaient nécessairement avoir des communications fréquentes avec les savants de différents pays, furent invités à assister en Allemagne à une conférence dont il faut que nous fassions connaître maintenant l'origine et la nature.

Depuis un certain nombre d'années, quatre sociétés savantes de langue allemande, l'Académie des sciences de Vienne, la Société des sciences de Goettingue, la Société des sciences de Leipzig, l'Académie des sciences de Munich, avaient conçu l'idée de fonder des réunions annuelles dans lesquelles leurs représentants auraient à étudier les moyens d'associer et de coordonner leurs travaux, de provoquer et d'encourager aussi, en mettant en commun leurs ressources, des œuvres scientifiques d'intérêt général. A la suite de quels pourparlers, de quelle initiative cette association limitée, ce *Cartell*, comme on dit en Allemagne, a été fondé, nous ne saurions le dire d'une manière tout à fait précise. Si les renseignements qui nous ont été donnés sont exacts, l'idée première du Cartell est née vers 1892, au moment où les Académies de Berlin et de Vienne ont songé à préparer ce *Thesaurus linguæ latinæ* dont M. Michel Bréal parlait dans le numéro de décembre dernier à nos lecteurs. A cette époque même quelques savants, parmi lesquels il faut citer MM. Mommsen, Suess, Diels, avaient voulu reprendre une idée autrefois émise par Leibniz et essayer de réaliser une association des principales Académies du monde entier. Un projet si vaste rencontra sans doute des objections. Quoi qu'il en soit, c'est vers 1894 qu'eut lieu la première réunion du *Cartell*. En 1895, il y eut une interruption ; mais, à partir de 1896, les réunions devinrent tout à fait régulières ; elles se tinrent successivement à Vienne en 1896, à Leipzig en 1897, à Goettingue en 1898, à Munich en 1899. Ces réunions successives ont donné des résultats importants. En même temps qu'il subventionnait le *Thesaurus*, le *Cartell* a pris sous son patronage une œuvre scientifique des plus sérieuses, une *Encyklopädie der mathematischen Wissenschaften mit Einschluss ihrer Anwendungen*. Cette encyclopédie se publie avec beaucoup de régularité, sous la direction de M. F. Klein, chez l'éditeur même du *Thesaurus*, M. Teubner, qui réalise ainsi dans sa librairie cette alliance des mathématiques et des langues anciennes si chère aux défenseurs du vieil enseignement classique (1).

Mais l'activité du *Cartell* est loin de se limiter à ces deux publications. Il a fondé des bourses régulières de voyages pour la visite de la station botanique sans rivale de Buitenzorg, à Java ; il a encouragé et permis d'étendre à des régions nouvelles la mesure des variations de la pesanteur ; il a étudié, d'une manière systématique, un projet d'expédition allemande au pôle Sud ; il a trouvé des fonds pour une expédition géodésique qui a été envoyée dans l'Est africain et qui vient de terminer ses travaux ; il a inauguré l'étude systématique des mouvements de l'écorce terrestre dans l'Europe centrale, etc.

Dans son désir de connaître l'opinion des savants allemands sur le projet de répertoire bibliographique dont elle avait entrepris l'exécution, la *Royal Society* ne pouvait mieux faire que de mettre à profit les réunions périodiques du *Cartell*. Sur son initiative, le projet de Répertoire fut mis à l'ordre du jour de la réunion du *Cartell* qui se tint à Leipzig à la Pentecôte de 1897. A cet effet, on avait invité à la fois l'Académie de Berlin et la *Royal Society*. Les délégués de Berlin furent MM. Kohlrauch et Van't Hoff ; ceux de Londres, MM. Armstrong et Schuster.

(1) L'Encyclopédie sera traduite en français et publiée par M. Gauthier-Villars, sous la direction de M. J. Molk, professeur à l'Université de Nancy.

Le rapprochement du *Cartell* et de la *Royal Society* devint un fait accompli à la réunion suivante du *Cartell*, qui eut lieu à la Pentecôte de 1898. A cette époque déjà, plusieurs savants appartenant à différents pays avaient, dans les conversations particulières, émis l'opinion que les circonstances étaient devenues favorables pour le retour au plan primitif et pour la fondation d'une Association internationale des Académies. On avait donc mis à l'ordre du jour de la réunion de Goettingue cette intéressante question. De Berlin était venu l'un des secrétaires de l'Académie, M. Waldeyer; de Londres, les deux secrétaires de la *Royal Society*, Sir Michael Foster et M. Rücker, ainsi que MM. Armstrong et Schuster. Il se produisit entre les délégués une entente générale, et les Académies composant le *Cartell* donnèrent leur approbation à la fondation d'une Association internationale des Académies. Les délégués de la *Royal Society* promirent son adhésion et s'engagèrent à faire les premières démarches.

Des ouvertures furent faites un peu plus tard à différents membres de notre Académie des sciences et, au mois de novembre 1898, lord Lister, président de la *Royal Society*, écrivait au président de notre Académie une lettre dont voici la traduction :

17 novembre 1898.

A M. le Président de l'Académie des sciences de Paris,

Pendant ces dernières années la Royal Society a eu, à plusieurs reprises, l'occasion de s'occuper d'entreprises scientifiques d'une telle nature qu'elles ne pouvaient être tentées ou exécutées d'une façon satisfaisante par une seule nation, qu'elles demandaient au contraire la coopération de plus d'un pays et même de nombreux pays. En fait le nombre des entreprises de ce genre paraît augmenter.

Une grande entreprise internationale ne peut, en règle générale, être menée à bien que sous l'autorité et avec l'assistance des gouvernements intéressés. Mais on peut se demander s'il est nécessaire ou désirable de mettre en mouvement le mécanisme de l'action gouvernementale, afin de s'assurer s'il est à souhaiter que l'on s'occupe de telle ou telle entreprise, surtout lorsqu'il arrive, comme cela a lieu dans certains cas, que le but à atteindre n'a pas encore été clairement défini, non plus que la méthode à suivre pour l'obtenir. Tout au contraire, on peut espérer recueillir maints avantages du système dans lequel les propositions faites pour une coopération internationale dans des entreprises scientifiques seraient complètement discutées sous un point de vue purement scientifique par les maîtres de la science, avant que des propositions définies fussent soumises à n'importe quel gouvernement.

Si on procédait de cette manière, il ne serait fait appel aux gouvernements que pour des entreprises bien étudiées; et les devoirs de ces gouvernements se ramèneraient, dans une large mesure, à décider uniquement si une entreprise, dont la valeur scientifique leur aurait été clairement et complètement démontrée, mériterait ou pourrait recevoir l'aide réclamée pour elle.

Il existe d'ailleurs un grand nombre de questions, présentant de l'intérêt au point de vue scientifique, au sujet desquelles il pourrait être désirable de provoquer une coopération internationale ou, tout au moins, de rechercher les opinions professées dans les différents pays, sans faire intervenir en aucune manière l'action d'un gouvernement quelconque. Tout récemment, la Royal Society s'est rendu compte des grands avantages que peuvent entraîner des relations volontairement établies entre des sociétés scientifiques : elle avait été invitée à envoyer des délégués à une réunion des Académies associées de Goettingue, Leipzig, Munich et Vienne, qui s'est tenue à Goettingue pendant les fêtes de la Pentecôte de cette année ; au cours de cette réunion, ont été discutées différentes questions d'un caractère plus ou moins international et dans lesquelles la Royal Society était intéressée.

L'idée a alors surgi qu'il serait possible de prendre des mesures pour la tenue de réunions régulières des représentants de toutes les principales Académies scientifiques, dans lesquelles on pourrait discuter toutes les questions scientifiques réclamant une coopération internationale, et préparer les voies, de cette manière, à l'action internationale.

Il serait prématuré d'entrer dans les détails d'un tel projet. Différentes questions relatives à la fréquence des réunions, au mode de votation des délégués, aux moyens d'assurer une représentation égale aux pays qui seraient représentés par une seule Académie et à ceux qui en auraient plusieurs, devraient être toutes examinées avant que le plan pût entrer en exécution. Pour le moment, toutes ces questions, quoique étant d'une grande importance, doivent être considérées comme des détails en comparaison du point fondamental, qui est de savoir si les principales Académies d'Europe ont la volonté de tenir des conférences plus ou moins régulières, à des intervalles fixés à l'avance.

C'est cette question générale, à laquelle le conseil de la Royal Society attache une si grande importance, qu'il vient vous prier de soumettre à votre Académie. La Royal Society sera heureuse de connaître les vues de votre Académie sur ce sujet. Et si la proposition a votre approbation provisoire, elle vous proposera des résolutions définitives.

Je dois d'ailleurs vous informer que des démarches ont été faites pour connaître l'opinion des principales Académies d'Europe sur la question qui vous est soumise dans cette lettre.

J'ai l'honneur d'être, etc.,

LISTER,
Président de la Royal Society.

La lettre de la *Royal Society* énumérait de la manière la plus succincte, mais en même temps la plus claire, les services de nature diverse que paraît appelée à rendre une fédération internationale des Académies : d'une part, préparer, grâce au concours des savants les plus compétents de chaque pays, l'étude scientifique de ces grandes entreprises dont la mise en train et la réussite réclament le concours de plusieurs Etats ; et d'autre part, organiser la discussion de ces questions purement scientifiques pour lesquelles il est désirable d'unifier et de rendre concordants, soit les efforts individuels, soit les points de vue spéciaux à chaque nation. Si, par exemple, les savants autorisés de tous les pays reconnaissaient le haut intérêt que présenterait une expédition au pôle Sud ou une étude générale du magnétisme terrestre, on aperçoit immédiatement quels résultats on devrait attendre d'une discussion approfondie de semblables projets. Une telle discussion offrirait d'abord le grand avantage de mettre en évidence, aux yeux de tous, les raisons scientifiques par lesquelles se justifient ou s'imposent de telles entreprises ; elle indiquerait aussi comment elles peuvent être exécutées en évitant les doubles emplois, la discordance des efforts isolés ; et elle permettrait ainsi aux gouvernements de donner leur concours de la manière à la fois la plus économique et la plus favorable au progrès scientifique.

Voilà un premier ordre de recherches pour lesquelles la coopération internationale est si nécessaire et si utile qu'elle a été déjà réalisée dans un assez grand nombre de cas particuliers. Mais c'est avec grande raison que la lettre de la *Royal Society* faisait allusion à des services de tout autre nature, et plus importants peut-être, que peut rendre la fédération des Académies. Le mouvement scientifique, qui, au commencement de ce siècle, se limitait à un petit nombre de nations, s'étend aujourd'hui au monde entier ;

de plus, au sein même de chaque nation, son importance s'est accrue dans des proportions dont on peut à peine se faire une idée. Nous avons déjà fait allusion plus haut au projet de répertoire bibliographique proposé par la *Royal Society* et aux conférences dans lesquelles ce projet a été étudié ; on y est arrivé à cette conclusion que, dans le seul domaine des sciences positives, le catalogue annuel devra comprendre dix-sept volumes et environ deux cent mille entrées. Qui ne voit que, sous peine de revenir à la tour de Babel, une si énorme production scientifique doit être unifiée et coordonnée ? Que de temps perdu pour les chercheurs, que de recherches inutiles, et par cela même nuisibles, si les nomenclatures changent avec les nations, si les classifications ne sont pas concordantes, si les instruments choisis pour effectuer les mêmes mesures donnent, dans les différents pays, des indications qui ne soient pas comparables, si les définitions ne sont pas les mêmes, si les unités adoptées sont différentes, si les travaux accomplis en des points différents concourent au même but et entraînent ainsi de regrettables doubles emplois !

Toutes ces raisons sont celles que l'on peut invoquer en faveur de toute association nouvelle et qui frappent les yeux les moins prévenus. Nous en ajouterons une dernière, qui nous paraît importante : c'est que la coopération internationale introduit dans le travail scientifique un principe d'émulation extrêmement fécond. Dans notre pays, en particulier, cette émulation aura les effets les plus bienfaisants. Je rappellerai à ce sujet un seul fait : la France, qui pendant longtemps avait tenu le premier rang dans les études scientifiques relatives à la mesure de la terre, a résolu de reprendre une place digne d'elle, le jour où notre regretté confrère le général Perrier a reconnu, dans les opérations de jonction géodésique de la France et de l'Angleterre, la supériorité des méthodes et des instruments anglais. C'est de ce jour que date la renaissance de la géodésie dans notre pays. Nous avons pu reprendre l'étude de la méridienne de France, accomplir cette grandiose opération qui a réalisé, par l'emploi de triangles ayant jusqu'à 270 kilomètres de côté, la jonction géodésique de l'Espagne et de l'Algérie ; nous nous apprêtons, en ce moment, à reprendre, en les élargissant, les mesures qui ont été faites au Pérou, au cours du XVIIIe siècle, par Bouguer et La Condamine, sous la direction de l'Académie des sciences.

La lettre de la *Royal Society* dont nous venons de donner le commentaire fut communiquée immédiatement à notre Académie. L'Académie des sciences et la *Royal Society* entretiennent depuis deux siècles et demi les rapports les plus étroits ; leur histoire offre bien des traits qui les rapprochent. Elles s'occupent des mêmes études et elles ont à peu près la même ancienneté, la Société Royale ayant été fondée en 1662 et l'Académie des sciences en 1666. L'une et l'autre ont été des sociétés libres avant d'être constituées officiellement par leurs souverains, et quelques-uns des fondateurs de la Société Royale ont participé aux travaux de cette Société de savants dont Mersenne, Roberval, les deux Pascal faisaient partie et à laquelle, dès 1640, on donnait le nom même que Colbert lui a reconnu. Dans la circonstance présente comme dans beaucoup d'autres, l'Académie des sciences ne pouvait que s'empresser d'entrer dans les vues de la Société Royale. Aussi, dès le 28 novembre 1898, nomma-t-elle une commission composée de MM. Faye, Milne-Edwards, Mascart, Bouchard, Moissan et Darboux, chargée, conjointement avec les membres du bureau, d'étudier la question proposée par la *Royal Society*, avec mission de la faire aboutir. Cette Commission ne put se réunir immédiatement : tous ceux qui connaissent notre Académie savent qu'au mois de novembre tous ses membres sont occupés à préparer des rapports pour notre séance publique de fin décembre et à examiner les titres scientifiques des trois ou quatre cents candidats qui peuvent prétendre aux nombreuses récompenses dont elle dispose. La Commission dont nous venons de rappeler la composition dut donc ajourner le commencement de ses travaux au mois de janvier 1899. Sur un nouvel appel de la *Royal Society*, elle répondait le 18 février 1899, en donnant au nom de l'Académie des sciences l'adhésion de principe qui lui était demandée.

Le 31 mai suivant, les secrétaires de la *Royal Society* répondaient en nous faisant connaître que des réponses favorables avaient été reçues de toutes les autres Académies auxquelles on s'était adressé, c'est-à-dire de l'Académie royale des Lincei à Rome, de l'Académie impériale des sciences à Saint-Pétersbourg et de la *National Academy of science* de Washington, et ils nous communiquaient une lettre dans laquelle l'Académie des sciences de Berlin invitait notre Académie des sciences à une conférence qui devait se tenir à Wiesbaden, le 9 et le 10 octobre de la même année, en vue de préparer un projet de statuts pour cette fédération des Académies que les principales Sociétés savantes du monde s'étaient déclarées prêtes à constituer.

La lettre de l'Académie de Berlin était de nature à écarter toutes les objections, toutes les inquiétudes que pouvait faire naître le projet de fédération. Comme les savants eux-mêmes, les Académies ont, à bon droit, le souci de leur indépendance ; n'était-il pas à craindre que la fédération des Sociétés savantes n'aboutit au résultat de troubler cette indépendance ou de la diminuer ? D'autre part, la création du nouvel organisme international n'entraînerait-elle pas des dépenses nouvelles et considérables, interdites à certaines Académies par la nature de leurs statuts ? Enfin, lorsque la fédération des Académies aurait recommandé ou décidé l'exécution de telle ou telle entreprise, les Académies constituantes seraient-elles obligées de contribuer, par des subventions qui pourraient être considérables, quelquefois par leurs travaux propres, à des entreprises qu'elles n'auraient pas votées ou qu'elles auraient désapprouvées ?

Il y avait là des difficultés auxquelles, sans doute, pouvaient répondre, par des raisons et des exemples topiques, tous ceux qui ont quelque habitude des offices internationaux. Quoi qu'il en soit, la lettre d'invitation à la conférence de Wiesbaden faisait disparaître la plupart d'entre elles (les autres ont été levées par les statuts adoptés à Wiesbaden). Voici, en effet, comment s'exprimait l'Académie de Berlin :

> Le but de l'Association est de venir en aide à toutes les entreprises scientifiques qui seront prises en charge ou recommandées par l'ensemble des Académies associées ou par quelques-unes, ou par une seule d'entre elles, et de se mettre au fait des arrangements propres à favoriser les relations scientifiques. Il est entendu que chaque Académie demeurera libre de donner ou de refuser son concours à toute entreprise particulière ; elle demeurera seule juge également des voies et moyens à employer dans chaque cas particulier.

Ces déclarations étaient aussi nettes que possible ; elles furent, d'ailleurs, confirmées par l'envoi du « Projet relatif à la fondation d'une Association internationale des Sociétés savantes » qui avait été préparé par l'Académie de Berlin et que nous reçûmes le 19 juin 1899. Il était trop tard à cette époque pour qu'il fût possible de réunir la Commission chargée de suivre cette question; plusieurs de ses membres avaient déjà quitté Paris. Les deux secrétaires perpétuels, MM. Bertrand et Berthelot, décidèrent d'accepter l'invitation au nom de l'Académie et de déléguer à Wiesbaden deux membres de la Commission, MM. H. Moissan et G. Darboux. Leur mission était des plus simples : ils devaient prendre part à la conférence, étudier et discuter les projets qui lui seraient soumis, afin de permettre ensuite à notre Académie de se faire une opinion précise et de donner cette adhésion définitive qui, seule, pouvait l'engager.

Les délégués de l'Académie des sciences arrivèrent à Wiesbaden à l'époque fixée. Ils y trouvèrent des représentants de presque toutes les Académies invitées. Une seule d'entre elles, l'Académie royale des Lincei, ne s'était pas fait représenter; mais elle avait envoyé son adhésion au projet d'union internationale des Académies et, dans tous les articles votés, elle a été mise sur le même pied que les sociétés effectivement représentées. Ces sociétés étaient les suivantes :

L'Académie des sciences de Berlin, représentée par MM. Auwers, Wirchow et Diels;

La Société royale de Goettingue, représentée par MM. Ehlers et Léo;

La Société royale des sciences de Leipzig, représentée par MM. Windisch et Wislicenus;

La *Royal Society*, représentée par MM. Rücker, Armstrong, Schuster;

L'Académie des sciences de Munich, représentée par MM. von Zittel, W. Dyck et von Sicherer;

L'Académie des sciences de Paris, représentée par MM. Moissan et Darboux;

L'Académie des sciences de Saint-Pétersbourg, représentée par MM. Famintzin et Salemann;

L'Académie des sciences de Vienne, représentée par MM. Gomperz, Mussaffia, von Lang et Lieben;

La *National Academy* de Washington, représentée par MM. Newcomb, Remsen et Bowditch.

Cela faisait 24 délégués, tous venus avec le ferme dessein de faire aboutir un projet dont leurs Académies avaient reconnu l'utilité.

Il faut que nous placions ici une remarque essentielle. La lettre adressée à notre Académie par la *Royal Society*, la nature même des études dont s'occupe cette illustre Société, pourraient laisser croire à nos lecteurs que, dans la création projetée, on avait en vue seulement les sciences exactes et les sciences expérimentales. En réalité et dans la pensée de ses promoteurs, l'objet de l'Association ne devait pas être limité aux seules sciences positives. Les Académies allemandes, toutes fondées sur le plan élaboré par Leibniz pour l'Académie de Berlin, comprennent à la fois des érudits, des historiens et des savants. Leur composition correspond à peu près à celle que l'on obtiendrait en réunissant notre Académie des inscriptions et belles-lettres, notre Académie des sciences morales et politiques et notre Académie des Sciences. Pour ressembler à l'Institut, il ne leur manque que les classes correspondantes à l'Académie française et à l'Académie des beaux-arts.

Dans le plan qu'elle avait élaboré, d'accord avec les Académies de Goettingue, de Leipzig, de Munich et de Vienne, l'Académie de Berlin avait prévu l'existence de deux sections, la section littéraire et la section scientifique, pour l'Association projetée. En faisant ses invitations, elle aurait voulu convoquer aussi les Académies dont les travaux sont purement littéraires. Sans s'opposer à ces vues générales, la *Royal Society* avait pensé qu'il valait mieux tout d'abord borner les invitations aux Académies qui avaient été déjà consultées.

On peut dire que la conférence de Wiesbaden employa de la manière la plus utile la courte durée de deux jours qui lui avait été assignée. Séances plénières, réunions de commissions, de sous-commissions, se succédèrent pendant les journées du 9 et du 10 octobre 1899. Grâce à la grande expérience et à l'activité du président M. Auwers, un des secrétaires de l'Académie de Berlin, dont l'esprit net, précis et conciliant a beaucoup contribué au succès, nous avons pu, en deux jours, achever notre tâche ; et, en sacrifiant un peu les détails, la conférence est parvenue à établir un projet si sagement conçu qu'il a réuni presque immédiatement, nous le verrons plus loin, l'adhésion de toutes les Académies invitées à participer à l'Association.

Les statuts sont si courts et si simples qu'il vaut mieux, sans aucun commentaire, les reproduire dans leur intégrité. Ils ont été rédigés en allemand, en anglais et en français. Voici le texte français :

PROJET DE STATUTS POUR L'ASSOCIATION INTERNATIONALE DES ACADÉMIES

§ 1er

1. Les Académies et Sociétés savantes représentées à Wiesbaden ont décidé de fonder une union internationale des principaux corps savants du monde entier qui prendra le nom suivant :

Association Internationale des Académies.

2. Les Membres de cette Association sont les Académies suivantes (par ordre alphabétique) :

I. L'Académie royale des sciences de Prusse, à Berlin ;
II. La Société royale des sciences, à Goettingue ;
III. La Société royale des sciences de Saxe, à Leipzig ;
IV. La Société Royale, à Londres ;
V. L'Académie royale des sciences de Bavière, à Munich ;
VI. L'Académie des sciences, à Paris ;
VII. L'Académie impériale des sciences, à Saint-Pétersbourg ;
VIII. L'Académie impériale des sciences, à Vienne ;
IX. L'Académie nationale des sciences, à Washington.

3. Seront invitées à en faire partie les Académies suivantes (par ordre alphabétique) :

I. L'Académie royale des sciences, à Amsterdam ;
II. L'Académie royale des sciences, des lettres et des beaux-arts de Belgique, à Bruxelles ;
III. L'Académie hongroise des sciences, à Budapest ;
IV. La Société des sciences, à Christiania ;
V. La Société royale des sciences, à Copenhague ;
VI. L'Académie royale de l'histoire, à Madrid ;
VII. L'Académie des inscriptions et belles-lettres, à Paris ;
VIII. L'Académie des sciences morales et politiques, à Paris ;

IX. L'Académie royale suédoise des sciences, à Stockholm.

4. L'adhésion de chacune de ces Académies résultera d'une déclaration envoyée à l'Académie de Berlin avant le 1er mai 1900.

§ 2.

1. L'admission d'une nouvelle Académie ne pourra se faire qu'à une majorité des deux tiers des Académies associées.

2. Elle ne pourra être proposée que par l'une des Académies associées.

3. Chaque Académie peut, en tout temps, se retirer en faisant une déclaration, soit au Comité (§ 9), soit à l'Assemblée générale (§ 5).

§ 3.

1. L'Association a pour but de préparer ou de promouvoir des travaux scientifiques d'intérêt général qui seront proposés par une des Académies qui en font partie et, d'une manière générale, de faciliter les rapports scientifiques entre les différents pays.

2. Chaque Académie se réserve, dans chaque cas particulier, le droit de prêter ou de refuser son concours, ainsi que le choix des voies à prendre et des moyens à employer.

§ 4.

Les organes de l'Association sont :

a. L'Assemblée générale ;

b. Le Comité.

§ 5.

1. A l'Assemblée générale, chaque Académie envoie autant de délégués qu'elle le juge convenable.

2. L'Assemblée générale comprend deux sections : la section des sciences et la section des lettres.

3. Chaque Académie peut, suivant sa composition, envoyer des délégués à l'une des sections seulement ou aux deux.

4. Dans les Assemblées générales, il y a des séances plénières et des séances de section.

5. Dans les séances de section, comme dans les séances générales, chaque Académie ne dispose que d'un vote, qui doit être émis par le membre de sa délégation qu'elle aura désigné.

6. Les décisions prises par une des sections devront être simplement communiquées en assemblée plénière; elles n'ont besoin de confirmation que dans les cas où les intérêts des deux sections sont engagés. Dans les cas d'urgence, le Comité peut provoquer par voie de correspondance la décision des Académies associées.

§ 6.

1. L'Assemblée générale se tient tous les trois ans.

2. Sur la proposition du Comité ou d'une des Académies associées, sa réunion pourra être avancée ou retardée, si cette proposition est approuvée à la majorité des votes émis par les Académies.

3. Des réunions extraordinaires d'une seule section peuvent, avec l'assentiment de la moitié au moins des Académies représentées auprès de cette section, être ordonnées par le Comité.

§ 7.

La convocation d'une réunion est faite par le Président du Comité.

§ 8.

Le lieu des réunions est fixé chaque fois, pour la réunion suivante, par l'Assemblée générale.

§ 9.

1. Dans l'intervalle entre deux Assemblées générales, l'Association est représentée par le Comité; chaque Académie y délègue un ou deux de ses membres, suivant qu'elle prend part à l'une des sections ou aux deux.

2. Dans les réunions générales du Comité, les deux délégués d'une même Académie ne disposent que d'une voix.

3. Le Comité a un président et un vice-président, qui doivent appartenir à des sections différentes.

4. Le président du Comité est le délégué de l'Académie faisant fonction d'Académie principale (§ 9, 10), et, dans le cas où cette Académie a deux délégués, celui des deux qu'elle aura elle-même désigné.

5. Le vice-président est élu par le Comité en séance plénière, parmi les membres de celle des deux sections à laquelle il doit appartenir.

6. Le Comité accomplit sa tâche, suivant les cas, soit dans des réunions, soit par voie de correspondance, et cela, dans son plenum ou dans chacune de ses sections.

7. D'ailleurs, il fait lui-même son règlement.

8. Pour chaque réunion générale de l'Association, il dresse un rapport sur sa gestion.

9. L'Académie faisant fonction d'Académie principale est celle du lieu dans lequel doit se tenir la plus prochaine réunion générale.

10. Le changement d'Académie principale s'effectue cependant, non pas exactement à la fin d'une réunion générale, mais à la fin de l'année civile dans laquelle s'est tenue cette réunion.

11. Les pouvoirs du Comité expirent et doivent être renouvelés au moment de ce changement.

§ 10.

Pour la prise en considération, l'étude ou la préparation d'entreprises et de recherches scientifiques d'intérêt international, des Commissions internationales spéciales peuvent, sur la proposition d'une ou de plusieurs des Académies associées, être instituées, soit par l'Assemblée générale ou l'une de ses deux sections, soit, dans l'intervalle entre deux Assemblées générales, par le Comité ou l'une de ses deux sections.

§ 11.

1. L'assentiment des deux tiers des Académies associées est nécessaire pour toute modification ou toute extension des statuts.

2. Toute proposition relative à la modification ou à l'extension des statuts doit être présentée par le cinquième au moins des Académies associées. Elle doit être transmise par écrit au Comité et contenir le libellé des décisions proposées.

3. Le Comité communique aussitôt que possible la proposition aux Académies associées. Entre cette communication et le vote sur la proposition, il doit s'écouler un intervalle d'au moins six mois.

4. Ce vote doit avoir lieu, soit en séance plénière de l'Assemblée générale, soit par une déclaration envoyée au Comité.

5. Pour la prochaine Assemblée générale, la demande de deux des Académies associées sera suffisante, et il suffira aussi que cette demande soit envoyée par écrit aux autres Académies, deux mois avant la réunion de l'Assemblée.

Dispositions transitoires.

§ 12.

1. En déclarant son adhésion à l'Association, chaque Académie contracte l'obligation d'envoyer un ou deux délégués au Comité.

2. Le président du Comité ainsi formé sera un des délégués du prochain lieu de réunion.

3. Le président devra cette fois convoquer le Comité en temps utile pour la préparation de la première Assemblée générale.

§ 13.

1. Les décisions de la conférence de Wiesbaden seront soumises à la ratification des Académies représentées et de l'Académie royale des Lincei (§ 1, 2).

2. La ratification s'effectuera par une déclaration envoyée à l'Académie de Berlin. L'Académie de Berlin communiquera cette déclaration et la sienne propre aux autres Académies.

3. Les statuts entreront en vigueur dès que six Académies auront donné leur ratification

Conformément au paragraphe 13 des statuts et dès le 29 novembre 1899, l'Académie de Berlin envoyait aux dix-neuf Académies et Sociétés savantes dont on avait prévu l'accession, le compte rendu de la conférence de Wiesbaden, ainsi que le projet de statuts de l'Association. L'Académie des sciences et les deux autres Académies invitées de l'Institut de France ne tardaient pas à donner leur adhésion, ainsi que la *Royal Society* et les Académies de Berlin, de Gœttingue, de Leipzig, de Munich, de Saint-Pétersbourg et de Vienne ; de sorte que, d'après le dernier article des statuts, l'Association internationale des Académies se trouvait constituée dès le commencement de février 1900. Nous verrons, plus loin, que les dix-neuf Académies invitées à faire partie de l'Association ont toutes répondu favorablement depuis cette date, à l'exception toutefois de l'Académie royale d'histoire de Madrid.

Constituée depuis un mois à peine, l'Association internationale des Académies fut appelée à jouer un rôle au moment de la célébration du bicentenaire de l'Académie des sciences de Berlin. Fondée le 17 juillet 1700 par l'Electeur Frédéric III, depuis premier roi de Prusse sous le nom de Frédéric Ier, l'Académie avait décidé de célébrer le bicentenaire de sa fondation le 19 mars, jour anniversaire de celui où l'Electeur avait fait connaître sa résolution de fonder un observatoire et une « Académie des sciences » à Berlin, sur le plan même proposé par Leibniz. Invitées à participer à cette fête, l'Académie des inscriptions, l'Académie des sciences morales et l'Académie des sciences avaient décidé d'envoyer des délégués chargés de remettre en leur nom une adresse commune des trois Académies ; ces délégués étaient : pour l'Académie des inscriptions, MM. Gaston Paris et Sénart ; pour l'Académie des sciences morales, MM. Gréard et de Franqueville ; pour l'Académie des sciences, MM. Moissan et Darboux. Dans toutes les cérémonies, une place d'honneur fut réservée aux délégués du *Cartell* et à ceux de l'Association internationale des Académies. Ce fut M. Darboux, un des délégués de l'Académie des sciences de Paris, qui eut l'honneur de parler au nom de l'Association internationale des Académies. En différentes occasions, on rappela que Leibniz avait déjà prévu et désiré une association de toutes les Sociétés savantes du monde civilisé (1), et l'on fit honneur à l'Académie de Berlin d'avoir contribué à réaliser, après deux siècles, une des idées géniales de son glorieux fondateur.

(1) Voir par exemple, dans le tome Ier de l'*Histoire de l'Académie royale des sciences de Prusse* écrite par M. Adolf Harnack, p. 35 et 36, une lettre de Leibniz à Placcius.

Dans une pensée dont la France ne peut être que très reconnaissante, la conférence de Wiesbaden avait décidé que la première réunion de l'Association internationale se tiendrait à Paris en 1900. Cette décision n'a pu être que partiellement réalisée. Quelques-unes des Académies invitées à participer à l'Association tardèrent à envoyer leur adhésion, et c'est seulement à la date du 30 avril 1900 que l'Académie de Berlin put transmettre à l'Académie des sciences de Paris, devenue l'*Académie principale* (ou *Vorort*) de l'Association, le dossier complet contenant la liste des dix-huit Académies qui avaient donné leur adhésion, avec les noms des délégués qu'elles devaient envoyer au *Comité*.

Ces délégués étaient les suivants :

Pour Amsterdam : MM. VAN DE SANDE BAKHUYSEN et H. KERN, présidents des deux classes de l'Académie ;
Pour Berlin : deux des secrétaires, MM. WALDEYER et DIELS ;
Pour l'Académie de Christiania : MM. F. NANSEN et S. BUGGE ;
Pour Goettingue : les deux secrétaires, MM. E. EHLERS et F. LEO ;
Pour Copenhague : MM. H.-G. ZEUTHEN et V. THOMSEN ;
Pour Munich : les deux secrétaires, MM. VON VOIT et VON CHRIST ;
Pour Paris : Académie des inscriptions, M. Gaston BOISSIER et, à son défaut, M. G. PERROT ;
Pour Paris : Académie des sciences, M. G. DARBOUX et, à son défaut, M. H. MOISSAN ;
Pour Paris : Académie des sciences morales, M. O. GRÉARD et, à son défaut, M. DE FRANQUEVILLE ;
Pour Saint-Pétersbourg : MM. FAMINTZIN et SALEMANN ;
Pour Stockholm : M. G. RETZIUS.

L'Académie hongroise, les Académies de Belgique et de Saxe, la *National Academy*, la *Royal Society*, l'Académie royale des Lincei, l'Académie de Vienne avaient encore à désigner leurs délégués.

Dans les pourparlers que nous avions engagés à Berlin, on avait pensé que la première réunion du Comité pourrait avoir lieu à Paris vers la Pentecôte de 1900. Sur le désir de nos confrères allemands et aussi par suite des retards apportés à la nomination des délégués, elle fut reportée au mardi 31 juillet 1900.

Le compte rendu de cette première réunion a été imprimé et envoyé à toutes les Académies qui font partie de l'Association.

Bien qu'elle ait été traversée par le funeste attentat dont a été victime S. M. le roi Humbert d'Italie, elle a atteint son but essentiel, qui était de permettre aux délégués des diverses Académies de prendre contact et de préparer le plan de leurs travaux futurs. Les dispositions qui se sont fait jour dans le petit nombre des réunions tenues par le Comité permettent à tous ceux qui y ont pris part de bien augurer du succès de l'œuvre future.

Par la nature même des choses, l'ordre du jour de l'association naissante ne pouvait être bien chargé.

Il comprenait d'abord un projet de règlement pour le Comité.

On a fixé le maximum très minime de la cotisation que chaque Académie aura à verser et adopté quelques dispositions très simples qu'il sera facile de compléter et d'étendre quand l'usage le rendra nécessaire.

Le Comité avait aussi à examiner différentes propositions, faites par trois des Académies associées.

La *Royal Society*, rappelant que Struve, l'illustre astronome russe, a mesuré le méridien qui s'étend à 30° à l'est de Greenwich depuis le nord de la Russie jusqu'à la mer Noire ; que, d'autre part, le Dr Gill, directeur de l'Observatoire du Cap, a mesuré l'arc du même méridien qui se prolonge dans la Rhodésia, faisait valoir le haut intérêt que l'on doit attacher à la jonction géodésique de ces deux mesures par des opérations exécutées à travers l'Afrique et l'Asie Mineure. Comme ces opérations exigent le concours et l'assentiment de plusieurs gouvernements, elle demandait à l'Association internationale de reconnaître toute l'importance qu'elles présentent en les appuyant de son autorité. Ce projet se recommandait de lui-même et il sera soumis, avec un avis tout à fait favorable, à la prochaine Assemblée générale.

Le Comité a fait aussi le meilleur accueil à une proposition de l'Académie de Berlin tendant à rendre plus facile le prêt mutuel de manuscrits et autres documents. Cette question très intéressante reviendra également devant la prochaine Assemblée.

Enfin une proposition, faite par l'Académie des sciences, mettait en jeu une des dispositions les plus ingénieuses des statuts. On a vu plus haut que, d'après le paragraphe 10 de ces statuts, des commissions internationales peuvent être instituées pour l'étude de questions scientifiques présentant un caractère d'intérêt général. Or, au congrès des physiologistes tenu à Cambridge en 1898, une commission avait été nommée, dont le programme devait être de chercher les moyens de contrôler les appareils enregistreurs employés en physiologie et, s'il est possible, d'uniformiser les méthodes employées dans cette science. M. Marey, qui avait provoqué la formation de cette commission et qui en était le président, considérait qu'elle rentrait dans le cadre de ces commissions prévues par l'article 10 des statuts de l'Association internationale. Sur la proposition de l'Académie des sciences de Paris et après avoir entendu M. Marey, qui a développé devant la Section des sciences tout l'intérêt qu'il y aurait à provoquer une entente internationale relativement à l'emploi des appareils enregistreurs, le Comité a décidé de prendre sous son patronage la commission de physiologie, en la complétant et en l'assimilant à celles qui sont prévues par les statuts.

Nous terminerons ce compte rendu en mentionnant une dernière affaire qui prouve au moins tout l'intérêt suscité par la formation de l'Association internationale des Académies : on a déjà annoncé l'intention de lui faire des dons. Le Comité s'est donc demandé sous quelle forme l'Association pourrait les recueillir. Sur la remarque de M. Diels, on a constaté que les personnes ayant manifesté l'intention, très digne d'être encouragée, de donner à l'Association les moyens de développer son action, pourront toujours atteindre ce but en faisant une donation avec affectation spéciale à l'une ou à l'autre des Académies qui en font partie.

D'autres projets ayant une forme moins arrêtée, mais assurés du meilleur accueil, reviendront devant l'Assemblée générale.

L'un, émanant de l'Académie de Munich, a trait à la publication d'un *Corpus des actes et diplômes grecs du moyen âge et des temps postérieurs*.

Un autre, conçu par les Académies de Leipzig, de Munich et de Vienne, tend à la publication d'une *Real-Encyclopædie des Islam*.

Le Comité réuni à Paris a dû enfin s'occuper de fixer la date de la prochaine et première Assemblée générale. On s'est accordé à penser que quelques-uns au moins des projets dont nous venons de donner connaissance réclamaient une étude approfondie ; et, pour laisser aux Académies qui les avaient présentés le temps de leur donner une forme précise et définitive, on a décidé de fixer au mardi 15 avril, qui suivra le mardi de Pâques 1901, la date de la prochaine réunion de l'Assemblée générale. C'est donc à cette date que se réunira à Paris la première Assemblée générale de l'Association (1).

Toutes les discussions, tous les projets que nous venons d'énumérer sont sans doute d'importance inégale ; ils ont du moins le mérite d'être très variés et de mettre en évidence la diversité même des services que peut rendre l'Association internationale des Académies.

Cette Association a été accueillie avec faveur partout où la science est cultivée. Si quelques personnes avaient conçu contre elle des préventions, ses premiers pas et ses premiers actes, empreints d'un esprit de sagesse et de conciliation, nous paraissent de nature à dissiper toutes les inquiétudes. Déjà l'on songe à s'adresser à elle pour bien des œuvres que seule elle sera capable de réaliser. On sent confusément qu'il a été créé un organisme nouveau, devant être appelé, dans la suite, à exercer une influence considérable et bienfaisante. Il importe que les Académies constituantes justifient cette faveur et hâtent le fonctionnement de l'Association en s'attachant à lui soumettre des projets soigneusement élaborés. Il importe aussi que tous ceux qui attendent beaucoup de l'Association se souviennent qu'elle a le temps devant elle ; que, par leur nature même, les Académies sont des corps dont l'action s'exerce avec une

[...]sans dire que jusqu'à cette date, les Académies [...] latitude pour provoquer l'étude de nouvelles ques-

certaine lenteur ; qu'on doit faire crédit pendant quelque temps à l'Association nouvelle en lui laissant le temps de prendre conscience d'elle-même et de créer peu à peu les organes grâce auxquels elle pourra réaliser toutes les espérances qu'elle a fait naître de différents côtés.

Gaston DARBOUX.

La troisième Assemblée générale de l'Association internationale des Académies (1).

Depuis l'article qui a paru ici même en janvier 1901, et où nous donnions quelques indications assez détaillées sur les conditions dans lesquelles s'est formée l'*Association internationale des Académies* et sur les statuts qui lui avaient été donnés dans la conférence préparatoire de Wiesbaden, les lecteurs du *Journal des Savants* ont été tenus au courant des travaux, des actes et des premiers progrès de cette importante Association. Elle a deux organes distincts : le *Comité* et l'*Assemblée générale*. Le *Comité* est en quelque sorte l'organe permanent de l'Association : chaque Académie y délègue un ou deux membres, suivant qu'elle appartient à une seule des sections (littéraire ou scientifique) ou aux deux. Il peut accomplir sa tâche par correspondance et se réunit seulement quand cela paraît nécessaire. L'*Assemblée générale* au contraire doit être convoquée à époque fixe, tous les trois ans. Les Académies peuvent y envoyer autant de représentants qu'elles le jugent convenable pour la discussion approfondie des ques-

(1) Extrait du n° d'août 1907 du *Journal des Savants*.

tions de diverse nature qui doivent figurer à l'ordre du jour de la réunion.

La première *Assemblée générale* s'est tenue, comme on sait, à Paris, au mois d'avril 1901, sous la direction de l'Académie des sciences, qui avait confié à l'auteur de cet article le soin de présider les délibérations. Désireux de reconnaître l'honneur que l'on faisait ainsi à notre pays, le Gouvernement français a décidé de perpétuer le souvenir de cette première réunion en faisant frapper une médaille dont l'exécution a été confiée à M. Vernon. Cette plaquette a été terminée récemment : elle fait partie de l'envoi que cet artiste distingué a fait au Salon de cette année et qui lui a valu la médaille d'honneur pour la gravure, la plus haute récompense que puisse ambitionner un artiste, puisqu'elle lui est décernée par ses émules et par ses pairs. L'Académie des sciences a tenu à faire frapper des exemplaires de cette belle et délicate œuvre d'art ; et elle vient de les distribuer à toutes les Académies qui font partie de l'*association*. L'envoi a été très goûté ; nous espérons qu'il contribuera à faire mieux connaître cet art de la médaille dont l'éclat a été renouvelé dans notre pays par les artistes qui sont nos contemporains.

La seconde *Assemblée générale* de l'Association s'est tenue au mois de mai 1904 à Londres sous la présidence de la *Société Royale*, représentée par un de ses secrétaires, Sir Michael Foster, le physiologiste éminent dont la science déplore malheureusement la mort récente.

Après la *Société Royale*, la direction de l'*Association Internationale* est échue le 1er janvier 1905 à l'*Académie impériale des sciences de Vienne*, qui doit la conserver jusqu'à la fin de l'année 1907. C'est donc à cette Académie qu'il appartenait de nous convoquer cette année pour la troisième *Assemblée générale* de l'Association. Comme elle devait tenir sa séance publique annuelle le 28 mai dernier, elle a eu l'heureuse idée de fixer au lendemain l'ouverture de l'*Assemblée générale* de l'Association des Académies ; de sorte que nous avons pu, en avançant seulement de quelques heures notre arrivée, nous donner le plaisir d'assister à la séance solennelle de notre Académie directrice, qui s'est tenue, comme d'habitude, sous la présidence de S. A. I. l'archiduc Rénier. protecteur de l'Académie.

C'est à M. Ed. Suess, président de l'Académie de Vienne, que revenait la présidence de l'*Assemblée plénière* et de la *Section des sciences* de l'Association. S. E. M. le professeur v. Boehm-Bawerk, membre de la Chambre des Seigneurs, vice-président de l'Académie directrice, devait, de son côté, présider la *Section des lettres*. Commencés le mercredi 29 mai à 10 heures du matin, les travaux de l'Association ont été clos le dimanche suivant 2 juin dans la matinée. La réunion a été nombreuse et brillante. Notre Académie des Inscriptions avait envoyé M. Sénart ; l'Académie des sciences morales et politiques était représentée par son secrétaire perpétuel, M. Georges Picot, et par M. Emile Boutroux ; l'Académie des sciences avait quatre délégués : MM. H. Poincaré, A. Giard et les deux secrétaires perpétuels, MM. de Lapparent et Darboux. La *Société Royale* de Londres n'avait pas envoyé moins de six délégués ; la *British Academy* en comptait deux ; Berlin était représenté par deux de ses secrétaires perpétuels, MM. Diels et Waldeyer, et par le président de la Commission des œuvres de Leibniz, M. Lenz. Les Académies allemandes comptaient environ une douzaine de délégués. Le nombre total de tous ceux qui ont pris part effectivement à nos discussions a été d'une soixantaine environ. Il a été à peu près le même qu'à Londres ; à Paris, il avait été plus élevé, mais il ne faut pas oublier que Paris est la seule ville où se trouvent trois Académies faisant partie de l'Association, et que ces trois Académies, à elles seules, étaient représentées en 1901 par une vingtaine de délégués. Ce qu'il faut constater ici et regarder comme un très heureux symptôme, c'est que le nombre des Sociétés savantes qui font partie de l'Association s'accroît à chaque nouvelle réunion. A Londres déjà, l'*Académie des Sciences de Madrid*, la *British Academy* étaient venues se joindre aux dix-huit Académies qui avaient pris part à la réunion de Paris. Cette fois, c'est de l'Extrême-Orient que nous est venue une adhésion nouvelle : l'*Académie impériale des Sciences de Tokyo*, qui avait, depuis un an, demandé son admission, s'était fait représenter à Vienne par deux savants des plus éminents : un mathématicien, S. E. le baron Kikuchi et un sinologue des plus autorisés, M. le Dr Shigeno Anyeki, tous deux membres de la Chambre des Seigneurs et professeurs honoraires à l'Université de Tokyo.

Parmi ces adhésions, qui portent à 21 le nombre total des Académies de l'Association, il en est une sur laquelle il convient particulièrement d'insister, c'est celle de la *British Academy*.

Lors de la constitution de notre Association, on avait été frappé de voir que, tandis que l'Allemagne devait y être représentée par quatre académies, la France par trois, l'Angleterre n'y compterait qu'une seule participante, la *Société Royale* de Londres, et même que cette société appartiendrait exclusivement à la Section des sciences. Cette remarque a certainement provoqué, ou tout au moins hâté, la création de la *British Academy* qui, dorénavant, tiendra dans les lettres la place que la *Société Royale* occupe glorieusement dans les sciences depuis plus de deux siècles. S'il est légitime de penser que les Académies sont des organes essentiels de la vie littéraire et scientifique d'une nation, on voit que l'Association des Académies peut déjà inscrire à son actif la formation de la *British Academy*. Il est permis d'espérer que ce service rendu à la fois à la science anglaise et à la science universelle ne restera pas isolé. Nous croyons savoir que le désir de prendre part aux travaux des Académies associées est à la veille de provoquer, soit dans certains pays, soit même dans les colonies de grands empires, la formation de sociétés savantes qui pourront ouvrir à la recherche scientifique des domaines jusqu'ici incomplètement explorés.

L'ordre du jour de la réunion de Vienne était particulièrement chargé. Parmi les questions dont avait à s'occuper l'*Assemblée plénière* formée par la réunion des deux sections littéraire et scientifique, il convient de signaler les trois suivantes :

L'Académie des sciences de Madrid avait accueilli avec faveur le système proposé pour la description symbolique des machines par un de ses membres, l'ingénieur Torres Y Quevedo, dont les beaux travaux sur les machines à calculer et le télékine ont reçu le meilleur accueil de notre Académie des sciences. L'Académie de Madrid proposait donc de nommer une commission internationale chargée d'examiner ce nouveau système, d'étudier s'il conviendrait de le recommander après lui avoir fait subir d'ailleurs toutes les modifications qu'elle jugerait nécessaires. A une faible majorité, l'Assemblée de Vienne n'a pas cru pouvoir entrer dans la voie désirée par nos confrères de Madrid. Sans se prononcer sur le fond du système de M. Torrès, notre Académie des sciences avait pensé qu'on pourrait le soumettre, en même temps que les systèmes analogues, à l'examen d'une commission spéciale désignée par l'Association des Académies. La majorité des Académies a estimé au contraire que la question n'était pas du ressort de l'*Association ;* elle a voulu éviter de prendre des décisions qui courraient le risque de ne pas avoir l'autorité nécessaire auprès des véritables intéressés, c'est-à-dire des ingénieurs et des techniciens.

Saint-Simon raconte dans ses *Mémoires* que, lorsqu'il fut nommé par le Régent ambassadeur d'Espagne, il ne voulut pas revenir dans son pays sans avoir vu Tolède. Arrivé dans cette ville, où on lui rendit tous les honneurs dus à sa haute situation, il reçut la visite de deux chanoines, venus pour lui présenter les compliments du Chapitre ; et il dut entendre, en présence d'une nombreuse assemblée, une très belle harangue, qui dura, dit-il, plus d'un gros quart d'heure, prononcée en fort beau latin par un des chanoines, Pimentel, grand seigneur comme lui. Il raconte, non sans quelque orgueil, que, prenant son courage à deux mains, il sut répondre à l'orateur dans la langue même qu'il avait employée et, ajoute-t-il, sans négliger aucun des points qu'il avait touchés. Ce latin qu'employait Saint-Simon était encore, au commencement du XIXe siècle, la véritable langue universelle. Les érudits, les philosophes, les savants même de cette époque l'employaient fréquemment dans leur correspondance et leurs dissertations. Malgré l'appui de l'Eglise catholique, l'affaiblissement général des études classiques a fait perdre au latin cette situation privilégiée qui lui permettait de rendre tant de services. Pour remplacer cette lanue, produit d'une admirable civilisation, on n'a rien maginé de mieux que de nous présenter une foule le langues auxiliaires, de combinaisons artificielles créées de toutes pièces, la langue Bleue, le Volapuk, 'Esperanto. Au moment où je présidais, en 1901, les éunions de l'Association internationale des Académies, je recevais chaque jour des monceaux de brochures préconisant telle ou telle langue internationale auxiliaire ; je les faisais distribuer, sans succès d'ailleurs, aux membres de l'Assemblée. Ces tentatives si variées émanent de personnes qui ont la foi. On leur a dit qu'elles ont contre elles l'immense majorité des gens compétents, c'est-à-dire des philologues ; que malgré une foule d'avantages, le latin n'a pu maintenir son caractère de langue internationale, que leurs créations artificielles ne ressemblent pas plus à une langue naturelle que les arbres de Saturne et ces produits d'opérations chimiques, dont nous entretenait récemment M. S. Leduc, ne ressemblent à de véritables végétaux ; qu'en ce qui concerne notre pays, leurs tentatives courent le risque de porter atteinte à la situation privilégiée que le Français conserve encore comme langue internationale. Ils ont réponse à tout ; cette fabrication de langues artificielles paraît avoir quelque chose de séduisant : mais comme ces langues sont au nombre d'une soixantaine peut-être, comme deux ou trois au moins d'entre elles ont, ou ont eu, des partisans déterminés, on a pensé qu'il fallait une autorité pour départager ces concurrents acharnés ; et l'on a songé tout naturellement à l'*Association internationale des Académies*. C'est donc à elle que s'est adressé cet organe international qui a pris le nom de *Délégation pour l'adoption d'une langue auxiliaire internationale*.

D'après les statuts mêmes de l'Association des

Académies, la proposition de la *Délégation* ne pouvait être présentée que sous le patronage d'une des Académies associées, et elle ne pouvait être mise à l'ordre du jour qu'avec l'assentiment de la moitié des Académies. Cette marche était interdite aux auteurs de la proposition. Nos trois Académies françaises lui étaient défavorables ; tout au plus, en comptant largement, aurait-on trouvé deux ou trois Académies étrangères disposées à la soutenir. La *Délégation* a donc préféré s'adresser sans intermédiaire à l'Académie directrice ; et celle-ci, dans une pensée de conciliation sans doute, et pour témoigner de la déférence envers lès signataires de la proposition, avait proposé :

1° De mettre à l'ordre du jour la proposition de la Délégation ;

2° De déclarer que, sans entrer dans l'examen du fond, l'Association ne se considère pas comme ayant qualité pour procéder au choix d'une langue internationale.

Au vote, l'Académie de Belgique, dont les deux classes de lettres et de sciences étaient d'avis opposés, a dû s'abstenir ; et, par 12 voix contre 8, l'assemblée s'est refusée à mettre la proposition à l'ordre du jour. Parmi les huit Académies formant la minorité, la plupart étaient disposées à suivre l'Académie de Vienne dans la procédure qu'elle avait proposée.

La troisième question discutée dans l'Assemblée générale est celle des œuvres de Leibniz. On se rappelle que, dès 1901, l'Académie des sciences morales et politiques avait pris l'initiative de cette publication. Le passage suivant, que nous empruntons au rapport de la Commission de 1901, mettait bien en évidence toute l'utilité de l'entreprise proposée.

« Tous les grands philosophes des deux derniers

siècles, disait M. Victor Brochard, ont eu leurs éditeurs. Victor Cousin a publié les œuvres de Descartes et MM. Adam et Tannery en préparent une édition encore plus parfaite, dont plusieurs volumes ont déjà paru. Une belle édition de Spinoza a été donnée à l'occasion du centenaire. L'Allemagne élève à Kant un monument digne de lui. Seul Leibniz a été oublié. Il y a là une injustice du sort qu'il convient de réparer au plus tôt, et personne n'est plus capable de mener à bonne fin une telle œuvre que l'Association internationale des Académies. »

Par un vote unanime, l'Assemblée de 1901 avait confié à l'Académie des sciences morales et politiques, auteur de la proposition, à l'Académie des sciences de Berlin et à l'Académie des sciences de Paris le soin de préparer conjointement l'édition désirée, en particulier de dresser un catalogue descriptif ou raisonné de toutes les pièces utiles à la publication et de préparer le plan méthodique que l'on pourrait adopter pour l'édition projetée.

Aidées par les gouvernements des deux pays, les Académies se mirent à l'œuvre ; mais la tâche proposée était encore plus difficile qu'on ne l'avait supposé. Trois ans après, en 1904, l'Assemblée de Londres, après avoir entendu un exposé, présenté par M. Boutroux, des résultats déjà obtenus, confirmait, en le précisant un peu, le mandat qui avait été donné aux trois Académies et les invitait à faire aboutir, avant l'assemblée générale de l'Association en 1907, la publication d'un catalogue critique des manuscrits de Leibniz, pour lequel elles avaient déjà réuni des matériaux.

Nos lecteurs se rappellent les excellents articles qu'a publiés ici même en juillet et août 1906 (p 370 et 431) M. Albert Rivaud sur la préparation de ce catalogue critique et chronologique et sur les services de toute nature qu'il est appelé à rendre. Grâce aux travaux persévérants de MM. Ritter, Kabitz, Wiese, Groethuysen du côté allemand; Rivaud, Sire, Halbwachs, Davillé du côté français, il est aujourd'hui prêt pour l'impression. Tel qu'il a été conçu par ses auteurs, il comprendrait environ 2.000 pages d'impression. Dans une conférence qui a réuni à Cologne, le 8 mars dernier, les délégués des trois Académies, la question de l'impression a été examinée de très près. On a reconnu qu'elle occasionnerait des frais considérables et que le catalogue ferait, en plusieurs de ses parties, double emploi avec l'édition, dont il démontre d'ailleurs la nécessité. La publication d'une édition des œuvres de Leibniz apparut, d'après les données même fournies par le catalogue, comme nécessaire. Les Académies s'accordèrent à reconnaître que cette publication devrait être *complète*, mais non *totale*. L'examen du catalogue montre en effet qu'une édition matériellement complète renfermerait un grand nombre de pièces dépourvues de tout intérêt. Toutefois, l'édition devra comprendre la mention ou l'analyse de toutes les pièces sans exception.

Ces propositions ont été sanctionnées par le vote de l'assemblée de Vienne, qui a adopté à l'unanimité une résolution dont voici le texte français :

1. « L'Académie royale de Berlin, les Académies des sciences et des sciences morales et politiques de Paris sont invitées à faire reproduire par un procédé mécanique, pour être mis à la disposition des travailleurs, dans les bibliothèques des Académies associées et dans quelques autres bibliothèques, le catalogue des œuvres de Leibniz qu'elles ont dressé conformément à la résolution votée à Londres en 1904.

2. « Les mêmes Académies exécuteront la publica-

tion d'une édition scientifiquement complète des œuvres de Leibniz.

3. « L'Association internationale des Académies émet le vœu que les diverses Académies veuillent bien souscrire à un certain nombre d'exemplaires de la dite édition et recommander à leurs gouvernements une souscription analogue. »

Ainsi, à chaque assemblée générale, on a pu constater, dans cette affaire, un pas nouveau vers la solution. Aujourd'hui certes, tout n'est pas terminé ; mais nous avons un catalogue, intéressant en lui-même, et de plus les éléments d'une excellente édition. Quel éditeur aurait pu réunir tant de collaborateurs et faire pendant si longtemps les sacrifices consentis par les trois Académies et leurs gouvernements. Seule, l'Association des Académies était en mesure d'entreprendre et de mener à bonne fin une publication de cette importance et de cette complexité. Tout le monde l'a si bien compris qu'après l'avoir vue surmonter, pour les œuvres de Leibniz, toutes les difficultés auxquelles nous avons fait allusion, on s'est empressé de proposer à l'Association une tâche nouvelle de même nature, presque aussi difficile. Après que MM. Boutroux et Lenz eurent donné aux principaux collaborateurs, MM. Rivaud et Ritter, la louange qu'ils méritent pour la préparation des Œuvres de Leibniz, et annoncé que l'on pourrait avoir dans trois ou quatre ans les trois premiers volumes de l'édition définitive, contenant les lettres et les documents biographiques, M. Lindemann, de l'Académie de Munich, a rappelé que, dans ces derniers temps, on avait examiné de différents côtés l'éventualité d'une publication presque aussi considérable, celle des œuvres d'Euler, le grand géomètre du XVIIIe siècle. M. Backlund, délégué de l'Académie de Saint-Pétersbourg, à laquelle Euler a appartenu, après son départ de Berlin, de 1766 jusqu'à sa mort en 1783, a mis aussi en évidence le haut intérêt de cette publication. Avec l'assentiment unanime des délégués, le président de l'assemblée a exprimé le désir que, pour la prochaine séance du Comité, une proposition tendant à la réalisation du désir exprimé fût introduite et présentée sous la forme prévue par les statuts.

Je laisse de côté quelques questions de moindre importance traitées par l'*assemblée plénière* pour arriver aux travaux particuliers des deux sections.

La *Section des lettres* avait à son ordre du jour un projet préparé par l'Académie de Berlin en vue d'arriver au prêt direct des manuscrits et imprimés entre les bibliothèques. Il ne diffère guère de celui qui avait été présenté en 1901 à l'Assemblée de Paris ; il précise seulement les conditions du prêt, de manière sans doute à répondre à des objections formulées par quelques-uns des gouvernements auxquels avait été soumis le projet primitif. On peut le caractériser comme il suit :

Les bibliothèques qui auront été désignées dans chaque pays par les gouvernements participants et qui seront portées sur une liste générale échangeront *directement* entre elles des manuscrits et des imprimés. On s'est attaché à bien définir les conditions de cet échange et l'on a prévu, en cas de litige entre la bibliothèque qui fait l'emprunt et celle qui le consent, l'arbitrage d'une commission permanente nommée par l'Association. C'est notre confrère M. Omont qui représentera la France dans cette Commission.

L'article du projet qui vise l'emprunt *direct*, sans intervention de l'autorité centrale, a soulevé des objections de la part des représentants de l'Académie des inscriptions et de l'Académie des sciences morales,

MM. Sénart et Georges Picot. Quel que doive être l'accueil que notre gouvernement et quelques autres pourront faire à cette disposition, on peut dire que, pour ce qui concerne le prêt des documents, notre pays remplit largement, et dès à présent, sa mission internationale. L'année dernière, si les chiffres qui nous ont été donnés sont exacts, nos bibliothèques ont prêté au dehors plus de six cents manuscrits.

De même que la question du prêt direct des manuscrits, presque toutes celles dont s'est occupée la Section des lettres avaient été déjà introduites à Paris ; leur étendue est telle qu'on ne pouvait s'attendre à les voir terminées dans le court espace de six ans : mais elles sont toutes en bonne voie. C'est ainsi que l'illustre associé étranger de l'Académie des inscriptions, M. de Goeje, a déposé, au nom de la Commission de l'*Encyclopédie de l'Islam* nommée en 1901, le premier fascicule, en triple édition : allemande, anglaise, française, de cette *Encyclopédie*. Le rapport qu'il a présenté sur la marche de ce travail montre que, malgré la bonne volonté des Académies et les subventions de quelques gouvernements intéressés, les ressources financières ont besoin d'être notablement accrues. Aussi la section s'est-elle empressée de voter à l'unanimité une motion présentée par M. v. Karabacek :

« Les gouvernements des pays renfermant des populations musulmanes sont priés d'accorder des subsides à cette entreprise, à l'exemple de l'*India Office*, qui a déjà manifesté une pareille intention. »

D'autres entreprises déjà introduites à Paris, le projet d'une publication générale des documents grecs du moyen âge et des temps modernes proposé par l'Académie de Munich, le projet de publication d'une édition critique du *Mahābhārata* émanant de l'Académie de

Vienne, sont également en bonne voie, M. Diels a fait un rapport sur le projet de publication du *Corpus medicorum antiquorum* présenté à Londres en 1904 par les deux Académies de Berlin et de Copenhague. Il a reçu un commencement d'exécution, et deux Académies nouvelles sont venues se joindre à celles qui, dès le début, en avaient assumé la direction.

Pour terminer le compte rendu des travaux de la Section des lettres, il ne nous reste plus qu'à mentionner la vaste entreprise de *Bibliographie littéraire*, mise en avant, il y a un an, par la *British Academy*. Voulant suivre l'exemple donné par la *Royal Society* qui a réussi à mettre sur pied, malgré tous les obstacles, la publication d'un *Catalogue international de Littérature scientifique*, la *British Academy* proposait une organisation analogue pour l'histoire, la philosophie, la philologie. Ici les difficultés sont incomparablement plus grandes. Aussi la Section des lettres a-t-elle tenu, avant d'accorder son concours et son patronage, à être mise en présence d'un projet précis, bien défini ; M. Gollancz, un des délégués de la *British Academy*, a promis de poursuivre les études nécessaires. On sait qu'il existe à Bruxelles une institution ayant quelque analogie avec celle que l'on propose de créer ; aussi les délégués de l'Académie de Belgique ont suivi avec un intérêt tout particulier l'étude de cette question.

La *Section des sciences* a eux aussi des séances très animées et elle a dû s'occuper d'un grand nombre de projets de haute portée.

Elle a entendu un rapport très intéressant sur les travaux de la Commission nommée à Paris pour coordonner et développer les travaux relatifs à l'anatomie du cerveau, fait par M. Waldeyer, secrétaire perpétuel de l'Académie de Berlin, qui a remplacé le regretté M. His à la présidence de cette Commission.

Elle a pris connaissance de rapports qu'elle avait demandés à l'*Association géodésique internationale*. Dans une des séances tenues à Londres en 1904, l'Association des Académies, prenant en considération une communication qui lui avait été adressée par le *Congrès international de Géologie*, réuni à Vienne en 1903, avait sollicité l'intervention de l'*Association géodésique internationale* pour savoir de quelle façon celle-ci pourrait susciter ou promouvoir la coopération internationale dans l'étude des questions suivantes :

A. Nivellements de précision dans les chaînes de montagnes sujettes aux tremblements de terre, en vue de constater si ces chaînes sont stables ou soumises à des mouvements, soit de soulèvement, soit d'affaissement ;

B. Mesures de la Gravité dans le but, en ce qui concerne les questions géologiques, de jeter de la lumière sur la distribution interne des masses terrestres et sur la rigidité ou l'isostasie de la croûte du globe.

L'*Association géodésique*, déférant aux vœux des Académies associées, avait mis cette question à l'ordre du jour de sa session de 1906, tenue à Budapest, et elle avait entendu avec le plus vif intérêt deux rapports, l'un de Sir Georges Darwin sur la question B, et l'autre de M. Lallemand, notre compatriote, sur la question A. Les appréciations de ces savants, tous deux d'une haute compétence, serviront de guide pour les recherches futures ; elles ont surtout contribué à mettre en lumière la valeur des résultats que M. le baron Eötvös, de Budapest, a obtenus à l'aide d'un appareil qu'il a inventé pour la mesure de la Gravité. L'Association des Académies a tenu à remercier le Gouvernement hongrois pour la subvention annuelle de 60.000 couronnes qu'il a bien voulu accorder, dans ces derniers temps, aux recherches si originales de M. le baron Eötvös.

En nous associant à ces louanges et à ces félicitations, adressées à une œuvre que nous admirons, nous avons tenu à rappeler que précisément M. Brillouin, professeur au Collège de France, avait été conduit à employer, en le modifiant et le perfectionnant pour ce qui concerne les mesures, l'appareil de M. le baron Eötvös, dans des travaux dont la publication est imminente et qu'il a entrepris sur la variation de la Gravité à l'intérieur du tunnel du Simplon.

On se rappelle sans doute qu'à la réunion de Paris Sir David Gill, directeur de l'observatoire du Cap, avait recommandé à la sollicitude de l'Association un projet véritablement gigantesque, la mesure d'un arc de méridien traversant l'Afrique, depuis le Cap jusqu'au Caire. Cet arc devait avoir plus de 7.000 kilomètres et, à raison de ses dimensions, de sa situation de part et d'autre de l'équateur, sa mesure devait avancer d'une manière extraordinaire nos connaissances sur la figure de la terre. Aussi l'Assemblée de Paris, en exprimant son entière sympathie pour ce vaste projet de triangulation, charga l'Académie des sciences de Paris de le communiquer aux gouvernements dont le concours était nécessaire, en appelant leur attention sur sa haute importance et sur son utilité.

Depuis 1901, le Gouvernement anglais a poussé cette grande entreprise avec sa tenacité habituelle ; et, à Vienne, Sir Georges Darwin nous a fait connaître les progrès vraiment remarquables qu'a faits dans ces derniers temps, la mesure de l'arc du 30 méridien qui doit traverser l'Afrique dans toute sa longueur. Les opérations géodésiques sont à la veille d'atteindre la frontière nord des possessions britanniques, et il serait à désirer que les Allemands voulussent bien poursuivre les travaux sur leur propre territoire. Mais ce qu'il y a de plus intéressant, c'est que les officiers ingénieurs britanniques vont se rendre dans l'Ouganda pour déterminer la frontière qui sépare les possessions britanniques de l'Etat du Congo ; et l'on a toute raison d'espérer que les deux degrés de méridien qui sont dans le voisinage immédiat de l'Equateur pourront être mesurés avec toute la précision habituelle aux opérations géodésiques. Enfin le capitaine Lyons, directeur du Service géodésique pour l'Egypte, espère commencer cet hiver la triangulation de la vallée du Nil.

Un rapport si satisfaisant ne pouvait être que très favorablement accueilli. L'Académie de Berlin a bien voulu se charger d'appeler l'attention du Gouvernement allemand sur la partie de la tâche qu'on serait désireux de lui voir entreprendre.

C'est M. Exner, de Vienne, qui a lu le rapport sur la station physiologique internationale du Parc aux Princes ou, plus simplement, sur l'*Institut Marey*. On sait qu'une dotation de 25.000 francs figure annuellement à notre budget pour cette création de notre regretté confrère. Dernièrement, la municipalité de Paris, fidèle à ses libérales habitudes, a concédé à cet établissement pour soixante-cinq ans la jouisssance gratuite du terrain étendu sur lequel il est établi au *Parc aux Princes*, à Boulogne, et lui a accordé aussi une subvention annuelle de quelques milliers de francs.

Les Académies associées ont adressé au Gouvernement français et à la Ville de Paris leurs remerciements pour ces dons magnifiques. Le rapport de

M. Exner exprime également le vœu que, pour bien marquer et pour assurer le caractère international de cet Institut, les gouvernements veuillent bien y louer, à l'image de ce qui se fait à Naples et au Mont-Rose, des tables de travail, qui leur seront assurées moyennant un loyer annuel de 1.000 francs.

Ces deux résolutions ont été adoptées à l'unanimité.

L'indiscipline aujourd'hui s'introduit partout. Il paraît que les observateurs qui s'occupent de l'observation si intéressante de la surface de la lune, tantôt donnent des noms différents aux mêmes accidents de cette surface, tantôt donnent le même nom à différentes formations. Pour remédier à cet inconvénient et unifier la nomenclature lunaire, la Section a nommé, sur la proposition de la *Société Royale*, une Commission composée de : MM. Lœwy, *président* ; Turner, de Londres ; Newcomb, de Washington ; Weiss, de Vienne, et Saunder, de Londres. Cette Commission sera chargée de présenter son rapport à la prochaine séance du *Comité* de l'Association.

La *Section des sciences* s'est aussi occupée d'une question que notre Académie des sciences lui avait soumise sur l'invitation de la *Conférence météorologique internationale*.

Quand on examine la distribution des stations météorologiques à la surface de la terre, on constate que les stations dans les hautes latitudes Nord et dans les îles des différentes mers présentent un intérêt exceptionnel. L'Association a exprimé le désir que les observations de cette nature fussent développées et coordonnées. Elle a aussi émis le vœu qu'il fût établi des stations nouvelles et que les observations obtenues ainsi fussent mises à la portée de tous par des publications régulières dans les organes appropriés.

Pour les latitudes Nord, il est désirable que deux ou trois stations soient établies en Sibérie et dans l'Amérique du Nord. En ce qui concerne les îles, l'Association a aussi indiqué nominativement les points qui pourraient être choisis dans l'océan Atlantique, dans l'océan Pacifique, dans l'océan Indien et dans l'océan Arctique. Ils appartiennent au Danemark, à l'Espagne, au Portugal, à l'Angleterre, au Brésil, aux Etats-Unis, à l'Allemagne, aux Pays-Bas, à la Russie, à la France. Les stations qui ont été recommandées pour notre pays sont : la Nouvelle-Calédonie, Tahiti, la Réunion et Madagascar.

Nous avons indiqué plus haut que le *Congrès géodésique de Vienne* avait demandé à l'Association des Académies de faire aboutir un de ses vœux. Ce Congrès n'est pas le seul qui se soit adressé à l'Association des Académies. *L'Association des études solaires*, qui a successivement tenu ses réunions périodiques à Saint-Louis (Etats-Unis), à Cambridge et, tout récemment, à Meudon, sous la présidence de M. Janssen, avait exprimé, dès le début, le désir de se trouver placée en quelque sorte sous le patronage de l'Association des Académies. La Société Royale de Londres s'était chargée de présenter ce vœu, en le précisant. C'est à l'unanimité qu'a été adoptée la proposition suivante, de M. Schuster, l'un des délégués de la *Royal Society* :

1° L'Union internationale pour les études solaires est placée sous le patronage de l'Association internationale des Académies ;

2° L'Académie directrice de l'Association nomme un des trois membres du Comité exécutif de l'Union ;

3° L'Union aura, tous les trois ans, à présenter un rapport à l'Association sur ces travaux.

On a aussi adopté à l'unanimité une proposition

de M. Hale, délégué de la *National Academy* de Washington, qui, personnellement, s'est placé à un rang si élevé par ses recherches sur le soleil. Elle est ainsi conçue :

« Eu égard à la haute importance des observations du soleil qui sont faites à une grande hauteur, et au nombre des stations qui pourraient être choisies dans ces conditions favorables aux environs de Vienne, l'Association prie respectueusement le Gouvernement autrichien d'examiner s'il ne lui conviendrait pas d'organiser et de subventionner de telles observations. »

Nous voilà parvenus au terme de ce compte rendu. On voit combien sont nombreuses et variées les questions qui ont été abordées et discutées dans la dernière assemblée générale de l'Association des Académies. Parmi les projets présentés au début, quelques-uns sont bien près d'être menés à bonne fin ; d'autres sont soumis à des études dont on ne peut dès à présent fixer le terme. Cela est dans la nature des choses : une association, qui avait d'abord à élaborer ses statuts et à prendre en quelque sorte conscience d'elle-même, qui, par suite même de sa constitution, avait à aborder les problèmes internationaux les plus vastes et les plus ardus, ne pouvait guère les résoudre tous, dans le court espace de temps qui s'est écoulé depuis 1901. Ce qui s'est passé pour les œuvres de Leibniz, pour l'organisation de l'Institut Marey, est de nature à donner les meilleures espérances. L'autorité même et l'influence de l'*Association internationale* ne cessent de grandir, comme en témoignent, du reste, les appels qui lui sont adressés de divers côtés.

Une bonne part de ce résultat est due certainement à l'Académie de Vienne, qui, depuis trois ans, est à la tête de l'Association. Nous aimons à lui rendre ce témoignage, avant qu'elle transmette ses pouvoirs à l'*Académie royale des Lincei*, que le vote de l'Assemblée de Vienne a désignée pour devenir, du 1er janvier 1908 au 1er janvier 1911, l'Académie *directrice* de l'Association. Nous tenons aussi à remercier nos confrères autrichiens pour l'accueil que nous avons reçu. Nous n'oublierons jamais les attentions délicates dont ils nous ont comblés en 1906 et 1907. Nous conserverons le souvenir de cette belle journée que nous avons passée avec eux sur le *Semmering*, de la charmante soirée que nous a donnée, en 1906, M. le comte Lanckoronsky ; de l'accueil bienveillant que nous a fait à deux reprises l'archiduc Rénier, protecteur de l'Académie ; de l'hospitalité que nous a offerte M. le comte Wilczek dans son château de Kreuzenstein, si admirablement restauré ; enfin de l'honneur qui nous a été fait par S. M. l'Empereur, qui a bien voulu se faire présenter, Académie par Académie, tous les délégués de l'Association. Quand nous nous rappellerons ces journées si agréables, nous associerons à nos souvenirs et à notre reconnaissance nos confrères de l'Académie de Vienne ; son président, M. Ed. Suess, l'illustre géologue associé étranger de l'Académie des Sciences ; ses vice-présidents, M. v. Hartel et S. E. M. v. Böhm-Bawerk, sans oublier M. v. Körber et M. le Ministre de l'Instruction publique, qui, au dîner offert par l'Académie de Vienne, nous ont parlé en termes si élevés, et de Leibniz, et du rôle de notre Association.

Gaston Darboux.

L'ACADÉMIE DES SCIENCES

ET

LA CARTE DU CIEL

Discours prononcé le samedi 24 avril 1909 au Dîner de clôture de la 6ᵉ conférence pour l'exécution de la Carte du Ciel donné dans la grande Salle de l'Observatoire de Paris par M. le Directeur de l'Observatoire et Mme Baillaud.

Madame, Messieurs,

Il y a plus de 200 ans, le 1er mai 1682, le roi Louis XIV, accompagné de toute la Cour, venait visiter pour la première fois cet Observatoire, œuvre de l'auteur de la Colonnade du Louvre, Claude Perrault, membre de notre Académie des Sciences, à la fois architecte, naturaliste habile et médecin. Un artiste de grand mérite, Sébastien Le Clerc, nous a laissé une belle gravure qui représente la visite du roi dans la salle même où nous nous trouvons en ce moment. Mais rien ou presque rien, dans sa composition, ne nous révélerait, si nous l'ignorions, la destination du noble et quelque peu massif édifice élevé par Perrault. On aperçoit bien dans le jardin, à travers les larges fenêtres qui subsistent encore aujourd'hui, un de ces instruments encombrants dont les astronomes se servaient alors pour observer les astres. Mais c'est à peine si, dans la salle même, nous pouvons découvrir au premier plan une sphère armillaire, apportée là sans doute par Cassini. Partout au contraire, nous voyons des modèles de mécanique, des cornues, des alambics, les squelettes de l'homme et des animaux les plus divers. La présence de tant d'objets si étrangers aux préoccupations habituelles des astronomes n'étonne nullement ceux qui sont au courant de l'histoire de ce temps. Colbert, « ce ministre porté de lui-même aux grands desseins », avait conçu, bien avant la Convention Nationale, le plan d'un vaste établissement analogue à notre Institut, où tous les ordres de recherches devaient être réunis. Pour ce qui concerne en particulier l'Académie des Sciences, il avait voulu qu'ici même, à côté de l'Observatoire, fussent construits des laboratoires, des salles de collections et des amphithéâtres, des logements pour tous les Académiciens et pour ceux qui devaient travailler sous leur direction.

Les guerres incessantes empêchèrent Colbert de donner suite à de si vastes projets. Mais notre Académie, qui compta au nombre de ses fondateurs des hommes tels que Huygens, l'abbé Picart, Auzout, Roemer, Cassini, manifesta dès le début le goût le plus vif pour les études d'astronomie. L'application du pendule aux horloges, l'emploi des lunettes pour la mesure des angles, la découverte du micromètre et de la lunette méridienne donnèrent l'essor à une foule de recherches. Les membres de l'Académie allèrent au loin résoudre la belle question de l'aplatissement terrestre, mesurer la longueur du pendule, déterminer d'une manière exacte les coordonnées géographiques d'un grand nombre de lieux. Parmi ces Missionnaires dont nous pourrions rappeler les noms avec quelque orgueil, j'en citerai un tout au moins pour saisir l'occasion de remercier votre président d'honneur, Sir

David Gill, qui lui rendit, il y a quelques années, un si bel hommage. Je veux parler du savant et modeste La Caille qui « travailla à lui seul autant que tous les astronomes de son temps ». Envoyé par l'Académie au Cap de Bonne-Espérance, il y observa plus de dix mille étoiles du Ciel Austral, il y mesura de plus un arc de Méridien, préludant ainsi à la magistrale entreprise que l'Angleterre poursuit en ce moment, je veux dire la mesure de l'arc de méridien qui doit traverser l'Afrique dans toute sa longueur.

Cette prédilection que, dès le premier jour, avait montrée l'ancienne Académie des Sciences pour les recherches astronomiques, se transmit tout naturellement à la nouvelle Académie. Delambre, l'historien astronome, fut son premier Secrétaire perpétuel pour les Sciences Mathématiques. Arago, qui joignait aux talents de l'astronome le génie du physicien lui succéda après un court intervalle et nous habitua sans effort à regarder l'astronomie comme la première des Sciences. Aussi, lorsqu'en 1887 les belles découvertes des frères Henry donnèrent raison aux vues d'Arago et de Faye, qui n'avaient cessé de recommander l'emploi de la photographie dans l'étude des corps célestes, quand l'amiral Mouchez, s'appuyant sur les avis et la haute compétence de Sir David Gill, conçut et présenta, avec la hardiesse d'un vrai marin, le vaste projet d'une Carte du Ciel, qui devait comprendre toutes les étoiles jusqu'à la 17e grandeur, notre Académie, sans méconnaître toutes les difficultés d'une entreprise que votre sagesse devait ramener à des proportions réalisables, saisit au vol, pour ainsi dire, cette grande et noble conception, et s'empressa de lui assurer tout l'appui dont elle pouvait disposer. C'est elle, Messieurs, qui voulut vous convoquer pour la première Conférence de 1887. C'est mon illustre maître et prédécesseur Joseph Bertrand, aussi bon qu'il était spirituel, qui tint à honneur de vous assurer, dans la mesure du possible, tout le concours qui vous serait nécessaire de la part de l'Académie.

Vous aussi, Messieurs, et nous vous en serons toujours reconnaissants, vous fîtes à l'initiative de l'Amiral, l'accueil le plus sympathique. L'avenir se présentait à lui sous les couleurs les plus riantes. Il espéra d'abord que la Carte serait terminée en 4 ou 5 ans ; puis il compta que la fin du XIXe siècle verrait aussi celle de l'entreprise à laquelle il aura eu l'honneur d'attacher son nom.

L'expérience ne tarda pas à montrer que cette entreprise était infiniment plus complexe qu'on ne l'avait supposé tout d'abord. Rien cependant ne put vous décourager, rien ne vint altérer votre foi en une œuvre dont vous reconnaissiez l'utilité et la grandeur. Abordant toutes les difficultés avec méthode, patience et esprit de concorde, vous les avez toutes surmontées à mesure qu'elles se présentaient. Et l'on peut prévoir aujourd'hui le jour prochain où, réalisant les rêves que les astronomes ne cessaient de former depuis Hipparque, vous aurez donné à votre science les bases et en quelque sorte les titres qui lui manquaient. L'Académie des Sciences se glorifie à juste titre d'avoir contribué à créer par ses travaux la géographie mathématique. C'est à vous, Messieurs, que reviendra l'honneur d'avoir résolu un problème autrement difficile et de nous avoir donné, en moins de quarante ans, une géographie céleste ou, pour parler plus correctement, la description exacte et complète du ciel étoilé. Ce travail gigantesque ne pouvait être fait qu'avec des méthodes nouvelles, et par là il ouvre une ère nouvelle dans le développement de l'astronomie. Avant la carte, c'était la science un peu froide des géomètres.

Après la carte, ce sera l'astronomie abordée avec ces instruments nouveaux, disons le mot, avec ces sens nouveaux et complémentaires dont l'homme a été doté par les physiciens. Ces rayons lumineux dans lesquels les anciens ne voulaient voir qu'une ligne droite, vous les avez décomposés en leurs éléments colorés. Pour employer un mot de géomètre, là où il y avait une constante linéaire, vous avez mis une fonction. Et cela a suffi, et au-delà, pour transformer l'astronomie. L'analyse des rayons envoyés par les astres, en décelant les déplacements en profondeur qui étaient auparavant inaccessibles à nos sens, vous a permis de mieux connaître les mouvements réels ; mais elle a eu aussi l'inappréciable avantage de vous donner les notions les plus précises sur la constitution des corps qui nous entourent. Vous aviez la géométrie et la mécanique célestes ; vous avez créé la physique, la chimie, et même la météorologie célestes. Grâce à vous, nous connaissons ce fait de haute importance philosophique que l'univers est un dans son ensemble, bien qu'infiniment varié dans ses détails. Mais les méthodes que vous appliquez nous réservent sans doute bien d'autres surprises. La physique nous a habitués à ses merveilles. La pensée et la parole, la forme, et bientôt sans doute aussi la couleur, ont été transmises à travers des milliers de kilomètres et par les méthodes les plus variées. Qui oserait affirmer aujourd'hui qu'il nous sera toujours impossible de résoudre tel ou tel problème d'astronomie, et en particulier de communiquer avec les astres qui nous entourent ; je n'oserai certes pas promettre aux membres de la prochaine Conférence de les conduire en obus automobile dans la planète Mars, mais je n'oublie pas non plus que l'Académie des Sciences tient en réserve une somme de 100.000 francs destinée à récompenser, et ce sera une bien faible récompense, celui qui aura trouvé un jour le moyen de communiquer par des signaux avec une planète autre que Mars.

En attendant que ces grands événements se produisent, vous poursuivez sans trêve vos recherches et parmi les découvertes que vous avez faites grâce à la photographie, il en est une qui est venue accroître l'intérêt, mais aussi la difficulté de vos travaux. Vous devinez que je veux parler de la planète Eros, découverte à la fin du siècle dernier par M. Witt. Grâce à l'excentricité de son orbite, Eros tantôt s'éloigne au-delà de Mars, tantôt s'approche de la terre beaucoup plus près que la planète Vénus, fournissant ainsi une nouvelle et excellente méthode pour la détermination du nombre fondamental de l'astronomie, la parallaxe solaire. En 1900, vous étiez encore sous le coup des déceptions que vous avait apportées l'observation des deux derniers passages de Vénus. La nouvelle planète vous offrait une occasion favorable de prendre votre revanche ; vous ne l'avez pas laissé échapper. Mon ami Loewy que j'ai eu la douleur de voir mourir à mes côtés, attachait une importance extrême à cette question. Lundi dernier, aux applaudissements de tous, M. Hincks nous a fait connaître le résultat de vos observations et de ses calculs. On peut le caractériser en disant qu'il confirme définitivement, pour les deux premières décimales de la parallaxe, le résultat auquel vous vous étiez arrêté d'un commun accord, celui que M. Bouquet de la Grye avait trouvé de son côté par la discussion du dernier passage de Vénus, et qu'il nous fait connaître de plus une valeur extrêmement probable de la troisième décimale. Mais vous êtes insatiables, et au Cours de cette dernière conférence vous avez décidé de poursuivre l'étude de ce beau sujet en profitant des circonstances favorables que présentera l'opposition d'Eros en 1831, afin d'obtenir, s'il est possible, un nombre encore plus exact.

Votre plan de campagne est déjà dressé. La planète est sujette à de fortes perturbations quand elle s'approche de la terre. Il faudra d'abord calculer son éphéméride ; et puis, quand cette éphéméride sera assurée, déterminer la position des étoiles qui jalonneront sa route dans le ciel en 1831. Messieurs, j'ai pleine confiance qu'une attaque si bien conduite réussira entièrement. Pendant que le dieu mâlin dont la planète porte le nom continuera à troubler et à tourmenter les pauvres humains, la planète elle-même, assujettie à vos lois, deviendra votre prisonnière ; elle vous révélera les secrets que vous cherchez et suivra docilement dans le ciel la route que vous lui aurez assignée.

Je voudrais terminer là ce trop long discours. Permettez-moi de vous dire encore quelques mots d'une dernière et troublante question.

Le cas d'Eros sera-t il isolé et en 1831, après une collaboration d'un demi siècle, vous séparerez-vous, pour vaquer uniquement à des travaux particuliers ? Messieurs, nous pouvons nous rappeler ici la belle parole du poète anglais : Il y a plus de choses sur la terre et dans le ciel qu'il n'en existe dans notre philosophie. Quelque planète, encore plus propice qu'Eros à la détermination de la parallaxe, quelque monde stellaire d'une constitution extraordinaire, quelque comète, unique de son espèce, pourront surgir à un moment donné et vous inciter à prolonger votre collaboration.

S'il en devait être ainsi, Messieurs, je serais le dernier à le regretter. J'ai eu plus d'une fois à représenter mon pays, ou l'Académie, dans les réunions internationales, à Berlin et à Bruxelles, à Londres, à Copenhague, à Vienne, à Wiesbaden, à Rome, à La Haye, à Budapest, à Saint-Louis en Amérique ; ma conviction intime et profonde c'est que j'ai ainsi participé à des œuvres de paix et de concorde. La collaboration des savants, dans ces régions sereines où la haine ne pénètre jamais, prépare les accords des nations sur le terrain de la politique et des faits. Les œuvres internationales me paraissent jouer, dans les relations des peuples, le rôle de ces pilotis que l'on enfonce dans les terrains dangereux et mouvants. Quand ils sont en assez grand nombre, on peut construire au-dessus des édifices durables et solides.

Les hommes de science peuvent revendiquer l'honneur d'avoir été les premiers à provoquer ces rapprochements internationaux. Cela tient sans doute à la nature de leurs recherches, dont plusieurs dépassent la durée d'une existence humaine et les forces d'une seule nation, quelque puissante, quelque active qu'on la suppose. Cela tient encore, et il est utile de le remarquer aujourd'hui, au caractère même, et si je puis m'exprimer ainsi, aux conditions morales de leurs travaux. L'homme de pratique est soutenu par la perspective de s'enrichir. Le lettré songe à la gloire qui l'attend. A part quelques exceptions bien rares, le savant ne peut compter sur une renommée adéquate à son mérite. Le nom de Newton est, sans doute, dans toutes les bouches ; mais combien peu, parmi les hommes, peuvent apprécier les mérites immortels de ces héros de la science qui portent les noms de Frédéric Gauss, Huygens, Léonhard Euler, Lord Kelvin, Fresnel ou Louis Lagrange. Nous tous, qui suivons les traces de ces grands hommes, nous savons bien que l'œuvre constituée par nos travaux incessants sera, pour la plus grande partie, une œuvre anonyme ;

notre seule ambition, le plus souvent, est d'apporter à l'édifice qui s'élève une pierre, destinée sans doute à être recouverte ou remplacée. Loin de nous décourager, cette perspective relève à nos yeux le mérite de nos efforts ; elle nous conduit aussi, par une conséquence naturelle, à tendre les mains, par dessus les frontières, à ceux qui sont nos compagnons dans cette recherche désintéressée. Et nous sommes doublement heureux lorsqu'à ces sentiments de sympathie qui s'exerçaient d'un peu loin, à travers l'espace, nous pouvons joindre tous ceux qui résultent des relations personnelles, des discussions poursuivies en commun, et toujours pleines de franchise et de cordialité. Cette bonne fortune nous est échue au cours de la semaine qui va finir. Puissiez-vous Messieurs, conserver, comme nous, le meilleur souvenir des quelques jours que nous venons de passer ensemble. La session qui vient de finir était nécessaire ; elle était attendue avec impatience par plusieurs d'entre vous, j'en ai reçu la confidence ; elle sera certainement féconde en résultats. Si, comme nous l'espérons, vous voulez bien renouveler votre visite, nous saisirons avec empressement l'occasion de resserrer encore les liens d'amitié qui nous unissent déjà. En tous cas, l'appui de l'Académie est acquis à vos travaux.

C'est dans ces sentiments que je lève mon verre en l'honneur de nos hôtes, les membres de la sixième conférence pour l'exécution de la Carte du Ciel.

L'UNITÉ DE LA SCIENCE

Discours prononcé le 24 septembre 1904 au Banquet de clôture du Congrès d'Art et de Science, tenu à Saint Louis d'Amérique du 19 au 25 septembre 1904.

Il y a eu cent ans en 1903, le premier Consul cédait à l'Amérique une région presque inconnue à cette époque, la vallée du Mississipi, qui forme aujourd'hui le tiers du territoire des Etats-Unis.

Pour célébrer le centenaire de cette cession, les habitants de Saint-Louis, la ville principale de cette région, avaient conçu le projet d'une Exposition Universelle, qui devait se tenir aux portes même de cette ville. Les Directeurs de l'Exposition eurent l'heureuse idée de lui adjoindre un Congrès d'art et de science, dont l'idée mère était de réunir et de rapprocher dans un tableau d'ensemble les sciences, les lettres et les arts de toute nature. L'organisation de ce Congrès avait de quoi séduire les savants français; car elle était analogue à celle de notre Institut. Ce fut Simon Newcomb, l'illustre associé étranger de l'Académie des Sciences, le futur Président du Congrès, qui fut chargé d'adresser les invitations du gouvernement américain pour les mathématiques, la physique, l'astronomie, la biologie et la technologie. Il fit dans ce but un voyage à Paris, au cours du printemps de 1903. Un grand nombre de savants français répondirent à son appel, notamment MM. Emile Picard et Gaston Darboux, pour les mathématiques pures, Henri Poincaré pour les mathématiques appliquées, Alfred Giard pour la morphologie animale, Yves Delage pour l'anatomie comparée, Pierre Janet pour la psychologie des anormaux, Langevin pour la physique de l'Electron, Moissan pour la chimie inorganique. Nous reproduisons ici le discours que prononça M. Darboux, en qualité de Vice-Président d'honneur du Congrès, au Banquet de clôture, donné avec le concours de la Musique de notre Garde Républicaine.

Messieurs,

Gracieusement invité à prendre la parole au nom des délégués français qui ont accepté l'invitation du gouvernement américain, je considère comme un devoir de remercier en premier lieu la grande Nation pour l'honneur qu'elle nous a fait et pour l'accueil qu'elle nous a réservé.

Tous ceux qui me font l'honneur de m'écouter connaissent ce sentiment pénible d'isolement qui saisit parfois le voyageur au milieu d'une nation étrangère. Ce sentiment, je dois le dire, nous n'avons pas eu le temps de l'éprouver. On nous dépeignait en Europe les américains comme exclusivement occupés de leurs affaires ; on nous jetait à la tête le fameux proverbe : Business is Business, qu'on nous donnait comme la devise de ce beau pays. Nous avons pu constater, tout au contraire, que ses habitants sont toujours empressés à faire le meilleur accueil aux étrangers ; partout, nous avons rencontré des personnes prêtes à se déranger de leur route et à nous donner, avant même que nous les demandions, les renseignements qui nous étaient nécessaires. Et que dire de l'accueil qui nous était réservé par nos confrères américains. M. le Président de l'Exposition, M. le Directeur des Congrès et leurs dignes collaborateurs, les Autorités et les habitants de Saint-Louis, se sont tous attachés à nous rendre le séjour agréable, la vie facile, au sein de cette magnifique exposition dont nous conserverons toujours le souvenir enchanteur.

Nous aurions voulu la voir d'une manière détaillée, faire connaissance avec les attractions sans nombre dont elle fourmille (les savants aiment parfois à se dérider), étudier les produits exposés et classés avec une méthode si parfaite et si rigoureuse dans ses palais d'une architecture si originale et si imposante : M. Newcomb ne nous l'a pas permis. Le Congrès dont il était l'illustre président nous offrait tant d'attractions, d'un genre un peu austère il est vrai, tant de travaux aussi à accomplir, qu'à notre grand regret nous avons dû nous refuser à bien des sollicitations qu'il nous eût été agréable d'accueillir. Les américains nous le pardonneront, j'en suis sûr. Ils savent mieux que personne le prix du temps ; mais ils savent que les forces humaines ont des limites, au moins chez nous autres, pauvres Européens. Car je doute qu'un Américain se sente jamais fatigué.

Messieurs, le Congrès qui va se terminer demain aura été véritablement une très grande chose. C'est la première fois, je crois, qu'on aura retrouvé dans une grande réunion internationale, ce que nous avons réalisé dans notre Institut de France : l'union des lettres, des sciences et des arts. Que cette union se maintienne à l'avenir, c'est là mon vœu le plus cher.

La science est une comme l'Univers ; les phénomènes qu'elle étudie ne connaissent, ni les frontières des états, ni les divisions politiques établies entre les peuples. Dans tous les pays civilisés, on calcule avec les mêmes chiffres, on mesure avec les mêmes instruments, on emploie les mêmes classifications, on étudie les mêmes faits historiques, économiques et moraux. S'il subsiste chez les différentes nations des différences entre les méthodes, ces différences sont légères ; elles sont bienfaisantes d'ailleurs, et même nécessaires ; car, pour l'exécution de l'immense travail de recherche imposé à l'humanité qui pense, il importe que les sujets d'études ne soient pas partout identiquement les mêmes ; ou bien, s'ils sont identiques, que les divergences entre les points de vue sous lesquels ils sont considérés dans les différents pays contribuent à nous en faire mieux connaître la nature, les conséquences et les applications. Il faut donc que chaque peuple conserve son génie propre, les méthodes particulières, qu'il s'applique à développer les qualités qu'ils a reçues ; de même qu'il importe que, dans un orchestre, chaque instrument exécute de la manière la plus parfaite, avec le timbre qui convient à sa nature, la partie qui lui est confiée. Mais, en science comme en musique, un accord entre tous les exécutants est une condition nécessaire, que chacun doit s'efforcer de réaliser.

Attachons-nous donc, dans la recherche scientifique, à exécuter de notre mieux la partie de la tâche que la nature des choses nous a dévolue ; mais attachons-nous aussi à réaliser cet accord, qui est la condition nécessaire de l'harmonie, et qui, seul, peut assurer dans l'avenir le progrès de l'humanité.

Messieurs, il me serait difficile de vous dire d'une manière précise quelle part l'Amérique est appelée à prendre dans ce concert des nations civilisées ; mais je suis sûr que cette part sera digne de la nation qui a su conquérir et mettre en valeur le territoire immense qui s'étend entre les deux Océans. Je lève mon verre en l'honneur de la Science Américaine, je bois à l'avenir de cette grande Nation à laquelle nous attachent, nous autres français, tant de souvenirs communs, tant de liens de vive sympathie et de profonde admiration. Je suis particulièrement heureux de le faire, dans ce beau territoire qu'il y a cent ans, la France céda librement à l'Amérique naissante.

FULTON ET L'ACADÉMIE DES SCIENCES

L'Etat et la Municipalité de New-York avaient décidé de commémorer, par des fêtes célébrées à New-York, du 25 septembre au 9 octobre 1909, le troisième centenaire de l'exploration de l'Hudson par l'illustre navigateur dont ce fleuve porte le nom et, en même temps, le centenaire du premier essai heureux de navigation à vapeur par Fulton.

L'invitation de participer à ces fêtes, transmise par les soins du Gouvernement des Etats-Unis, fut adressée au Gouvernement Français, comme aux autres Gouvernements, par une Commission spéciale, désignée par le Gouverneur de l'Etat de New-York et par le Maire de la ville de New-York. Tandis que la plupart des Gouvernements choisissaient, pour les représenter, des marins du grade le plus élevé, le nôtre, se souvenant du séjour que Fulton avait fait dans notre pays, des travaux qu'il y avait accomplis, des tentatives qu'il avait faites pour obtenir le concours et la bienveillance du premier Consul, décida de se faire représenter par un délégué de la Science Française; et il choisit à cet effet le secrétaire perpétuel de l'Académie des Sciences, à laquelle avaient été soumis autrefois les premiers essais de Fulton. Il résolut, en même temps, d'envoyer à New-York une petite escadre, qui devait prendre part aux fêtes, à côté de la flotte américaine et des navires envoyés par les autres

Nations. Cette escadre fut composée des trois Cuirassés suivants : la *Justice*, commandée par le capitaine de vaisseau Lefèvre ; la *Liberté*, commandée par le capitaine de vaisseau Huguet et la *Vérité*, commandée par le capitaine de vaisseau Tracou. Elle avait pour chef le contre-amiral Le Pord, qui mit son pavillon sur la *Justice*. Elle appareilla de Brest pour New-York, le 12 septembre, emmenant M. Darboux, qui avait pris place à bord de la *Justice*.

La traversée fut excellente de tous points, comme en témoigne la lettre qu'à son arrivée à New-York, M. Darboux adressa au directeur du *Temps* et que ce Journal s'empressa de publier dans son n° du 2 octobre 1909. Voici cette lettre :

New-York, 21 septembre 1909.

Monsieur le directeur,

Vous savez que le gouvernement français, désirant se faire représenter par un savant aux fêtes de New-York, a fait l'honneur au secrétaire perpétuel de l'Académie des sciences de lui confier cette mission. Je viens de faire la traversée avec les trois cuirassés *Justice*, *Liberté* et *Vérité*, et je vous demande la permission de vous envoyer mes premières impressions. Vous en ferez tel usage que vous voudrez.

Ces impressions naturellement ne peuvent concerner que la traversée. Elle s'est accomplie dans les plus heureuses conditions. Le gouvernement, désirant faire un essai, avait prescrit à l'amiral Le Pord, chef de notre petite escadre, une vitesse moyenne de 16 nœuds. Malgré les vents et les courants contraires, cette vitesse a été atteinte, et même dépassée. Pour l'obtenir sur le fond, il a fallu que les cuirassés fournissent, pendant une bonne partie du parcours, une vitesse de plus de 17 nœuds. Ils l'ont fait avec une régularité qui me paraît absolument remarquable. Notez qu'il s'agit de bâtiments qui ont donné aux essais une vitesse de 19 nœuds seulement. Pas un accident, pas une avarie durant tout ce voyage. Les trois bâtiments n'ont cessé de conserver, pendant la nuit, pendant le brouillard, la distance réglementaire de quatre cents mètres. Ce beau résultat me paraît réconfortant. Il fait grand honneur à tout le monde et vaut la peine d'être signalé, à une époque où tant de critiques sont adressées à notre marine et à nos marins. Ce qui m'a frappé, en dehors de l'habileté et du dévouement de l'amiral Le Pord et de ses officiers, du bon état du matériel, c'est l'excellent esprit de l'équipage. On sent que, chez nos marins, la discipline repose sur la confiance qu'ils ont en leurs chefs. Dans leur enthousiasme, ces braves gens auraient poussé la vitesse jusqu'à 18 nœuds, pour peu qu'on le leur eût permis.

Les Américains, cela va sans dire, nous ont très bien accueillis. Nos vaisseaux sont les premiers qui soient arrivés ; ils sont mouillés dans la rivière Hudson, en face de Riverside Park, et je puis vous assurer qu'on les admire beaucoup.

Veuillez agréer, monsieur le directeur, l'assurance des meilleurs sentiments d'un homme qui a constaté avec bonheur que, quoi qu'on en ait dit, nous avons une marine, et une belle marine.

G. Darboux,
délégué de la République française à New-York,
à bord de la *Justice*.

Arrivé à New-York, M. Darboux prit part aux fêtes qui furent données, il reçut le meilleur accueil des

Américains, visita l'Université Columbia, l'Ecole Militaire de West Point, l'hôpital français ; il fut fêté par la Colonie française, et trouva le concours le plus empressé auprès de tous les représentants officiels de notre pays. Nous nous bornons à reproduire ici l'adresse qu'il présenta le 27 septembre, à la réunion qui fut tenue, dans la salle de l'Opéra métropolitain de New-York, pour la réception officielle des délégués ; cette adresse contient des détails inédits sur les relations de Fulton et de notre Académie des Sciences.

Le délégué de la République Française à Monsieur le Gouverneur de l'état de New-York, à Monsieur le Maire et à Messieurs les membres de la commission Hudson-Fulton.

Messieurs,

Des deux hommes que vous réunissez dans un même anniversaire, l'un a été un hardi navigateur, l'autre un ingénieur hors de pair. Les découvertes auxquelles ils ont attaché leur nom semblent, au premier abord, ne pouvoir être comparées, et pourtant il y a bien des points communs dans leurs destinées. Tous deux ont eu le mérite de faire œuvre définitive et durable, tous deux ont eu des précurseurs qui leur avaient préparé les voies ; tous deux enfin sont morts prématurément, sans obtenir la récompense due à leurs efforts ou à leur génie, sans voir surtout leurs découvertes donner quelques-uns des résultats qu'ils en avaient attendus. Henri Hudson, le vaillant capitaine, a le premier exploré cette rivière qui porte son nom et dont les beautés romantiques séduisent tous ceux qui la parcourent. S'il a eu un prédécesseur, le Florentin Verrazzano, qui, sur le navire *la Dauphine* frété par notre roi François Ier, a exploré en 1524 la baie de New-York et reconnu l'embouchure de la rivière, c'est d'Hudson que date incontestablement la première occupation de votre pays par les Européens, — de sorte que cette contrée, après s'être appelée pour un temps bien court *la Nouvelle France*, après avoir vu les accidents de ses rivages dotés, sur les cartes verrazzaniennes, de noms empruntés à la géographie de notre pays ou à celle des environs de Florence, s'est appelée successivement la *Nouvelle Hollande*, puis la *Nouvelle Angleterre*, avant de devenir l'Etat-empire, le cœur même de la libre, de la puissante Amérique. Robert Fulton de même, avant de lancer sur la rivière Hudson ce petit bateau qu'en l'honneur de son ami Livingston il appelait *le Clermont*, et que quelques-uns des habitants de New-York avaient surnommé *la Folie Fulton*, Fulton, avant d'inaugurer cette navigation à vapeur qui a été au XIXe siècle le facteur prépondérant des progrès de la civilisation, Fulton a eu, lui aussi, des prédécesseurs dans différents pays. Vous pourriez en signaler plus d'un en Amérique même. En France, nous aurions à rappeler les noms de Denis Papin, l'inventeur de la machine à vapeur, du marquis de Jouffroy d'Abbans ; mais aujourd'hui nous tenons plus particulièrement à nous souvenir que Fulton a habité quelque temps parmi nous, que c'est à Paris qu'il a donné la primeur de sa découverte, que c'est sur la Seine qu'il a fait marcher, pour la première fois, un bateau à vapeur, dont il avait dressé les plans, en ayant soin d'éviter les erreurs qui avaient compromis, ou inutilisé jusque-là, tous les essais précédents. Le procès-verbal de la séance tenue le 8 août 1803 par notre Académie des

Sciences, qui s'appelait alors la première Classe de l'Institut, contient le passage suivant :

« Robert Fulton invite la Classe à voir l'expérience d'un bateau remontant la rivière par le moyen d'une machine à vapeur. Il joint à son invitation plusieurs réflexions relatives à son procédé.

Les citoyens Bossut, Bougainville, Périer et Carnot sont spécialement chargés d'être présents à l'expérience et d'en rendre compte à la Classe ».

L'expérience eut lieu le lendemain 9 août; elle eut un plein succès.

« A six heures du soir, nous dit un témoin oculaire, Fulton, aidé seulement de trois personnes, mit en mouvement son bateau et deux autres attachés derrière ; et, pendant une heure et demie, il procura aux curieux ce spectacle étrange d'un bateau mu par des roues comme un chariot, ces roues armées de volants et de lames plates mues elles-même par une pompe à feu. »

Parmi ces curieux dont parle le témoin oculaire, se trouvaient les délégués de l'Académie des Sciences, dont quelques-uns eurent peine à suivre la marche du bateau de Fulton. Quoiqu'on ait dit le contraire, ils prirent plaisir à constater le succès de l'inventeur américain. Car un mois après, le 12 septembre suivant, la Section de Mécanique de l'Académie le proposait pour une place de Correspondant ; et d'ailleurs notre grand Carnot, celui qui, en sauvant la France de l'invasion, a mérité le beau titre d'organisateur de la victoire, Carnot, qui, pendant son ministère de la guerre, avait fait expérimenter les bateaux plongeurs et les bombes incendiaires de Fulton, lui écrivait la lettre suivante :

« Si j'avais encore l'honneur d'être ministre de la guerre, je n'hésiterais pas un instant à vous donner les moyens de faire un essai, dont l'entière réussite est indubitable et dont j'entrevois les immenses résultats pour l'avenir. »

Malheureusement, à l'époque où Carnot écrivait cette lettre prophétique, la France avait un maître qui allait devenir, pour quelque temps, celui de l'Europe continentale. Napoléon, en qui Fulton avait d'abord espéré, car le génie se tourne naturellement vers le génie, avait, à cette époque, bien d'autres préoccupations. Comme chef d'état d'ailleurs, il avait peu de résultats immédiats à attendre, dans la lutte gigantesque qu'il allait engager, des diverses découvertes de Fulton.

Au reste, des raisons économiques, qui frappent les yeux les moins prévenus, expliquent naturellement pourquoi la tentative que Fulton fit sur la Seine ne trouva pas d'écho dans notre pays. Ce n'est pas sur nos fleuves paisibles de France, ce n'est pas sur nos beaux canaux, où les transports étaient de longue date si fortement organisés, que la tentative de Fulton avait des chances de s'imposer de haute lutte. Il lui fallait un pays comme le vôtre, presque dépourvu de routes, possédant des lacs immenses, les plus longs et les plus larges fleuves du monde ; c'est là, là seulement, que pouvait devenir victorieuse dès le premier jour une méthode de navigation qui sait vaincre la violence des vents, ainsi que celle des courants, et qui trouve en elle-même la force nécessaire, sans avoir besoin de ces chemins de halage, que nous avions tracés chez nous avec tant de soin, et qu'il vous aurait été impossible d'établir sur les bords indéterminés de vos grands fleuves. C'est l'Amérique qui était naturellement appelée à devenir le théâtre où pouvait donner toute sa mesure, où devait développer toute sa puissance, la grande découverte de Fulton.

Aujourd'hui, les navires dont il nous a dotés se rencontrent par milliers sur tous les lacs, sur tous les fleuves de l'ancien et du nouveau monde. Dépassant les premiers espérances de leur inventeur, ils ont depuis longtemps — abordé la haute mer. Suivant les expressions qu'Homère appliquait aux navires des Phéaciens, les vaisseaux à vapeur sillonnent avec rapidité les vagues de la mer ; toujours enveloppés dans l'ombre et les nuages, ils n'ont aucune crainte d'éprouver quelque dommage ou de périr ; mais ils savent les pensées et les désirs des hommes et connaissent les villes et les champs fertiles de tous les mortels. La mer immense, qui était autrefois une barrière entre les peuples, est devenue, grâce à Fulton, le principal organe de leur rapprochement.

S'il n'a pas eu la fin misérable d'Hudson, abandonné par son équipage dans la baie James avec huit de ses compagnons, Fulton pourtant, usé par les luttes et les procès, est mort à l'âge de 50 ans, sans voir l'extension prodigieuse qu'allait prendre la navigation qu'il avait créée ; moins heureux que Watt dont il a été l'émule, il n'a pu jouir en paix du fruit de ses travaux ; il n'aura pas vu le *Sirius* et le *Great Western* traverser pour la première fois l'Océan Atlantique. Votre ville qui, déjà lors de sa mort prématurée, lui rendit les honneurs dus aux grands citoyens, a voulu montrer qu'elle n'a pas oublié celui qui a tant contribué à son merveilleux développement. Messieurs, la France est de cœur avec vous, elle sait que la reconnaissance est le premier devoir d'une démocratie. Votre hommage s'adresse d'ailleurs, il faut le remarquer, à un homme qui réunissait au génie de l'inventeur les qualités morales les plus hautes et les plus rares. Celui qui, avant de partir pour l'Europe, mettait sa vieille mère à l'abri du besoin, qui faisait insérer dans son traité avec le Directoire français une clause portant que ses inventions de torpilles et de sous-marins ne seraient jamais employées contre son pays, qui se bornait à demander qu'on exécutât ses projets sans stipuler pour lui-même aucun avantage, un tel homme a droit au respect de tous ; et sa patrie doit s'estimer heureuse de pouvoir offrir sa vie, toute sa vie, en exemple à ses enfants.

Messieurs, cette coutume pieuse que vous avez prise d'honorer en toutes circonstances ceux de vos compatriotes qui se sont distingués par leurs talents et par leurs vertus commence à porter des résultats qui frappent les yeux de tous. Au moment où nous célébrons avec vous de glorieux anniversaires, d'autres, non moins glorieux, se préparent aujourd'hui pour votre pays. Fulton a été l'initateur de la navigation sur les mers ; deux des vôtres encore, Bushnell et Fulton, ont contribué à préparer les voies à la navigation sous-marine. A cette double conquête, vous avez voulu joindre celle de l'air qui nous entoure, et l'on peut dire que les deux frères Wright sont devenus les Fulton de la navigation aérienne par le plus lourd que l'air. Ce n'est pas tout encore : après avoir été découverte, l'Amérique a voulu découvrir à son tour ; et la première de toutes les nations, elle a planté son drapeau en ce point qui avait été nommé et défini avant d'être atteint, le pole Nord, dont la conquête décevante avait été le rêve et le tourment de tant d'illustres explorateurs. L'eau, la terre et l'air ne vous suffisent même plus. Il vous faut l'univers qui vous entoure. Vos astronomes font comme vos maisons, ils escaladent le ciel. Aucun astre n'échappe à leurs investigations ou à leurs calculs. Munis d'instruments incomparables fournis par de généreux donateurs, ils nous annoncent chaque jour des découvertes qui sont interdites à nos faibles efforts. Vos géodésiens nous apportent les notions les plus précieuses en mesurant, avec une activité qui ne connaît pas le repos, l'immense étendue de votre territoire. Vos naturalistes, et c'est tout dire, sont à la hauteur des merveilles de toute sorte que leur offre votre beau pays.

Messieurs, nulle nation plus que la France n'est heureuse de vos succès. L'énergie, la persévérance, la largeur des vues, sont faites pour nous séduire. Les noms de vos savants nous sont familiers. Nous admirions les Langley et les Newcomb, qui ne sont plus malheureusement ; mais il vous reste, les Agassiz, les Bell, les Edison, les George Hale, les Hill, les Pickering, les Michelson, les Osborne, les Loeb et bien d'autres encore, qui sont, heureusement, vivants et bien vivants. Cette admiration, mêlée de sympathie que nous éprouvons pour la Science Américaine, remonte au temps déjà éloigné où votre Franklin demeurait parmi nous et était l'objet d'un véritable culte de la part des Parisiens. « Ils ont tellement multiplié mon buste, écrivait-il à sa fille avec sa bonhomie spirituelle, que si ma tête était mise à prix, il me serait sûrement impossible de m'échapper. »

Vous le voyez, Messieurs, nous conservons toujours précieusement les moindres souvenirs de la grande époque. Les luttes récentes que nous avons engagées avec vous sur les champs de Bétheny et de Brescia nous les ont rendus plus présents et plus chers encore. Puissions-nous renouveler souvent ces luttes courtoises, qui n'ont d'autre objectif que le progrès pacifique et le développement de la civilisation.

L'ESPRIT DE GÉOMÉTRIE ET L'ESPRIT DE FINESSE

Compte rendu du Banquet offert à M. Darboux par la Conférence Scientia, le 28 juin 1900 (*).

Conférence Scientia.

Vendredi dernier, 28 juin, a eu lieu la seizième réunion de la Conférence Scientia, à l'Exposition, au Restaurant des Congrès, Le Banquet était offert par la Conférence à M. Darboux.

La réunion était nombreuse. Beaucoup de savants, élèves et admirateurs, amis ou collègues de M. Darboux avaient tenu à assister à cette amicale réunion.

M. Charles Richet, au nom des secrétaires fondateurs de Scientia, a parlé en ces termes :

ALLOCUTION DE M. CHARLES RICHET

Monsieur le doyen, et vous, Messieurs, nos chers collègues de la Conférence Scientia, quoique ce jour soit un jour de fête, permettez-moi d'abord d'évoquer le souvenir de celui qui a été un des promoteurs de cette amicale réunion, de Gaston Tissandier. Hélas ! il n'est plus là ! une longue maladie, une mort douloureuse l'ont enlevé à notre affection ; mais son souvenir sera toujours présent parmi nous.

(*) Extrait du n° du 7 juillet 1900 de la *Revue Scientifique*, qui était dirigée à cette époque par M. Charles Richet.

Si Gaston Tissandier était ici, c'est lui, Monsieur le doyen, qui vous souhaiterait la bienvenue au nom des membres de cette assemblée.

Mais c'est à moi que cet honneur échoit maintenant, puisque me voici devenu un doyen, moi aussi, le doyen des secrétaires fondateurs de Scientia.

C'est une assez étrange réunion, Monsieur le président, que cette Conférence Scientia. Elle a ceci de particulier entre toutes les Sociétés scientifiques ou autres : 1° qu'elle n'a pas de statuts ; 2° qu'on ne paye pas de cotisation ; 3° que nul n'est chargé de l'exécution de ses règlements.

Nous sommes donc une Société très anarchique, et cependant il y a un lien qui réunit tous les hommes qui sont ici, ingénieurs ou chimistes, philosophes ou médecins, c'est leur vénération, j'oserais presque dire leur tendresse, pour les hommes qui ont consacré leur vie à la science.

Voilà pourquoi, Monsieur le doyen, nous sommes tous en ce moment associés dans une pensée commune, en venant vous apporter l'hommage de notre admiration.

Je voudrais bien pouvoir parler ici de votre œuvre mathématique, mais tout ce que je pourrais dire ne ferait que trahir mon extrême ignorance, une ignorance dont j'ai honte, assurément, mais que beaucoup de nos collègues de Scientia n'auront pas le courage de me reprocher ; car je crains bien que, dans les hautes mathématiques, ils ne soient pas tous très experts.

Heureusement, les hautes mathématiques n'ont pas besoin d'eux. Elles sont placées en des régions tellement élevées, que la popularité et la faveur du vulgaire s'agitent au-dessous d'elles sans les atteindre, et c'est l'honneur des hommes qui, comme vous, les cultivent, de pouvoir s'oublier dans la contemplation et la recherche de la vérité absolue sans se préoccuper d'être compris des profanes.

Certes, cette gloire eût pu vous suffire ; et c'est déjà une tâche noble entre toutes que de pousser jusqu'à ses dernières limites l'analyse mathématique, mais vous n'avez pas pensé que ce fût assez. A de certaines époques le savant peut rester enfermé dans sa tour d'ivoire, et regarder de haut, avec quelque commisération, quelque dédain peut-être, le spectacle des agitations humaines... Mais parfois il veut, lui aussi, descendre dans l'arène, et c'est ce que vous n'avez pas hésité à faire, qu'il s'agisse d'être le doyen de notre glorieuse Faculté des sciences, ou le secrétaire perpétuel de l'Académie des sciences, ou le président actif et énergique de ces commissions académiques internationales, qui mettent un lien si étroit entre les diverses nations.

C'est là peut-être de la politique, mais c'est une politique singulièrement féconde : et, si elle a été de tout temps utile et nécessaire, combien ne l'est-elle pas davantage, en ce moment, alors que notre Exposition appelle à Paris, par ses merveilles industrielles, par ses jurys internationaux, par ses Congrès scientifiques innombrables, l'élite des savants de tous les pays.

C'est à cette politique d'union et de paix, de solidarité internationale fondée sur la science, que vous consacrez toute votre activité, Monsieur le président, et nous tenons à vous en exprimer ici publiquement toute notre reconnaissance.

Et alors nous venons vous demander, à vous qui êtes un des représentants les plus autorisés de la science française, de nous prêter votre assistance, quand dans quelques semaines nous inviterons à nos réunions des savants étrangers illustres ; vous nous présenterez à ces maîtres, vos collègues, et vous leur direz que tous les membres de la Conférence Scientia ont une pensée dominente, directrice : c'est l'amour de la science, de la science qui unit les hommes, de de la science qui seule permettra de vaincre la misère et la douleur humaines.

Vous nous présenterez comme vos disciples ; et des disciples fiers de leur maître.

Messieurs, je vous propose de boire à la santé de votre président M. Darboux.

RÉPONSE DE M. DARBOUX

Messieurs,

En relisant les comptes rendus de quelques-unes de vos réunions, j'ai eu le plaisir de reconnaître quelle largeur d'esprit, quel sentiment éclairé de l'étendue et de la portée de la science moderne vous avez toujours apporté dans la désignation de vos présidents. Vous n'avez pas négligé les savants purs, les chimistes par exemple ou les astronomes, mais vous n'avez oublié ni les voyageurs, ni les médecins, ni même les philosophes. Si j'ajoute que vos choix se sont portés sur des hommes tels que Chevreul, Pasteur, Berthelot, Renan, Janssen, Richet, Verneuil, Léon Say, de Lacaze-Duthiers, de Brazza, Jules Simon, Marey, vous comprendrez sans peine que mon premier sentiment soit celui de la gratitude, que je tienne avant tout à vous remercier du fond du cœur de l'honneur que vous me faites en associant mon nom à celui de tels prédécesseurs. Cette invitation que j'ai reçue de rouvrir avec vous la conférence Scientia, si malheureusement interrompue par la maladie du regretté Gaston Tissandier, demeurera le meilleur et le plus précieux souvenir de ma carrière de savant.

Non contents de me l'adresser, cette cordiale invitation, vous avez choisi parmi vous un de ceux qui ont l'esprit le plus aimable, le plus ouvert à toutes les idées, pour me souhaiter en votre nom la bienvenue. M. Richet, que vous me permettrez de remercier plus particulièrement, s'est excusé de ne pas s'étendre sur les travaux que j'ai pu faire en géométrie. La terre de France a toujours été fertile en géomètres ; mais ils seraient les premiers à regretter que tout le monde perdît un temps très précieux à se mettre en état de comprendre leurs recherches. Pascal, du reste, leur a fait beaucoup de tort en écrivant un parallèle entre l'esprit de géométrie et l'esprit de finesse, qui n'est pas tout à fait à leur avantage, et qu'en ce qui me concerne, je n'ai jamais pleinement saisi. Les mathématiques, cela n'est que trop certain, emploient un langage et des formules dont l'étude exige un apprentissage long et difficile ; mais cette différence, qui les séparait autrefois des autres sciences, disparaîtra rapidement, vous pouvez en être assuré. Pour moi qui, dans ma jeunesse, pouvais lire un travail de chimie ou de biologie, je vois arriver le moment où les sectateurs de chaque science seront protégés contre l'intelligence des simples mortels par une série de néologismes tout à fait comparables à nos formules algébriques. A ce moment, les géomètres conserveront toujours leur réputation, bien justifiée, d'être difficilement accessibles ; mais presque tous les autres savants la partageront avec eux. Il faudra des traducteurs pour toutes les sciences comme pour toutes les langues, et votre rôle deviendra chaque jour plus utile et plus important.

Ces obstacles qui se dressent au seuil même des études mathématiques isolent quelquefois et chagrinent les géomètres. Mais je dois dire que nous avons des compensations. S'il est difficile de nous comprendre, il est plus difficile encore de nous critiquer. Quelques-uns même nous admirent de confiance, et naguère un de nos meilleurs écrivains parlait avec une éloquence, une netteté et une propriété dans les termes, qui ont excité mon admiration, de ce monde du nombre et de la forme dans lequel nous sommes seuls, dit-il, à pénétrer. Oui, les géomètres se meuvent avec joie dans cet univers des formes et des nombres et, ce qu'il y a de mieux, c'est qu'ils y pénètrent sans effort. Il ne leur faut pour cela, ni appareil coûteux, ni expérience longtemps poursuivie. L'observation seule de chaque jour, la réflexion persévérante et tenace et, si l'esprit est faible, un crayon et une feuille de papier y suffisent pleinement. Je compterai toujours, pour ma part, au nombre des heures les plus douces, les plus heureuses de ma vie, celles où j'ai pu saisir dans l'espace et étudier sans trève quelques-uns de ces êtres géométriques qui flottent en quelque sorte autour de nous. Il est vrai que de telles recherches sont comprises par un petit nombre de personnes, que leurs conséquences sont lointaines, que leur application aux autres sciences ne se réalise souvent qu'après des siècles ; eh, qu'importe ? l'essentiel n'est pas d'être admiré ; il faut avant tout songer à l'honneur de la science, à la dignité et au développement de l'esprit humain. Les sections coniques, la remarque est banale, ont été étudiées pendant des siècles avant de servir à Képler pour formuler ses lois immortelles ; et nos écoliers même appliquent chaque jour les propriétés des formes géométriques élémentaires, sans savoir qu'Archimède les a le premier démontrées.

Veuillez m'excuser, si je m'attarde à ce bavardage

géométrique ; il importe pourtant que je n'abuse pas de votre bienveillante attention, j'en viendrai donc à ce que M. Richet a bien voulu dire de mon rôle d'administrateur.

Messieurs, il y a onze ans que je suis doyen, et je me suis bien souvent demandé pourquoi le choix de mes collègues, au lieu de se porter sur un directeur de laboratoire, sur un savant plus familiarisé avec toute la complication des sciences expérimentales, s'était arrêté sur un simple mathématicien ; je n'ai pu m'expliquer leur choix que par cette qualité même de mathématicien, dépourvu de tout laboratoire, qui, en m'interdisant d'être partie prenante, me dégageait de tout soupçon d'intérêt, et devait faire de moi un arbitre impartial entre les différents services. Quoi qu'il en soit, j'ai assisté à de grandes transformations. La Sorbonne a été reconstruite et elle est déjà trop petite ; les études médicales ont été modifiées ; une révolution profonde s'est produite dans le régime des Facultés des sciences, introduisant la liberté et la variété fécondes, là où la règle était auparavant monotone et uniforme. Enfin la loi sur les Universités a ouvert des voies nouvelles à notre enseignement supérieur. J'ai appuyé, j'ai secondé de mon mieux toutes ces réformes ; mon ami Brouardel, que j'ai le plaisir de voir ici, a fait de même en toute occasion. Dans tous ces changements, dans toutes ces délibérations auxquelles nous avons pris part ensemble, le souci du bien public, la bienveillance pour les personnes, l'intérêt de la science et des études, ont été les seuls mobiles de ses actes et de ses votes. J'ai plaisir à lui rendre cette justice ; et si l'on veut bien m'accorder le même éloge, j'aurai reçu la meilleure récompense qu'il soit possible de désirer.

Messieurs, il me reste à toucher un dernier point du

discours de M. Richet; mais pour cela, il faut que vous me permettiez de revenir encore aux mathématiques, en vous parlant maintenant de notre jeune école de géomètres. Sous la direction et par les travaux de mes chers confrères de la section de géométrie et de leurs élèves, elle a pris un développement qui frappe d'admiration tous leurs émules étrangers. Elle a conservé les qualités de netteté, de mesure, de précision qui ont caractérisé de tout temps l'esprit français ; mais elle en a acquis d'autres qu'on nous conteste parfois : la profondeur philosophique, la liberté et la variété dans la recherche, l'esprit de hardiesse et de généralisation. C'est à elle, à elle seule, que je dois reporter, que je reporte avec reconnaissance, tout l'honneur que m'a fait récemment l'Académie en m'appelant à recueillir la succession de mon cher maître Joseph Bertrand.

Cet honneur, je le sais, m'impose de grands devoirs. A côté de l'illustre chimiste dont je salue avec joie l'élection à l'Académie française, je m'efforcerai de les remplir. Un esprit nouveau pénètre aujourd'hui les anciennes sociétés savantes. Tout le monde comprend maintenant que les travaux individuels ne suffisent plus ; ils doivent être dirigés et coordonnés. En particulier, les œuvres internationales se multiplient ; elles ont l'influence la plus bienfaisante et méritent la sympathie de tous. Pour mieux caractériser leur effet, permettez-moi d'emprunter une comparaison au spectacle qui nous entoure. Non loin de ce palais des Congrès s'élève le vieux Paris, sur un sol mobile, consolidé par d'innombrables pilotis. Dans le terrain mouvant de la politique et des relations entre les peuples, les œuvres internationales jouent le même rôle que les pilotis ; elles établissent entre les nations des liens de plus en plus nombreux dont le faisceau se fortifie chaque jour et contribue à maintenir cette paix qui est le premier bien et le premier désir des peuples. Je serai toujours heureux de contribuer à établir ou à développer de tels liens, et j'espère que, dans cette partie de ma tâche comme dans toutes les autres, je pourrai toujours compter, Messieurs, sur votre bienveillance, vos conseils et votre appui.

Puis, comme doyen de la Faculté de médecine de Paris, M. Brouardel a remercié le doyen de la Faculté des sciences, du concours précieux et amical qu'il lui a constamment prêté, au Conseil supérieur de l'instruction publique et ailleurs, pour le plus grand bien des intérêts communs de la médecine et de la science.

L'ÉCOLE DE SÈVRES

Discours prononcé par M. Darboux, le 18 mai 1907, dans la salle de la Bibliothèque de l'École, à l'occasion de la célébration du 25e anniversaire de la fondation de l'École.

Mesdames, Mesdemoiselles, Messieurs,

Vous venez d'entendre notre directrice vous souhaiter la bienvenue dans cette maison qui est la vôtre, Mlle Küss, présidente actuelle de votre Association amicale, a saisi l'occasion de dire de celle qui l'a précédée à la présidence tout le bien que nous nous accordons à en penser, Mlle Seriès vous a montré que les chiffres ont leur éloquence, et elle a mis en évidence tous les services qu'a rendus, tous ceux que peut rendre cette Association amicale à laquelle Mme Jules Favre portait tant d'attachement. M. Lemonnier enfin, qui déjà en 1900 nous avait donné une belle Notice sur l'École, a ajouté aujourd'hui quelques indications précieuses que nous conserverons pieusement sur Mme Jules Favre dans son intérieur et dans son intimité. Notre réunion de ce matin a donc été ce qu'elle devait être. Hier c'était le jour de la cérémonie officielle, M. le Ministre de l'Instruction publique, plusieurs des principaux personnages de l'Etat, tous ceux qui s'intéressent aux progrès de l'Enseignement des jeunes filles, si nécessaire dans notre démocratie, avaient voulu marquer, par leur participation à la cérémonie du Trocadéro, l'intérêt vraiment national qui doit s'attacher à la belle création réalisée sur l'initiative de M. Camille Sée. Aujourd'hui la fête à laquelle nous avons été conviés devait avoir quelque chose de plus restreint, de plus intime, de plus touchant. C'est pour cela, sans doute, que notre directrice, qui connaît mon inaltérable attachement à cette Ecole, m'a demandé de clore par quelques paroles cette première partie de la journée. Puisque j'ai le privilège, qui n'est pas toujours enviable, d'être le plus ancien de vos maîtres, je vous rappellerai quelques souvenirs qui s'attachent à la période lointaine où l'Ecole a commencé à fonctionner.

C'est en décembre 1880 qu'a été votée, vous le savez, sur la proposition de M. Camille Sée, la loi qui instituait définitivement l'enseignement secondaire des jeunes filles dans notre pays. Sans perdre de temps, le promoteur de cette loi présentait, d'accord avec le Ministère de l'Instruction publique, une nouvelle proposition tendant à créer une Ecole normale destinée à préparer les professeurs-femmes pour les Ecoles secondaires de jeunes filles. Comme il fallait s'y attendre, cette proposition reçut le meilleur accueil de tous ceux qui avaient voté la première. L'exemple de la célèbre Ecole de la rue d'Ulm avait porté ses fruits. C'est en vain qu'au Sénat, M. de Gavardie combattit la proposition, sans même en bien démêler le but. « Un séminaire laïque de jeunes filles, quel est ce monstre » ? disait-il. S'il était ici aujourd'hui, il verrait que le monstre a vraiment bonne tournure. Les deux Chambres décidèrent que le régime de la nouvelle Ecole serait l'internat et qu'elle ne serait pas ouverte à des élèves externes. Sur ces deux points, les arguments de M. Camille Sée étaient vraiment topiques. « La présence sur les mêmes bancs d'élèves internes et externes aurait, disait-il, divers inconvénients. Les unes pourraient envier la liberté ; les autres pourraient apporter dans l'Ecole des habitudes, des idées, des distractions, qui ne seraient pas conformes à la haute direction morale que nous avons dessein de lui donner.

« Ajoutons, disait l'honorable rapporteur, que, s'il importe de donner aux futurs professeurs une instruction étendue et solide, il importe au moins autant de former leur caractère et de les habituer à une vie sévère et recueillie. L'Etat doit savoir à qui il se fie. Les jeunes filles, au sortir de l'Ecole normale, auront charge d'âmes à leur tour. Elles enseigneront à leurs élèves, outre les sciences écrites sur le programme, la Science de la vie, qui est la plus difficile de toutes. »

On ne pouvait définir en termes plus élevés le but de la nouvelle création. La loi qui instituait l'Ecole fut promulguée le 29 juillet 1881. Il ne restait plus qu'à l'exécuter. Heureusement, nous avions alors, au Ministère de l'Instruction publique, Jules Ferry, qui, à part une courte interruption, devait y rester près de deux ans. A toutes ses précieuses qualités d'homme d'Etat, Jules Ferry joignait un don non moins précieux, celui de savoir choisir ses collaborateurs. Il avait mis à la tête de l'Enseignement secondaire un homme de valeur exceptionnelle, un administrateur de grande race, Charles Zévort. Il nous donna aussi, non pas une excellente directrice, mais la directrice même qu'il fallait pour assurer à l'Ecole cette orientation morale qui avait été voulue par le Parlement.

Zévort, qui fut chargé d'organiser l'Ecole, ne perdait jamais de temps. Trois mois après la promulgation de la loi, le 1er novembre 1881, Ernest Legouvé, dont le nom était à lui seul un symbole, était chargé de la direction des études en qualité d'inspecteur général, Mme Jules Favre était nommée directrice. Par le même arrêté, le premier personnel de l'Ecole était désigné. Les professeurs étaient Mlle Williams, Mme Lenoël, Alfred Rambaud, qui ne devait jamais professer, mais qui nous a rendu plus tard, quand il est devenu ministre, un service signalé, Koell et Arsène Darmesteter, dont nous déplorons encore la perte, Serré Guino, qui se repose dans une retraite vaillamment gagnée, Edmond Perrier et moi.

C'est au Ministère de l'Instruction publique, à une réunion des professeurs de l'Ecole, que je vis Mme Jules Favre pour la première fois. Elle nous apparut dans ses longs vêtements de deuil, qu'elle portait en mémoire de son illustre mari, avec sa bonne grâce souriante de grande dame, avec sa réserve empreinte de quelque timidité. Je ne la revis plus qu'à l'Ecole, après ma première leçon. Il y a eu une première période, bien courte, il est vrai, dans laquelle il n'y avait ici qu'une seule section : les lettres et les sciences y étaient confondues. Elles doivent l'être sans doute dans la vie ; mais, dans l'Enseignement, il convient qu'elles soient séparées. Ne sachant trop par où commencer, avec ce premier auditoire si intéressant, mais si peu homogène, qui comprenait des élèves de toutes les origines et de tous les âges, les unes s'étant formées seules, les autres sortant de l'Enseignement primaire, j'avais choisi quelques aperçus astronomiques comme sujet de ma première leçon. Je dois dire que je manquai complètement mon but. Mme Jules Favre me le dit nettement. C'est de ce moment que datent les relations de confiance et d'amitié respectueuse de ma part qui devaient durer jusqu'à la fin.

Dans ces premiers temps de l'Ecole, les problèmes surgissaient pour ainsi dire chaque jour. Nous avions dû faire nos examens d'entrée dans des salles de l'ancienne manufacture, situées là où se trouve aujourd'hui votre jeu de crocket. Il fallait achever d'aménager les bâtiments, préparer des salles de conférences, des chambres pour les futures élèves. L'architecte, M. Lecœur, était sans cesse ici. Zévort, heureusement inspiré, avait su trouver le siège qui convenait pour notre Ecole : assez près de Paris pour qu'on pût utiliser les ressources de tout genre qu'il offre à profusion ; assez loin pour qu'on pût se croire à la campagne, dans une région où les promenades sont faciles, avec un parc qui ménage des perspectives admirables sur les vallées environnantes, en même temps qu'il est propice aux études dans la belle saison. L'architecte sut tirer parti des éléments qui lui étaient confiés. C'est à lui que l'on doit votre grande cour, le bel escalier qui sert de piédestal à ce bijou d'architecture, le pavillon de Lulli, que, sur mes pressantes instances on a dernièrement restauré. Cette partie centrale du parc est devenue un véritable décor d'opéra-comique, et lorsque je gravis, avec une fatigue que les ans ne diminuent pas, les pentes raides qui le sillonnent, je songe involontairement au premier acte de la *Dame Blanche*.

En même temps que s'embellissaient les locaux, les sections des lettres et des sciences étaient constituées ; une seconde, puis une troisième promotion, venaient s'ajouter à celle qui avait été reçue en 1881. Il fallait nommer des professeurs nouveaux ; Mme Jules Favre s'inquiétait de savoir qui convenait le mieux pour chaque enseignement ; elle écoutait et sollicitait nos avis, faisait ses propositions, qui reçurent presque toujours un accueil favorable. C'est ainsi que tant de professeurs distingués sont venus se joindre au petit noyau qui avait été primitivement choisi. Mais il ne suffisait pas évidemment de compléter ainsi le personnel : avant tout et par-dessus tout, il fallait créer l'esprit de la maison, assurer cette direction morale d'où devait dépendre entièrement le succès du nouvel enseignement. Sous ce rapport, j'en appelle à vos souvenirs, Mme Jules Favre a été vraiment incomparable. Vous vous rappelez l'affection qu'elle vous portait, l'esprit de tolérance qui, chez elle, s'alliait si bien à la rigidité morale, le respect scrupuleux qu'elle avait pour votre initiative et votre personnalité. C'est à elle que vous vous adressiez après votre sortie de l'Ecole, et elle était toujours prête à vous encourager, à vous assister, à vous aider à surmonter les difficultés que vous rencontriez. On peut dire que, pendant les quinze années qu'elle a passées ici, elle a été la directrice aimée et écoutée de tout l'enseignement des jeunes filles dans notre pays.

Je voudrais vous dire aussi, si le temps n'était pas mesuré, avec quel plaisir quelques-uns de vos maîtres assistaient à ces réunions du soir où elle vous conviait à vous reposer de vos travaux par un peu de lecture, un peu de musique et quelques bonnes causeries. Que de fois je l'ai vue traversant cet interminable couloir de l'Ecole pour aller assister à quelque conférence d'histoire, de littérature ou de philosophie ! Elle ne venait jamais à celles de mathématiques. Comment lui en vouloir ? c'était si naturel ! Les mathématiques ont quelque chose de rébarbatif. Pourtant elle s'intéressait à notre Section des sciences et se plaisait à reconnaître que l'enseignement des sciences peut revendiquer, lui aussi, une action morale de réelle valeur. Bien différente en cela de M. Legouvé, qui n'aurait pas voulu voir ici de cabinet d'histoire naturelle et jetait des regards désolés sur l'énorme larynx en carton-pâte dont Mme Lenoël-Zévort se servait dans ses conférences pour expliquer le mécanisme de la diction, Mme J. Favre admettait volontiers que, même dans une école de jeunes filles, on ne peut faire de la chimie sans expériences, de la physique sans appareils, des sciences naturelles sans préparations.

Je viens de prononcer le nom de M. Legouvé. Nous devons beaucoup à cet esprit délicat et charmant ainsi qu'à M. Gréard qui, en sa qualité de recteur, était chargé de la haute direction de l'Ecole. On peut bien le reconnaître aujourd'hui, Mme Jules Favre n'a rien fait pour seconder leur action. Elle se sentait de force à réaliser seule l'œuvre qu'elle avait conçue. C'est le propre de cette belle chose exprimée par un vilain mot, la pédagogie, de rendre quelque peu intransigeants ceux ou celles qui s'en occupent. Tout cela est bien loin aujourd'hui. Il ne nous reste que le souvenir des services qui nous ont été rendus des deux côtés. Legouvé et Gréard furent nos garants vis-à-vis d'une opinion publique qui avait besoin d'être conquise, ils ont mis leur haute autorité au service de l'Ecole et ont été nos défenseurs, quand cela a été nécessaire, auprès des ministres et du Parlement.

Grâce à eux, grâce à tous ceux dont j'ai rappelé l'action bienfaisante, les passages difficiles ont été franchis. Zévort n'est plus là, mais il a un successeur qui ne nous ménage, ni ses sympathies, ces fêtes en sont la preuve, ni ses précieuses directions. Le moment est venu où l'Ecole peut envisager avec confiance l'avenir qui s'ouvre devant elle. Je n'ai pas besoin de vous dire, Mesdames, avec quelle joie nous voyons, en quelque sorte, vivante sous nos yeux, l'œuvre qui nous avait été confiée. Grâce à votre tact, à votre esprit de tolérance, à votre ardeur désintéressée, au dévouement que vous n'avez cessé de montrer, vous avez largement acquitté la dette que vous aviez contractée envers l'Etat. Chaque jour, nous recevons les impressions les plus heureuses et les plus fortifiantes sur le succès de votre enseignement. Plusieurs d'entre vous sont devenues directrices et ont appris à connaître cette administration dont on a coutume de dire tant de mal. C'est une de nos meilleures élèves, la confidente dévouée de Mme Jules Favre, qui, après le départ de Mme Marion, dirige aujourd'hui l'Ecole. C'est donc sous les plus heureux auspices que nous célébrons aujourd'hui le 25e anniversaire de sa fondation. Saluons d'un souvenir ému ceux et celles qui ne sont plus là pour prendre leur part de notre joie. Souhaitons la bienvenue aux amis de l'Ecole, à ces anciens collègues qui nous avaient quittés, quelquefois contre leur gré, et qui ont voulu nous revenir aujourd'hui. Quand l'heure de la retraite aura sonné pour nous comme pour eux, le souvenir de cette journée, de toutes celles que nous aurons consacrées à cette maison, sera, n'en doutez pas, celui sur lequel il nous sera le plus agréable de nous arrêter.

MARCELIN BERTHELOT

Discours prononcé le 24 novembre 1901 à la Cérémonie du Cinquantenaire scientifique de M. Berthelot, par M. Darboux, au nom du Comité de souscription.

« Monsieur le Président de la République,

» Le Comité d'organisation doit vous présenter d'abord ses remerciments les plus respectueux pour l'honneur que vous avez bien voulu lui faire en acceptant la présidence de cette cérémonie. Il est permis à M. Berthelot de voir, dans votre présence parmi nous, un gage de cette affection bienveillante qui vous unit à vos anciens collègues du Sénat. Nous voulons y reconnaître surtout un témoignage nouveau et éclatant de votre haute sollicitude pour tout ce qui se rattache, de près ou de loin, aux intérêts de notre pays.

» L'empressement plein de cordialité que MM. les Présidents du Sénat et de la Chambre, MM. les Ministres et les personnages les plus importants ont mis à agréer notre invitation, l'hommage, si conforme aux traditions des Assemblées françaises, que le Sénat et la Chambre des Députés ont rendu à M. Berthelot, nous touchent aussi profondément. Ils éveillent en nous un sentiment bien naturel de reconnaissance ; mais, je dois le dire, ils ne nous ont pas surpris. De tout temps, la culture des Lettres et des Arts, celle des Sciences, ont été en honneur dans notre pays. Grâce à elles, la France a su maintenir, elle saura accroître une influence dont elle a droit d'être fière, car cette influence ne peut s'exercer que dans l'intérêt commun de toutes les nations, et pour le bien de l'humanité.

» Cher et illustre Maître,

» Depuis plus de cinquante ans, tous vos efforts ont été consacrés à des recherches qui n'ont connu ni trêve ni relâche. Mille Mémoires, trente-cinq Volumes publiés à part, ont répandu dans le monde entier les résultats de vos études sur les sujets les plus variés.

» La Chimie, cette reine des sociétés modernes, a été surtout l'objet de vos travaux. D'un pas égal et ferme vous avez parcouru toutes les parties de son domaine. Seul de tous les chimistes vivants, rien de ce qui touche à la Chimie ne vous a été étranger. Choisissant de préférence les questions les plus difficiles ou les plus délicates, vous les avez abordées avec cette persévérance opiniâtre et cette variété de moyens dans l'attaque, qui sont les qualités les plus nécessaires des puissants chercheurs.

» Vos travaux sur la Synthèse, dont nous voyons chaque jour les merveilleux développements, ont effacé toute démarcation entre la Chimie minérale et la Chimie organique; ils ont ainsi établi cette unité de la Chimie, si longtemps niée ou mise en doute avant vous. Vos puissantes et fines méthodes, en vous donnant les moyens de reproduire les principes élémentaires qui se trouvent dans les êtres organisés, vous ont permis de devenir vous-même un créateur, et vous nous avez appris à construire une infinité de corps, inconnus avant vos recherches parce qu'ils n'avaient jamais trouvé dans la nature les conditions dynamiques nécessaires à leur formation.

» Vos études sur la Thermochimie, en faisant disparaître pour toujours ce fantôme, cette cause occulte qu'on appelait l'*affinité*, ont transformé en une discipline vraiment rationnelle une science qui, plus que toute autre, paraissait asservie à la matière et aux faits. Au prix d'un labeur qui nous paraîtrait dépasser les forces d'un seul homme, si nous ne savions qu'il a été accompli par vous seul, vous avez pu déterminer un nombre immense de données numériques, dont l'emploi vous a permis ensuite d'aborder les phénomènes les plus délicats, les plus obscurs. C'est ainsi que vous avez jeté le jour le plus pénétrant sur l'étude des corps explosifs, dont vous avez renouvelé la théorie. Votre nom demeurera toujours associé à la découverte de ces explosifs nouveaux, d'une docilité et d'une puissance inconnues jusque-là, qui, en rendant aux industries de la paix des services inappréciables, ont contribué à faire désormais de la guerre un objet d'horreur et d'effroi pour toutes les nations civilisées.

» Le premier, vous avez employé en Chimie organique, pour combiner les éléments, l'énergie électrique. L'arc vous a donné ce corps merveilleux, l'acétylène, l'un des instruments de vos synthèses ; l'étincelle et l'effluve se sont prêtées à toutes vos investigations. Grâce à l'effluve, vous avez pu enlever à l'argon, cet élément nouveau de l'air atmosphérique découvert par deux illustres chimistes, la réputation d'inertie que ce corps singulier avait su conserver jusqu'à vous.

» D'autres diront tous les bienfaits dont l'Agriculture, dont l'Industrie, dont la Médecine, sont redevables aux travaux que vous avez accomplis dans vos laboratoires. Je ne saurais oublier ici que la Chimie, même agrandie et renouvelée par vos découvertes, n'a pu suffire à absorber toute votre activité.

» Votre vie toute entière a été méthodiquement employée à réaliser en vous ce développement intégral des facultés humaines, qui a été le but et l'idéal de nos grands philosophes du XVIIIe siècle, dont vous vous proclamez le disciple et l'admirateur. Par vos actes et par vos écrits, vous avez rendu à la cause de l'éducation des services dont chaque jour accroît, pour ainsi dire, la valeur. Avec l'autorité du savant et la raison souveraine du philosophe, vous avez contribué à mettre en pleine lumière ces rapports nécessaires et étroits que nulle nation ne saurait méconnaître sans péril et qui rattachent à la haute culture sous toutes ses formes les progrès de l'Industrie, des mœurs publiques et de l'éducation nationale.

« Cher Maître,

» Dans cette glorieuse maison vous receviez, il y a cinquante-cinq ans, la plus belle des couronnes du Concours général de 1846. Dans la nouvelle Sorbonne que la République a reconstruite, en lui assurant une ampleur, une adaptation aux besoins de l'Enseignement supérieur que ne connut jamais l'ancienne, vos Confrères de l'Institut et de l'Académie de Médecine, de la Société d'Agriculture et de la Société de Biologie, vos Collègues du Collège de France et de l'Ecole de Pharmacie, les Délégués, si nombreux et fraternellement confondus, des Universités françaises, vos élèves, vos amis, les Membres du Parlement et tant d'autres que j'oublie en ce moment ont tenu à célébrer aujourd'hui avec nous le cinquantième anniversaire de votre vie scientifique. Quelques-unes des Sociétés étrangères auxquelles vous appartenez depuis longtemps ont délégué des savants illustres, dont nous honorons les travaux et dont nous saluons avec joie la présence à cette cérémonie. Les autres nous ont envoyé des adresses dont, tout à l'heure, vous entendrez la longue énumération ; leur lecture, quand vous pourrez la faire à loisir, vous donnera le sentiment que votre vie a été utilement et glorieusement employée. C'est la plus belle récompense que puisse désirer un savant.

» Notre Comité, heureux de l'accueil qui a été fait partout à son initiative, vous présente ses vœux par ma voix. Permettez-moi d'y joindre l'expression de ma vieille affection. Celui qui a l'honneur de siéger auprès de vous à l'Académie ne saurait oublier avec quelle bienveillance vous l'avez accueilli, il y a quarante ans, lui simple débutant, vous déjà illustre, en possession des idées maîtresses qui ont illuminé et dirigé toute votre vie.

» Puissiez-vous travailler et prospérer longtemps encore, en continuant parmi nous la glorieuse lignée des chimistes illustres : Lavoisier, Gay-Lussac, Dumas, Wurtz, Deville, Pasteur. Puissiez-vous, longtemps encore, susciter, sur notre sol généreux et fécond, de nouveaux émules à ces grands hommes parmi lesquels nous sommes fiers de vous ranger ! »

MARCELIN BERTHELOT (1).

J'ai vécu longtemps auprès du savant illustre auquel la France vient de rendre les honneurs les plus grands dont elle dispose. Je l'ai connu vers 1862, lorsqu'il fréquentait, rue de Rivoli, avec des hommes tels que Renan, Gaston Boissier, Foucault, Sainte-Claire Deville, Pasteur, la maison hospitalière de M. et Mme Joseph Bertrand. J'ai été, pendant plus de vingt ans, son confrère à l'Académie des sciences et, pendant près de sept ans, son collaborateur direct comme Secrétaire perpétuel. Nous avons siégé ensemble dans d'innombrables commissions : partout et toujours, je n'ai pu m'empêcher d'admirer ce qu'il y avait de personnel et de vraiment neuf dans sa manière d'envisager les questions les plus variées. On a dit de lui qu'il avait l'esprit encyclopédique, et l'éloge était certainement mérité. Mais sa mémoire n'était pas seule à le servir, et son puissant cerveau, sans cesse en éveil, lui permettait de se former, longtemps à l'avance, des théories propres et originales, qu'il développait volontiers, et qui lui servaient de guide dans l'étude des cas particuliers.

Tout l'intéressait et tout l'attirait. Il aurait eu tous

(1) Article nécrologique paru dans le n° d'avril 1907 du *Journal des Savants*.

les titres pour siéger dans quatre de nos Académies. Il se présentera devant la postérité accompagné de douze à quinze cents mémoires, de trente volumes. Le 4 mars dernier, il nous apportait encore un article, qui figure dans nos *Comptes Rendus*.

Quand on examine cette suite étonnante de productions, on est frappé d'une particularité pour ainsi dire unique dans l'histoire des savants : dès le premier jour, Berthelot nous apparaît tel qu'il devait être dans le reste de sa carrière : en possession à la fois des principes et des méthodes, n'ayant plus rien à acquérir, ni en érudition, ni en puissance intellectuelle. Et même, si l'on en croit les meilleurs juges, ce sont les premiers travaux de Berthelot qui constitueront dans l'avenir la partie la plus solide et la plus durable de sa gloire. La culture scientifique, aujourd'hui plus que jamais, exige de la part de ceux qui s'y livrent un certain désintéressement. Nos découvertes d'un jour sont, pour la plupart, vouées à l'oubli ; utiles à leur heure, elles sont destinées à être remplacées, et en quelque sorte recouvertes, par les travaux de ceux qui nous succéderont. Dans certaines de ses parties, l'œuvre de Berthelot n'échappera pas au sort commun ; mais quelques-uns de ses écrits, et c'est le plus bel hommage qu'on puisse lui rendre, me paraissent destinés à demeurer toujours classiques. Parmi eux, il faut placer au premier rang l'ouvrage en deux volumes : *La chimie organique fondée sur la synthèse*, qu'après dix ans de recherches, il publia en 1860, c'est-à-dire à l'âge de 32 ans. Je voudrais qu'on mît entre les mains de nos étudiants, trop habitués à se contenter de l'enseignement oral, ce livre merveilleux, dont l'introduction et la conclusion sont d'ailleurs accessibles, même aux profanes. Le lecteur demeure confondu devant l'étendue et la portée des conceptions, la précision du style, la rigueur géométrique avec laquelle sont présentées les expériences, l'enchaînement régulier des résultats. Dans aucun autre ouvrage on ne verra jamais apparaître avec plus d'évidence les avantages que peuvent donner à un esprit, d'ailleurs puissant, les études littéraires et philosophiques, telles qu'on les dirigeait en 1845, la libre vie de l'étudiant, en commerce intime et prolongé avec ses égaux ou ses pareils.

Quand Berthelot a commencé ses recherches sur la synthèse, on considérait la chimie comme composée de deux branches essentiellement distinctes : d'un côté la chimie minérale, c'est-à-dire l'étude des composés inorganiques, des métaux ou métalloïdes, que l'on pouvait recomposer et décomposer sans aucune difficulté ; mais en fait, on n'obtenait pour chaque groupe de ces corps qu'un nombre relativement infime de combinaisons. L'autre branche, la chimie organique, avait pour objet l'étude des matières contenues dans les êtres vivants, animaux ou végétaux. On avait pu les détruire d'une manière graduée et obtenir, par une suite de décompositions ménagées, des composés de haut intérêt. Mais quand on arrivait au dernier terme de ces décompositions, les composés organiques apparaissaient comme formés de charbon, uni aux éléments de l'eau et de l'air. Il y avait là une opposition tranchée : d'un côté, une centaine d'éléments simples qui engendraient un nombre de composés relativement restreint ; de l'autre, quatre éléments seulement : le carbone, l'oxygène, l'hydrogène, l'azote, qui fournissaient à eux seuls les combinaisons les plus variées.

Ces différences entre les deux chimies semblaient corroborer les idées qui avaient pris naissance. On n'avait jamais pu reproduire par le simple jeu des actions chimiques ces milliers de composés organiques que, chaque jour, la nature forme sous nos yeux. On fut donc conduit à penser que seule une action propre de la vie, une force vitale, était capable de les fournir. C'est en vain qu'en 1828, Woehler avait reproduit l'urée, un des produits immédiats les plus importants des animaux, que Pelouze et Kolb avaient obtenu par synthèse l'acide formique et l'acide acétique. Les procédés par lesquels ces résultats avaient été obtenus étaient si différents, et paraissaient si particuliers, qu'ils ne réussirent en rien à modifier les idées qui avaient cours. Berzélius écrivait encore en 1849 : « Dans la nature vivante, les éléments paraissent obéir à des lois tout autres que dans la nature inorganique », et Gerhardt disait à son tour : « Le chimiste fait tout l'opposé de la nature vivante ; il brûle, détruit, opère par analyse ; la force vitale, seule, opère par synthèse ; *elle reconstruit l'édifice que les forces chimiques ont abattu* ».

C'est ce fantôme de la force vitale, opposé aux actions de nature purement chimique, que Berthelot a définitivement chassé de la chimie organique. En formant à partir des éléments, par des méthodes précises et générales, les carbures d'hydrogène, les alcools et leurs dérivés, les corps gras neutres et certains principes sucrés, il a su donner à sa science de prédilection les bases qui lui avaient manqué jusque-là. Il a, du même coup, effacé toute ligne de démarcation entre la chimie minérale et la chimie organique. Les chimistes l'ont suivi à l'envi dans la voie si large qu'il avait ouverte, et de nos jours la synthèse a procédé à pas de géants. Graebe, ruinant l'industrie de la garance, a reproduit l'alizarine ; v. Baeyer a obtenu l'indigo artificiel. On a réussi à tirer du goudron de houille des colorants infiniment plus variés, et souvent plus beaux, que les matières extraites des végétaux. Puis sont venus les parfums, ainsi que les produits thérapeutiques. Il n'est pas d'année où la science et l'industrie ne s'enrichissent de vingt à trente mille composés nouveaux, qui n'avaient jamais trouvé dans la nature les conditions dynamiques nécessaires à leur formation. C'est ce que Berthelot, dès le début, avait exprimé par cette formule saisissante : la chimie crée son objet. Il a entendu par là qu'elle ne se borne pas, comme les sciences naturelles, à comparer et à classer les corps existants : « La synthèse des corps gras neutres, disait-il, ne permet pas seulement de former les quinze ou vingt corps gras naturels connus jusque-là, mais elle permet encore de prévoir la formation de plusieurs centaines de millions de corps gras analogues, qu'il est désormais facile de produire de toutes pièces, en vertu de la loi générale qui préside à leur composition ».

Berthelot, on le voit, savait toute l'étendue des résultats qu'il avait obtenus ; mais il connaissait aussi, et mieux que personne, leurs limites. Il faut lire à ce sujet un curieux passage de son ouvrage où, parlant de la chimie physiologique, il fait remarquer finement que, si les corps des animaux sont des laboratoires où peuvent s'exercer les actions chimiques, ces actions s'y exercent toutefois dans des conditions très délicates de température, de dissolution, d'affinités peu énergiques, en dehors desquelles la vie deviendrait impossible. Ainsi, à côté du problème qu'il avait résolu, il ne craignait pas d'en indiquer un autre, dont l'importance est manifeste : non seulement reproduire les composés organiques par synthèse, mais aussi retrouver et définir les conditions même dans lesquelles ils ont pris naissance au sein des êtres vivants. Aujourd'hui encore, ce vaste problème est loin d'être élucidé dans toutes ses parties ; mais il est permis d'affirmer que les résultats de Berthelot en ont singulièrement avancé la solution.

Après avoir débarrassé la chimie organique de la force vitale, après avoir établi ainsi l'unité de la chimie, il a voulu faire disparaître un autre fantôme, en définissant et assujettissant à des lois précises, s'il était possible, ce que l'on désignait, ce que l'on désigne, aujourd'hui encore, sous le nom vague d'affinité. Sur les traces de savants qu'il a soigneusement cités, Dulong, Andrews, Favre et Silbermann, J. Thomsen, il a consacré près de quarante ans de sa vie à réunir les éléments d'une science nouvelle, qu'il a nommée la *thermochimie*. Pour mesurer les quantités de chaleur absorbées ou dégagées dans les réactions, il a inventé les méthodes calorimétriques les plus précises ; les ingénieux appareils qu'il a construits pour les appliquer sont aujourd'hui universellement adoptés. Mais il ne pouvait être donné à la chimie seule de résoudre toutes les difficultés qui se dressent à chaque pas dans les études de ce genre : pour nous éclairer complètement sur les causes et les circonstances des réactions, il fallait l'intervention de principes essentiellement nouveaux, empruntés à une autre science, et dus au génie de Sadi Carnot et de Robert Mayer. Si Berthelot n'a pas obtenu dans cette voie tout le succès qu'il avait espéré, il a du moins frayé la route ; ses innombrables expériences lui ont fourni une foule de données précieuses, grâce auxquelles il a pu développer et préciser les belles découvertes de Laplace et de Lavoisier sur les origines de la chaleur animale, et aussi, et surtout, constituer sur ses véritables bases la théorie des corps explosifs, devenue entre ses mains un des chapitres les plus élégants et les plus instructifs de la chimie moderne.

C'est pendant le siège de Paris, au moment où il fut nommé président du *Comité scientifique pour la défense de Paris*, qu'il inaugura ces nouvelles et mémorables études. On ne connaissait à cette époque que des règles purement empiriques pour régler les conditions du tir, et l'on savait à peine quelle était la nature des gaz produits par cette vieille poudre noire dont il nous a retracé l'intéressante histoire. Grâce aux travaux de Berthelot, poursuivis en collaboration avec mes deux confrères Sarrau et Vieille, on connut et l'on put calculer les effets que produisent les explosifs les plus divers, avec toute la précision que peuvent atteindre les sciences appliquées. Sarrau m'a raconté plus d'une fois quelle fut la stupéfaction d'un ministre de la guerre, dont j'ai oublié le nom (il appartenait à l'artillerie), lorsque mon cher confrère, alors Directeur des Poudres, lui apporta une formule qui permettait de calculer à l'avance la vitesse imprimée à un projectile par une poudre de composition donnée. Berthelot, en collaboration avec M. Vieille, institua une suite de travaux sur la vitesse de propagation des phénomènes explosifs, sur ce que l'on a appelé l'onde explosive, par des méthodes où toutes les objections étaient prévues et qui permettaient de mesurer des durées s'élevant à quelques dix-millièmes de seconde. On sait que l'ensemble de toutes ces recherches a servi de point de départ à cette belle découverte, faite par M. Vieille, de la poudre sans fumée, qui a sans doute contribué à nous épargner une guerre, en nous assurant pour deux ou trois ans une grande supériorité dans l'armement.

Il m'est impossible d'analyser ici bien d'autres travaux de M. Berthelot, ses recherches sur la formation des éthers et l'isomérie, sur l'effluve électrique, les expériences sur la fixation de l'azote atmosphérique par les plantes, qu'il poursuivait dans son laboratoire de Meudon. Mais les lecteurs de ce *Journal* me reprocheraient à bon droit de passer sous silence les études persévérantes qu'il a consacrées à l'histoire des sciences, et à celle de la chimie en particulier. C'est surtout aux alchimistes qu'il s'intéressait; car il considérait que, par leurs travaux sur la pierre philosophale et sur l'elixir de longue vie, ils avaient été les précurseurs réels des sciences expérimentales. Et comme il était loin d'être un esprit positiviste à la manière de Comte ou de Littré, comme il avait, dans ses études philosophiques, fait place à ce qu'il appelait la science idéale à côté de la science réelle, il aimait à parcourir ces papyrus des alchimistes, dans lesquels les rêveries et les imaginations mystiques se mêlent aux procédés positifs et aux résultats définis. Je ne m'attarderai pas à énumérer toutes les collections qu'il a ainsi publiées et commentées. A l'étranger, elles ont fait sensation et, lors de la célébration de son cinquantenaire scientifique, la Société chimique de Berlin, composée de bons juges en la matière, n'hésitait pas à lui écrire : « Vos admirables écrits historiques ont rejeté bien loin dans l'ombre tout ce qui avait été publié depuis Hermann Kopp sur le développement de notre science. » En France, où l'on néglige bien à tort l'histoire de la science, les alchimistes seuls, car il y a encore des alchimistes, ont approfondi les publications de Berthelot et lui ont même témoigné, lors de son cinquantenaire, leur reconnaissance et leur admiration.

Il me resterait encore, si M. Briand ne s'était acquitté de cette partie de ma tâche infiniment mieux que je ne saurais le faire, à insister sur les idées philosophiques, sur le rôle politique et social de Berthelot. Bornons-nous à rappeler ici qu'il fut tolérant, à la fois dans ses actes et dans ses pensées, qu'il fut aussi, plus d'une fois, le défenseur heureux des intérêts de la haute culture scientifique auprès des pouvoirs publics. Mieux que personne, et avec toute l'autorité de son génie, il a su mettre en évidence ces rapports nécessaires et étroits que nulle nation ne saurait méconnaître sans péril, et qui rattachent au maintien, au développement des études désintéressées, les progrès de l'éducation, des mœurs publiques et de l'industrie nationale.

Berthelot est mort le 18 avril, vers 5 heures et demie. On connaît sa fin si touchante. Il était venu à 3 heures dans mon cabinet pour me faire la confidence de ses angoisses ; il m'avait rappelé tout ce qu'il devait à Mme Berthelot, à cette compagne de sa vie qui, pendant quarante-cinq ans et dans toutes les épreuves, avait su raffermir son cœur et soutenir son esprit, un peu inquiet de sa nature. Il espérait encore contre toute espérance. Déjà gravement atteint, il n'a pu résister à un choc, à une douleur qu'il se refusait à prévoir.

G. Darboux.

LOUIS PASTEUR

Discours prononcé le 5 juin 1910, en présence de M. Doumergue, Ministre de l'Instruction Publique, de Mme Pasteur et des membres de sa famille, des anciens élèves et des amis de Pasteur, lors de la remise à l'Ecole Normale du monument qui lui a été élevé dans le grand jardin de l'Ecole.

Monsieur le Ministre, Mesdames, Messieurs,

En revoyant ces lieux où Pasteur a vécu les années les plus fécondes, mais aussi les plus difficiles, de sa noble vie, je ne puis me défendre d'une profonde émotion. C'est à deux pas d'ici, dans ce modeste laboratoire aujourd'hui transformé en infirmerie, qu'il a fait ou a préparé ses plus belles découvertes ; c'est là, en particulier, qu'il a inauguré le service de la rage et donné ainsi le plus éclatant, le plus touchant exemple des services que la science peut rendre à l'humanité. C'est dans les allées de ce jardin qu'il se reposait, lorsqu'il consentait à prendre du repos, avec ses élèves, ses amis, Bertin, Deville, Boissier, Briot, Joseph Bertrand, pour n'en citer que quelques-uns. C'est ici qu'il a été frappé de cette maladie cruelle, qui n'a pu cependant porter atteinte, ni à son ardeur, ni à son génie ; c'est ici, Madame, que, digne compagne du grand maître, vous l'avez entouré de votre dévouement, veillant sans relâche sur sa santé, le consolant dans vos épreuves communes, le soutenant de vos conseils et de votre douce présence, dans les luttes acharnées où il a rencontré tant d'adversaires. Vraiment, notre Comité a eu une heureuse pensée, lorsqu'il a décidé de perpétuer en cette place le souvenir de notre cher disparu. Les populations au milieu desquelles il a vécu, celles qu'il a préservées ou enrichies, se sont disputé l'honneur de lui exprimer la reconnaissance publique. Il a des monuments à Dôle, à Arbois, à Besançon, à Lille, à Alais, à Melun, à Chartres, à Marnes, à Saint-Hippolyte-du-Fort. Nos villes et nos moindres villages se sont empressés, de son vivant même, de donner le nom de Pasteur à quelqu'une de leurs rues ou de leurs places publiques. Paris ne l'a pas oublié ; et pourtant, après ce puissant et glorieux monument de la place Breteuil qui synthétise en quelque sorte toute son œuvre, il fallait que quelque chose de Pasteur restât ici, dans ces lieux où, dès le premier jour, il a trouvé ses collaborateurs les plus fidèles, ses soutiens les plus dévoués. Le voici revenu dans cette maison qu'il avait quittée avec tant de regret, tel qu'un grand artiste l'a fait revivre, non plus en lutteur infatigable, mais en vainqueur désormais apaisé, conscient de sa force et de sa puissance, regardant droit devant lui avec sérénité, ayant confiance dans l'avenir, qui lui fera bonne et prompte justice. C'est ainsi, Messieurs, que Pasteur devait vous être rendu ; car ici, nul n'a jamais douté de lui ; nul n'a jamais douté que ses travaux seraient un jour acclamés et appliqués par ceux-là même qui les avaient combattus dans leur nouveauté. Hélas ! De ses amis et de ses collaborateurs de la première heure, bien peu survivent aujourd'hui, pour se joindre à nous. L. Thuillier, Maillot, Raulin, Duclaux, Grancher, Chamberland, Joubert, ne sont plus là. Roux, Van Tieghem, Gernez nous restent heureusement. Puissent-ils, pendant longtemps encore, nous transmettre les enseignements du maître près de qui ils ont vécu. Mais lorsqu'auront disparu tous ceux qui ont approché de Pasteur, ce monument, faible témoignage de notre piété, que nous confions à l'Ecole Normale, parlera pour eux et pour nous. C'est ici, vous l'avez dit, Monsieur le Ministre, que viendront en pèlerinage tous ceux, chaque jour plus nombreux, qui auront étudié, dans un livre admirable, inspiré par une affection filiale, la vie de celui qui sera désormais notre gloire scientifique la plus haute et la plus pure, qui auront ainsi appris, non seulement à l'admirer, mais aussi à le bien connaître et à l'aimer. Heureuse, heureuse pardessus tout, une nation, quand les hommes dont elle est fière, quand ceux dont le nom pénètre dans les plus humbles demeures comme dans les écoles les plus modestes, peuvent y apporter l'exemple de toutes les vertus civiques et morales, unies, non seulement au génie, mais aussi, mais surtout à la probité scientifique la plus parfaite et la plus élevée. Pasteur ne fut pas seulement un grand savant, il fut aussi un homme de devoir et de dévouement. Tous ses actes, tous ses écrits s'inspirent des pensées les plus hautes, les plus généreuses. L'exemple qu'il nous a donné est de ceux qui contribuent essentiellement à former le patrimoine moral d'un grand peuple.

Cet exemple ne sera nulle part mieux compris, ni mieux suivi, que dans cette maison, à laquelle Pasteur avait voué une affection dont elle a le droit d'être fière. Quand, après y avoir été élève, et quel élève ! il y revint comme administrateur et directeur de la section des Sciences, il usa de son influence naissante pour y améliorer et y développer l'enseignement. Lorsque, dans ces derniers temps, l'Ecole Normale s'est vue plus étroitement reliée à l'Université de Paris, ces changements n'ont, pour ainsi dire, pas touché la section des Sciences, telle que Pasteur l'avait organisée. C'est à lui que nous devons d'avoir entendu les magistrales leçons de Charles Hermite ; c'est à lui que nous devons l'institution des agrégés préparateurs, le plus bel exemple que je connaisse de résultats vraiment extraordinaires obtenus par les voies les plus modestes. Ce n'est pas tout : quand notre pensée se reporte à cette époque, hélas trop lointaine, où nous avons vécu ici sous sa direction, nous ne pouvons songer sans reconnaissance à toutes les marques d'intérêt, de confiance et d'affection qu'il ne cessait de nous prodiguer. Pour ma part, s'il m'est permis d'évoquer un souvenir personnel, je n'oublierai jamais l'accueil plein de bonté qu'il fit, il y a près de cinquante ans, à ma vieille mère, venue à Paris pour me consacrer en quelque sorte à l'enseignement.

Puissent son souvenir et sa présence protéger cette grande Ecole ! Qu'elle s'anime de son esprit, qu'elle s'inspire de son exemple, et l'avenir s'ouvrira plus brillant que jamais devant elle, pour le bien de l'enseignement, de la science et du pays.

SUR LE ROLE DES SOCIÉTÉS SAVANTES

Discours prononcé le 6 avril 1907 à Montpellier, à la séance de clôture du Congrès des Sociétés Savantes.

Monsieur le Ministre,
Mesdames, Messieurs,

Il y aura bientôt dix-sept ans, quelques-uns d'entre nous assistaient aux fêtes que donnait la Ville de Montpellier, pour célébrer le sixième centenaire de sa glorieuse Université. Le Président de la République avait tenu à rehausser par sa présence leur éclat et leur signification. Plus de quarante Universités étrangères avaient envoyé leurs professeurs et leurs étudiants. Il en était venu d'Angleterre et d'Italie, du Danemark et de l'Egypte, de la Suisse et de la Grèce, du Portugal et de la Hollande, de Suède, d'Amérique même et de Russie. L'Allemagne s'était fait représenter par quelques-uns de ses professeurs les plus éminents, et je me souviens que, lors de la séance d'ouverture, j'eus la bonne fortune de me trouver à côté de l'illustre Helmholtz, délégué par l'Université de Berlin.

La cérémonie principale eut lieu dans un cadre merveilleux. Au centre de la belle promenade du Peyrou, au bas des degrés qui conduisent au Château d'Eau, un immense vélum avait été tendu pour abriter les assistants. Quelques fauteuils dorés, de ceux que connaissent bien nos cérémonies officielles, suffirent à compléter la décoration. Avec une confiance justifiée par la beauté du climat, on avait compté sur le soleil : le soleil ne fit pas défaut. Et quand M. Carnot vint prendre place, il put, avant de s'asseoir, jeter un coup d'œil émerveillé sur le panorama qui se déployait dans un lointain lumineux : d'un côté, les Cévennes et le Pic Saint-Loup, de l'autre, une ligne bleue indiquant la Méditerranée, berceau de notre civilisation latine. Je vois encore devant moi, sous le vélum agité par la brise de mer, les robes rouges des magistrats, les brillants uniformes des officiers et des administrateurs de la cité. A la gauche du Président, une foule au milieu de laquelle j'étais plongé, de membres de l'Institut en uniforme, de délégués des Universités étrangères et des Facultés françaises, avec leurs insignes et leurs robes universitaires de toutes formes, de toutes couleurs, de toute origine et de toute ancienneté. La fête se termina par un salut des étudiants de tous les pays, qui vinrent incliner leurs bannières devant le Président de la République.

Cet empressement des étrangers, ce succès qui dépassa les espérances les plus optimistes, étaient sans doute une preuve des sympathies que notre pays a su conserver ; mais ils mettaient aussi en évidence le prestige et la force qui sont attachés, en tous les pays, à la constitution universitaire du haut enseignement. En venant, si nombreux, rendre hommage à un de nos plus anciens et plus glorieux centres d'études, les Etrangers semblaient nous demander de reconstituer chez nous ces Universités dont ils avaient depuis trop longtemps désappris le chemin. Aussi des applaudissements enthousiastes saluèrent-ils le discours éloquent dans lequel M. Léon Bourgeois, Ministre de l'Instruction publique, s'engagea, au nom du Gouvernement, à présenter un projet de loi assurant la renaissance des Universités françaises. Ce discours marque une date dans l'histoire de nos Universités ; il constitue le point de départ d'une longue série d'efforts qui, après des vicissitudes peut-être inévitables, ont été enfin couronnés d'un plein succès.

Aujourd'hui les Universités françaises sont debout et florissantes. En un petit nombre d'années, elles ont su dissiper toutes les craintes et réaliser beaucoup d'espérances. Nos partis politiques, si divisés sur tant de points, s'accordent cependant pour leur donner un appui cordial. Elles ont conquis à la fois la faveur des lettrés et la sympathie populaire. On sent qu'elles sont appelées à devenir des agents de rénovation et de perfectionnement social. Il n'est certes plus besoin de plaider leur cause ; mais, en revenant dans cette ville où elles ont commencé à prendre naissance, je n'ai pu m'empêcher de regarder un peu en arrière et de jeter un coup d'œil réconfortant sur le chemin si brillamment parcouru.

Messieurs,

La réunion que nous tenons aujourd'hui ne rappelle que de loin celle dont je viens d'évoquer devant vous le souvenir. On a vu, ces jours derniers, circuler dans la cité les membres du Congrès, qui s'entretenaient gravement d'archéologie, d'histoire, de philologie, de médecine, d'hygiène, d'agriculture, de géographie, de sciences. Mais ces étudiants, qui nous faisaient songer à leurs illustres prédécesseurs Pétrarque et Rabelais, ceux d'Oxford et de Cambridge avec leurs mantes noires et leurs bonnets carrés, ceux de Berne et de Zurich avec leurs pantalons blancs et leurs écharpes éclatantes, ceux de France avec leurs larges bérets de velours, ne sont plus là pour remplir la ville de leur animation, pour attirer l'attention de cette foule méridionale avide d'éclat, de bruit, de lumière et de couleur. Ici même, les habits noirs remplacent les robes bariolées. Bien des choses ont changé depuis 1890 ; mais nous avons encore devant nous une cité, fidèle à elle-même et à son passé, toujours animée des préoccupations les plus élevées. Lorsqu'il y a quelques années, M. le Ministre a jugé qu'il y aurait grand avantage à transporter, tous les deux ans, au dehors des amphithéâtres de la Sorbonne le congrès des Sociétés savantes, c'est ici peut-être que cette décision a reçu le meilleur accueil, Montpellier a été des premières à faire ses offres. accueillies par M. le Ministre, et nous nous sommes empressés de répondre à sa gracieuse invitation.

Messieurs, le congrès auquel nous venons d'assister a réuni un grand nombre d'adhérents et entendu les plus intéressantes communications. La session de Montpellier aura mis en évidence une fois de plus la vitalité de nos Sociétés savantes. Et cependant, vous l'avouerai-je, ces Sociétés, si nombreuses, si actives, si admirablement composées, me paraissent avoir des ambitions vraiment trop modestes ; il me semble qu'elles ne se rendent pas suffisamment compte de l'importance de leur rôle et de l'étendue des services qu'elles sont en mesure de rendre au pays. Je voudrais signaler à leur attention les devoirs nouveaux et pressants que leur imposera l'avenir le plus prochain. Mais, pour vous faire connaître les vœux que je forme, il est nécessaire que j'entre dans quelques détails sur le développement des études et des méthodes scientifiques au cours du siècle qui vient de finir.

Il semble que la science procède, comme le Dante dans son beau Poème, par cercles successifs. Au commencement du XIXe siècle, le programme des recherches ouvertes aux géomètres par la découverte du calcul infinitésimal semblait bien près d'être épuisé. Lagrange, fatigué des recherches, qui lui assurent pourtant une gloire immortelle, délaissait les mathématiques pour la chimie, qui venait d'être fondée par Lavoisier. Mais Laplace, après avoir achevé ce travail colossal qui nous a fourni l'explication, pour ainsi dire complète, du système du monde, fondait la Société d'Arcueil et jetait les bases d'une science toute nouvelle, la physique moléculaire. Des voies nouvelles s'ouvrirent alors pour les sciences expérimentales et préparèrent l'étonnant développement qu'elles ont reçu sous nos yeux. Notre Académie des Sciences, devenue, pour quelque temps, la première Classe de l'Institut, recueillit, en même temps que les savants formés par le lent travail de la monarchie, tous ceux qu'avaient fait naître les agitations fécondes de la Révolution et de l'Empire : Lagrange, Laplace, Monge, Legendre, Cauchy, Poinsot, Sturm, en mathématiques ; Dupin, de Prony, Poncelet, Gambey, Seguin, en mécanique ; Messier, Arago, Bouvard, Lalande, Delambre, Le Verrier, en astronomie ; Buache, Beautemps-Beaupré, de Freycinet, en géographie ; Biot, Ampère, Fourier, Poisson, Malus, Fresnel, Becquerel, Regnault, en physique ; Berthollet, Gay-Lussac, Vauquelin, Dulong, Dumas, Boussingault, Proust, Chevreul, Thénard, Balard, en chimie ; Haüy, Brongniart, Ramon, en minéralogie ; Cuvier, de Jussieu, Lamark, de Mirbel, Lacépède, Geoffroy-Saint-Hilaire, Milne-Edwards, en histoire naturelle ; Larrey, Portal, Dupuytren, Pinel, Corvisart, Magendie, Flourens, Pelletan, en médecine et chirurgie ; et tant d'autres, qui seront l'éternel honneur du nom français. Tous ces hommes, devant qui l'Europe s'inclinait avec respect, ont fait les découvertes et créé les méthodes sur lesquelles a évolué, au cours du XIXe siècle, la recherche scientifique ; et je n'ai pas besoin de rappeler ici les magnifiques résultats qui ont été obtenus : dans les applications, la navigation à vapeur et la navigation sous-marine, les chemins de fer, la télégraphie avec fil ou sans fil, le phonographe, le téléphone, la lumière électrique, le transport de la force, les moteurs à explosion, la navigation aérienne, l'anesthésie, la quinine, l'antisepsie, etc. ; dans la théorie, la création d'une foule de sciences nouvelles : physique mathématique, énergétique, thermodynamique, chimie physique, la démonstration longtemps poursuivie, et devenue complète, de l'unité des forces physiques, l'analyse spectrale, les méthodes de synthèse en chimie organique, la découverte des nouveaux rayonnements et des corps radioactifs, l'introduction de l'idée d'évolution en sciences naturelles, la création de la science électrique, celle de la microbiologie et de l'hygiène par les immortels travaux de Pasteur. Les études auxquelles se sont livrés les géomètres sur le célèbre Postulatum d'Euclide sont destinées à transformer de fond en comble les théories logiques que nous nous étions formées sur l'origine de nos connaissances. A cette notion du nombre qui, selon Platon, régit le monde, les mathématiciens en ont ajouté une nouvelle, infiniment plus complexe, celle de l'*ensemble*, qui sera certainement féconde, comme en témoignent déjà les pénétrantes études de nos jeunes géomètres. Mais tous ces efforts, tous ces progrès que je ne puis qu'indiquer, en choisissant ceux qui se rapprochent le plus de mes études habituelles, ont quelque chose de désolant, parce que chaque problème résolu nous met en présence d'une infinité de problèmes nouveaux. Le XIXe siècle a brillamment accompli son œuvre ; celui qui vient de s'ouvrir nous donnera, j'en ai la ferme confiance, soit dans les applications, soit dans la théorie, des résultats dont l'éclat et l'intérêt feront pâlir tout ce que nous avons le plus admiré.

Quelques chiffres me permettront de vous donner une idée très nette du développement qu'ont pris dans ces derniers temps les seules recherches de science positive. C'est à peine si, au cours de l'année 1800, on aurait pu constater, en dehors de rares collections académiques, paraissant d'ailleurs à intervalles irréguliers, une ou deux dizaines de recueils consacrés à la science ou à ses applications. Aujourd'hui, près de dix mille périodiques enregistrent, sans suffire à la tâche, la production incessante des chercheurs du monde entier.

Le temps est passé où le travail scientifique pouvait rester morcelé, où l'œuvre du lettré, du savant était celle d'un solitaire enfermé dans son cabinet. La Science se mêle à tout aujourd'hui. Ses conquêtes sont incessantes ; les problèmes, dont ses progrès nous ont imposé l'étude, ont acquis une telle ampleur qu'ils ne peuvent être résolus par des efforts individuels, et que l'association s'impose pour les aborder avec quelque chance de succès. L'avenir appartiendra certainement à la nation qui aura su le mieux résoudre chez elle cette grave, cette capitale question de l'organisation du travail scientifique.

Messieurs, c'est à nos Sociétés savantes qu'il appartient d'envisager dans toute son étendue le redoutable problème qui se dresse devant nous. Composées à la fois des hommes qui cultivent ou enseignent les sciences et de ceux qui en sentent tout le prix, elles sont une représentation et une image fidèle du pays. Il est bon sans doute qu'elles envoient leurs délégués exposer dans nos congrès périodiques les résultats de leurs travaux. Plusieurs d'entre eux sont nos collègues, d'autres sont de simples volontaires de la science, comme le furent autrefois Descartes, Fermat, d'Alembert. Tous ont droit à notre meilleur accueil, à notre appui sans réserve ; mais le véritable objectif d'une Société, quelle qu'elle soit, ce sont les œuvres d'association. Je voudrais, s'il m'est permis de faire une comparaison scientifique, voir cette masse légèrement amorphe des sociétés savantes montrer quelque tendance à la cristallisation. Plus simplement, je voudrais voir les Sociétés qui s'occupent des mêmes études mettre en commun leurs ressources et coordonner leurs efforts. Y a-t-il une grande différence entre la faune ou la flore de deux départements voisins ? La limite indécise qui les sépare arrête-t-elle l'oiseau dans son vol, l'eau dans sa course rapide, le vent et l'ouragan dans leur élan impétueux ? Et quand la nature, il y a des milliers de siècles, déposait au fond des mers ces assises sédimentaires sur lesquelles nous sommes solidement établis, prévoyait-elle que la Convention établirait les divisions de nos départements d'après des principes qui n'empruntent rien à ceux de nos classifications naturelles ? Déjà des pays voisins nous ont donné l'exemple de ces associations fécondes. J'en sais un dans lequel les cinq ou six Académies principales se réunissent chaque année pour dresser un programme de recherches, appeler l'attention de leur Gouvernement sur les besoins les plus urgents, discuter les grandes questions scientifiques ; et je sais aussi que leur collaboration a déjà donné les plus appréciables résultats.

Cette association des efforts est d'autant plus

nécessaire que, seule, elle nous permettra de conquérir, dans ces associations internationales qui se multiplient chaque jour, la place qui convient à notre situation scientifique. Ce n'est pas devant vous, Messieurs, qu'il serait nécessaire de rappeler longuement les services rendus par des institutions telles que le *Bureau international des poids et mesures*, établi au pavillon de Breteuil, dans le parc de Saint-Cloud ; l'*Association géodésique internationale,* présidée par mon confrère le général Bassot ; l'*Association pour la carte du ciel*, due à l'initiative de l'amiral Mouchez ; l'*Association internationale des Académies*, dont j'ai eu l'honneur de présider la première assemblée générale, tenue à Paris en 1901. Les associations de ce genre, où nous faisons, vous le voyez, bonne figure, nous sont particulièrement favorables, parce que, dès qu'elles nous révèlent un défaut de notre organisation, nous nous hâtons de le corriger. L'esprit d'émulation, que notre éducation nationale tend à développer et qui a quelquefois ses défauts, nous anime ici pour le bien. Nous ne voulons pas déchoir, et c'est une grande qualité pour un peuple. A l'appui de ce que je viens de dire, permettez-moi de citer un seul fait.

La France, qui, pendant longtemps, et grâce à l'ancienne Académie des Sciences, avait tenu le premier rang dans les études scientifiques relatives à la mesure de la terre, a résolu de reprendre une place digne d'elle, le jour où notre regretté confrère, le général Perrier, a reconnu, dans les opérations de jonction géodésique effectuées entre la France et l'Angleterre, la supériorité des méthodes et des instruments anglais. C'est de ce jour que date la renaissance de la géodésie dans notre pays. Nous avons repris l'étude de la méridienne de France, et nous avons pu accomplir cette opération grandiose qui, par l'emploi de triangles ayant jusqu'à 270 kilomètres de côté, a réalisé la jonction géodésique de la France et de l'Algérie. Sur l'invitation de l'Association géodésique internationale, nous venons de reprendre, en les élargissant, les opérations de haut intérêt qui avaient été faites au Pérou, au cours du XVIIIe siècle, par Bouguer, Godin et La Condamine, missionnaires de l'Académie des Sciences. Il a fallu toute la bienveillance du Parlement et tout le concours de généreux donateurs, il a fallu, surtout, toute l'énergie et toute la science des officiers de notre Service géodésique pour triompher des difficultés de toute nature, qui renaissaient sans cesse dans ces pays lointains. Quelques-uns, hélas ! sont morts à la peine : chefs ou soldats, je les salue avec émotion et respect. Mais, enfin, l'œuvre est achevée, et elle fera, je l'espère, honneur à notre cher pays.

Messieurs, je termine en applaudissant à ce beau succès ; mais, avant de renoncer à la parole, permettez-moi de me souvenir qu'il y aura bientôt cinquante ans, après avoir commencé mes études non loin d'ici, dans ma chère ville natale, c'est dans votre lycée que je suis venu les terminer, sous la direction de maîtres dont je conserverai toujours le souvenir, mon vieux professeur Berger, Édouard Roche, Combescure, Charles Wolf, Chancel, qui demeureront, avec d'autres plus anciens, Balard, Gergonne et Gerhardt, l'honneur de votre Faculté des Sciences. Je prie votre Cité, que ses étudiants du vieux temps ne pouvaient quitter sans verser des larmes, d'agréer mon salut et mes hommages reconnaissants. Je suis heureux de la retrouver toujours prospère, toujours industrieuse et active, toujours hospitalière.

LA REFORME

DE

LA LICENCE ÈS SCIENCES (1)

Messieurs,

Les modifications si heureuses qu'a subies, il y a deux ans, l'organisation des études médicales vous avaient conduits, vous vous le rappelez, à vous occuper une première fois de nos Facultés des sciences. Elles avaient reçu de vous la mission, aujourd'hui accomplie, d'organiser une première année *d'études physiques, chimiques et naturelles* préparatoires à la carrière médicale; mais le régime des études de licence n'avait pas encore été l'objet de vos discussions. Institués par le décret de mars 1808, nos examens de licence conservaient, depuis plus de quarante ans, une forme presque invariable. Seules de tous nos établissements d'enseignement supérieur, les Facultés des sciences restaient soumises à des programmes minutieusement réglés, qui portaient toujours, depuis l'origine, sur les mêmes branches de la science et

(1) Rapport présenté au Conseil supérieur de l'Instruction publique sur les projets de décret relatifs à la licence ès sciences.
Extrait du n° du 15 février 1896 de la *Revue Internationale de l'Enseignement.*

laissaient peu d'initiative, soit aux maîtres, soit aux étudiants.

Pourtant, depuis 1808, les cadres de notre enseignement se sont notablement élargis. A mesure que naissaient des sciences nouvelles, l'Etat créait les chaires correspondantes, soit dans nos départements, soit à Paris. Nous avons vu apparaître dans nos Facultés des chaires de *chimie organique*, de *chimie industrielle*, de *chimie biologique* ; à côté de la *physique générale* est venue se placer la *physique mathématique*, cette création de la science française qui joue aujourd'hui un rôle prépondérant; des enseignements distincts ont été institués pour la *physique industrielle*, pour la *mécanique physique*, pour la *mécanique céleste*, pour l'*algèbre* et pour la *géométrie supérieures*. Tandis que le programme actuel de la licence pourrait être développé avec sept à huit chaires seulement, certaines Facultés comptent dix et onze chaires ; celle de Paris en a vingt et une. Ces créations nouvelles, qui remontent à toutes les époques, répondaient toutes à des besoins impérieux ; et même plusieurs demandes, formulées à bien des reprises différentes dans ces derniers temps, attendent encore satisfaction.

Pendant que s'élargissait ainsi le cadre de l'enseignement, celui des examens de licence demeurait à peu près invariable. Sans doute, en 1877, on avait remanié et étendu beaucoup les programmes, pour essayer de les mettre plus en harmonie avec les découvertes qui se succèdent chaque jour ; mais les remaniements n'avaient modifié en aucune manière le caractère de l'examen. La licence était un grade d'Etat, et l'Etat faisait figurer dans ses programmes les seules matières qui lui paraissaient devoir être exigées des aspirants à l'enseignement.

Cette organisation présentait des inconvénients et des dangers de plus d'une sorte. Les étudiants, assujettis à des études limitées par un programme à la fois trop précis et trop chargé, les poursuivaient le plus souvent sans ardeur et sans goût. D'autre part, comme des garanties de culture générale étaient à bon droit exigées des candidats à l'agrégation, on n'avait eu d'autre ressource que de demander à chacun d'eux *deux* diplômes de licencié. On imposait ainsi aux étudiants, pendant les années décisives de la carrière, et au grand détriment de la bonne formation de leur esprit, un travail qui ne pouvait leur plaire dans plusieurs de ses parties. Il semblait véritablement que nos Facultés n'eussent d'autre but et d'autre raison d'être que la préparation des futurs professeurs ; et, d'ailleurs, lorsque l'encombrement des cadres obligeait, comme il arrive aujourd'hui, un grand nombre d'étudiants à renoncer à l'enseignement, ils ne pouvaient, il faut bien le dire, tirer presque aucun parti des études trop spéciales qui leur avaient été imposées pendant plusieurs années.

Le projet soumis à vos délibérations vient, par les moyens les plus simples, porter remède à cet état de choses. Il institue des *certificats d'études supérieures*, qui seront délivrés par chaque Faculté et qui correspondront aux matières enseignées par elles. Trois de ces certificats obtenus, soit en même temps, soit dans des sessions différentes, permettront à l'étudiant de réclamer le *diplôme* de *licencié ès sciences*. Mention sera faite sur le diplôme de ces trois certificats ; et si, après cela, l'étudiant en recherche et en obtient d'autres, il sera ajouté sur le diplôme les mentions relatives aux nouveaux certificats. Telle est, en deux mots, l'économie du nouveau projet : il substitue aux trois types fournis par les licences actuelles une foule de combinaisons variées, très propres à encourager le goût de l'étude, à éveiller les vocations scientifiques, à conserver l'originalité de l'esprit. Quelques exemples feront bien comprendre l'utilité de l'organisation proposée.

Depuis longtemps déjà, un grand nombre d'étudiants en médecine et en pharmacie venaient nous demander un de nos diplômes dans le seul but de compléter leurs études de science pure. Nous pouvons compter au nombre de nos professeurs les plus illustres plusieurs savants qui ont commencé par la Faculté de médecine. Dorénavant le futur médecin qui recherchera la licence ès sciences sera en droit de présenter, s'il lui plaît, pour le diplôme de licencié, le certificat de *physiologie*, ou celui de *chimie*, ou celui de *chimie biologique*. Des combinaisons de ce genre sont extrêmement fécondes, tous en bénéficieront : les médecins et les savants.

Parmi ceux que le projet favorise, nous n'aurons garde d'oublier ces étudiants, de plus en plus nombreux, attirés dans nos laboratoires par le désir d'acquérir les notions de science qui deviennent de plus en plus indispensables à tout progrès industriel ou agricole. Loin de nous la pensée de transformer nos Facultés en *Écoles d'arts et métiers*, en *Écoles spéciales d'application ;* mais il ne faut pas perdre de vue que les progrès matériels se rattachent chaque jour plus directement aux recherches les plus élevées de la science pure. C'est un physicien mathématicien qui a donné les moyens de lancer un câble, pour la première fois, à travers l'océan Atlantique. Ces progrès de l'industrie électrique, de l'industrie chimique, qui valent à nos voisins des bénéfices annuels de plusieurs centaines de millions, ont été accomplis par des hommes sortis des Universités allemandes.

Voilà quelques-uns des avantages du projet ; avant d'entrer dans son examen détaillé, il importe de répondre tout de suite à une objection qui lui a déjà été adressée, et qui se reproduira peut-être. On voit bien qu'il laisse plus de liberté et d'initiative à tous, maîtres et élèves, qu'il est de nature à favoriser beaucoup le développement des enseignements annexes. Mais ce progrès, si c'en est un, ne sera-t-il pas acheté par l'affaiblissement des garanties exigées jusqu'ici des aspirants à l'enseignement ?

Messieurs, nous venons de vous exposer bien franchement comment nous comprenons le rôle que doivent jouer, dorénavant, les Facultés des sciences. Mais, si elles voient croître sans cesse leur tâche et leurs obligations, nous estimons que leur devoir le plus étroit les oblige à ne jamais négliger la préparation des futurs maîtres de la jeunesse française.

La Commission a la satisfaction de vous dire que, sous ce rapport, elle a reçu les assurances les plus formelles. Les études préliminaires exigées des candidats *à l'agrégation*, au doctorat, ne seront nullement diminuées. On peut même affirmer que la souplesse de la nouvelle organisation permettra un meilleur aménagement de ces examens tout à fait supérieurs, destinés à une élite qui sera toujours l'objet de nos préoccupations. Dès à présent, d'ailleurs, nous avons une première garantie : un projet de décret émanant de la direction de l'enseignement secondaire, et sur lequel nous reviendrons plus loin, maintient, en l'améliorant déjà, l'état de choses actuel, pour les aspirants aux fonctions de l'enseignement secondaire public. Nous le signalons dès à présent, parce qu'il complète et éclaire le projet fondamental.

Dans ces conditions, l'impression éprouvée unanimement par votre Commission est que la licence, avec ses trois certificats, comprenant chacun trois épreuves, deviendra un examen, plus attrayant sans doute, mais aussi plus difficile que par le passé.

Toutes ces explications ont été échangées lors de la discussion des articles 1 et 2 du *projet de décret sur la licence ès sciences* que vous avez sous les yeux. L'article 1 institue les *certificats d'études supérieures*. D'après l'article 2, la liste des matières pouvant donner lieu à la délivrance des *certificats* est arrêtée, pour chaque Faculté, par le Ministre, sur la proposition de l'Assemblée de la Faculté et après avis du Comité consultatif. L'établissement de la liste propre à chaque Faculté sera, au début tout au moins, une opération quelque peu délicate ; nos Facultés, jusqu'ici guidées par des programmes, auront à coordonner les diverses branches de leur enseignement. La Commission a émis le vœu, accueilli sans difficulté par l'administration, que les deux représentants des Facultés des sciences au Conseil supérieur soient appelés au Comité consultatif lorsque seront discutées les listes proposées par les diverses Facultés.

L'article 3 porte que le *diplôme* de licencié ès sciences sera conféré à tout étudiant qui justifiera de *trois certificats*. Il a été adopté après une longue discussion, laquelle, à vrai dire, n'a porté ni sur le *nombre*, ni sur la *nature* des certificats exigés ; mais il s'agissait uniquement de décider si les trois certificats devaient être obtenus devant la *même* Faculté. Plusieurs d'entre nous faisaient valoir que l'on réalise déjà un bien grand progrès en laissant à l'étudiant le choix libre entre tant de certificats, en lui laissant aussi la liberté de les rechercher, s'il le désire, successivement. Est-il nécessaire d'aller plus loin dès le premier jour, et de reconnaître à l'étudiant le droit de réunir les trois premiers certificats qui lui sont nécessaires en choisissant peut-être, non les Facultés où il croira trouver les meilleurs maîtres, mais celles où il espérera rencontrer les examinateurs les plus indulgents ? L'unité de grade ne sera-t-elle pas ainsi affaiblie, sinon rompue, et ne court-on pas le risque de faire naître un préjugé défavorable à la réforme ? A cela, il a été répondu que, dans d'autres pays, les pérégrinations sont un des charmes et un des profits de la vie d'étudiant, qu'elles contribuent beaucoup à développer le caractère et à former les hommes ; d'ailleurs, bien des étudiants, et notamment les fonctionnaires de l'enseignement, sont souvent, au cours de leurs études, tenus à des déplacements qui leur interdiraient toute recherche des grades, si l'obligation d'achever leurs études dans la même Faculté leur était imposée. Finalement, on s'est arrêté à une transaction qui a réuni l'assentiment unanime. Il a été convenu que la Commission entendait l'article en ce sens que l'obligation serait maintenue pour les étudiants d'obtenir les trois premiers certificats constitutifs de la licence devant la même Faculté, mais que chaque Faculté serait tenue d'accorder, dans les formes ordinaires, le transfert de son dossier à tout étudiant pouvant invoquer des motifs légitimes à l'appui de sa demande. Si, par impossible, certaines Facultés voulaient retenir leurs étudiants, le recours au Ministre est toujours ouvert : c'est le droit commun.

L'article 4 porte que mention est faite sur le diplôme des matières correspondantes aux trois certificats qui composent la licence. Il n'y aura donc plus à l'avenir qu'une seule licence ès sciences, mais les anciennes épithètes, *mathématiques*, *physiques* ou *naturelles*, seront avantageusement remplacées par les mentions. D'ailleurs, d'après l'article 5, mention sera également faite sur le diplôme de tous les autres certificats qui viendront s'ajouter aux trois premiers. Il va sans dire que ces certificats supplémentaires pourront être pris là où le préférera l'étudiant.

Les articles suivants n'ont donné lieu à aucune difficulté. Remarquons seulement de quelles garanties est entouré l'examen relatif à chaque certificat. Il exigera trois juges et comportera une épreuve écrite, une épreuve pratique et une épreuve orale, les deux premières étant éliminatoires. Quand plusieurs certificats seront recherchés en même temps et dans la même session, il a été reconnu que les jurys pourraient être confondus en totalité ou en partie, les prescriptions de l'article 10 étant, bien entendu, respectées.

Le second projet de décret est relatif *aux aspirants aux fonctions de l'enseignement secondaire public pour lesquels est requis le grade de licencié ès sciences.* Comme nous le disions plus haut, il rassure pleinement tous ceux qui désirent maintenir le niveau de notre corps de professeurs, et il met tout de suite en évidence quelques-uns des avantages de la nouvelle organisation. Car, s'il conserve, pour les trois ordres de professeurs de sciences, les trois groupes de certificats correspondants aux trois licences actuelles, il permet en outre, grâce à l'addition d'un article adopté à l'unanimité et proposé par M. le Directeur de l'enseignement secondaire, de tenir compte aux aspirants des études complémentaires faites par eux, et notamment de celles qui se rapportent au type voisin de celui qu'ils ont présenté.

Si le décret s'applique uniquement aux fonctionnaires de l'enseignement secondaire, c'est qu'on n'a pas voulu s'interdire d'employer dans certains cas, par exemple comme préparateurs dans les Facultés, des étudiants ayant obtenu la licence avec une des combinaisons nouvelles qui leur sont offertes par l'organisation projetée.

Tel est, Messieurs, le résultat de nos discussions. Les projets présentés ont un caractère propre ; ils diffèrent à bien des égards de ceux que vous avez adoptés pour les autres ordres d'enseignement, et sont parfaitement appropriés à l'état présent des études dans les Facultés des sciences. Ils réalisent, sous une forme heureuse, la liberté des études que plusieurs de nos collègues ne cessaient de réclamer. Bien des questions qui avaient été soulevées dans ces derniers temps se trouveront résolues si vous les adoptez ; par exemple, celle des diplômes d'études supérieures, sur laquelle il était bien difficile d'aboutir. Ils n'affaiblissent pas, ils fortifient plutôt la licence ; et, en même temps, ils ouvrent, dans de meilleures conditions, les portes de nos Facultés à ces catégories nouvelles d'étudiants que nous avons énumérées plus haut et qui étaient en droit de réclamer notre concours. Ils permettent encore, et surtout, une solution favorable de cette question si ardue des étudiants étrangers, qui intéresse à un si haut degré l'influence de notre pays. Si, pour d'autres Facultés, l'introduction d'éléments étrangers en trop grand nombre peut devenir exceptionnellement un danger, les nôtres n'ont rien de semblable à redouter. Au contraire, elles gagneront beaucoup à faire connaître au dehors leur enseignement si solide, si précis, auquel elles ont su donner cette forme élégante qui caractérise les productions de l'esprit français. Leur influence et leurs prérogatives vont recevoir de ce projet un nouvel et décisif accroissement ; nous avons la confiance qu'elles sauront l'utiliser pour le bien des études et pour celui du pays. Vous ferez, Messieurs, bon accueil à la réforme qui vous est présentée, elle est le couronnement de celles que vous avez été appelés à examiner, et que vous avez consacrées par vos votes, dans le régime des Facultés de médecine, de droit et des lettres ; et elle achève de constituer ainsi la plus utile préparation au vote du projet de loi que nous espérons voir prochainement aboutir et qui est relatif à la création des Universités.

JUBILÉ DE M. GASTON DARBOUX

JUBILÉ DE M. GASTON DARBOUX

A l'occasion du cinquantième anniversaire de l'entrée de M. Gaston Darboux dans l'enseignement, un Comité de géomètres français et étrangers s'était formé et avait envoyé aux mathématiciens de tous les pays, la lettre suivante :

Monsieur,

Cette année, l'un des plus éminents géomètres de notre époque, M. Gaston Darboux, aura accompli sa cinquantième année de services dans l'enseignement public ; depuis plus de vingt-cinq ans, il est membre de l'Académie des Sciences ; depuis dix ans, il en est le secrétaire perpétuel.

Sa vie tout entière a été consacrée à la Science et à l'Enseignement. Ses beaux travaux d'analyse mathématique, de mécanique rationnelle, de géométrie infinitésimale l'ont placé au premier rang des savants de tous les pays. Par ses ouvrages, par ses cours à la Sorbonne, par ses conférences à l'Ecole normale supérieure et à l'Ecole normale de jeunes filles de Sèvres, il est devenu le maître aimé et admiré d'un grand nombre de mathématiciens de nationalités diverses, et de la plupart des professeurs de mathématiques de France. Dans ses fonctions de Doyen à la Faculté des Sciences de l'Université de

Paris, de Membre et de Vice-Président du Conseil supérieur de l'Instruction publique, il a rendu les plus grands services à l'Enseignement dans tous ses degrés.

C'est pourquoi un groupe d'élèves, d'admirateurs et d'amis de M. Gaston Darboux croit devoir faire appel à ceux qui ont étudié ses ouvrages ou suivi ses leçons, comme à ceux qui ont pu apprécier sa bienveillante influence dans l'ordre scientifique ou dans l'ordre administratif, pour lui offrir, à l'occasion de ses noces d'or universitaires et de ses noces d'argent académiques, une médaille reproduisant son effigie, avec une adresse portant les signatures des souscripteurs.

Ch. André, directeur de l'Observatoire de Lyon,

P. Appell, membre de l'Académie des Sciences, doyen de la Faculté des Sciences de l'Université de Paris (Sorbonne),

B. Baillaud, membre de l'Académie des Sciences, directeur de l'Observatoire de Paris,

Général Bassot, membre de l'Académie des Sciences, directeur de l'Observatoire de Nice,

Mlle L. Belugou, directrice de l'Ecole normale des jeunes filles, à Sèvres,

L. Bianchi, professeur à l'Université de Pise (Italie),

E. Blutel, professeur au Lycée Saint-Louis, à Paris,

L. Charve, doyen de la Faculté des Sciences de l'Université de Marseille,

E. Cosserat, directeur de l'Observatoire de Toulouse,

G. Darwin, professeur à l'Université de Cambridge,

S. Dautheville, doyen de la Faculté des Sciences de l'Université de Montpellier,

A. Demoulin, professeur à l'Université de Gand (Belgique),

D. Eginitis, directeur de l'Observatoire d'Athènes (Grèce),

D. Egoroff, professeur à l'Université de Moscou (Russie),

G. Floquet, doyen de la Faculté des Sciences de l'Université de Nancy,

A. R. Forsyth, professeur à l'Université de Cambridge (Angleterre),

F. Gomez Teixeira, professeur à l'Université de Porto (Portugal),

A. G. Greenhill, professeur au Collège d'artillerie, Woolwich (Angleterre),

G. B. Guccia, professeur à l'Université de Palerme (Italie),

C. Guichard, professeur suppléant à la Faculté des Sciences de l'Université de Paris (Sorbonne),

G. E. Hale, directeur de l'Observatoire de Mount Wilson (Californie),

H. Hancock, professeur à l'Université de Cincinnati (Etats-Unis),

C. Humbert, membre de l'Académie des Sciences, professeur à l'Ecole Polytechnique,

C. Jordan, membre de l'Académie des Sciences, professeur à l'Ecole Polytechnique et au Collège de France,

F. Klein, professeur à l'Université de Goettingen (Allemagne),

G. Kœnigs, professeur à la Faculté des Sciences de l'Université de Paris (Sorbonne),

E. Lavisse, membre de l'Académie Française, directeur de l'Ecole normale supérieure,

G. LORIA, professeur à l'Université de Gênes (Italie),

P. MANSION, professeur à l'Université de Gand (Belgique).

CH. MÉRAY, correspondant de l'Institut à Dijon,

M. MITTAG LEFFLER, professeur à l'Université de Stockholm (Suède),

P. PAINLEVÉ, député, membre de l'Académie des Sciences, professeur à la Faculté des Sciences de l'Université de Paris (Sorbonne), et à l'Ecole Polytechnique,

A. PETOT, professeur à la Faculté des Sciences de l'Université de Lille,

EM. PICARD, président de l'Académie des Sciences, professeur à la Faculté des Sciences de l'Université de Paris (Sorbonne),

H. POINCARÉ, membre de l'Académie Française et de l'Académie des Sciences, professeur à la Faculté des Sciences de l'Université de Paris (Sorbonne),

Dr ROUX, membre de l'Académie des Sciences, directeur de l'Institut Pasteur à Paris,

P. H. SCHOUTE, professeur à l'Université de Groningue (Hollande),

H. A. SCHWARZ, professeur à l'Université de Berlin (Allemagne),

CYPARISSOS STEPHANOS, professeur à l'Université d'Athènes (Grèce),

J. TANNERY, membre de l'Académie des Sciences, sous-directeur de l'Ecole normale supérieure,

G. TZITZEICA, professeur à l'Université de Bucarest (Roumanie).

PH. VAN TIEGHEM, secrétaire perpétuel de l'Académie des Sciences, professeur au Muséum,

H. VAN DE SANDE BAKHUYZEN, professeur à l'Université de Leyde (Hollande),

VITO VOLTERRA, sénateur, professeur à l'Université de Rome (Italie),

M. C. Guichard, secrétaire du Comité, était chargé de recueillir les adhésions. Elles vinrent nombreuses, et de tous côtés.

Le Comité décida de confier l'exécution de la médaille reproduisant les traits de l'éminent géomètre à M. de Vernon, membre de l'Institut.

Cette médaille devait être remise à M. Darboux vers la fin d'octobre. Mais à la suite du décès de Mme Darboux, survenu le 8 octobre 1911, la cérémonie fut renvoyée au mois de janvier de l'année suivante.

Le 21 janvier, dans le grand salon du Conseil de l'Université, se réunissait une élite de professeurs, de savants qui avaient tenu à répondre à l'appel du Comité et à fêter avec lui le cinquantenaire scientifique de M. Darboux. M. Guist'hau, Ministre de l'Instruction Publique, avait bien voulu associer le gouvernement à l'honneur ainsi rendu en présidant cette fête essentiellement universitaire et académique.

Aux côtés du Ministre étaient assis M. Bayet, directeur de l'Enseignement Supérieur, M. Liard, vice-Recteur, Président du Conseil de l'Université de Paris, M. G. Lippmann, Président de l'Académie des Sciences, M. Henri Poincaré, de l'Académie française et de l'Académie des Sciences ; M. Appell, de l'Académie des Sciences, doyen de la Faculté des Sciences, M. Lavisse de l'Académie française directeur de l'Ecole Normale, M. Vito Volterra, sénateur du Royaume d'Italie, professeur à l'Université de Rome, Mlle Belugou, Directrice de l'Ecole Normale de Sèvres, M. Emile Picard, de l'Académie des Sciences, vice-Président de la Société des Amis des Sciences, M. Ph. Guye, professeur à l'Université de Genève, délégué de la Société Helvétique des Sciences Naturelles ; M. A. Demoulin, professeur à l'Université de Gand, délégué de l'Académie Royale de Belgique ; M. H. Fehr, professeur à l'Université de Genève, délégué de la Société mathématique suisse, M. Alfred Croiset, doyen de la Faculté des Lettres ; M. Versini, chef de Cabinet du Ministre, M. Armand Gautier, président sortant de l'Académie des Sciences, M. Lucien Lévy, président de la Société mathématique de France, M. Claude Guichard, secrétaire du Comité, correspondant de l'Institut ; M. Floquet, doyen de la Faculté des Sciences de Nancy, délégué de l'Université de cette ville, M. E. Cosserat, directeur de l'Observatoire de Toulouse, correspondant de l'Institut, etc., etc.

En face de M. le Ministre avait pris place S. A. S. le prince de Monaco, associé étranger de l'Académie des Sciences, qui avait à côté de lui M. van Tieghem, secrétaire perpétuel de cette Académie, le général Bassot et plusieurs confrères, collègues élèves ou amis de M. Darboux.

Les discours suivants ont été prononcés :

ALLOCUTION DE M. G. LIPPMANN

Président de l'Académie des Sciences

Très éminent Confrère et Ami,

L'Académie des Sciences a voulu charger en ce jour son Président de venir vous remercier des longs et précieux services que, depuis plus de douze ans, vous n'avez cessé de lui rendre dans vos fonctions de Secrétaire perpétuel. Vos beaux travaux mathématiques, qu'il appartient à d'autres qu'à moi de rappeler, ont ajouté à son éclat ; mais en outre, depuis que vous avez pris la lourde succession de Joseph Bertrand, votre activité infatigable, votre dévouement éclairé ont aidé l'Académie dans sa tâche et lui ont facilité l'accomplissement de ses multiples missions.

Ce n'est pas une sinécure que d'être l'un de nos secrétaires perpétuels. A l'intérieur comme à l'extérieur, il lui faut sans relâche veiller et travailler. Un corps vivant, comme est le nôtre, se gouverne plus encore d'après ses propres traditions que par les règlements écrits qu'il s'est donnés. Or, toutes les fois que le cas s'est présenté, j'ai entendu les plus anciens de nos confrères se dire : Ya-t-il des précédents ? Demandons à Darboux. Et jamais on ne vous a pris au dépourvu. A l'extérieur, les devoirs que vous avez à remplir sont moins agréables, il vous faut être administrateur, et que ferait sans vous notre commission administrative ?

Des donateurs, chaque année plus nombreux, confient à l'Académie des richesses qui ne font qu'accroître ses responsabilités dans la mesure même où elles lui permettent de contribuer plus largement au développement des sciences. Il y a des revenus, des capitaux, des immeubles à gérer, des héritages à recevoir. Vous savez veiller, consulter, vous déplacer quand il le faut. Vous pouvez avoir conscience d'avoir servi de toutes les manières la science, et maintenant vous devez sentir, je l'espère, qu'une activité désintéressée est la plus sûre des consolations.

Sachez en outre que vos confrères vous sont reconnaissants, qu'ils vous savent gré de votre succès et qu'ils sont heureux de vous le dire aujourd'hui.

ALLOCUTION DE M. HENRI POINCARÉ

Au nom de la Section de Géométrie de l'Académie des Sciences.

Mon cher Confrère,

Je viens vous apporter l'hommage de la Section de Géométrie de l'Académie des Sciences, section dont vous avez si longtemps fait partie et à laquelle il nous semble parfois que vous n'avez pas cessé d'appartenir. Je suis heureux d'être aujourd'hui l'interprète de six de vos confrères, que rapprochent plus particulièrement de vous des tendances scientifiques communes et qui ont souvent l'occasion de recourir à vos conseils ; mais si ma tâche est douce, elle est aussi redoutable par un certain côté ; de votre multiple activité, je ne puis envisager ici qu'une face, la plus glorieuse à coup sûr, mais la plus austère ; ce n'est pas mon rôle de parler de l'administrateur laborieux et fécond en ressources, ni de la limpide clarté du professeur, je ne dois m'occuper que du savant pur, du créateur d'idées, du pionnier scientifique. Or, les mathématiques ont une secrète harmonie qui est une source de beauté, et qui assurent à ceux qui vivent dans leur intime commerce des joies incomparables ; mais il n'est pas toujours facile, dans un court et rapide exposé, de les faire goûter d'un nombreux auditoire ainsi qu'il conviendrait. Si encore, j'avais votre talent d'exposition, je ne redouterais pas ce péril ; malheureusement, je ne sais pas comme vous rendre faciles et agréables les voies les plus arides. Je ne puis même promettre d'être bref ; mais ce n'est pas ma faute, c'est la vôtre si vous avez fait trop de découvertes qu'il est impossible de passer sous silence.

C'est à la Géométrie que vous avez consacré le plus de temps et de travail ; non seulement cette science vous attirait naturellement, peut être pour la même raison qui lui assurait la prédilection des Grecs, parce qu'elle conduit facilement à des résultats achevés, satisfaisants à la fois pour l'esprit et pour l'imagination esthétique, mais les devoirs de votre enseignement vous y ramenaient sans cesse et vous obligeaient à l'approfondir. Ce sont pourtant vos travaux d'Analyse pure que je rappellerai d'abord parce que les précieuses qualités de votre esprit, l'élégance, la clarté, la recherche de la simplicité, s'y font mieux remarquer encore dans un domaine où elles se rencontrent plus rarement.

Je citerai en premier lieu votre mémoire sur les fonctions de très grands nombres. Certaines expressions, qui dépendent d'un nombre entier, vont en se compliquant rapidement quand cet entier augmente, mais peuvent être remplacées avec une suffisante approximation par des fonctions très simples quand cet entier devient très grand. Dans une foule de questions, ce sont justement les cas qui nous intéressent exclusivement ; cela est vrai surtout dans les applications ; le physicien, dans la théorie des gaz par exemple, n'a en vue que des moyennes portant sur de très grands nombres, il fait de la Mécanique Statistique ; de même ceux qui cultivent la Mécanique Céleste savent le rôle important que jouent les termes d'ordre élevé de la fonction perturbatrice ; enfin le mathématicien pur se trouve en face des mêmes difficultés toutes les fois qu'il s'occupe des questions de convergence. La méthode générale que vous avez créée pour résoudre ces problèmes est d'une élégante simplicité et d'un usage facile, puisqu'il ne s'agit que de former une série de Taylor et d'étudier les singularités de la fonction qu'elle représente.

Les équations aux dérivées partielles du second ordre sont un des objets qui résistent le plus aux efforts des analystes; il y a néanmoins des cas où l'on peut effectuer l'intégration sans quadrature partielle : un seul était connu, grâce aux travaux de Monge ; c'est vous qui nous avez fait connaître tous les autres ; vous nous avez montré comment ils s'enchaînent les uns aux autres et comment une suite régulière d'opérations peut nous conduire sûrement au résultat, si ce résultat est possible.

Un problème plus simple en apparence, l'intégration algébrique des équations différentielles du premier ordre et du premier degré, a aussi occupé votre attention ; vous nous avez fait voir comment se classent les cas d'intégrabilité et quel rôle jouent les points singuliers et certains exposants qui y sont attachés. Nul ne peut douter que c'est par la voie que vous avez ouverte qu'on pourra arriver un jour à reconnaître à coup sûr si une équation donnée est intégrable algébriquement, et que c'est encore par cette voie qu'on pourra aborder l'étude systématique des intégrales dans les cas où elles sont transcendantes.

On a pensé longtemps que toutes les équations différentielles avaient des solutions singulières : on avait cru l'établir par un raisonnement spécieux, mais un peu sommaire. Vous avez montré combien on se trompait ; ce qu'on croyait la règle n'était que l'exception, ce qu'on croyait l'exception était la règle ; c'est là une sorte d'aventure à laquelle les mathématiciens seraient souvent exposés, si la sagacité des maîtres ne les avertissait du piège.

Au moment d'aborder les travaux qui ont surtout consacré votre gloire, vos recherches géométriques, je m'aperçois que j'ai déjà beaucoup abusé de l'attention de l'auditoire et de la vôtre et qu'il ne me reste que peu de temps. Heureusement vos découvertes sont dans toutes les mémoires, tous les géomètres ont lu les volumes de votre théorie des Surfaces, votre traité sur les systèmes orthogonaux et les coordonnées curvilignes.

Les géomètres semblent se diviser en deux écoles : les uns regardent l'analyse comme une intruse, que Descartes a indûment introduite dans un domaine qui ne lui appartenait pas ; ils voudraient rendre à la science qu'ils aiment la pureté qu'elle avait du temps d'Euclide ; les autres ne voient guère dans la géométrie qu'une branche de l'analyse, où on pourrait se passer de faire des figures. Vous avez heureusement évolué entre ces deux tendances opposées ; vous savez bien que l'on ne peut plus rien aujourd'hui sans l'analyse, mais vous savez aussi combien est précieux ce qu'on appelle le sens géométrique ; vous nous avez montré qu'on peut le garder aussi sûr et aussi fin qu'il l'était chez les anciens Grecs et cependant manier le calcul avec habileté.

La géométrie analytique est tantôt purement algébrique, elle étudie alors des surfaces et des courbes de degré fini et bien déterminées, et elle les étudie dans leur ensemble ; mais, souvent aussi, elle fait appel au calcul infinitésimal, elle prend pour ainsi dire un microscope pour nous montrer en détail ce qui se passe dans le voisinage de chaque point d'une surface. Sans négliger le premier point de vue, comme le montrent vos belles études sur les cyclides, sur la surface de Kummer, sur la surface de l'onde, vous vous êtes surtout attaché au second. Les systèmes triples orthogonaux doivent leur importance à l'emploi qu'on en peut faire pour définir des coordonnées curvilignes ; ils dépendent, comme on sait d'une équation du troisième ordre que Bonnet avait découverte et que vous avez retrouvée par une autre voie ; c'est là un sujet qui semble inépuisable et auquel vous êtes souvent revenu, chaque fois avec fruit. J'en dirai autant de la déformation des surfaces, problème extrêmement difficile, qui n'est pas près d'être résolu d'une façon générale ; le jour où il le sera, on n'oubliera pas ce que vous avez fait pour en préparer la solution.

La Géométrie, telle que vous l'entendiez, vous a conduit naturellement à la Mécanique, et par deux voies : d'une part, la Géométrie infinitésimale est intimement liée à la Cinématique ; d'autre part le problème des lignes géodésiques est au fond un problème de dynamique analytique.

C'était peu d'obtenir de beaux et de nombreux résultats partiels, vous avez su les embrasser d'une vue d'ensemble, les résumer dans un ouvrage magistral qui a fait de vous l'un des classiques de la Géométrie.

Permettez-moi de m'arrêter, car vos recherches sont trop abondantes pour que je puisse songer à être complet : vos confrères, dont j'ai été l'imparfait interprète, sont heureux de cette occasion de vous témoigner à la fois leur amitié et leur admiration.

ALLOCUTION DE M. APPELL,

Doyen de la Faculté des Sciences.

Mon cher Doyen,
Mon cher Maître.

La Faculté des sciences de l'Université de Paris est heureuse de cette circonstance solennelle, qui lui permet d'exprimer publiquement ses sentiments.

Tous les membres de la Faculté, les maîtres et les étudiants, le personnel auxiliaire et les employés de tout ordre, vous adressent, avec leurs cordiales félicitations, l'expression de leurs sentiments d'admiration et de gratitude.

Vous avez, par vos belles découvertes scientifiques, par vos ouvrages, par votre enseignement lumineux, probe et fécond, jeté sur la Faculté un incomparable éclat, attesté par les témoignages des savants de tous les pays qui s'associent à cette manifestation. Vous avez, dans votre administration, pendant quatorze années de décanat, montré une activité de tous les instants, une volonté ferme et claire, une intelligence habile et pratique, une sollicitude toujours en éveil pour nos élèves et pour le personnel à tous les degrés ; vous avez ainsi exercé une action décisive sur le développement si remarquable qu'a pris notre Faculté, depuis la reconstitution de l'Université de Paris.

Vos places de premier à chacun des deux concours de l'Ecole polytechnique et de l'Ecole normale, en 1861, dans votre dix-neuvième année, votre option pour l'Ecole Normale, eurent un grand retentissement : votre vie a été la confirmation éclatante des brillantes espérances que le sous-directeur de l'Ecole normale, Pasteur, et vos maîtres Joseph Bertrand, Chasles, Bouquet, Briot, Serret placèrent alors en vous.

Après une thèse sur les surfaces orthogonales en 1866 vous entrez, à vingt-quatre ans, dans l'enseignement supérieur comme remplaçant de Joseph Bertrand au Collège de France. En 1872, vous quittez définitivement l'enseignement des mathématiques spéciales au lycée Louis-le-Grand, pour remplir les fonctions de maître de Conférences à l'Ecole normale ; et, quelques mois après, vous venez à la Faculté comme suppléant de Liouville, pour le cours de mécanique rationnelle.

Dès lors, vous exercez une influence décisive sur le développement des mathématiques en France. Je puis en parler par expérience directe, ayant eu la bonne fortune de suivre vos conférences à l'Ecole normale et vos cours à la Faculté. M. le Directeur Lavisse parlera de l'Ecole Normale. A la Sorbonne vous avez d'abord créé l'enseignement moderne de la mécanique rationnelle. Vous l'avez porté au plus haut degré qui fût compatible avec la préparation mathématique de vos auditeurs, traitant jusqu'au fond les applications nécessaires tout en faisant ressortir les idées générales. A côté de l'étude détaillée des systèmes et de l'application rigoureuse des théorèmes généraux de la dynamique, vous avez rendu classiques, pour la licence, les méthodes de la mécanique analytique, regardées jusqu'alors comme relevant de la haute science : les équations de Lagrange, les équations canoniques, les théorèmes d'Hamilton et de Jacobi. Vous êtes, par, là le véritable initiateur de l'enseignement de la mécanique rationnelle et de la mécanique analytique, si élevé et si solide, qui se donne aujourd'hui dans toutes les Universités françaises. Le 18 décembre 1878, vous étiez, en remplacement d'Ossian Bonnet, nommé suppléant de Chasles, dans la chaire de géométrie supérieure dont vous deveniez titulaire le 9 avril 1881. Cette chaire avait été créée pour permettre à Chasles d'exposer ses beaux travaux de géométrie projective, dont les résultats, fondés sur des méthodes intuitives, ne nécessitant aucun emprunt à la haute analyse mathématique, étaient devenus rapidement classiques. Vous développez alors l'enseignement dans une voie nouvelle, où Bonnet l'avait déjà engagé, la voie de la géométrie générale, considérée comme application de l'analyse, dont les fondateurs furent Euler, Monge et Gauss ; c'est dans cette chaire, où vous professez depuis trente-trois ans, que vous avez fondé cette brillante école de géométrie, dont les disciples sont maintenant répandus dans tous les pays, et que vous avez développé les méthodes et les résultats qui font de vous un créateur et qui préserveront votre nom de l'oubli.

Le 18 novembre 1889, l'Assemblée de la Faculté vous présentait pour les fonctions triennales de Doyen. L'Assemblée renouvela régulièrement vos pouvoirs à la presqu'unanimité des suffrages, et vous seriez encore Doyen aujourd'hui, si vous n'aviez donné votre démission, un an avant l'expiration de votre cinquième période, pour vous consacrer entièrement à vos nouvelles fonctions de Secrétaire perpétuel de l'Académie des Sciences. Le rôle de Doyen dans les anciennes Facultés d'avant 1870 était très paisible, d'un caractère tout paternel : il se bornait à présider quelques séances du Conseil, à préparer les sessions d'examens ; à veiller aux maigres dépenses des rares laboratoires. Mais depuis une quarantaine d'années, surtout sous votre administration et grandement par votre initiative et par votre activité, ces fonctions sont devenues très lourdes. Lorsqu'en 1889, vous avez accepté à votre corps défendant, d'être choisi pour administrer la Faculté, elle comptait 55 enseignements semestriels ; quand vous avez quitté le décanat en 1903, elle en avait 88 ; dans la même période le budget total de la Faculté a presque doublé, en passant de 775.000 francs à 1.267.000. Il est certain que, par la force des choses, notre Faculté devait évoluer dans le sens du développement général de l'enseignement supérieur des sciences, facilité par l'heureuse création des Universités ; mais combien vos efforts sans trève ont-ils contribué à ce développement ! Ceux qui, dans cette crise de croissance rapide, ont suivi de près les négociations difficiles engagées pour chaque création, pour chaque crédit nouveau, savent quels étaient les obstacles à surmonter, les résistances à vaincre ; ils ont vu comment, pour toutes les démarches à faire, vous n'avez jamais épargné ni votre temps ni votre peine, comment vous preniez à cœur tout ce qui touchait à la Faculté et comment votre esprit en était, pour ainsi dire, obsédé, avec la puissance de concentration habituelle au mathématicien, jusqu'à ce qu'une solution heureuse fût intervenue.

Jamais, depuis la création des Facultés, aucun Doyen n'a accompli une œuvre aussi considérable que la vôtre : l'étude des innombrables questions scientifiques et administratives résultant de la renaissance de l'Université de Paris ; la reconstruction complète de la Faculté sur la place même qu'elle occupait, sans l'interruption d'aucun service ; l'organisation et le développement des laboratoires de recherches et des laboratoires d'enseignement ; la modification complète du régime de la licence par la création des certificats d'études supérieures ; l'établissement du doctorat d'Université mention sciences ; la création de l'enseignement du P. C. N. et l'installation de ses laboratoires et de ses services, d'abord dans les vieux locaux de la rue Lhomond, puis dans les nouveaux bâtiments de la rue Cuvier ; la réglementation et l'aménagement des laboratoires d'enseignement pratique de chimie de la rue Michelet, créés sur l'initiative de Friedel et formant ce qu'on a appelé depuis l'Institut de Chimie appliquée ; l'installation du laboratoire d'évolution des êtres organisés de la rue d'Ulm, comme complément indispensable de la chaire fondée par la ville de Paris. En même temps vous développiez, en dehors de Paris, les grands laboratoires de la forêt et de la mer, le laboratoire de biologie végétale à Fontainebleau, les laboratoires de zoologie maritime à Roscoff, à Banyuls, à Wimereux, et vous preniez une part active à l'administration et à l'outillage scientifique de l'observatoire de Nice, donné à l'Université par M. Raphaël Bischoffsheim.

Dans le choix si délicat à faire entre les demandes si nombreuses et si urgentes, toutes justifiées, faites par les différents chefs de service, tant pour le personnel que pour le matériel des laboratoires, vous vous êtes toujours efforcé, sans préférence de personnes, avec le seul souci de l'intérêt public, d'obtenir de l'Etat ou de l'Université tous les crédits nécessaires au bien de la Faculté et au progrès de la Science.

Aussi, reprenant une vieille devise, tous les membres de notre Faculté vous disent par ma bouche :

Vous avez été *un pour tous* dans l'organisation de notre Faculté, en vue d'assurer l'accomplissement de la haute mission de science et d'enseignement qui lui est confiée par la France ; nous sommes aujourd'hui *tous pour un* dans l'expression de nos remerciements et de notre reconnaissance.

ALLOCUTION DE M. LAVISSE,

Directeur de l'Ecole normale supérieure.

Mon cher Camarade,

Quand ma promotion est entrée à l'Ecole normale en 1862, elle savait qu'elle y trouverait un extraordinaire camarade, nommé Darboux, qui, ayant été reçu l'année d'avant le premier à l'Ecole polytechnique et à l'Ecole normale, avait choisi l'Ecole normale. Renoncer au chapeau et à l'épée du polytechnicien, au double galon d'or et au manteau dont un pan était rejeté sur l'épaule ; préférer au titre d'ingénieur, plus rare alors qu'aujourd'hui, et aux espérances brillantes qu'offrait la carrière des Mines ou des Ponts, le titre de professeur et la modestie des fonctions d'enseignement, je crois que cela ne s'était pas vu encore. Normaliens, nous nous sentions honorés en toi et par toi, qui avais donné cette preuve d'amour à la science pure.

Sur ton travail à l'Ecole, je vais produire un document inédit :

« Elève hors ligne. Travail, conduite, distinction d'esprit, de caractère, de tenue ; rien ne laisse à désirer.

« Ce jeune homme se placera rapidement au nombre de nos mathématiciens les plus éminents. L'esprit d'invention était la seule qualité dont il fallait attendre la révélation chez ce jeune maître. Or, il en a témoigné récemment par un travail très remarquable présenté à l'Académie des Sciences, et par diverses notes qu'il a remises à MM. les maîtres de conférences dans le courant de l'année sur divers sujets, à l'étude desquels il a pu se livrer sans cesser de tenir le premier rang dans sa division, malgré les préoccupations de la préparation au concours de l'agrégation.

« Il faut absolument que ce jeune homme reste à Paris... »

Cette note, tirée de nos registres, est signée Pasteur.

Afin que « ce jeune homme » restât à Paris, on créa, pour lui, en 1864, la fonction d'agrégé préparateur de mathématiques. Tous ceux qui t'y ont succédé, et qui ont pu ainsi faire leur apprentissage de savants — cet apprentissage réservé jusque-là aux physiciens, aux chimistes et aux naturalistes — sont redevables de ce bienfait à Pasteur et à toi.

En 1866, tu quittais l'Ecole pour six ans, qui furent bien employés. Tes travaux établirent ta renommée. Déjà, les savants les plus illustres reconnaissaient en toi un de leurs pairs. En 1872, tu nous revenais comme maître de conférences. Ta jeunesse, ton ardeur, ton exemple attirèrent les jeunes gens les plus distingués dans la voie que tu avais suivie. Dix ans à peine s'étaient écoulés que l'on voyait arriver à la maîtrise de conférences de l'Ecole ton élève Appell, que suivirent tes élèves Picard, Goursat, Kœnigs, Raffy. A présent, le tour est venu des élèves de tes élèves.

C'est en 1882 que tu as quitté l'Ecole pour la Faculté des Sciences; mais nos mathématiciens ont continué à être tes disciples. Parmi les cours non obligatoires pour eux, qu'ils fréquentent en Sorbonne, est ton cours de Géométrie supérieure. Que tu le professes depuis trente ans ; que tu aies publié tes leçons en volumes, cela n'a pas nui au succès de ta parole. Tu ne te répètes point, parce que ton esprit travaille toujours : l'expérience acquise n'endort pas ton activité toujours jeune. Dans tes leçons, qui leur semblent trop courtes, tes élèves trouvent, avec des modèles d'élégance et de sobriété, quantité d'idées nouvelles. Les meilleurs s'enthousiasment pour la recherche ; tu les encourages et tu les guides. Les dédicaces de leurs thèses sont les témoignages de leur reconnaissance. Tu es le patriarche d'une lignée indéfinie et vaillante.

C'est pourquoi, mon cher camarade, de tous les témoignages d'admiration, de respect et de reconnaissance qui t'ont été apportés aujourd'hui, aucun ne t'était plus dû que celui de l'Ecole normale, aucun n'est plus sincère, ni plus cordialement affectueux.

ALLOCUTION DE M. VITO VOLTERRA

Professeur à l'Université de Rome, sénateur du Royaume d'Italie.

Cher Maître,

Le Comité constitué en vue de votre jubilé scientifique avait confié à M. H. A. Schwarz, doyen des correspondants de l'Académie pour la Section de géométrie, l'honorable mission d'exprimer les sentiments communs des savants étrangers qui se sont associés à sa célébration.

A son grand regret, M. Schwarz n'a pu assister aujourd'hui à cette émouvante cérémonie : c'est pourquoi, de l'avis du Comité, c'est à moi, qui suis heureux de me trouver à Paris en cette occasion, que revient le grand honneur de vous présenter les sentiments d'admiration et de profond respect que les mathématiciens de toutes les parties du monde éprouvent pour vous, Monsieur Darboux, pour votre génie et votre noble caractère.

Je ne pourrai mieux m'acquitter de ma tâche qu'en m'appropriant les belles et cordiales paroles que M. Schwarz avait l'intention de vous adresser. Les voici :

« Vos mérites, honoré monsieur Darboux, sont trop grands et trop nombreux pour qu'il soit possible de les apprécier à leur juste valeur en quelques mots. C'est pourquoi je n'entreprendrai même pas de les énumérer tous.

« Peut-être puis-je m'acquitter d'une partie de ma tâche, en vous disant, d'accord en cela avec tous vos collègues les mathématiciens étrangers, que les services que vous avez rendus dans le domaine des applications de l'analyse à la Géométrie, ainsi que dans l'Analyse pure, la Mécanique et les autres branches des Mathématiques, sont trop considérables pour que leur action ne se soit pas fait sentir hors des frontières de votre patrie. Non seulement en France, mais partout où les mathématiques sont étudiées, il y a des élèves enthousiastes qui vous considèrent, très estimé monsieur Darboux, comme leur maître. Ils déclarent hautement, que dans vos ouvrages scientifiques, dans vos livres d'enseignement et dans le Bulletin Darboux, non seulement vous avez su exposer avec une clarté merveilleuse les résultats de vos recherches et de celles de vos compatriotes, mais que vous avez mis en pleine valeur l'importance des travaux de vos confrères les mathématiciens étrangers.

« Votre exemple montre clairement que l'émulation qui existe entre les savants de tous les pays, ne les rend pas ennemis ; mais, les rapproche d'autant plus intimement par les trésors découverts par chacun d'eux, qui deviennent aussitôt le bien de tous.

« Je crois remplir un devoir en conseillant aux jeunes savants étrangers, si nombreux, et aux étudiants de tout pays qui viennent à Paris, d'étudier à la source les résultats des recherches des mathématiciens français.

« A beaucoup de ces étrangers, vous avez, très honoré Ami, favorisé de la façon la plus aimable, l'appui et les secours nécessaires pour atteindre leur but, et vous leur avez facilité les relations avec les maîtres mathématiciens de France. Tous conservent de votre aide amicale un souvenir respectueusement reconnaissant.

« Les mathématiciens, membres de l'Académie des

Sciences de Prusse, ont eu la joie, honoré monsieur Darboux, de voir cette Académie vous accorder, sur leur proposition, le prix Steiner pour 1910, en reconnaissance des progrès que vous avez fait faire à la Géométrie.

« Les plus célèbres Académies et les Sociétés savantes d'Europe et d'Amérique ont été heureuses et honorées de vous appeler parmi leurs membres. Plusieurs Universités étrangères vous ont nommé docteur *honoris causa*.

« Je ne puis manquer d'ajouter qu'au dernier Congrès International des Mathématiciens à Rome, vous avez été l'objet des témoignages de la plus vive affection, de la plus haute estime, de l'admiration de tous ceux qui étaient venus des différentes parties du monde pour prendre part à cette réunion.

« Je suis persuadé, qu'à l'occasion de votre Jubilé, tous les mathématiciens étrangers se joindront, en esprit, aux mathématiciens français réunis, honoré monsieur Darboux, pour vous remercier et pour louer, sans réticence, vos remarquables travaux scientifiques qui ont fait avancer non seulement la géométrie, mais aussi les mathématiques générales. Les mathématiciens étrangers joindront leurs vœux sincères à ceux de vos compatriotes : puisse-t-il vous être accordé d'ajouter à votre vie, resplendissante déjà de travaux scientifiques, encore plusieurs joyaux, et puissiez-vous jouir, admiré de tous, pendant un grand nombre d'années, des fruits d'une vie de travail, toute entière consacrée à la science ».

C'est ce que nous vous souhaitons du fond du cœur.

ALLOCUTION DE MLLE BELUGOU,

Directrice de l'Ecole normale supérieure de Sèvres,

Monsieur,

Veuillez permettre à l'Ecole de Sèvres de vous exprimer, à son tour, ses sentiments de respectueuse admiration. Pour être, certes, le plus modeste, son hommage n'est ni le moins convaincu, ni le moins reconnaissant. Cette date est pour nous aussi un anniversaire. Il y a trente ans, à l'heure actuelle, les hommes éminents qui fondèrent l'Ecole, vous demandaient, Monsieur, d'y vouloir bien accepter un enseignement. Il ne vous parut pas au-dessous de vous d'initier à l'étude des Mathématiques des jeunes filles, alors bien mal préparées. La tradition scientifique de Sèvres était créée.

Vos élèves, Monsieur, gardent de vos leçons un souvenir inoubliable. Elles aiment à évoquer la clarté, la précision, l'élégance de vos démonstrations, et ce souci constant de former des esprits justes et droits, incapables de se payer de mots, ne se lassant pas de chercher la perfection du fond et de la forme. — Quand, dans une circonstance mémorable, au 25e anniversaire de notre maison, vous avez voulu, rappelant les souvenirs des premières années, assurer que les Mathématiques ont quelque chose de rébarbatif, une voix s'écria « Pas avec Monsieur Darboux » — et cette protestation spontanée était l'expression exacte et incontestée de beaucoup de gratitude et d'admiration silencieuses. Celles qui ont eu le privilège de vous avoir pour maître en 3e année, me prient, de façon spéciale, de faire mention de leur reconnaissance : vos critiques si nettes, qui ne laissaient subsister dans une leçon rien d'inutile, qui les obligeaient à mettre toujours en lumière le point important, elles ne les ont jamais oubliées; et, si leurs élèves, aujourd'hui, ont imposé, par le développement tout naturel de leur esprit, le relèvement des programmes de mathématiques dans les Lycées de jeunes filles, c'est à vos leçons, Monsieur, et à celles des collaborateurs éminents dont vous avez inspiré le choix, qu'elles le doivent.

Mais ce que vous avez fait pour l'Ecole déborde, et de beaucoup, la Conférence de Mathématiques.

Quand la maison s'ouvrit en décembre 1881, l'enseignement secondaire des jeunes filles tout entier, ses méthodes, ses examens et leurs programmes, ses traditions et son esprit, étaient à créer; à travers quels préjugés et quels obstacles, l'histoire de ces temps le dira. Ce fut l'œuvre des nombreux Comités dont vous avez toujours fait partie; des premiers jurys qui furent marqués de votre esprit; ce fut surtout l'œuvre de l'Ecole, où une Directrice, toujours regrettée, trouvait en vous, Monsieur, un soutien, un conseil et un ami. Elle seule pourrait dire votre bonté inlassable, votre dévouement de tous les instants, et ce que Sèvres dut à l'appui de votre nom et de votre autorité; mais ne pouvons-nous pas le deviner, nous que vous avez habituées à y compter toujours.

Vous avez, Monsieur, le respect de l'intelligence féminine, c'est ce dont on vous est à l'Ecole spécialement reconnaissant. A la sensibilité, à l'imagination qu'on s'accordait, il y a trente ans, à reconnaître, à peu près seules, aux jeunes filles, vous avez dit bien haut qu'il fallait ajouter la raison; et, pour beaucoup, au même titre que leurs frères, la faculté mathématique, c'est-à-dire le sérieux, la probité, la rectitude de l'esprit. Et vous avez désiré pour vos élèves de Sèvres (votre haute amitié pour Mme Jules Favre en est le témoignage éloquent), la simplicité, l'esprit de tolérance, l'ardeur désintéressée, le dévouement, la rigidité morale. — La cause de l'enseignement secondaire des jeunes filles a été votre cause ; vous nous l'avez affirmé vous-même en des termes que nous n'avons pas oubliés : « Je « n'ai pas besoin de vous dire, Mesdames, avec quelle « joie nous voyons, pour ainsi dire vivante sous nos « yeux, l'œuvre qui nous avait été confiée. »

Nous avons donc bien le droit de reconnaître et de saluer en vous un des fondateurs de notre enseignement ; et, voilà pourquoi ce ne sont pas les scientifiques seulement, mais toutes les élèves de l'Ecole, tous les professeurs de nos Lycées de jeunes filles, tous vos collaborateurs, qui vous prient, Monsieur, d'agréer le respectueux hommage de leur reconnaissance profonde.

ALLOCUTION DE M. EMILE PICARD,

Vice-Président de la Société des Amis des Sciences.

Mon cher Président,
Mon cher Maître,

Nous sommes assurés de vous être agréable en rappelant, dans cette cérémonie, votre titre de Président de la Société des Amis des Sciences. Vous aimez l'action autant que la pensée, et on vient de nous dire quelle activité vous vous dépensez à l'Académie et les services que vous avez rendus à la Faculté des Sciences. Mais votre désir d'être utile ne se lasse pas ; vous avez encore voulu donner une part de votre temps à des œuvres plus discrètes qui demandaient un véritable dévouement. Nulle part plus qu'à la Société des Amis des Sciences, vous n'avez mieux mis en pratique le vieil adage, que le bruit ne fait pas de bien et que le bien ne fait pas de bruit.

La Société fondée en 1857 par le baron Thénard a un but singulièrement élevé : c'est une Société de secours, mais où les titres à invoquer sont des services rendus aux sciences pures et appliquées, à l'industrie et à l'agriculture. Ceux qui collaborent avec vous à cette œuvre savent avec quel soin vous vous attachez à respecter la pensée de son fondateur. Quand il s'agit de votre chère Société des Amis des Sciences, vous ne ménagez ni votre temps ni votre peine, sollicitant les avis des compétences les plus variées, et allant, s'il est nécessaire, prendre vous-même les renseignements propres à éclairer nos décisions. Vous rêvez d'une grande œuvre de solidarité scientifique, où ceux, et ils sont légion, qui profitent des progrès et des découvertes de la science, viendraient tous en aide aux chercheurs, uniquement préoccupés de leurs travaux, insouciants de l'avenir, pour eux et pour ceux qui les entourent. Vos appels émus ont été souvent entendus, et des mains généreuses se sont tendues vers nous. Mais, hélas ! les misères que nous devrions secourir augmentent plus vite que nos ressources, et bien des concours nous manquent, sur lesquels nous serions en droit de compter ; c'est un de vos chagrins que la science, sur laquelle on fait tant d'éloquents discours, recueille encore trop d'ingratitude.

Vous travaillez, mon cher Président, avec toute votre énergie à soulager de nobles et quelquefois glorieuses infortunes, et vous montrez ainsi que votre cœur est à la hauteur de votre intelligence. Puissiez-vous rester longtemps à notre tête et voir encore grandir l'œuvre à laquelle vous êtes pieusement attaché.

ALLOCUTION DE M. LUCIEN LÉVY,

Examinateur des élèves à l'École polytechnique.

Monsieur et cher Maître,

Le Conseil de la Société mathématique de France a décidé de s'associer aux hommages qui vous sont rendus, à l'occasion de votre jubilé scientifique et a délégué son président pour vous apporter ses chaleureuses félicitations et ses vœux. Un hasard dont je me réjouis a amené cette année à la présidence de la Société un de vos plus anciens élèves, sinon le plus ancien, parmi ceux auxquels vous avez inculqué le goût des Mathématiques. Je bénis cette occasion qui m'est offerte de vous témoigner publiquement ma reconnaissance et mon admiration.

C'est en 1871 que j'ai été votre élève au lycée Louis-le-Grand, et après 40 années écoulées je me rappelle encore, comme si c'était hier, le plaisir avec lequel mes camarades et moi nous allions à votre classe. Vous saviez, en vous jouant, obtenir de nous une dose énorme de travail et je frémis rétrospectivement en voyant aujourd'hui la pile de mes cahiers de notes prises à votre cours. La clarté, la netteté de votre élocution, le caractère personnel de vos démonstrations, provoquaient notre admiration et nous travaillions avec entrain, sans même nous rappeler que nous avions de sérieux examens à préparer, et sans même savoir les noms de nos examinateurs. Vous n'aviez pas besoin, pour obtenir de nous du travail, d'invoquer la nécessité de satisfaire tel ou tel de nos juges, et même parfois vous n'hésitiez pas à critiquer les méthodes qui semblaient avoir leurs préférences : vous développiez ainsi notre sens critique et notre puissance de raisonnement, au lieu de charger notre mémoire. Aussi, ce qui est à l'éloge du professeur et des examinateurs, vos élèves remportaient-ils d'éclatants succès aux examens de la fin de l'année. Lorsque je me remémore mes camarades de classe, je les vois presque tous entrés à l'École polytechnique ou à l'École normale, presque tous ont eu plus tard une belle carrière : Henri Becquerel, mort membre de l'Institut et professeur à l'École polytechnique ; Henri Deslandres, aujourd'hui membre de l'Institut ; Antoine Breguet, dont la vie, trop courte, hélas ! a pu être marquée par d'intéressantes découvertes en téléphonie ; Weiss, directeur des chemins de fer de l'Est, et enfin, pour ne pas nommer toute votre classe, le colonel Bertrand, fils du grand savant, Joseph Bertrand.

Au milieu du labeur écrasant qu'est la préparation d'une classe de mathématiques spéciales, avec la correction des devoirs et la recherche de problèmes à proposer à vos élèves, vous trouviez encore le temps de mener à bien vos travaux personnels. Docteur ès sciences depuis 1866 avec une thèse remarquée sur les surfaces orthogonales, vous continuiez vos recherches sur les systèmes triples composés de pareilles surfaces, recherches qui n'ont jamais cessé de vous occuper, puisque l'année dernière encore vous nous avez fait connaître de nouveaux systèmes triples. Vous développiez les conséquences que l'on peut déduire de l'équation du troisième ordre à laquelle il faut et il suffit que satisfasse le paramètre ρ pour que la famille de surfaces dont l'équation est

$$\rho = \varphi(x, y, z)$$

fasse partie d'un système triplement orthogonal ou, suivant une heureuse expression qui vous est due, soit une *famille de Lamé*. En même temps, toujours en 1872, vous rédigiez un important Mémoire sur les surfaces auxquelles vous avez donné le nom de cyclides qui leur est resté et sur lesquelles vous aviez, depuis plusieurs années déjà, publié de nombreuses notes. Suppléant de Bertrand au Collège de France, vous vous montriez aussi profond en Mécanique qu'en Géométrie et en Analyse et, peu après, la publication de vos Mémoires sur l'équilibre astatique et sur l'approximation des fonctions de très grands nombres vous classaient parmi les maîtres de cette science. Enfin vos travaux sur les fonctions discontinues et ceux sur les solutions singulières des équations différentielles que vous publiiez dans le *Bulletin des Sciences mathématiques*, fondé par vous avec Houël deux ans plus tôt, prouvaient qu aucune parcelle du domaine scientifique ne vous était inconnue. Belles années que ces années 1866 à 1874, pendant lesquelles vous élaboriez le programme de toute votre vie mathématique ! Belles années pendant lesquelles vous aviez aussi associé à votre vie la compagne dont la disparition soudaine a brisé votre cœur et attristé tous vos amis, en jetant brutalement une note de deuil sur les hommages que nous nous préparions tous si allègrement à vous rendre.

Entraîné par le souvenir de votre enseignement de 1872, je vous ai suivi plus tard à la Sorbonne, et je n'ai pas été surpris de retrouver chez le professeur de Faculté les mêmes qualités de clarté, de science profonde et d'invention, le même talent à rendre lumineuses les questions les plus abstruses que j'avais admirés chez le professeur du lycée Louis-le-Grand. J'ai eu le plaisir de vous y entendre professer vos premières leçons sur la théorie générale des surfaces dont la publication, continuée pendant plusieurs années, vous permettrait de dire fièrement comme le poète latin

Exegi monumentum ære perennius,

et dans lesquelles vous avez su traiter un grand nombre de questions fondamentales telles, par exemple, que la théorie des équations aux dérivées partielles du premier ordre ou le calcul des variations.

Mais un autre que moi caractérisera le rôle capital que vous avez joué pendant quarante années dans l'enseignement supérieur. Je veux me borner à rappeler que c'est aussi en 1872 que s'est créée, sous la présidence de l'illustre Chasles, dont vous deviez être un jour le digne successeur dans la chaire de géométrie, la Société Mathématique de France, dont vous êtes un des fondateurs et qui a tenu à honneur de vous compter dès la première année parmi ses vice-présidents. Les cadres de la vieille Société philomathique étaient devenus trop étroits pour comprendre tous ceux qui, après nos désastres de **1870**, avaient senti que les études scientifiques faisaient partie du programme de notre relèvement. Au début vous étiez 146. Aujourd'hui la Société a prospéré, nous sommes 278, et je peux affirmer que les jeunes ont autant d'ardeur qu'en avaient, et qu'ont encore, leurs anciens, et qu'ils nous réservent de nouvelles victoires scientifiques dignes de leurs prédécesseurs. Vous fûtes de ceux qui contribuèrent à donner de la vie à nos premières séances ; la première année de nos comptes-rendus mentionne des communications de vous sur l'équation du troisième ordre dont dépend le problème des surfaces orthogonales, sur les intégrales des fonctions discontinues et sur les fonctions continues qui n'ont pas de dérivées, sur l'appareil cinématique de Poinsot. La seconde année, vous nous donnez un mémoire sur les surfaces applicables, en 1874 deux mémoires sur la théorie des fonctions et sur les formes quadratiques; et, depuis cette époque, vous ne vous êtes jamais désintéressé de notre sort et vous n'avez jamais refusé les conseils que nous nous sommes plu à vous demander. Comme doyen de la Faculté des Sciences, vous avez pu, en nous offrant l'hospitalité dans les murs de la nouvelle Sorbonne, nous aider à triompher des difficultés où n'aurait pas manqué de nous jeter l'expiration de notre bail dans le vieux local de la rue des Grands-Augustins. Aussi notre vœu le plus cher, celui que j'ai mission de vous exprimer, est que vous continuiez à nous donner longtemps encore l'exemple de votre vie laborieuse et à diriger les pas de ceux qui débutent dans la belle carrière de la Géométrie.

ALLOCUTION DE M. C. GUICHARD,

au nom des Anciens Elèves de la Faculté des Sciences et de l'Ecole normale supérieure.

Cher et illustre Maître,

Au moment où les savants du monde entier vous apportent le tribut de leur profonde admiration, permettez-moi de vous présenter le modeste hommage de vos anciens élèves de la Sorbonne et de l'Ecole normale.

Mes fonctions de secrétaire du Comité de votre jubilé m'ont mis en relation avec eux. J'en ai reçu une volumineuse correspondance. Parmi ces lettres, il y en a qui sont vraiment touchantes, je vous les montrerai un jour. En attendant, je voudrais vous dire, dès maintenant, quelle est l'impression générale qui s'en dégage.

Ceux d'entre nous qui se consacrent surtout à l'enseignement des lycées n'oublient pas le rôle important que vous avez joué, soit par vos publications, soit par vos leçons, dans les perfectionnements qui ont été introduits dans l'enseignement des Mathématiques élémentaires et des Mathématiques spéciales.

Ceux qui ont approfondi les méthodes nouvelles que vous avez introduites dans la science, sentent peut-être davantage encore tout ce qu'ils vous doivent. Ils savent combien vous avez contribué à la formation de leur esprit mathématique ; et ils sont persuadés qu'ils peuvent, avec confiance, labourer les champs que vous avez explorés et qu'ils sont sûrs d'y recueillir une abondante moisson de faits nouveaux.

Mais, chez tous, il y a une note commune. C'est la profonde sympathie qu'ils éprouvent pour leur ancien maître. Vous êtes pour eux, non seulement le grand mathématicien Darboux, mais aussi, mais surtout le maître vénéré, l'homme de bon conseil, et si je l'osais, je dirais l'ami.

Au nom de tous vos anciens élèves de la Sorbonne et de l'Ecole normale, je vous prie, mon cher Maître, d'agréer l'expression de notre profonde vénération.

DISCOURS DE M. LE MINISTRE

M. Guist'hau, en présentant à M. Gaston Darboux la plaquette d'or gravée par M. de Vernon, a prononcé le discours suivant :

Messieurs, M. le secrétaire perpétuel,

Je tiens, Monsieur le secrétaire perpétuel, à vous

remercier personnellement. Nouveau venu au ministère de l'instruction publique j'ai, grâce à vous, l'heureuse fortune d'inaugurer mes rapports avec l'Institut et l'Université de Paris en rendant hommage à un grand savant, à l'un des hommes qui par leurs travaux, leur caractère et leur vie, font le plus d'honneur à la France.

Je n'entreprendrai point de parler de votre œuvre scientifique après que les plus hautes personnalités de la science viennent de l'analyser et de la louer. Mais ce que je retiendrai des discours qui viennent d'être prononcés, c'est l'unanimité à distinguer dans vos travaux, non seulement cette rigueur de méthode qui est propre aux mathématiciens, mais aussi ces qualités d'invention, de clarté, de simplicité, d'élégance même dans les raisonnements les plus abstraits, que les étrangers reconnaissent volontiers à la France et qui sont tout son génie.

Une nouvelle énumération de vos travaux et de vos découvertes n'ajouterait rien à ce que vos pairs, vos admirateurs et vos amis viennent de dire ; je puis cependant y joindre un tribut d'admiration, de reconnaissance et de remerciements qui, pour vous, n'est pas sans prix, celui de l'Université que vous avez aimée, à laquelle vous avez consacré, malgré les honneurs et les titres dont vous avez été de si bonne heure et si justement comblé, une vie d'infatigable dévouement.

Admis premier à la fois à l'Ecole polytechnique et à l'Ecole normale supérieure dans la section des sciences, vous avez, dès octobre 1861, préféré, comme le rappelait tout à l'heure l'éminent M. Lavisse, à l'épée du polytechnicien les fonctions en apparence plus modestes du professeur. Peut-être, dans votre volonté et votre clairvoyance de jeune savant décidé à soutenir l'immense labeur qui fut le vôtre, saviez-vous ne déposer que momentanément cette épée pour la reprendre plus tard à l'Académie des Sciences ? Nous préférons pourtant ne pas le croire, mais plutôt penser, comme en témoignent d'ailleurs votre existence et aussi la vocation de ce frère dont l'Université garde pieusement le souvenir, à votre penchant inné pour l'enseignement qui fête aujourd'hui le cinquantenaire de vos services.

Enumérerai-je ceux-ci ? Je redoute trop d'en oublier, et si je rappelle votre professorat à Sèvres, marqué par la prospérité croissante de l'enseignement des jeunes filles ; votre décanat, d'où date la transformation de la Faculté des Sciences, c'est seulement pour souligner la nette volonté d'enseignement et d'action qui fut toujours la vôtre.

Partout dans les comités, dans les conseils dont vous faites partie, vous avez apporté l'autorité de votre expérience, de votre claire raison, de votre parole, ainsi que la constante préoccupation du bien public et de l'intérêt général, et partout vous avez été entouré de respect et de sympathie.

En votre qualité de vice-président du Conseil de l'instruction publique, de président du Comité des travaux historiques et scientifiques, de président du Comité consultatif de l'enseignement supérieur pour la commission des sciences, président du Conseil de l'Observatoire de Paris, président du Conseil d'administration du Bureau central météorologique, à l'Institut d'océanographie, au Muséum d'histoire naturelle, à la fondation Carnegie, comme délégué du gouvernement français à Saint-Louis, puis aux fêtes organisées par la ville et l'Etat de New-York en l'honneur de Hudson et de Fulton ; comme chargé par le ministère de l'instruction publique de publier les œuvres de Fermat, de Fourier et de Lagrange, enfin comme directeur des *Annales scientifiques de l'Ecole normale supérieure* et fondateur du *Bulletin des sciences mathématiques et astronomiques*, partout on vous a vu témoigner d'une activité intellectuelle qui n'aura pas connu de bornes et qui même aura passé l'Océan.

Aussi lorsque, prononçant le discours de clôture du Congrès des Sociétés savantes de Paris et des départements à Montpellier, vous disiez avec raison : « Le temps est passé où le travail scientifique pouvait rester morcelé, où le travail du savant, du lettré était celui d'un solitaire enfermé dans son cabinet, la science se mêle à tout aujourd'hui », c'était votre vie d'homme d'action que vous évoquiez alors, vous qui portez par surcroît aux lettres, à l'éloquence ce goût qui est l'indice de la plus haute intelligence, vous qui laisserez à l'art si difficile de l'éloge quelques pages aussi lumineuses que vos garrigues de Nîmes.

Messieurs,

« La science, a écrit celui que nous louons ici, procède, comme Dante dans son poème, par cercles successifs. »

Mais les cercles que M. Darboux a tracés patiemment, dans l'ordre des connaissances scientifiques, sont si nombreux, il a mené les hautes mathématiques à un tel point de perfectionnement, que la parole de Renan à la conférence Scientia : « L'avenir saura plus que nous » semble infirmée par ses travaux.

Comme votre compatriote, que nous regrettons encore, M. G. Boissier, vous avez étendu, Monsieur le secrétaire perpétuel, parmi les plus hautes Sociétés savantes de l'étranger et leurs Académies, cette longue suite d'alliances scientifiques qui font l'empire intellectuel de la France et son rayonnement sur le monde. Aussi, les dernières paroles que je vous adresserai comme ministre de l'instruction publique, au nom de l'Université reconnaissante, sont celles de Renan à Berthelot. Je vous les redis, Monsieur le secrétaire perpétuel, avec une émotion sincère : « Vivez longtemps, pour la science, pour ceux qui vous aiment ; vivez pour notre chère patrie ».

M. Darboux a répondu en ces termes :

DISCOURS DE M. DARBOUX

Monsieur le Ministre, Mesdames, Messieurs.

Lorsqu'il y aura bientôt un an, des amis, des élèves dévoués ont eu la pensée de célébrer le cinquantième anniversaire de mon entrée dans l'enseignement et mes noces d'argent académiques, j'ai eu quelque crainte sur le résultat de leurs efforts. Au cours de ma carrière, j'avais eu l'occasion d'organiser le jubilé de Charles Hermite, celui de Joseph Bertrand et de Berthelot ; mais je suis loin de me comparer à ces maîtres illustres. Le succès que leur haute situation scientifique leur avait naturellement acquis, c'est votre bienveillance, votre affection qui me le donnent aujourd'hui. Permettez-moi donc tout d'abord de vous en remercier du fond du cœur.

Mon cher Confrère Vernon, vous êtes le digne successeur de ces artistes illustres qui ont renouvelé parmi nous l'éclat de l'art de la médaille. Il y a quelques années, sur mon initiative, le Ministre vous avait confié l'exécution d'une plaquette destinée à commémorer la première réunion à Paris de l'Association internationale des Académies. Vous avez représenté les diverses Académies sous la forme de jeunes femmes gracieuses et charmantes ; la tâche que cette fois vous avait confiée le Comité était certes moins attrayante, plus austère. Ma famille et moi-même, nous vous serons toujours très reconnaissants de l'avoir acceptée, d'avoir mis à l'exécuter toutes vos peines et tout votre talent, d'avoir donné place à mon effigie dans la belle collection de vos œuvres, qui, depuis longtemps, vous a acquis notre admiration.

Dans votre beau discours, mon cher Appell, vous avez parlé en termes élevés de la tâche qui incombe au doyen de la Faculté des Sciences. Mais vous avez rappelé aussi un souvenir auquel je suis très sensible, celui de mon entrée à la Faculté. C'était en 1873, j'étais déjà maître de conférences à l'École normale ; le mercredi soir, un de mes maîtres J. A. Serret, vint me trouver pour m'annoncer que Liouville, trop fatigué, renonçait définitivement à son Cours de Mécanique de la Sorbonne, que j'aurais à le remplacer dès le vendredi suivant et à faire une leçon sur le principe des vitesses virtuelles ; je me rappellerai toujours cette première leçon. L'amphithéâtre de mathématiques de cette époque (il a disparu depuis), pouvait contenir 150 personnes. J'y trouvai exactement 8 auditeurs. Heureusement ils me furent fidèles jusqu'au bout. C'étaient de futurs professeurs de Collège, qui essayaient de conquérir la licence. Ils se présentèrent à l'examen de juillet. Émus de pitié et ne voulant pas briser leur avenir, nous reçûmes, Briot et moi, deux ou trois des plus anciens. Mais nous n'eûmes pas le courage de proclamer ce piteux résultat et, laissant à notre dévoué secrétaire Philippon le soin de le faire connaître aux intéressés, nous nous sauvâmes par une porte dérobée. Aujourd'hui ce n'est pas par dizaines, c'est par centaines qu'il faut compter les candidats. Et nous ne nous sauvons plus par une porte dérobée. Ces simples rapprochements donnent la mesure des progrès accomplis dans l'Enseignement supérieur.

Vous avez aussi parlé, mon cher doyen, de mes actes administratifs et, en particulier, de la part que j'ai prise, sous la direction de M. Liard et avec le concours de M. Nénot, à la reconstruction de la Faculté des Sciences. Quand j'ai été nommé doyen et même auparavant, si mes souvenirs sont précis, quand M. Liard est devenu directeur de l'Enseignement supérieur, la question était engagée, les plans étaient faits. Je crois bien que, si elle ne l'avait pas été, au lieu d'aménager la Sorbonne à la manière d'un paquebot où nulle place n'est perdue, nous aurions essaimé au dehors. C'est ce que nous avons fait plus tard pour le P. C. N. ; c'est ce que vous faites aujourd'hui avec grande raison. Vos fonctions, mon cher doyen, sont aussi absorbantes que les miennes ; celles de nos successeurs ne le seront pas moins, je le crois. Il faut s'en réjouir pour le bien du pays ; son avenir, son rôle dans le monde sont liés de la manière la plus étroite et la plus certaine au développement que prendront nos jeunes universités.

Mon cher Poincaré,

Les éloges que vous donnez à mes travaux portent la marque de votre bienveillance naturelle ; ils me comblent de joie comme venant de celui que je considère comme le plus grand géomètre vivant. Je me souviendrai toujours des charmantes relations que j'ai eues avec vous en qualité de doyen. On vous trouvait toujours disposé à rendre service à un collègue, à accomplir ponctuellement les tâches, quelquefois ingrates, qu'on vous confiait. Avec des hommes tels que vous, la Faculté allait toute seule. Il y a plus, lorsque la considération du bien du service m'a déterminé à vous demander de changer d'enseignement, vous l'avez fait sans hésitation, une première fois pour prendre la chaire de physique mathématique, une seconde fois pour passer à celle de Mécanique Céleste. Et ainsi, j'ai aujourd'hui la joie et l'orgueil de penser que j'ai pu avancer le moment où, en même temps que grand géomètre, vous avez été proclamé par tous grand physicien et grand astronome. Pourquoi la Faculté ne possède-t-elle pas aussi une chaire de philosophie scientifique ? j'aurais pu vous demander aussi de l'occuper.

Monsieur le Sénateur Vito Volterra, appelé par le Conseil de notre Université, vous êtes venu pour exposer ici, en Sorbonne, vos découvertes si originales, qui ont ouvert une voie nouvelle dans nos mathématiques modernes. Vous appartenez à une grande nation qui s'est illustrée dans les sciences, non moins que dans les lettres et dans les arts. Vos géomètres excellent dans toutes les branches de notre Science. je suis heureux de saisir l'occasion que vous m'offrez de les remercier de l'accueil qu'ils ont toujours fait à mes travaux. C'est sans doute en Italie que ces travaux ont excité le plus d'intérêt et suscité le plus de recherches ; je tiens à grand honneur d'appartenir à cinq de vos Académies. Vous avez bien voulu ajouter à vos félicitations personnelles et vous charger de lire l'adresse préparée par M. Schwarz, le doyen des correspondants de notre Section de Géométrie.

Il y a longtemps déjà que je suis habitué à le

compter au nombre de mes amis. Son discours d'aujourd'hui me confirme dans cette agréable pensée. Mais ses éloges me touchent particulièrement, parce qu'ils viennent d'un géomètre dont j'apprécie particulièrement les hautes et rares qualités. Chose singulière, au moment où notre Cauchy déployait tant de génie et d'invention dans ses ouvrages, sans parvenir cependant à leur donner une forme précise et définitive, les grands géomètres allemands, Gauss, Jacobi, Dirichlet, nous montraient dans tous leurs écrits des qualités que nous serions tentés d'appeler bien françaises : la clarté, la rigueur, la perfection de la forme, le fini de l'exécution. *Pauca sed matura* était leur devise. A une époque où la seconde partie de cette devise semble un peu négligée, M. Schwarz a voulu la conserver pour lui-même. Ses travaux, comme ceux des maîtres illustres auxquels il se rattache naturellement, lui assurent une influence durable et féconde sur le développement de la belle science à laquelle, les uns et les autres, nous avons consacré notre vie.

Vous avez fait allusion, mon cher Lévy, à l'époque lointaine où je vous avais comme élève à Louis le Grand, ainsi que Becquerel, Deslandres, Chaumelin, André Pelletan, Cavaignac et bien d'autres qui ont disparu, ou qui ont fait depuis leur chemin. J'étais jeune alors ; c'était le bon temps où un élève de philosophie du lycée, me prenant pour un de ses camarades, m'invitait à quitter ma classe et s'étonnait des observations un peu vives par lesquelles j'essayais de rétablir la situation. Vous avez bien voulu rappeler aussi que j'ai ménagé un asile dans la Sorbonne à notre Société mathématique. Ce ne fut pas sans peine ; mais je tenais à réussir ; car les Sociétés comme celle que vous présidez, me paraissent naturellement appelées à servir de lien et de trait d'union entre les savants de profession, si j'ose m'exprimer ainsi, et les chercheurs désintéressés.

Mon cher Lavisse,

Tu sais quelle affection je porte à l'École normale, à cette maison de la rue d'Ulm où tous deux nous avons été élèves, tous deux aussi, et en même temps, maîtres de conférences. Nous y avons trouvé des disciples dont la reconnaissance et les succès nous ont bien payés de nos peines. L'École a été, avant la création des Universités, le véritable séminaire de l'Université de Paris. Sans autre force que son organisation libérale, sans aucun privilège pour les concours, où ses élèves rencontrent, dans des conditions égales, tous les candidats venus du dehors, sans autre stimulant que cette libre concurrence, elle a mérité ce magnifique éloge d'un étranger que notre camarade Boutroux rapportait dans son discours de dimanche dernier (1). Comme tu l'as rappelé, reçu

(1) Ce discours a été prononcé à la réunion amicale de l'Association des anciens Élèves de l'École normale. Voici l'extrait auquel il est fait allusion :

Que l'École normale garde son haut rang dans le monde scientifique, c'est ce qui, en ce moment même, importe particulièrement à notre pays ; car voici que la France est appelée de plus en plus à déployer son génie et à exercer son activité scientifique et littéraire, non seulement chez elle, mais à l'étranger, en face d'émules extrêmement actifs et laborieux. C'est un trait de notre époque, que la multiplication des échanges intellectuels entre les nations. De nombreux professeurs français donnent, non seulement des conférences isolées, mais des cours suivis, dans des Universités étrangères, des deux côtés de l'Atlantique. Et des Instituts français, centres permanents et organisés d'études françaises, se sont constitués, ou sont en train de se constituer, à Florence, à Madrid, à Saint-Pétersbourg, à New-York. A cette influence de notre pays, l'École nor-

à la fois à l'Ecole polytechnique et à l'Ecole normale, j'optai pour cette dernière. Ce choix fit sensation, je dois l'avouer ; Frémy, dont je devais plus

male contribue largement, et cela, dans l'esprit qui lui est propre. Cet esprit ne laisse pas d'être remarqué, hors de France même, et hautement apprécié. Voici, par exemple, ce qu'écrivait récemment un distingué professeur de l'Université de Princeton (Etats-Unis), M, Andrew F. West, doyen de l'Ecole des gradués (*Graduate School*), à propos de la création, à Princeton, d'un *Graduate College*. « Songez, dit-il, cherchant un modèle pour l'institution projetée, songez à l'Ecole normale supérieure, ce grand Collège français de gradués, dont l'éclat défie toute comparaison. Avec une centaine d'élèves, dont une trentaine annuellement passe le concours de sortie, elle a plus fait qu'aucun autre établissement pour donner le ton à la haute pensée française. C'est là que Laplace et Lagrange ont jeté les fondements de l'astronomie moderne ; c'est là que s'est écrit un grand chapitre de l'histoire mathématique. Là enseigna Pasteur, dont la gloire suffirait à illustrer une maison. Et quand nous repassons dans notre mémoire le rôle qu'a rempli cette école en physique, en chimie, en philosophie, en littérature, peu s'en faut que nous ne désespérions de pouvoir jamais réaliser quelque chose d'analogue. »

Ainsi, entre les professeurs et conférenciers envoyés par notre pays, les normaliens sont particulièrement les bienvenus à l'étranger ; et l'on attend d'eux qu'ils demeurent fidèles à la tradition dont ils sont les dépositaires.

Cette conscience de son passé, de son caractère propre, de sa mission, de sa raison d'être, l'école ne la perdra pas. Unis entre eux par le culte commun de leurs grands ancêtres, par leur commun attachement à des maîtres dont la plus chère ambition est d'adapter à des tâches en partie nouvelles tout ce que le passé nous a légué de grand et de fécond, par ce je ne sais quoi d'intime et de tendre, qui s'appelle l'amour de la petite patrie dans la grande, par la foi en des destinées futures dignes d'une si noble histoire, les normaliens sauront concilier, avec une participation toujours plus large à la vie générale du monde scientifique et de la société, la conservation de l'autonomie relative et de l'originalité qui ont distingué notre école. Un changement de figure n'est pas nécessairement l'abolition de ce qui était. Rien, en ce monde, ne dure sans s'adap-

tard devenir le confrère, prononça même à cette occasion le mot de scandale. La vérité est qu'ayant du goût pour l'enseignement, il me sembla naturel de préférer l'Ecole où l'on se préparait précisément à l'Enseignement. Et puis, j'avais rencontré de si braves gens, de si bons maîtres, au cours de mes études dans les lycées; je désirais les imiter. Mon rêve était de revoir la pure lumière du midi, de succéder à mon cher professeur Berger dans cette chaire de mathématiques spéciales du lycée de Montpellier où s'étaient écoulées deux des années les plus heureuses de ma vie. Ce rêve, tu sais que je n'ai pu le réaliser. C'est mon frère Louis qui, par sa vie presque tout entière passée au lycée de Nîmes, a acquitté ma dette envers l'Enseignement Secondaire et envers mon pays natal. Je suis profondément reconnaissant à M. le Ministre d'avoir bien voulu évoquer son souvenir.

Comme vous l'avez pressenti, mon cher Picard, il m'a été agréable d'entendre ici un représentant de cette Société des Amis des Sciences qui m'a fait, chaque année depuis douze ans, l'honneur de me choisir pour président. Cette belle œuvre philanthropique ne cesse de se développer, et la fonction du président est loin d'être une sinécure. Mais la compa-

ter, c'est-à-dire sans se modifier. Comment, au milieu des transformations que subit l'enseignement et la vie intellectuelle en général, l'école pourrait elle seule demeurer identique? Il dépend de nous tous, jeunes et vieux, de faire subsister l'esprit à travers les changements de la forme. Les choses morales ne durent pas d'elles-mêmes, par la seule force physique de l'inertie... C'est l'âme, c'est la volonté qui est leur être : c'est elle qui les fait subsister, en les recréant continuellement, tout en les ajustant à leurs changeantes conditions d'existence. L'école se conservera comme institution, parce que l'idée en restera vivante dans l'âme et la volonté de ses enfants.

gne qui, pendant plus de quarante ans, a fait le charme de ma vie, m'assistant de ses conseils et de sa chère présence, m'a communiqué quelque peu de ces sentiments de bonté et d'humanité qui viennent si naturellement au cœur des femmes. Je fais de mon mieux; à votre tour, je l'espère, vous deviendrez président et vous vous inspirerez, comme moi des belles traditions qui nous ont été léguées par nos prédécesseurs : le baron Thénard, le maréchal Vaillant, J.-B. Dumas, Louis Pasteur et Joseph Bertrand.

Grâce aux peines que vous avez prises, mon cher Guichard, l'organisation de cette fête est pleinement réussie. Je vous dois des remerciements pour vos soins dévoués; mais je vous en dois bien plus encore pour le talent et le zèle avec lequel vous avez fécondé quelques-uns des germes que j'avais semés dans mes travaux. Vous vous déployez, avec une aisance que j'admire, dans les géométries à un nombre quelconque de dimensions. De ces espaces où pénètre seul l'œil du géomètre, vous rapportez des trésors, des vérités concrètes qui s'appliquent sans peine à l'espace où nous vivons. Plusieurs fois lauréat de l'Institut, vous avez vaillamment soutenu contre des concurrents redoutables le drapeau de la géométrie infinitésimale. Vous avez agrandi son domaine et vous êtes devenu un maître à votre tour.

Mlle Belugou, depuis le jour où, sur la demande de Zévort, j'acceptai, en 1881, de devenir un des professeurs de l'École normale qui allait s'ouvrir à Sèvres, j'ai aidé de tous mes efforts au succès de cet enseignement secondaire des jeunes filles qui a été créé sur l'initiative de M. Camille Sée et de Jules Ferry. Vous avez bien voulu rappeler la confiance et la bienveillance que me témoignait Mme Jules

Favre, l'affection respectueuse que je lui portais. Son souvenir, croyez-le bien, ne s'est pas effacé de mon cœur ; et je suis heureux de voir l'Ecole se développer, sous votre direction, dans le sens même que Mme Jules Favre aurait désiré. C'est avec joie que nous avons vu dans ces derniers temps augmenter le nombre de nos élèves et s'accroître ainsi l'influence de notre enseignement. Comme l'Ecole de la rue d'Ulm, l'Ecole de Sèvres ne réclame aucun privilège ; qu'elle persiste dans cette voie, et elle restera naturellement la directrice de cet enseignement des jeunes filles qui, dès le premier jour, a su conquérir les sympathies et la confiance du pays.

Mon cher Lippmann, mon cher Président,

Les félicitations et les vœux que vous m'apportez au nom de mes confrères de l'Académie des Sciences m'émeuvent profondément. L'honneur qu'ils m'ont fait il y a douze ans, en m'appelant à ces fonctions de Secrétaire perpétuel qui, ont été illustrées par Delambre, Fourier, Arago, Elie de Beaumont, Joseph Bertrand, pour ne parler que du siècle qui vient de finir, est le plus grand que puisse recevoir un homme de science. Tous les soins que j'ai pris, ou que je pourrai prendre, pour défendre les intérêts de l'Académie, maintenir ou accroître son prestige et son action, ne suffiront jamais à m'acquitter envers mes confrères. Quoi qu'il advienne, je suis et je resterai leur débiteur.

Monsieur le Ministre,

Je suis fier de vous voir consacrer, par votre présence à cette fête de famille, les témoignages si flatteurs et si touchants d'estime et d'affection que je reçois aujourd'hui de tous côtés. Vos éloges sont pour moi la plus belle récompense; mais je ne me fais pas illusion, je sens bien que je ne les mérite qu'en partie. Venu à une époque de transition, à un moment où l'enseignement supérieur formait un tout inorganique, où la recherche scientifique était livrée au hasard des initiatives particulières, je la vois aujourd'hui régulièrement organisée, prête à faire face aux légitimes exigences d'une grande nation. Si, pour ma part et à ma place, j'ai pu contribuer à la grande œuvre qui a été ainsi accomplie, je suis heureux de reconnaître que ceux qui m'entourent, et qui me remplaceront prochainement, sont allés, ou iront, beaucoup plus loin que je ne l'ai fait. Je ne forme qu'un vœu en terminant : c'est qu'à leur tour, et pour le bien du pays, ils puissent rendre la même justice à ceux qui seront appelés à leur succéder.

Aux discours que l'on vient de reproduire, nous joignons les adresses suivantes, qui n'ont pu, faute de temps, être lues en séance.

ADRESSE DE L'ACADÉMIE ROYALE DE BELGIQUE

présentée par M. A. DEMOULIN,
Membre de la Classe des Sciences.

Depuis l'année 1906, l'Académie Royale de Belgique a l'honneur de vous compter au nombre de ses associés.

Elle saisit aujourd'hui avec empressement l'occasion qui lui est offerte de vous renouveler l'expression de sa plus haute estime pour votre personne et pour vos travaux ; et elle m'a chargé d'être auprès de vous l'interprète de ses sentiments.

Pendant près d'un demi-siècle, vous n'avez cessé de rendre à la science les services les plus éminents. Presqu'au début de votre carrière, vous faisiez réaliser à la théorie générale de l'intégration des équations aux dérivées partielles un progrès considérable qui n'a pas été dépassé.

Vous examiniez ensuite avec la même pénétration deux des parties les plus délicates de l'Analyse : la théorie des fonctions d'une variable réelle et celle des solutions singulières des équations aux dérivées partielles.

L'Analyse vous est redevable de bien d'autres découvertes ; mais devant me borner, je citerai seulement vos brillantes recherches sur l'intégration des équations différentielles algébriques et sur l'approximation des fonctions de très grands nombres, et vos mémorables travaux sur l'équation de Laplace.

La Mécanique vous doit aussi de très importantes contributions, mais c'est surtout la Géométrie qui a fait l'objet de vos études de prédilection.

Avec le même éclat vous avez exploré tous les domaines. Parmi tant de beaux travaux, je rappellerai votre ouvrage *Sur une classe remarquable de courbes et de surfaces algébriques*, si riche en développements de toute nature ; la méthode du trièdre mobile, puissant instrument de découvertes ; vos admirables recherches sur les systèmes orthogonaux, sur les réseaux conjugués, sur la représentation sphérique, sur la déformation infiniment petite ; et enfin les vérités définitives auxquelles vous avez été conduit par l'emploi des éléments imaginaires.

Non seulement vous avez enrichi la science de trésors inestimables, mais vous avez aussi exercé une influence féconde sur son développement, et par votre enseignement dont il m'a été donné d'admirer la profondeur et la clarté, et par vos écrits, en particulier par vos *Leçons sur la théorie des surfaces et sur les systèmes orthogonaux*, véritable monument élevé à la Géométrie infinitésimale.

Monsieur et illustre Confrère, l'Académie Royale de Belgique est heureuse de s'associer au solennel hommage qui vous est rendu en ce jour par l'élite du monde mathématique, et elle exprime l'espoir que vous lui serez conservé encore, pendant de nombreuses années, pour le plus grand profit de la science et pour la gloire de votre pays.

Cher et illustre Maître, je vous prie de bien vouloir agréer mes vœux personnels et la nouvelle expression de mon profond respect.

Au nom de l'Académie Royale de Belgique,
par délégation de son Secrétaire perpétuel,

A. Demoulin,

Membre de la Classe des Sciences.

Bruxelles, le 21 janvier 1912.

ADRESSE DE LA SOCIÉTÉ HELVÉTIQUE DES SCIENCES NATURELLES

présentée par M. Ph. A. Guye, professeur à l'Université de Genève

Genève, janvier 1912.

Monsieur et très honoré Confrère.

La Société Helvétique des Sciences Naturelles, qui est heureuse et fière de pouvoir inscrire votre nom illustre sur la liste de ses Membres Honoraires, a tenu à s'asseoir à l'hommage que les plus hauts représentants du monde savant viennent vous rendre à l'occasion de vos noces d'or universitaires, de vos noces d'argent académiques et de votre 70e anniversaire.

Elle tient d'abord à vous exprimer la haute estime en laquelle elle tient l'œuvre scientifique considérable que vous avez accomplie ; vos travaux si importants en Analyse mathématique, en Mécanique rationnelle, en Géométrie supérieure, vous placent en effet au premier rang des hommes de science de tous les pays.

Elle rend aussi hommage à votre intervention, toujours si éclairée, dans les domaines les plus divers de la vie scientifique internationale ; elle a pu d'ailleurs en apprécier la haute valeur lorsqu'elle s'est décidée à entreprendre la publication des Œuvres d'Euler.

Elle croit enfin devoir être l'interprète auprès de vous des sentiments de profonde reconnaissance que vous gardent tous les savants et étudiants suisses que leurs travaux ont appelés à séjourner à Paris et qui ont eu recours à vos bienveillants conseils.

C'est pourquoi, en vous adressant le témoignage de sa vive admiration, elle forme les vœux les plus sincères pour que, longtemps encore, vous soit conservée l'activité créatrice et féconde que vous avez mise au service de la science.

Pour le Comité Central de la Société Helvétique des Sciences Naturelles,

Le Président : Ed. Sarasin. — *Le Vice-Président* : R. Chodat. — *Le Secrétaire* : Ph. A. Guye.

ADRESSE DE L'UNIVERSITÉ DE NANCY

présentée par M. GASTON FLOQUET, doyen de la Faculté des Sciences.

Cher et illustre Maître,

La Faculté des sciences de l'Université de Nancy, l'Université de Nancy tout entière, ont tenu à honneur d'être représentées à la cérémonie qui vient consacrer votre gloire. Nous avons à cœur d'associer notre hommage à celui des personnalités de tout pays qui célèbrent aujourd'hui votre nom.

C'est que nulle part vos mémorables travaux, d'une étendue et d'une variété si étonnantes, ne sont plus admirés qu'à notre Faculté des sciences. C'est que, nulle part, vos anciens élèves ne sont plus pénétrés de reconnaissance envers le Maître qui les a fait bénéficier de cet enseignement si clair et si élevé, dont vous avez le génie.

La Lorraine, qui a vu naître les Gergonne, les Poncelet, les Hermite, qui a vu les premières études des Coriolis, des Liouville, des Puiseux (et nous ne citons pas les vivants, dont les noms sont sur vos lèvres à tous), la Lorraine sait de quels mérites est faite la renommée d'un mathématicien. Ajouterons-nous que notre situation géographique nous rend peut-être encore plus chers qu'ailleurs les savants dont la gloire rayonne au-delà de nos frontières ?

L'Université de Nancy salue avec une affectueuse admiration le grand géomètre dont le fécond labeur a si glorieusement accru le patrimoine de la science française.

Le Recteur de l'Université : CH. ADAM, Correspondant de l'Institut. — *Le Doyen de la Faculté des sciences* : G. FLOQUET. — *L'Assesseur du Doyen* : PETIT. — *Les Professeurs de mathématiques de la Faculté* : G. FLOQUET, J. MOLK, H. VOGT, HUSSON.

ADRESSE DE LA SOCIÉTÉ MATHÉMATIQUE SUISSE

présentée par M. HENRI FEHR, Professeur à l'Université de Genève.

Monsieur et très honoré Collègue,

La Société Mathématique Suisse tient à participer aux manifestations de sympathie par lesquelles le monde savant de tous les pays vient rendre un juste hommage à votre grand talent de géomètre et à vos qualités de distingué professeur.

Nous admirons vos remarquables travaux d'analyse mathématique, de géométrie supérieure et de mécanique rationnelle. Par leur importance et leur variété, ils vous placent au premier rang des savants de tous les pays.

Nous rendons tout particulièrement hommage à vos belles recherches sur la théorie des équations aux dérivées partielles et à vos Ouvrages *Sur la théorie générale des surfaces* et *Sur les systèmes orthogonaux et les coordonnées curvilignes*. Ils jettent une vive lumière sur beaucoup de domaines et mettent en évidence de nouveaux liens fondamentaux très étroits entre l'Analyse et la Géométrie supérieure.

Nous nous joignons donc de tout cœur à vos nombreux amis pour vous adresser l'expression de notre admiration et de notre sympathie respectueuse, et nous vous présentons, à l'occasion de votre 70e anniversaire, nos vœux les plus sincères de bonheur et de santé.

Au nom de la Société Mathématique Suisse :

Le Président : RUD. FUETER, Professeur de l'Université de Bâle. — *Le Vice-Président* : HENRI FEHR, Professeur à l'Université de Genève.

Bâle-Genève, janvier 1912.

ADRESSE ENVOYÉE PAR L'ASSOCIATION DE LA PRESSE DE L'INSTITUT

Monsieur le Secrétaire perpétuel,

La Science française est en fête aujourd'hui. *L'Association de la Presse de l'Institut* ne saurait l'oublier : car, elle aime à se souvenir de la bienveillance que vous lui avez toujours témoignée.

Aussi tient-elle unanimement à vous adresser l'expression de ses vœux sincères et respectueux, à l'occasion de votre jubilé scientifique.

Au nom de l'*Association de la Presse de l'Institut toute entière*, veuillez en recevoir le témoignage.

Le Président de l'Association : CHARLIER-TABUR. — *Le Vice-Président* : MAX DE NANSOUTY.

Paris, 20 janvier 1912.

De Berlin était venue, datée du 29 octobre 1911, la dépèche suivante :

Als Vorsitzender der Berliner Mathematischen Gesellschaft habe ich die Ehre dem beruehmten Geometer, dem bewunderten Verfasser der *Théorie générale des surfaces* die aufrichtigen Glueckswuensche der Berliner Mathematiker aus Anlass ihres fuenfzigjaehrigen Amtsjubilaeum darzubringen.

R. GUENTSCHE. Berlin.

De leur côté les géomètres anglais envoyèrent, à la date du 20 janvier, la dépèche suivante :

British Mathematicians send cordial congratulations and good wishes to Darboux on his scientific jubilee and express their obligations to his materly Work.

Cambridge, 20 janvier.

LARMOR, LOVE, BAKER, BROMWICH, DARWIN, HOBSON, GRACE, RICHMOND, BENNET, CAMPBELL, DIXON, ELLIOTT, ESSON, RAYLEIGH, BALL, THOMSON.

Avaient en outre envoyé des dépêches ou des lettres, contenant des félicitations et des vœux :

M. W. THOMSEN, Président, au nom de *l'Académie Royale des Sciences et des lettres de Danemark*.

M. Maggi, Doyen, au nom de la *Faculté des Sciences de Pise*.

M. Lambros, Recteur, au nom de *l'Université nationale d'Athènes*.

M. Berzolari, Recteur, au nom de *l'Université de Pavie*.

M. Gomes Teixeira, Recteur, au nom de *l'Université de Porto*.

M. le Dr Calmette, Directeur, au nom de ses collègues et de ses élèves de l'*Institut Pasteur de Lille*.

M. l'Abbé Verschaffel, Directeur de *l'Observatoire de l'Académie à Abbadia*, ses collaborateurs Adrien Lahourcade, Jean Sorreguieta, Joseph Exposito, Gaston Larrégieu, Bernard Candau et ses collaboratrices Mlles Ignacie Olascoaga, Carmen Susperreguy, Anastasie Barrenechea, Marguerite Olascoaga.

M. H. A. Schwarz, Professeur à l'Université de Berlin.

M. Luigi Bianchi, Professeur à l'Université de Pise.

M. Barrois, de l'Institut.

M. Blaserna, Sénateur, Président de l'Académie Royale des Lincei.

M. Cyparissos Stephanos, Professeur à l'Université d'Athènes.

M. Lalesco, Professeur à l'Ecole des Ponts et Chaussées de Bucarest.

MM. Auwers, Hermann Diels, Waldeyer, Secrétaires perpétuels de l'Académie des Sciences de Berlin.

M. Haag, Chargé de cours à la Faculté des Sciences de Clermont-Ferrand.

M. Simon Carrus, Professeur à la Faculté des Sciences d'Alger.

M. Spiru Haret, Membre de l'Académie Roumaine, professeur honoraire à l'Université de Bucarest.

M. KILIAN, Doyen de la Faculté des Sciences de Grenoble.

M. ED. DREYFUS-BRISAC.

M. le baron EDMOND DE ROTHSCHILD, Membre de l'Institut.

M. MALUSKI, Proviseur du lycée de Nimes.

M. PAUL RÉVOIL, Directeur général de la Banque Ottomane.

M. TZITZEICA, Professeur à l'Université de Bucarest.

M. A. BUHL, Professeur à l'Université de Toulouse.

M. J. DE SCHOKALSKY, Président de la Société Impériale Russe de Géographie.

M. le Dr BAZY, Chirurgien de l'Hôpital Baujon.

M. GASTON BONNIER, de l'Institut.

M. J. KÜNCKEL D'HERCULAIS, Lauréat de l'Institut.

M. le Dr RAPHAEL DUBOIS, Professeur à l'Université de Lyon.

M. NICOLARDOT, Capitaine du Génie.

M. A. CHAUVEAU, de l'Institut.

M. CAMILLE CHABRIÉ, Professeur à la Faculté des Sciences de Paris.

M. le Dr GUYON, Vice-Président de l'Académie des Sciences.

M. LACROIX, de l'Institut.

M. LÉON CHARVE, Doyen honoraire de la Faculté des Sciences de Marseille.

M. ULYSSE BOISSIER, Professeur au Collège Chaptal.

M. SARTIAUX, Directeur de l'Exploitation au Chemin de fer du Nord.

M. DE FOVILLE, Secrétaire perpétuel de l'Académie des Sciences Morales et Politiques.

M. F. Picavet, Directeur de la *Revue internationale de l'Enseignement.*

M. Camille Bloch, Inspecteur Général des Bibliothèques et des Archives.

M. Paul Morel, Avocat à la Cour d'appel.

M. Gaston Chaumelin, Chef de l'exploitation de la Compagnie Universelle du Canal maritime de Suez.

M. H. G. Zeuthen, Secrétaire perpétuel de l'Académie Royale des Sciences de Copenhague.

M. le Dr Landouzy, Doyen de la Faculté de Médecine de Paris.

M. Bernard Francfort.

M. A. Ducatel, Professeur au lycée Condorcet.

M. H. Villat, Maître de conférences à la Faculté des Sciences de Montpellier.

M. H. Martinet.

M. René Stourm, Membre de l'Institut.

M. le Dr Charles Perrier, Médecin légiste.

M. Gabriel Ferrier, Membre de l'Institut.

M. Charles Riquier, Professeur à l'Université de Caen.

M. Pierre Lesage, Professeur à l'Université de Rennes.

M. Gino Loria, Professeur à l'Université de Gênes.

M. Emile Schwoerer, Ingénieur à Colmar.

M. A. Marcille, Avocat au Conseil d'Etat et à la Cour de Cassation.

M. Paul Deschanel, de l'Académie française.

M. Ed. Suess, Associé étranger de l'Institut, Président de l'Académie Impériale des Sciences à Vienne.

M. E. de Rouville, Maître de conférences à la Faculté des Sciences de Montpellier.

M. le Lt-Colonel Palloc.

M. Henri Roubin, Professeur au Collège de Draguignan.

M. Charles André, Correspondant de l'Institut, Directeur de l'Observatoire de Lyon.

M. et Mme Alphonse Salles, à la Grand'Combe.

Mlle Juliette de Reinach.

Mme et Mlle Janssen.

Mlle A. Caron, Directrice du lycée de Guéret.

M. Joseph Fabre.

M. R. Le Vavasseur, Professeur à l'Université de Lyon.

M. Stefanik, Lauréat de l'Institut.

M. Alcide Bétrine.

M. Félix Klein, Professeur à l'Université de Goettingue.

M. Paul Viollet, de l'Institut.

M. A. R. Forsyth, Membre de la *Royal Society*, professeur à l'Université de Cambridge.

M. Enrico d'Ovidio, Sénateur du Royaume d'Italie, professeur à l'Université de Turin.

M. le Contre-Amiral Le Pord, Membre du Comité technique au Ministère de la Marine.

M. H. A. Lorentz, Professeur à l'Université de Leyde.

M. A. Petot, Professeur à l'Université de Lille.

M. le Dr Gley, Professeur au Collège de France.

M. M. Cossmann, Directeur de la Revue Critique de Paléozologie.

M. G. Pradier, au nom de l'Association amicale : *Lou Gardou*, dont M. Darboux est président d'honneur.

M. Henri Bourget, Directeur de l'Observatoire de Marseille.

M. de Thorcey, et le Calculateur Inaudi sur lequel M. Darboux avait fait un rapport à l'Académie des Sciences, conjointement avec Charcot.

M. Paul Mansion, Professeur à l'Université de Gand.

M. Auguste Picard, Chef honoraire de l'Exploitation des Chemins de fer de l'Est.

M. Charles Lallemand, de l'Institut.

M. Mittag Leffler, Professeur à l'Université de Stockholm, Directeur des *Acta Matematica.*

M. le Dr Gilbert Ballet, Membre de l'Académie de Médecine.

M. Gau, Chargé de Cours à la Faculté des Sciences de Grenoble.

M. A. Cotton, Professeur à la Faculté des Sciences de Grenoble.

M. E. Cotton, Maitre de Conférences à l'Ecole Normale Supérieure.

M. Boutroux, de l'Institut, Directeur de l'Institut Thiers.

M. Istrati, Doyen de la Faculté des Sciences de Bucarest.

M. E. Perroncito, Professeur à l'Université de Turin, correspondant de l'Institut.

M. et Mme Gaston Merle.

M. Jules Gal, Inspecteur Général de l'Instruction Publique.

Nous ne pouvons terminer ce compte rendu sans mentionner les témoignages particuliers d'estime et d'affection qu'à l'occasion de son jubilé, M. Darboux a reçus de ses compatriotes de Nîmes et du département du Gard. Les trois associations qui réunissent à Paris les originaires du Gard avaient décidé de s'associer aux manifestations projetées en l'honneur de leur éminent compatriote en lui offrant un Banquet, qui eut lieu le 31 mars 1911 au Restaurant Marguery. M. Gaston Doumergue, Sénateur du Gard et ancien Ministre, avait bien voulu accepter la présidence de cette fête, à laquelle assistèrent un grand nombre de parents, d'amis et de compatriotes de

M. Darboux : M. *Sarrut*, procureur général à la Cour de Cassation, M. le général *Paillet*, M. *Bargeton*, Régent de la Banque de France, M. de *Rouville*, Conseiller d'Etat, M. *Lyon-Caen*, membre de l'Institut, M. *Alfred Salles*, inspecteur général des Ponts et chaussées, M. *Léopold Morice*, statuaire, M. *Barthélemy*, Secrétaire de *la Brandade*, M. *le Maire de Nîmes*, M. *Fernand Devise*, M. *Longuet*, président des *Enfants du Gard*, M. *David*, président de la Société le *Gardon*, etc., etc.

De plus, le 20 janvier dernier, M. Darboux a reçu les adresses suivantes, venues de son pays natal.

ADRESSE DE L'ASSOCIATION DES ANCIENS ÉLÈVES DU LYCÉE DE NIMES A M. DARBOUX PRÉSIDENT D'HONNEUR DE L'ASSOCIATION

Nîmes, 20 janvier 1912.

Mon cher Camarade,

Au jour de votre jubilé, l'Association fraternelle des Anciens Élèves du Lycée de Nimes a l'honneur de vous prier d'agréer le témoignage de ses félicitations, de ses souhaits.

Dans sa modeste sphère, notre Société aime à compter qu'au milieu du grand concert d'admiration scientifique que vous entendrez, la voix de déférente camaraderie de vos condisciples du Lycée de Nîmes ne vous passera pas inaperçue.

Avec un certain frisson de fierté, notre groupement prend part aux fêtes qui vous sont offertes ; de plus, par l'effet de votre haut, puissant et légitime rayonnement, chacun de nous a conscience que les hommages rendus à votre valeur donnent un reflet, un prestige, à l'Association dont vous êtes le Président d'Honneur.

Au nom de tous, j'ai le cher privilège de vous présenter l'expression de nos plus affectueux sentiments de confraternité.

Lieutenant-Colonel A. Palloc
Président de l'Association.

ADRESSE DE LA SOCIÉTÉ D'ÉTUDE DES SCIENCES NATURELLES DE NIMES

Nîmes, le 18 janvier 1912.

Cher Monsieur et éminent Compatriote,

La Société est heureuse et fière de vous adresser à l'occasion de votre jubilé, avec ses meilleurs vœux, l'expression de ses sentiments les plus respectueux.

Au nom de la Société. *Le Président* : Félix Mazauric. — *Le Secrétaire* : Galien Mingaud.

ADRESSE DU PROVISEUR ET DES PROFESSEURS DU LYCÉE DE NIMES

Monsieur le Secrétaire perpétuel,

Au moment où des savants venus de tous les points du monde à l'occasion de votre jubilé rendent hommage au grand mathématicien et à l'éminent professeur, nous n'oublions pas, au lycée de Nimes, que vous avez été l'un des plus brillants élèves de notre maison, et que l'éclat de votre réputation en rejaillit sur elle.

Nous nous félicitons de pouvoir donner en exemple à nos élèves une vie de labeur et de dévouement à la science qui fait de vous l'incomparable géomètre dont s'honore le pays.

Des voix plus autorisées que les nôtres se feront entendre pour louer comme il convient vos belles découvertes, mais nous tenons à vous adresser, avec l'expression de notre fidèle et affectueux souvenir, le tribut de notre admiration.

Signé : A. MALUSKI, proviseur ; BOUCHY, BASQUE, DURAND, SESTON, KAHN, MILHAUD, CAUSSÉ, PAUT, ALBOUY, PERRIER, COMBE, SALMON, CENSIER, COHEN, GINDRIER, MORIZE, GUÉRIN, PLANSON, PIERI, HERVIER, PEYLIGRINY, HOULÈS, CORVÈS, DAUPHIN, CHANIAC, BAUDOUIN, BOUCHEZ, PETIT, SAGOLS, CORTEEL, DALZELL, BATTESTI, PITOLLET, JUST, CHAPUT, FLACHAT, MARTY, GROS, JOUQUET, CHAUCHON, Mme MAZAURIC, Mme VABRE, GUIN, BOUSSÉ, BRETON, RICAUD, POUCHET, GALABRU, TAILHADES, SARDA, VALÉZI, PRÉNERON, LAPIERRE, MANDOUL, DUFAURE, KOEGLER, CURVEILLÉ, PARAVISINI, BOURNIER.

ADRESSE DES ÉLÈVES DU LYCÉE DE NIMES

Les élèves de la classe de Mathématiques Spéciales du Lycée de Nimes adressent à M. Gaston Darboux, à l'occasion de son jubilé, ce témoignage de leur sincère et respectueuse admiration. Bien que débutants encore dans les Sciences Mathématiques, ils n'ignorent pas la réputation et la valeur de celui qui fut à la fois un créateur, un maître et un initiateur.

Ils fortifient d'ailleurs ce sentiment d'admiration de la fierté légitime qu'ils ont à se sentir élèves d'un lycée que M. Darboux a honoré autrefois par ses éclatants succès de jeunesse, où se révélait déjà celui qui reste un des maîtres les plus distingués de l'Ecole Mathématique Française.

Signé : AUBERT, AUSSEL, BILLON, BOUSQUET, FLANDRIN, FOUQUERNIE, FREYCHET, GREFFULHE, HENRY, IMBERT, ISSARTE, MAZER, MONDIEZ, MONTSERRET, PALLIER, PÉDELMAS, PÉLISSIER, PORTAL, RICAUD, SAMBUC, SESTON, TOURNIAIRE, TRIAIRE, VIALA, de VILLEMÉJANE, ANTOINE, CABOT, DOMERGUE, DUMAS, FONTANIEU, MATHIEU, MEISSONNIER, PIC, ROUX, RUAT.

LISTE DES SOUSCRIPTEURS

S. A. S. le prince de Monaco, Associé étranger de l'Institut de France.

M. Poincaré (Raymond), Président du Conseil, Sénateur, de l'Académie française.

M. Bourgeois (Léon), Sénateur, Ministre du Travail et de la Prévoyance sociale.

Académie des Sciences de Paris.
Académie polytechnique de Porto.
Académie Royale de Belgique.
Association de la Presse scientifique, Paris.
Circolo matematico de Palerme.
Elèves de l'Ecole Normale de Sèvres.
Faculté des Sciences de l'Université, Madrid.
Faculté des Sciences de Nancy.
Lycée de Jeunes filles de Bordeaux.
Lycée Louis le Grand.
Lycée de Nimes.
Observatoire d'Abbadia.
Observatoire d'Athènes.
Société des Anciens Elèves du Lycée de Nimes.
Société des étudiants en mathématiques, Athènes.
Société mathématique Espagnole.
Société : La Brandade.
Société mathématique de Karkoff.
Société scientifique Antonio Alzate, Mexico.
Syllogue polytechnique hellénique, Athènes.
Université de Nancy.
Ville de Nimes.

M. Abelin, professeur au Lycée, Poitiers.
M. Abraham (H.), professeur à la Sorbonne.

M. Ackermann-Teubner, éditeur, Leipzig.
M. Ader, notaire, Paris.
M. Albeggiani, professeur à l'Université, Palerme.
M. Alcan (F.), éditeur, Paris.
Mlle Allégret, directrice du Lycée de jeunes filles, Lyon.
M. Amagat, membre de l'Institut.
Mlle Amieux, professeur au Lycée Victor Hugo, Paris.
M. Amodeo, professeur à l'Université, Naples.
M. Anargyros (J.), professeur à l'Ecole militaire, Athènes.
M. Andoyer, professeur à la Sorbonne.
M. Andrade (J.), professeur à l'Université, Besançon.
M. André (Ch.), professeur à l'Université, directeur de l'Observatoire, Lyon, membre du Comité du Jubilé.
M. André (Désiré), professeur honoraire, Paris.
M. André, professeur au Lycée, Avignon.
M. Angot, directeur du Bureau Central Météorologique, Paris.
M. Antoine (L.), Paris.
M. Appell (P.), de l'Institut, doyen de la Faculté des Sciences de Paris, membre du Comité du Jubilé.
M. Appelrot, professeur, Ostrolenka (Russie).
M. Arnauné, conseiller-maître à la Cour des Comptes, Paris.
M d'Arsonval, membre de l Institut.
M. Arzela (C.), professeur à l'Université, Bologne.
Mlle Assémat, professeur au Collège de jeunes filles, Tarbes.
Mme Audebert-Hallard, ancienne élève de l'Ecole de Sèvres, Toulouse.
Mlle Audibert, professeur au Lycée de jeunes filles, Clermont.
M. Auger, professeur à la Sorbonne.
M. Autonne (L.), Ingénieur des Ponts-et-Chaussées, Chateauroux.

M. Backlund (Dr O.), directeur de l'Observatoire, Pulkowo (Russie).
M. Bäcklund (A. V.), à Lund, Suède.
M. Badoureau, ingénieur des Mines, Chambéry.
M. Baeyer (A. von), associé étranger de l'Institut de France, Munich.
M. Baillaud (B.), de l'Institut, membre du Comité du Jubilé.
M. Barbastathis (Ch.). professeur au Gymnase hellénique de Limassol, Chypre.
M. Barrois (Ch.), de l'Institut.
M. Barthélemy, secrétaire général de *la Brandade*, Paris.
Général Bassot, de l'Institut, membre du Comité du Jubilé.

M. Bateman (H.), professeur à Bryn Mayor Collège, Pensylvanie.

Mme Baudeuf, née Bayard, professeur au Lycée de jeunes filles, Bordeaux.

Comte de la Baume Pluvinel (R.), Paris.

M. Bauschinger, professeur à l'Université, Strasbourg.

M. Bayet, Conseiller d'Etat, directeur de l'Enseignement supérieur, Paris.

M. Beke (E.), professeur et doyen à l'Université, Budapest.

Mlle Belugou, directrice de l'Ecole normale supérieure de Sèvres, membre du Comité du Jubilé.

M. Bendixson, Recteur de l'Université, Stockholm.

M. Benoit, correspondant de l'Institut, directeur du Bureau International des Poids et Mesures, Sèvres.

M. Berge (René), Ingénieur civil, Paris.

M. Bernardi (Dr J.), professeur, Bologne.

M. Berson (G.), professeur au Lycée Condorcet, Paris.

M. Berthelot (Daniel), professeur à l'Ecole de Pharmacie, Paris.

M. Bertin, membre de l'Institut.

M. Bertini (E.), professeur à l'Université, Pise.

M. Bertrand (Léon), professeur à la Sorbonne, Paris.

M. Bétolaud, membre de l'Institut.

M. Bianchedi, à Buenos-Ayres.

M. Bianchi (L.), professeur à l'Université de Pise, membre du Comite du Jubilé.

M. Bigourdan, membre de l'Institut.

M. Birkeland (Kr.), professeur à l'Université, Christiania.

M. Birkeland (R.), professeur à l'Université, Drontheim.

Mlle Bischoff, professeur au Collège de jeunes filles, Cherbourg.

Mlle Blanquies (L.), professeur au Lycée de jeunes filles, Versailles.

M. Blaringhem (L.), professeur à la Sorbonne.

M. Blaserna, président de l'Académie Royale des Lincei, professeur à l'Université, Rome.

M. Blondel (A.), professeur à l'Ecole des Ponts et Chaussées, Paris.

M. Blondel, ancien élève de l'Ecole normale supérieure, Paris.

M. Blumenthal (O.), professeur à l'Ecole Technique supérieure, Aix-La-Chapelle.

M. Blutel (E.), Inspecteur général de l'Instruction publique, Paris.

M. Blutel, professeur au Lycée Carnot, Paris.

M. Bobyleff, professeur à l'Université, Saint-Pétersbourg.
M. Boehm (K.), professeur à l'Université, Heidelberg.
M. Boggio, professeur à l'Université, Turin.
M. Boisbaudran (Lecoq de), correspondant de l'Institut, Paris.
M. Bolza (Oskar), professeur à l'Université, Fribourg en Brisgau.
Prince Roland Bonaparte, membre de l'Institut, Paris.
M. Bonifacio (J. A.), professeur à l'Ecole Polytechnique, Porto.
M. Bonin, membre du Conseil supérieur de l'Instruction Publique, Saint-Germain-en-Laye.
M. Bonnier (Gaston), membre de l'Institut.
M. Boquet (F.), astronome à l'Observatoire, Paris.
M. Borel (Emile), sous-directeur de l'Ecole normale supérieure, Paris.
M. Bortolotti, professeur à l'Université, Modène.
Dr Bouchard, membre de l'Institut.
M. Boudier, correspondant de l'Institut, à Montmorency.
Mlle Boué, professeur au Lycée Lamartine, Paris.
M. Bornet, membre de l'Institut.
M. Boulanger, professeur à l'Université, Lille.
M. Boule (Marcelin), professeur au Muséum, Paris.
M. Boulvin (J.), professeur à l'Université, Gand.
M. Bourgeois, Paris.
M. le Colonel Bourgeois, directeur du Service géographique de l'armée, Paris.
M. Bourget (H.), directeur de l'Observatoire, Marseille.
M. Bourlet (C.), professeur au Conservatoire des Arts et métiers, Paris.
M. Boussinesq, membre de l'Institut.
M. Boutroux (Emile), membre de l'Institut.
M. Bouty, membre de l'Institut.
M. Bouvier, membre de l'Institut, professeur au Muséum.
M. Branly (E.), membre de l'Institut.
M. Brachet, professeur au Lycée, Chaumont.
Mme Bréjoux, directrice du Collège de jeunes filles, Epinal.
M. Bricard, Répétiteur à l'Ecole Polytechnique, Paris.
M. Brichet, professeur au Lycée Condorcet, Paris.
M. Brill (A. von), professeur à l'Université, Tubingue.
M. Brillouin (M.), professeur au Collège de France, Paris.
M. Broca, professeur à la Faculté de Médecine, Paris.
M. le Lieutenant-Colonel Brocard, à Bar-le-Duc.
M. Bruneau, professeur au Lycée, Laval.
M. Buhl, professeur à l'Université, Toulouse.

Mlle Burrell (Ellen), professeur au Wellesley Collège, Massachusetts.
M. Burnside (Dr W. S.), professeur à l'Université, Dublin.

M. Cabral Teixeira de Meraes, professeur à l'Ecole Polytechnique, Lisbonne.
M. Cahen, professeur à la Sorbonne, Paris.
M. Cailletet, membre de l'Institut.
M. Cajori (F.), doyen de l'Ecole des Ingénieurs, Colorado Collège, Colorado springs, Colo, Californie.
Dr Calmette, correspondant de l'Institut, directeur de l'Institut Pasteur de Lille.
M. Campbell (J E.), professeur à Hertford Collège, Oxford.
M. Cantor (M.), professeur à l'Université, Heidelberg.
M. Cantor (G.), professeur à l'Université, Halle.
M. Cardinaal, Recteur de l'Ecole Technique supérieure, Delft.
Mme Carissan, née Brun, directrice du Cours secondaire de jeunes filles, Saint-Brieuc.
Mlle Caron, professeur au Lycée de jeunes filles, Guéret.
M. Caron (J.), professeur honoraire, Paris.
M. Caronnet, professeur au Collège Chaptal, Paris.
M. Carpentier, membre de l'Institut.
M. Carrus (S.), professeur à l'Université, Alger.
Mlle Cartan, professeur au Lycée de jeunes filles, Dijon.
M. Cartan, professeur à la Sorbonne.
M. Carvallo, directeur des Etudes à l'Ecole Polytechnique, Paris.
M. Castelnuovo, professeur à l'Université, Rome.
M. Caullery (M.), professeur à la Sorbonne.
M. Cellerier (G.), membre de l'Institut national Genevois, Genève.
Mme et M. Chabrié, professeur à la Sorbonne.
Dr Chantemesse, professeur à la Faculté de Médecine.
M. Chanzy, professeur au Lycée, Nancy.
M. Charlton (Ch.), directeur de l'Ecole de la Communauté hellénique à Odessa.
M. Charmes (Xavier), membre de l'Institut.
M. Charve (L.), professeur à la Faculté des Sciences, Marseille, membre du Comité du Jubilé.
M. Chatin (J.), membre de l'Institut.
M. Chauveau (A.), membre de l'Institut.
M. Chavannes, de l'Institut, professeur au Collège de France.
M. Chazy, professeur à l'Université, Grenoble.

Mme Chollet, directrice du Lycée de jeunes filles, Roanne.
M Christofle (F. de Ribes), ingénieur, membre de la Chambre de Commerce, Paris.
M. Cisotti, professeur à l'Université, Padoue.
M. Clairin, professeur à l'Université, Lille.
M. Collet (J.), doyen de la Faculté des Sciences, Grenoble.
Mlle Colonna, professeur au Lycée de jeunes filles, Bordeaux.
M. Colson (A.), professeur à l'Ecole Polytechnique, Paris.
M. Combe, professeur honoraire, Nice.
M. Combebiac, capitaine du Génie, Limoges.
M. Cosserat (E.), directeur de l'Observatoire de Toulouse, membre du Comité du Jubilé.
M. Costantin, membre de l'Institut.
Mlle Cotton, professeur au Lycée Fénelon, Paris.
M. Cotton, professeur à l'Université, Grenoble.
M. Cotton, professeur à la Sorbonne.
M. Cousin, professeur à l'Université, Bordeaux.
Mlle Coustols, professeur au Lycée de jeunes filles, Niort.
Sir W. Crookes, membre de la *Royal Society*, Londres, correspondant de l'Institut
M. Crudeli (U.), docteur en mathématique, Rome.
M. Cunha (P.-J. da), professeur à l'Ecole Polytechnique, Lisbonne.
Mme Curie, professeur à la Sorbonne.

M. Damien, doyen de la Faculté des Sciences, Lille.
M. Dangeard, professeur à la Sorbonne.
M. Dantscher (Victor von), professeur à l'Université, Graz.
Sir Darwin (G.), professeur à l'Université de Cambridge, membre du Comité du Jubilé.
M. Dassen (C.), professeur à l'Université, Buenos-Ayres.
M. Dastre, membre de l'Institut.
M. Dautheville (S.), doyen de la Faculté des Sciences de Montpellier, membre du Comité du Jubilé.
Mlle Debat, professeur au Lycée de jeunes filles, Poitiers.
M. Dedekind (R.), associé étranger de l'Académie des Sciences, Brunswick.
M. Degel (O.), professeur, Bayreuth.
Mme Dégremont, née Hénocq.
M. Delage (Yves), membre de l'Institut.
M. Delagrave (Ch.), éditeur, Paris.
M. del Re (A.), professeur à l'Université, Naples.
M. Demartres, professeur à l'Université, Lille.

M. Demoulin (A.), professeur à l'Université de Gand, membre du Comité du Jubilé.
M. Arnaud Denjoy, professeur à l'Université, Montpellier.
M. Deruyts professeur à l'Université, Liège.
M. Deslandres, membre de l'Institut, Directeur de l'Observatoire de Meudon.
M. Desplan, Inspecteur général de l'Instruction publique, Paris.
M. Dickstein, professeur à l'Université, Varsovie.
M. Diels (H.), Secrétaire perpétuel de l'Académie des Sciences, Recteur de l'Université, Berlin.
M. Dingeldey (F.), professeur à l'Université, Darmstadt.
M. Dixon (A.-C.), professeur à l'Université, Belfast.
M. Donder (Th. de), docteur en Sciences, Bruxelles
M. Dongier (R.), météorologiste, titulaire au Bureau Central Météorologique, Paris.
M. Doubiago professeur à l'Université, Kasan.
M. Douvillé, membre de l'Institut.
M. Drach (J.), professeur à l'Université. Toulouse.
Mlle Dreyfus (M.), directrice du Collège de jeunes filles, La Fere.
M. Dreyfus Brysac (Ed.), publiciste, Paris.
M. Dubard-Hamy, professeur à la Faculté des Sciences, Clermont.
Mlle Dubettier, directrice du Collège de jeunes filles, au Luc (Var).
Mlle Dubois (H.), professeur au Lycée Victor Hugo, Paris.
M. Dubois (Marcel), professeur à la Sorbonne
Dr Dubois Raphael professeur à l'Université, Lyon.
Mlle Duchatelet (J.), professeur au Lycée de jeunes filles, Bordeaux.
M. Duclout (Jorge), professeur à l'Université, Buenos-Ayres.
Mme Ducros-Verdier, professeur au Collège de jeunes filles, Alais.
M. Dufour, professeur au Lycée, Nancy.
M. Duhem (P.), professeur à l'Université, Bordeaux.
M. Dulac, professeur à l'Université, Lyon.
M. Dumolin, ingénieur civil, ancien élève de l'Ecole Polytechnique, Paris.
Mme Dumont, née Busque, professeur au Collège de jeunes filles, Cambrai.
M. Dumont, professeur au Lycée, Annecy.
M. Duport, professeur à l'Université, Dijon.
M. Dupuy (E.), Inspecteur général de l'Instruction publique, Paris.
Mlle Duchaussoy, professeur au Collège de jeunes filles, Douai.
M. Durand (A.), professeur au Lycée Saint-Louis.

M. Dusausoy (Cl.), professeur à l'Université, Gand.
M. Dwelshauvers-Dery, correspondant de l'Institut, Liège.
M. Dyck (Walter von), professeur à l'École Technique supérieure, Munich.

M. Eginitis (E.), directeur de l'Observatoire d'Athènes, membre du Comité du Jubilé.
M. Egorov (D.), professeur à l'Université, Moscou, membre du Comité du Jubilé.
M. Eisenhart (L. P.), professeur, Princeton University.
M. Elliot (E.-B.), professeur à l'Université, Oxford.
M. Emmanuel, professeur à l'Université, Bucarest.
M. Engel (F.), professeur à l'Université, Greisswald.
M. Enriques, professeur à l'Université, Bologne
M. Esclangon, astronome à l'Observatoire, Bordeaux.
M. Estanave, secrétaire de la Faculté des Sciences, Marseille.

M. Fabry, professeur à l'Université, Montpellier.
M. Fano (G.), professeur à l'Université, Turin.
M. Favre, professeur à l'École de Psychologie, Paris.
M. Fehr (H.), professeur à l'Université, Genève
Commandant Ferrié, directeur de l'Établissement central de télégraphie militaire, Paris.
M. Fischer (E.), professeur à l'Université, Berlin.
M. Flamme, professeur à l'Université, Lyon.
M. Fleck, professeur à l'Université, Berlin.
M. Floquet (Gaston), doyen de la Faculté des Sciences de Nancy, membre du Comité du Jubilé.
M. Forsyth (A.-R.), professeur à l'Université de Cambridge, membre du Comité du Jubilé
M. Fosse (R.), professeur à l'Université, Lille.
Abbé Fouët (E.), professeur à l'Institut catholique, Paris.
M. Fouret (René), libraire-éditeur, Paris.
M. Fouret (G.), examinateur honoraire à l'École Polytechnique, Paris.
M. Foussereau (G.), à Hyères.
M. Franel (J.), professeur au Polytechnikum, Zurich.
M. Fréchet, professeur à l'Université, Poitiers.
M. et Mlle Frémont, Paris.
M. Freycinet (de), Sénateur, de l'Académie française et de l'Académie des Sciences, Paris.
M. Fricke (R.), professeur à l'Université, Brunswick.
M. Fujisawa (R.), professeur à l'Université, Tokyo.

Mlle Gaide, professeur au Collège de jeunes filles, Epinal.
M. Galbrun, ancien élève de l'École normale Supérieure, Paris.
M. Garnier, docteur es sciences, Paris.
M. Gau, professeur à l'Université, Grenoble.
M. Gauthier-Villars (A.), imprimeur-éditeur, Paris.
M. Gautier (Armand), membre de l'Institut.
M. Gautier (H.), directeur de l'Ecole de Pharmacie, Paris.
M. Gautier (R.), directeur de l'Observatoire, Genève.
M. Gayon, professeur à l'Université, Bordeaux.
M. Geelmuyden (H.), professeur à l'Université, Christiania.
M. Geiser (F.), professeur au Polytechnikum, Zurich.
M. Gentil, professeur à la Sorbonne.
M. Gerards, sous-inspecteur des travaux de Paris.
M. Gerbaldi (F.), professeur à l'Université, Pavie
M. Germain de Saint-Pierre, rédacteur au secrétariat de l'Institut, Paris.
Sir David Gill, secrétaire de la *Royal Society*, Londres.
M. Girod, professeur au lycée Charlemagne.
M. Gley, professeur au Collège de France.
M. Gonnessiat, directeur de l'Observatoire, Alger.
M. Gordan, professeur à l'Université, Erlangen.
Mme Gosse, née Fabin, professeur au Lycée de jeunes filles, Bordeaux.
M. Got, professeur au Lycée, Agen.
M. Goulin, professeur au lycée Condorcet, Paris.
M. Goursat, professeur à la Sorbonne.
M. Gouy, correspondant de l'Institut, professeur à l'Université, Lyon.
M. Gram (J.-P.), membre de l'Académie des Sciences, Copenhague.
M. Gramont (A. de), licencié es Sciences, Paris.
Comte Arnaud de Gramont, docteur es sciences, Paris.
M. Grand'Eury, correspondant de l'Institut à Malzéville.
M. Grandidier (F.), membre de l'Institut.
Sir Greenhill (A. G.), membre de la *Royal Society* à Londres, membre du Comité du Jubilé.
M. Griolet (Gaston), vice-président du Conseil d'Administration des Chemins de fer du Nord, Paris.
M. Guadet, professeur au Lycée à Evreux.
M. Guccia, professeur à l'Université de Palerme, membre du Comité du Jubilé.
M. Guichard (C.), correspondant de l'Institut, professeur à la Sorbonne, membre du Comité du Jubilé.

M. Guignard, membre de l'Institut.
M. Guillaume, correspondant de l'Institut, Pavillon de Breteuil à Sèvres.
M. Guillet, professeur à la Sorbonne.
M. Guillot, professeur à l'Ecole Jules Ferry, Tunis.
M. Guimaraès (R.), capitaine du Génie, Porto.
M. Guye (Ph.-A.), doyen de la Faculté des Sciences, Genève.
M. Guye (E.-C.), professeur à l'Université, Genève.
Dr Guyon (F.), vice-président de l'Académie des Sciences, Paris.
Commandant Guyou, membre de l'Institut et du Bureau des Longitudes, Paris.

M. Haag (J.), professeur à l'Université, Clermont.
M. Hadamard (J.), professeur au Collège de France et à l'Ecole Polytechnique.
M. Haentzschel, professeur à l'Ecole Technique supérieure, Berlin.
M. Hale (G.), directeur de l'Observatoire de *Mount Wilson*, membre du Comité du Jubilé.
M. Haller, membre de l'Institut.
M. Halphen, Ingénieur des Arts et Manufactures, Paris.
Mme Vve Georges Halphen, Paris
M. Hamy, membre de l'Institut.
M. Hancock (H.), professeur à l'Université de Cincinnati, membre du Comité du Jubilé.
M. Haret (Spiru C.), ancien Ministre de l'Instruction Publique, Roumanie.
Lieutenant-Colonel Hartmann, Paris.
M. Haton de la Goupillière, membre de l'Institut, Paris.
M. Hatt, membre de l'Institut et du Bureau des Longitudes, Paris.
M. Haug, professeur à la Sorbonne.
M. Hayaschi (Tsuruichi), Collège of Science, Tohoku Imperial University, Sendai, Japon.
Dr Heckel, correspondant de l'Institut, professeur à la Faculté des Sciences, Marseille.
M. Heegaard (P.), professeur à l'Université, Copenhague.
M. Helmert (R.), professeur à l'Université, Berlin.
M. Henneguy, membre de l'Institut.
M. Hepites (S.-C.), directeur de l'Institut météorologique, Bucarest.
M. Hermann, libraire-éditeur, Paris.
M. Hérouard (E.), professeur à la Sorbonne.

Mme Hiel, née Dubus, professeur aux Cours secondaires de jeunes filles, Lisieux.
M. Hirsch (A.), professeur au Polytechnikum, Zurich.
M. Hjelmman (A.-L.), professeur à l'Ecole Polytechnique, Helsingfors.
M. Holmgren, professeur à l'Université, Upsal.
M. Elling Holst, professeur à l'Université, Christiania.
M. Houssay (F.), professeur à la Sorbonne.
M. Humbert (C.), membre de l'Institut, membre du Comité du Jubilé.
M. Hurwitz (A.), professeur au Polytechnikum, Zurich.

M. Jack (W.), professeur émérite à l'Université, Glasgow.
Mme Jacquemard-Faurens, directrice du Collège de jeunes filles, Villeneuve-sur-Lot.
M. Jacquet, professeur au Lycée Lakanal
M. Janet (P.), professeur à la Sorbonne, Paris.
Mlle Jaubel, professeur au Collège de jeunes filles, Beauvais.
M. Jensen (J.-L.-W.-V.), membre de l'Académie des Sciences, Copenhague.
M. Jobin, du Bureau des Longitudes, Paris.
M. Jolles (St.), professeur à l'Ecole Technique supérieure, Halensée près Berlin.
M. Jordan (Camille), membre de l'Institut, membre du Comité du Jubilé.
M. Joubin (L.), professeur au Muséum.
M. Joukovsky, professeur à l'Université, Moscou.
M. Juel (Chr.), professeur à l'Ecole Polytechnique, Copenhague.
M. Jungfleisch, membre de l'Institut.

M. Kaissar (L.), professeur à Patras.
M. Kapteyn (J.-C.), professeur à l'Université, Groningue.
M. Kapteyn (W.), professeur à l'Université, Utrecht.
M. Karabetsos, professeur à Ithaque (Grèce).
M. Karagiannidès (A.), professeur à l'Université, Athènes.
M. Karatheodory, professeur à l'Université, Breslau.
Sir Kempe (A. B.), trésorier de la *Royal Society*, Londres.
M. Keraval (E.), professeur au Lycée Louis le Grand.
M. Kikuchi, président de l'Université de Kyoto.
M. Kilian (W.), professeur à l'Université, Grenoble.
M. Klein (Félix), professeur à l'Université de Gœttingue, membre du Comité du Jubilé.

Mlle KLEIN, professeur au Lycée de jeunes filles, Bordeaux.
M. KLUG (L.), professeur à l'Université, Kolozvar, Hongrie.
M. KNESER (A.), Recteur de l'Université, Breslau.
M. KNOBLAUCH (J.), professeur à l'Université, Berlin.
M. KNOPF (O.), professeur à l'Université, Iena.
M. KOCH (H. v.), professeur à l'Université, Stockholm.
M. KŒNIGS (GABRIEL), professeur à la Sorbonne, membre du Comité du Jubilé.
M. KORN, professeur à l'Université, Berlin.
M. KORTEWEG (J.), professeur à l'Université, Amsterdam.
M. KÖTTER (F.), professeur à l'Ecole Technique supérieure, Charlottenburg.
M. KRYLOFF (A. N.), professeur à l'Académie navale, St-Pétersbourg.
M. KURSCHAK (J.), professeur à l'Ecole Polytechnique, Budapest.
Mlle KUSS, directrice du Lycée Victor Hugo.
M. KYRILLOPOULOS (D.), répétiteur à l'Ecole Polytechnique, Athènes.

Dr LABBÉ, Sénateur, membre de l'Institut.
M. LACOUR (E.), professeur à l'Université, Rennes.
M. LACROIX, membre de l'Institut.
M. LALLEMAND (CH.), membre de l'Institut.
M. LAMBIRIS (C.), directeur de l'Ecole nationale de langues et de commerce, Péra, Constantinople.
M. LAMPE (E.), professeur à l'Ecole Technique supérieure, Berlin.
M. LAMPE, Berlin.
M. LANASPÈZE, professeur au Lycée, Toulouse.
M. LANCELIN (F.), astronome à l'Observatoire, Paris.
Dr LANDOUZY, doyen de la Faculté de Médecine, Paris.
SIR LANKESTER (E. REY), associé étranger de l'Institut de France, membre de la *Royal Society*, Londres.
Dr LANNELONGUE, Sénateur, membre de l'Institut.
M. LAPICQUE, professeur au Muséum.
SIR LARMOR (J.), professeur à l'Université, Cambridge.
M. LATTÉS, professeur à l'Université, Besançon.
M. LAUNOY, professeur honoraire, Pau.
Dr LAVERAN, membre de l'Institut.
M. LAVISSE (ERNEST), de l'Académie française, directeur de l'Ecole normale supérieure, membre du Comité du jubilé.
M. LÉAUTÉ, membre de l'Institut.
M. LEBEAU, professeur à l'Ecole de Pharmacie, Paris.

M. Lebel, professeur au Lycée, Dijon.
M. Lecos, professeur au Gymnase du Pirée, Grèce.
M. Lebesgue, professeur à la Sorbonne.
M. Lebeuf, professeur à l'Université, Directeur de l'Observatoire, Besançon.
M. Lebon (Ernest), professeur honoraire, Paris.
M. Lécaillon, professeur à l'Université, Toulouse.
M. Le Chatelier, membre de l'Institut.
Mlle Lecornu, professeur au collège de jeunes filles, Constantine.
M. Lécoussiotis (Const.), docteur en mathématiques, professeur à l'Ecole Abet, au Caire.
M. Lecornu, membre de l'Institut.
M. Leduc, professeur à la Sorbonne.
M. Lefèvre (Ed.), professeur à l'Ecole Militaire, Bruxelles.
Mlle Lelong-Fortel, ancienne élève de l'Ecole de Sèvres.
M. Lemoine (E.), ancien élève de l'Ecole Polytechnique, Montereau.
M. Lemonnier, professeur à l'Université, Nancy.
M. Le Monnier (G.), professeur à l'Université, Nancy.
Mlle Léonard (J.), professeur au Collège de jeunes filles, Calais.
M. Lépine (Louis), préfet de police, membre de l'Institut.
M. Lerch (Mathias), professeur à l'Ecole Polytechnique, Brünn.
M. Le Roux, professeur à l'Université, Rennes.
M. Lery, professeur au Lycée, Reims.
M. Lesage, professeur à l'Université, Rennes.
M. Lesgourgues, professeur au lycée, La Rochelle.
M. Lespieau, professeur à la Sorbonne.
M. Levasseur (Emile), de l'Institut, administrateur du Collège de France.
M. Levavasseur, professeur à l'Université, Lyon.
M. Lévy (A.), professeur au Lycée Saint-Louis.
M. Lévy (Lucien), examinateur à l'Ecole Polytechnique, Paris.
M. Lévy (Michel), membre de l'Institut.
M. Lévi-Civita (T.), professeur à l'Université, Padoue.
Mme Lévy-Lehmann, ancienne élève de l'Ecole de Sèvres, à Saint-Cloud.
M. Liapounoff, professeur à l'Université, Saint-Pétersbourg.
M. Liard, de l'Institut, vice-recteur de l'Académie de Paris.
M. Lippmann, Président de l'Académie des Sciences.
Mlle Lochert, maîtresse répétitrice à l'Ecole de Sèvres.
M. Lorentz, associé étranger de l'Académie des Sciences, Leyde.
M. Loria (Gino), professeur à l'Université de Gênes, membre du Comité du Jubilé.

M. Lovigné, Etudiant à Buenos-Ayres.
M. Lovett (E. O.), Président du *William M. Rice Institute*, Houston (Texas)
M. Lucas, professeur à l'Ecole Polytechnique, Lisbonne.
M. Lury (Alfred T. de), professeur à l'Université, Toronto (Canada).
M. Lyon-Caen (Ch.), membre de l'Institut.

Mlle Mabille, ancienne élève de l'Ecole de Sèvres, Glay, Doubs.
M. Macaulay (W. H.), professeur à l'Université, Cambridge.
M. Maggi (G.), professeur à l'Université, Pise.
M. Maluski, proviseur du Lycée, Nîmes.
M. Maisano (G.), professeur à l'Université, Palerme.
Mme Mallet née Delètre, professeur au Lycée Molière.
M. Mangin (L.), membre de l'Institut.
Mlle Mangin, directrice du Collège de jeunes filles, Provins.
M. Manoussakis (Michel G.), docteur en mathématiques, Potamos (Kythira, Grèce).
M. Mansion (P.), professeur à l'Université de Gand, membre du Comité du Jubilé.
Dr Marage, lauréat de l'Institut, Paris.
M. Marangos (G.), docteur en mathématiques, Pyrgos (Elide, Grèce).
M. Marchand, professeur au Lycée, Versailles.
M. Marchis, professeur à la Sorbonne.
M. Marie (Ch.), docteur ès Sciences, Paris.
Mlle Marin, ancienne élève de l'Ecole de Sèvres, Paris.
M. Martel (A.), directeur de *la Nature*, Paris.
M. Martin (E.), professeur, Paris.
M. Martinet, ancien élève de l'Ecole Normale supérieure, Paris.
M. Martinetti, professeur à l'Université, Palerme.
M. Mathias, directeur de l'Observatoire du Puy-de-Dôme, professeur à l'Université, Clermont.
M. Matignon, professeur au Collège de France.
M. Matruchot, professeur à la Sorbonne.
Mlle Matton, professeur au Lycée de jeunes filles, Lille.
M. Maltézos (C.), professeur à l'Ecole Polytechnique, Athènes.
M. Matthey (George), membre de la *Royal Society*, Londres.
M. Maurain, directeur de l'Institut aérotechnique de la Faculté des Sciences, Paris.
M. Mayer (L.), Paris.
M. Meder (A.), professeur à l'Institut polytechnique, Riga.
M. Megas (G.), docteur en mathématiques, Patras.

Mlle MEHL, professeur au Lycée de jeunes filles, Le Mans.
M. MEHMKE (R.), professeur à l'Université, Stuttgard.
M. MELLON (P.), secrétaire de l'Union Franco-Ecossaise, Paris.
M. MÉRAY (CH.), professeur honoraire à l'Université de Dijon, membre du Comité du Jubilé.
M. MERLIN, professeur à l'Université, Lyon.
M. MERLIN (G.), répétiteur d'analyse et de mécanique à l'Université. Gand.
M. MESNIL, chef de service à l'Institut Pasteur.
Dr METCHNIKOFF, sous-directeur de l'Institut Pasteur, Associé étranger de l'Académie des Sciences, Paris.
M. MICHEL, professeur à la Sorbonne
Mlle MICHOTTE, maîtresse répétitrice à l'Ecole de Sèvres.
Mlle MIGNON, professeur au Lycée de jeunes filles, Reims.
M. MILHAUD, professeur à la Sorbonne.
M. MINCHIN (E. A.), membre de la *Royal Society*, Oxford.
M. MINGAUD (GALIEN), secrétaire de la Société d'étude des Sciences naturelles, Nîmes
M. MITTAG LEFFLER, professeur à l'Université de Stockholm, membre du Comité du Jubilé.
M. MLODZIEJOWSKI, professeur à l'Université, Moscou.
Mme MOISSAN (HENRI), Meaux.
M. MOLK (J.), professeur à l'Université, Nancy.
M. MOLLIARD, professeur à la Sorbonne.
M. MONIOT, membre du Conseil supérieur de l'Instruction Publique, professeur au Lycée Janson de Sailly.
M. MONNIER (H.), membre du Conseil Supérieur de l'Instruction Publique, doyen de la Faculté de Droit, Bordeaux.
M. MONOD (GABRIEL), membre de l'Institut.
Mme MOUTET-ALISSE, ancienne élève de l'Ecole de Sèvres, Alger.
M. MONTEL, professeur au Lycée Buffon, Paris.
M. MORENO (H. C.), professeur à la Stanford University, Californie.
M. MORICE (LÉOPOLD), statuaire, Paris.
M. MORRICE, membre de la *London Mathematical Society*, Weymouth.
M. MOURREU (CH.), membre de l'Institut.
Dr MOUTIER (A.), Paris.
M. MÜHLL (K. VON DER), professeur à l'Université, Bâle.
M. MÜLLER, professeur à l'Ecole Technique Supérieure, Vienne.
M. MÜNTZ (E.), membre de l'Institut.

M. NATSINAS, professeur à l'Ecole de Commerce de Halki (Turquie).

M. Negris (Phocion), ancien ministre des finances, président du Syllogue polytechnique hellénique, Athènes.
M. Nepveu, professeur au Lycée, Limoges.
M. Neovius, Sénateur, Berlin.
M. Neuberg, professeur à l'Université, Liège.
Capitaine Nicolardot, chef de laboratoire à la Section technique du Génie, Paris.
M. Neumann (E.), professeur à l'Université, Marbourg.
M. Niewenglowski (B.), Inspecteur général de l'Instruction Publique, Paris.
Mlle Nivat, professeur au Lycée de jeunes filles Clermont.
M. Noellet, membre du Conseil Supérieur de l'Instruction Publique, Paris.
M. Noether (M.), professeur à l'Université, Erlangen.
M. Nordmann (Ch.), astronome à l'Observatoire, Paris

M. Offret, professeur à l'Université, Lyon
M. Olivet, agrégé de l'Université, Paris.
M. Ovidio (E. d'), professeur à l'Université, Turin.

M. Painlevé (P.), député, membre de l'Institut, membre du Comité du Jubilé.
M. Palmström (A.), actuaire, Christiania.
M. Pangrati (E. A.), Recteur de l'Université, Bucarest.
M. Papadacos (D.), docteur en mathématiques, Cythion (Grèce).
M. Papazacharion (Const.), directeur de l'Ecole hellénique de Commerce de Halki (près Constantinople, Turquie).
M. Papelier, professeur au Lycée, Orléans.
M. Pascal (E.), professeur à l'Université, Naples.
M. Pasquier (E.), professeur à l'Université, Louvain
M. Paterno di Sissa, professeur à l'Université, Rome.
M. Pelizek, professeur à l'Ecole Technique, Brünn.
M. Perdrix, doyen de la Faculté des Sciences, Marseille.
M. Pereire (Henry), à Paris.
M. Pérez, professeur à la Sorbonne.
Dr Perrier (Ch.), médecin légiste, Nîmes.
M. Perrier (Remy), professeur à la Sorbonne.
M. Perot (A.), professeur à l'Ecole Polytechnique, Paris.
M. Perott (J.), Clark University Worcester (Massachusetts).
M. Perreau (E.), doyen de la Faculté des Sciences, Besançon.
M. Perrot (Georges), Secrétaire perpétuel de l'Académie des Inscriptions et Belles Lettres, Paris.

M. Petot (A.), professeur à l'Université de Lille, membre du Comité du Jubilé.
M. Petrovitch (S.), professeur à l'Ecole d'Artillerie Michel, Saint-Pétersbourg.
M. Petrovitch (M.), professeur à l'Université, Belgrade.
M. Pfeffer, Correspondant de l'Institut, professeur à l'Université, Leipzig.
Mme Phisalix, au Muséum, Paris.
M. Picard, ancien élève de l'Ecole Normale Supérieure, à Saintes.
M. Picard (Emile), membre de l'Institut, membre du Comité du Jubilé.
M. Picart (Luc), doyen de la Faculté des Sciences, Bordeaux.
M. Picavet, professeur à la Sorbonne, directeur de la Revue de l'Enseignement supérieur, Paris.
M. Pichon (R.), professeur à la Sorbonne, Paris.
M. Pickering (E. C.), directeur de l'Observatoire de Harvard University, Cambridge (Mass.)
M. Pierrotet, directeur du Collège Sainte-Barbe, Paris.
M. Pincherle, professeur à l'Université, Bologne.
M. Piuma, professeur émérite à l'Université, Gênes.
Mlle Plicque, directrice du Lycée de jeunes filles, Clermont-Ferrand.
M. Poincaré (Henri), membre de l'Institut et du Bureau des Longitudes, membre du Comité du Jubilé.
M. Poincaré (Lucien), directeur de l'Enseignement Secondaire au Ministère de l'Instruction Publique, Paris.
M. Poirier, doyen de la Faculté des Sciences, Clermont.
M. Poirrier (A.), Sénateur, Paris.
M. Pompeiu (D.), professeur à l'Université de Jassy.
Mlle Pontheil, professeur au Collège de jeunes filles, Auch.
Mlle Pont, professeur au Lycée de jeunes filles, Dijon.
M. Poujade, professeur honoraire, Lyon.
Dr Pozzi (S.), membre de l'Académie de Médecine, Paris.
M. Prillieux (E.), membre de l'Institut.
M. Prym (F.), professeur à l'Université, Wurzbourg.
M. Ptaszycki, professeur à l'Université, Saint-Pétersbourg.
Mme Puccini (Ada), professeur de mathématiques, Rovigo.
M. Puiseux (P.), membre de l'Institut.

Dr Quénu, membre de l'Académie de Médecine.
M. Quinici (N.), Magenta Vaglia, Italie.
M. Quiquet, actuaire, Paris.

M. Rabier (E.), Conseiller d'Etat, Paris.
M. Radau (R.), membre de l'Institut et du Bureau des Longitudes.
M. Rados (G.), professeur à l'Ecole Polytechnique, Budapest.
M. Raveau, rédacteur des *Comptes Rendus des Séances* de l'Académie des Sciences, Paris.
Lord Rayleigh, associé étranger de l'Académie des Sciences, membre de la *Royal Society*, Londres.
M. Rebelliau (A.), bibliothécaire de l'Institut.
Mlle Reinach (Juliette de), Paris.
M. Reina (V.), professeur à l'Université, Rome.
M. Remoundos (G.), professeur à l'Université, Athènes.
M. Retzius, correspondant de l'Institut, membre de l'Académie des Sciences, Stockholm.
M. Reye (Th.), professeur à l'Université, Strasbourg.
M. Riban (J.), professeur honoraire à la Sorbonne.
Dr Charles Richet, membre de l'Académie de Médecine.
M. Richmond (H. W.), professeur à l'Université, Kings Collège, Cambridge.
M. Riemann, professeur au Lycée Louis-le-Grand.
M. Rigopoulos (Denis), directeur de l'Ecole publique de commerce, Athènes.
M. Rindi (S.), professeur à Lucques.
M. Riquier, professeur à l'Université, Caen.
M. Rocherolles (E.), professeur honoraire, Paris.
M. Rohn (K.), professeur à l'Université, Leipzig.
M. Ronco (N. E.), docteur en mathématiques, Gènes.
M. Rosenbusch (H.), professeur à l'Université, Heidelberg.
Mlle Rosier, directrice du Collège de jeunes filles, Valenciennes.
M. Roth (Echt), ancien élève de l'Ecole Normale Supérieure, à Strasbourg.
M. Rothe (R.), professeur à l'Université, Berlin.
M. Rothschild (Edmond de), membre de l'Institut, Paris.
M. Roubaudi, professeur au Lycée Saint-Louis.
M. Rouquet (V.), professeur honoraire, Belpeck (Aude).
M. Rouville (de), Conseiller d'Etat, Paris.
Dr Roux, membre de l'Institut, directeur de l'Institut Pasteur, membre du Comité du Jubilé.
Sir Rücker (W.), membre de la *Royal Society*, Londres.
M. Rudio (F.), professeur au Polytechnikum, Zurich.
M. Rueda (C. J.), professeur à l'Université, Madrid.

M. Sabatier, doyen de la Faculté des Sciences, Toulouse.
M. Sagnac, professeur à la Sorbonne.
Mme Saillard, professeur au Collège de jeunes filles, Tarbes.
M. Saïnopoulos (C.), mathématicien à Sparte.
M. Saint-Blancat (de), astronome à l'Observatoire, Toulouse.
M. Sainte Laguë, professeur au Lycée, Douai.
M. Saint-Germain (A. de), doyen honoraire, Paris.
M. Sakétlarion (N.), docteur en mathématiques, Athènes.
M. Salles (Alfred), Inspecteur général des Ponts et Chaussées, Paris.
Mme Salomon (J.), professeur au Lycée Lamartine.
M. Saltykoff, professeur à l'Université, Karkoff.
Mlle Sarrazin, professeur au Lycée de jeunes filles, Bordeaux.
M. Sartiaux (A.), chef de l'Exploitation des chemins de fer du Nord, Paris.
M. Sauvage, professeur à la Faculté des Sciences, Marseille.
M. Scacyiannis (P.), professeur au Gymnase de Nauplie.
M. Schefer (Gaston), Bibliothécaire de l'Arsenal, Paris.
M. Schlesser, professeur au Lycée, Versailles.
M. Schloesing (J.), membre de l'Institut.
M. Schloesing (Th.), membre de l'Institut.
M. Schmidt (E.), à Erlangen.
M. Schoenflies (A.), professeur à l'Université, Francfort.
Général Schokalsky (J. de), professeur à l'Académie navale, Saint-Pétersbourg.
M. Schottky, professeur à l'Université, Berlin.
M. Schoute (P. H.), professeur à l'Université de Groningue, membre du Comité du Jubilé.
M. Schrutka (L. von), professeur à l'Ecole Technique supérieure, Vienne, Autriche.
M. Schulhof, calculateur au Bureau des Longitudes, Paris.
Mlle Schulhof, professeur au Lycée de jeunes filles, Poitiers.
M. Schuster (A.), professeur à l'Université, Manchester.
M. Schwarz (H.-A.), professeur à l'Université de Berlin, membre du Comité du Jubilé.
M. Schwendener, professeur à l'Université, Berlin.
Général Sebert, membre de l'Institut.
M. Sée (Camille), Conseiller d'Etat, Paris.
Dr Sée (Pierre), Paris.
M. Sée (T. J. J.), Directeur du *Naval Observatory*, Marc Island, Californie.
M. Segre (Corrado), professeur à l'Université, Turin.

M. Selivanoff (D. F.), professeur à l'Université, Saint-Pétersbourg.
Mlle Séries, professeur au Lycée Racine, Paris.
M. Sermonat, professeur au Collège Chaptal, Paris.
M. Servant, professeur à la Sorbonne.
M. Servois (Cl.), professeur à l'Université, Gand.
M. Severi (F.), professeur à l'Université, Padoue.
M. Sharpe (J. V.), membre de la *London Mathematical Society*, Bournemouth.
M. Simonin, astronome à l'Observatoire, Paris.
M. Sintzov (D. M.), professeur à l'Université, Karkoff.
M. Smith (A.-W.), professeur à Colgate University, Hamilton (New-York).
Comte de Sparre, doyen de l'Institut Catholique, Lyon.
M. Staeckel (P.), professeur à l'Ecole Technique Supérieure, Carlsruhe.
M. Stekloff (V. A.), professeur à l'Université, Saint-Pétersbourg.
M. Stephanos (Cyparissos), professeur à l'Université d'Athènes, membre du Comité du Jubilé.
M. Stephan (Edouard), correspondant de l'Institut, Marseille.
M. Sterneck (Von), professeur à l'Université, Graz (Autriche).
M. Story (W. E.), professeur à Clark University, Worcester.
M. Störmer (C.), professeur à l'Université, Christiania.
M. Stuyvaert, Répétiteur d'analyse et de mécanique à l'Université, Gand.
M. Suess (Edouard), Associé étranger de l'Académie des Sciences, Vienne (Autriche).
M. Sylow (L.), professeur à l'Université, Christiania.

M. Takuji Yoshiye, professeur à l'Université, Tokyo.
M. Tallqvist (A.-H.-H.), professeur à l'Université, Helsingfors.
M. Tannery (Jules), membre de l'Institut, membre du Comité du Jubilé.
M. Tarry, membre de la Société Philomathique, au Havre.
M. Teffé (Baron de), correspondant de l'Institut, Rio de Janeiro.
M. Teixeira (F. Gomes), directeur de l'Académie polytechnique de Porto, membre du Comité du Jubilé.
M. Teixeira (J. Pedro), professeur à l'Académie polytechnique, Porto.
M. Termier (P.), membre de l'Institut.
Mlle Thomas, professeur au Collège de jeunes filles de Châlons-sur-Saône.

M. Thompson (H. D.), professeur à *Princeton University*.
Sir Thomson (J.-J.), professeur à l'Université, Cambridge.
M. Thue (Axel), professeur à l'Université, Christiania.
M. Thureau-Dangin (P.), Secrétaire perpétuel de l'Académie française, Paris.
M. Thybaut, professeur au Lycée Henri IV, Paris.
M. Tikhomandritzky, professeur à l'Université, Karkoff.
M. Tisserand (Eugène), membre de l'Institut, Paris.
M. Tombeck (D.), secrétaire de la Faculté des Sciences, Paris.
M. Tresse (A.), professeur au Collège Rollin, Paris.
M. Tripier (H.), membre de la Société mathématique de France, Paris.
M. Troost, membre de l'Institut.
M. Tsamaloucas (G.), professeur au Gymnase de Chalkis.
M. Tschermak, correspondant de l'Institut, professeur à l'Université, Vienne.
M. Tsiangounis (Ph.), professeur au Gymnase hellénique de Janina (Turquie).
M. Tzitzeica (G.), professeur à l'Université de Bucarest, membre du Comité du Jubilé.
M. Turpain, professeur à l'Université, Poitiers.
M. Turrière, professeur au Lycée, Alençon.
M. Tweedie (Ch.), professeur à l'Université, Edimbourg.
M. Valek (Charles), professeur à l'Ecole Supérieure des Mines et des Forêts, Selmecbanya, Hongrie.
M. Vallée Poussin (De la), professeur à l'Université, Louvain.
M. Vallery Radot (René), vice-président du Conseil d'Administration de l'Institut Pasteur, Paris.
M. Valyi (Jules de), professeur à l'Université, Kolozsvar.
M. Van de Sande Bakhuyzen (H.), professeur à l'Université de Leyde, membre du Comité du Jubilé.
M. Van Tieghem (Ph.), secrétaire perpétuel de l'Académie des Sciences, membre du Comité du Jubilé.
M. Vassilief (A.), professeur à l'Université, Kasan.
M. Vélain (Charles), professeur à la Sorbonne.
Commandant Verde (I. F.), Observatoire météorologique de la Spezzia.
M. Véronese (G.), professeur à l'Université, Padoue.
Abbé Verschaffel (A.), directeur de l'Observatoire, Abbadia.
M. Vessiot, professeur à la Sorbonne.
M. Vidal de la Blache, membre de l'Institut, professeur à la Sorbonne.
M. Vieille, membre de l'Institut.

M. Villard, membre de l'Institut.
M. Villat, professeur à l'Université, Caen.
M. Villey, membre de l'Institut, doyen de la Faculté de Droit, Caen.
M. Violle, membre de l'Institut.
M. Vassilas Vitalis (Jean), professeur à l'Ecole Militaire, Athènes.
M. Vito Volterra, professeur à l'Université de Rome, membre du Comité du Jubilé.
M. Vivanti (G.), professeur à l'Université, Pavie.
M. Vogt, professeur à l'Université, Nancy.

M. Waelshe, professeur à l'Ecole Technique Supérieure, Brünn.
Mme Waitz, née Meyer, ancienne élève de l'Ecole de Sèvres, Berlin.
M. Waldeyer (W.), Secrétaire perpétuel de l'Académie des Sciences, Berlin.
M. Wallerant, membre de l'Institut.
M. Wangerin (Albert), professeur à l'Université, Halle.
M. Weill, professeur au Lycée, Belfort.
M. Whittaker (E. T.), directeur de l'Observatoire, Dublin.
M. Wiman (Anders), professeur à l'Université, Upsal.
M. Wirtinger (W.), professeur à l'Université, Vienne.
M. Woodhouse (L.), professeur à l'Ecole Polytechnique, Porto.
M. Woodward (R. S.), président de la Carnegie Institution, Washington.
M. Worms (E.), correspondant de l'Institut.
M. Worms (R.), maître des requêtes au Conseil d'Etat, Paris.

M. Zaboudski (N.), correspondant de l'Institut, Saint-Pétersbourg.
Dr Zambaco Pacha, correspondant de l'Institut, au Caire.
M. Zaremba (St.), professeur à l'Université, Cracovie.
M. Zeiller, membre de l'Institut.
M. Zervos (P.), professeur à l'Université, Athènes.
M. Zeuthen (H. G.), Secrétaire perpétuel de l'Académie Royale de Danemark, Copenhague.
M. Ziwet (Alexandre), professeur à l'Université du Michigan, Ann Arbor.

LAVAL. — IMPRIMERIE L. BARNÉOUD ET Cie.

TABLE DES MATIÈRES

LAVAL. — IMPRIMERIE L. BARNÉOUD ET Cie.

www.ingramcontent.com/pod-product-compliance
Lightning Source LLC
LaVergne TN
LVHW011254110826
845149LV00001B/131
9781418185022